高　等　学　校　规　划　教　材

环境工程原理

第二版

贺文智　朱昊辰　主编

化学工业出版社

·北　京·

内容简介

《环境工程原理》(第二版) 针对污染预防与控制以及废弃物资源化等过程涉及的流体流动、热量传递、质量传递和化学反应等共性技术，重点阐述了相关的基本原理、基本规律以及受这些原理和规律支配的典型单元操作及典型设备的工艺计算并结合贴近生产、生活的案例分析，阐述实际应用。

本书适合 34～44 学时教学需求的环境科学、环境工程及市政工程等相关专业的本科生作教材使用，也可供环境类及相关专业科技人员参考阅读。

图书在版编目（CIP）数据

环境工程原理/贺文智，朱昊辰主编.—2 版.—北京：化学工业出版社，2021.6（2024.10重印）
高等学校规划教材
ISBN 978-7-122-39054-7

Ⅰ.①环…　Ⅱ.①贺…②朱…　Ⅲ.①环境工程学-高等学校-教材　Ⅳ.①X5

中国版本图书馆 CIP 数据核字（2021）第 079563 号

责任编辑：满悦芝　　文字编辑：王　琪
责任校对：李雨晴　　装帧设计：尹琳琳

出版发行：化学工业出版社（北京市东城区青年湖南街 13 号　邮政编码 100011）
印　　刷：北京云浩印刷有限责任公司
装　　订：三河市振勇印装有限公司
787mm×1092mm　1/16　印张 16¾　字数 412 千字　2024 年 10 月北京第 2 版第 4 次印刷

购书咨询：010-64518888　　售后服务：010-64518899
网　　址：http：//www.cip.com.cn
凡购买本书，如有缺损质量问题，本社销售中心负责调换。

定　　价：55.00 元

版权所有　违者必究

本书编写人员名单

主　　编： 贺文智　朱昊辰

编写人员： 贺文智　朱昊辰　李光明　李少林

前 言

环境科学与工程作为研究人类社会发展活动与环境演化规律之间相互作用关系，寻求人类社会与环境协同演化、持续发展途径与方法的新兴学科，包括环境科学、环境工程和环境人文社会科学等主干学科。

“环境工程原理”是在高等数学、物理学及物理化学等课程的基础上开设的，以环境工程学所涉及的技术原理为主要内容的一门专业基础课。环境工程原理的主要任务是介绍运用工程技术和有关学科的原理和方法，保护和合理利用自然资源，防治环境污染，以改善环境质量。高等学校环境科学与工程类专业教学指导委员会将其确定为环境科学与工程本科专业的核心课程之一。同济大学环境本科专业自 2008 年开设该课程以来，积极探索在有限的课程教学时间内，改进教学内容和教学方法，使学生掌握较为系统完整的理论知识，提高学生分析问题和解决问题的能力。该课程自开设以来，取得了良好的教学效果，受到了学生们的普遍欢迎与好评。

编者在探索和从事环境工程原理教学实践的基础上，编写了本书。本书针对污染预防与控制以及废弃物资源化等过程中所涉及的流体流动、热量传递、质量传递以及化学反应等共性技术问题，重点阐述相关的基本原理、基本规律以及典型的单元操作，并通过结合实际的案例分析，培养与提高学生分析问题和解决问题的能力。

本书共分 8 章，参加本书编写的主要人员有贺文智（第 1 章～第 4 章）、李少林（第 5 章和第 6 章）、朱昊辰（第 7 章和第 8 章）。贺文智对全书内容进行了统稿，李光明对全书进行了审核与定稿。

在本书的编写过程中，余露玲、王凡、郭扬和左剑民等对书中的图表、公式和书稿格式等进行了绘制和整理，夏慧玲和孙铭泽对相应章节的案例应用进行了归纳和整理，在此一并表示衷心的感谢。

受编者水平和经验所限，书中难免有疏漏和不足之处，恳请读者批评指正并提出宝贵意见。

贺文智　朱昊辰

2021 年 5 月于同济大学

目 录

第1章 绪　论

1.1 环境问题与环境科学

环境是指与体系有关的周围客观事物（客体或外围事物）的总和，体系为研究的对象，即中心事物（或主体）。环境是一个相对的概念，其以中心事物作为参照系，随中心事物的变化而变化。环境科学中的环境是以人类社会为主体的外部世界，主要是指人类已经认识到的直接和间接影响人类生存、社会发展的周围事物，包括自然环境和人工环境。

环境问题则是指因自然变化或人类活动而引起的环境破坏和环境质量变化，以及由此给人类的生存和发展所带来的不利影响。其中，因自然环境本身变化所引起的环境问题称为原生环境问题或第一类环境问题，如火山爆发、地震、台风、海啸、洪水、旱灾等发生时所造成的环境问题，是地学学科和灾害学的主要研究内容；由于人为因素所造成的环境问题，称为次生环境问题或第二类环境问题，是环境科学研究的范畴。

环境科学所研究的环境问题是伴随着人类的出现、生产力的发展和文明程度的提高而产生的，并由小范围、低危害向大范围、高危害方向发展。尤其是当人类社会进入工业化时期以来，科学技术迅猛发展，机器劳动逐步取代人工劳动，生产力水平迅速提高，人类对自然环境的开发能力达到了空前的程度，由此所引发的环境问题日益凸显。这一时期人类对自然资源进行了掠夺式的开发利用，大规模的垦殖、采矿以及森林采伐使得局部地区的自然环境受到严重破坏；同时，人类将环境作为天然垃圾场，毫无顾忌地向自然界排放废弃物，造成了严重的城市和工业区的环境污染，导致“公害”病和重大公害事件频频出现。当今世界的环境问题呈现出了环境污染范围扩大、难以防范、危害严重等特点，自然环境和自然资源难以承受高速工业化、人口剧增和城市化的巨大压力，世界自然灾害显著增加。

环境科学就是为解决人类所面临的严重的环境问题，为创造更适宜、更美好的环境而逐渐发展形成的，用以研究人类社会发展活动与环境演化规律之间相互作用的关系，寻求人类社会与环境协同演化、持续发展途径与方法的科学。

虽然古代就已经产生了朴素的环境科学思想，但是作为一门独立的学科，环境科学是20世纪60年代才诞生的，并在70年代得到了迅速发展，90年代学科体系趋于成熟。进入21世纪，学科在广度和深度上均得到了更全面的拓展。

环境科学是一个由多学科到跨学科的庞大科学体系组成的新兴学科，也是一个介于自然科学、社会科学和技术科学之间的边际学科。其主要是运用自然科学和社会科学的有关理论、技术和方法来研究环境问题，在与有关学科相互渗透、交叉中形成了许多分支学科。环境工程学是环境科学的一个重要分支。

1.2 环境污染与环境工程学

环境污染是指人类直接或间接地向环境排放超过其自净能力的物质或能量，从而使环境的质量降低，对人类的生存与发展、生态系统和财产等造成不利影响的现象，是人类面临的主要环境问题之一。具体包括：水污染、大气污染、噪声污染、放射性污染等。

环境工程学作为环境学科的一个重要分支，是在人类同环境污染做斗争、保护和改善生存环境的过程中形成的，其主要任务是运用工程技术和有关学科的原理和方法，研究环境污染控制理论、技术、措施和政策，以改善环境质量，保证人类的身体健康和生存以及社会的可持续发展。环境工程学作为一个庞大而复杂的技术体系（图 1-1），研究对象不仅包括水质净化与水污染控制技术、大气（包括室内空气）污染控制技术、固体废物处理处置与管理及其资源化技术、物理性污染（热污染、辐射污染、噪声、振动等）控制技术、自然资源的合理利用与保护、环境监测与环境质量评价等传统内容，还包括生态修复与构建理论与技术、清洁生产理论与技术以及环境规划管理与环境系统工程等。

- 环境工程学
  - 环境净化与污染控制技术及原理
    - 水质净化与水污染控制工程
    - 空气净化与大气污染控制工程
    - 固体废物处理处置与管理
    - 物理性污染控制工程
    - 土壤净化与污染控制技术
    - 废物资源化技术
  - 生态修复与构建技术及原理
  - 清洁生产理论及技术原理
  - 环境规划管理与环境系统工程
  - 环境监测与环境质量评价

图 1-1 环境工程学的学科体系

1.3 环境污染控制技术原理

为了解决日益严重的环境污染问题，科技工作者经过长期的探索和实践，研究开发出了种类繁多的环境污染控制技术。基于技术原理，这些种类繁多的环境污染控制技术可以分为“隔离技术”“分离技术”和“转化技术”三大类。

隔离技术是将污染物与污染介质隔离，从而切断污染物向周围环境扩散的途径，防止污染进一步扩大；分离技术是利用污染物与污染介质或其他污染物在物理性质或化学性质上的差异使其与介质分离，从而达到污染物去除或回收利用的目的；转化技术是通过化学反应或生物反应，使污染物转化成无害物质或易于分离的物质，从而使污染介质得到净化与处理。

对于具体的环境污染控制工程实践，因所处理的对象不同，相应的技术工艺过程复杂多变，但其所涉及的流体输送、沉降、过滤、换热（加热和冷却）、蒸发、吸收、萃取、干燥等物理过程以及不同的反应过程均具有相同的基本原理和通用的典型设备。其中流体输送、沉降、过滤、换热（加热和冷却）、蒸发、吸收、萃取、干燥等基本物理过程，称为单元操作。环境污染控制工程所涉及的这些共性问题正是本课程所要讨论的内容。

1.4 课程内容及课程学习注意事项

1.4.1 课程内容

本书面向高等学校环境类专业对短学时环境工程原理课程内容的需求，聚焦环境净化与污染控制过程所涉及的流体流动、热量传递、质量传递及反应工程等技术共性，重点阐述相关的基本原理、基本规律以及受这些规律所支配的重点单元操作，注重学生分析问题和解决问题能力的培养。课程主要内容包括以下几项。

（1）流体流动 研究流体流动以及流体和与之接触的固体间发生相对运动时的基本规律，以及主要受这些基本规律支配的沉降和过滤单元操作。

（2）热量传递 研究传热的基本规律，以及主要受这些基本规律支配的热交换单元操作。

（3）质量传递 研究物质通过相界面迁移的基本规律，以及主要受这些基本规律支配的气体吸收和液-液萃取单元操作。

（4）反应工程 主要阐述化学与生物反应计量学及动力学、化学和生物反应器的类型及其操作等。

1.4.2 课程学习注意事项

（1）物料衡算及能量衡算是本课程常用的手段 在研究各种单元操作时，为了搞清楚过程始末和过程之中有关物料的数量、组成之间的关系以及过程所吸收或释放的能量，必须进行物料衡算及能量衡算。

（2）平衡关系和速率关系是研究各种单元操作过程原理的基本内容 为了计算单元操作所需设备的工艺尺寸，必须借助平衡关系了解过程进行的方向与极限，依赖速率关系分析过程进行的快慢程度。

（3）单元操作进行的方式

① 间歇过程与不稳定操作。间歇过程即分批进行的过程，每次操作之初向设备投入一批原料，经过处理之后，排出全部产物，再重新投料。小规模工艺过程多采用间歇操作。间歇操作的设备里，同一位置在不同时刻进行着不同的操作步骤，因此，同一位置物料的组成、温度、压强、流速等参数均随时间而改变，属于不稳定操作。

② 连续过程与稳定操作。连续过程是指不断地从设备一端送入原料，从另一端排出产品。在连续操作的设备里，各个位置物料的组成、温度、压强、流速等参数可互不相同，但在任一固定位置上，这些参数一般不随时间而变，属于稳定操作。大多数工艺过程是连续的，正常情况下的操作状态都是稳定的，但在开车、停车、发生波动与故障以及调节过程中属于暂时的不稳定操作。

1.5 物料衡算与能量衡算

1.5.1 物料衡算

根据质量守恒定律，向衡算系统输入的物料质量减去从衡算系统输出的物料质量必等于积累在衡算系统内的物料质量，即：

$$\sum m_{\mathrm{i}}-\sum m_{\mathrm{o}}=m_{\mathrm{A}} \tag{1-1}$$

式中 $\sum m_{\mathrm{i}}$——输入物料量的总和；

$\sum m_{\mathrm{o}}$——输出物料量的总和；

m_{A}——积累的物料量。

物料衡算通式(1-1) 适用于任何指定的空间范围及生产过程所涉及的全部物料。当没有化学变化时，此通式适用于衡算系统中混合物的任一组分；当有化学变化时，此通式适用于衡算系统中的各个元素。

进行物料衡算时，首先应绘出流程简图并圈出衡算的范围，然后确定衡算对象及衡算基准，最后把穿越系统边界的物料流股逐项列出进行计算。对于间歇过程，常以一次（一批）

操作为基准，即式(1-1) 中各项分别代表每次操作输入、输出及积累物料的质量；对于连续过程，常以单位时间为基准，而单位时间流过的物料质量称为质量流量，用符号 q_m 表示。所以，连续过程的物料衡算式可表示为：

$$\sum q_{mi}-\sum q_{mo}=\frac{dm_A}{d\theta} \tag{1-2}$$

式中 q_{mi}，q_{mo}——每股输入、输出物料的质量流量，kg/s；

$\frac{dm_A}{d\theta}$——物料的质量累积速率，kg/s。

因连续稳定操作时设备内不会有物料积累，即 $\frac{dm_A}{d\theta}=0$，所以：

$$\sum q_{mi}=\sum q_{mo} \tag{1-3}$$

【例 1-1】 已知含 20% KNO_3 的原料液以 1000kg/h 的流量进入蒸发器，蒸出水分 W kg/h；浓缩液为 S kg/h，含 50% KNO_3，进入结晶器，得到含 96% KNO_3 的结晶产品 P kg/h；循环母液 R kg/h，含 37.5% KNO_3，回到蒸发器再循环，求 W、S、P、R 各为多少？

解：(1) 绘简图 根据题意绘制流程简图。

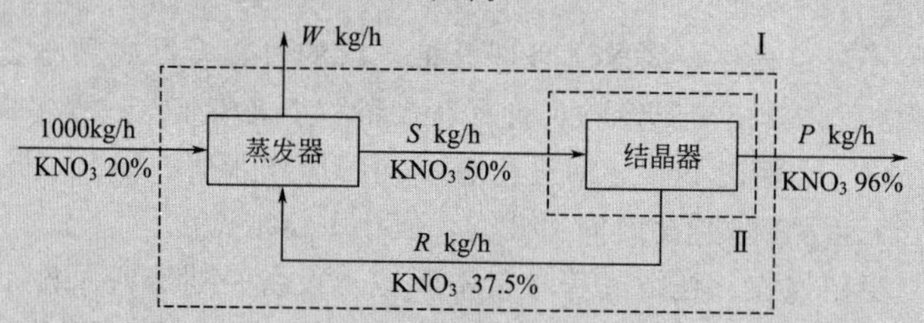

(2) 划范围 选取蒸发器和结晶器为衡算范围Ⅰ，结晶器为衡算范围Ⅱ。

(3) 定基准 连续操作，以单位时间 (h) 为衡算基准。

(4) 列算式 由衡算范围Ⅰ，总物料：

$$1000=W+P$$

KNO_3 组分：

$$1000\times0.2=W\times0+P\times0.96$$

由衡算范围Ⅱ，总物料：

$$S=P+R$$

KNO_3 组分：

$$S\times0.5=P\times0.96+R\times0.375$$

总计 4 个方程，可联立求得 4 个未知数，分别为：$W=791.7$kg/h，$P=208.3$kg/h，$S=974.8$kg/h，$R=766.5$kg/h。

1.5.2 热量衡算

能量的形式是多样的，热量是其中的一种形式，各种形式的能量与热量之间是可以相互转换的。但在众多的工业生产过程中，常见的能量形式是热能，而且常常没有或不需要考虑其他形式的能量与热能之间的转换，这样能量衡算就成为热量衡算。

进行热量衡算的基本方法与物料衡算相同，计算依据是能量守恒定律，即任何时间内通过各种途径进入系统的总热量必等于同一时间内排出系统的总热量。进行热量衡算时，应注意以下两点。

① 进、出系统的物料所带的热量由显热及潜热两部分组成，总称为物料的焓（H，kJ/kg）。物料的焓为一相对值，与物料所处状态有关。所以进行热量衡算时，必须规定基准温度和基准状态。通常以273K、液态为基准，并规定273K时液态的焓为零。

② 热量除了伴随物料进出系统外，还可通过设备外壳、管壁由系统向外界散失或由外界传入系统。只要系统与外界存在温度差，就有热量的散失，称为热损失Q_L。

因此，连续稳定过程的热量衡算基本关系式可表达为：

$$\sum Q_i=\sum Q_o+Q_L \tag{1-4}$$

或

$$\sum (q_m H)_i=\sum (q_m H)_o+Q_L \tag{1-5}$$

式中 $\sum Q_i$，$\sum (q_m H)_i$——伴随各股输入物料进入系统的总热（焓）流量，kJ或kW；

$\sum Q_o$，$\sum (q_m H)_o$——伴随各股输出物料离开系统的总热（焓）流量，kJ或kW；

Q_L——系统向环境散失的热量（或称为热损失），kJ或kW。

【例1-2】 在换热器中将平均比热容为3.56kJ/(kg·℃)的某种溶液自25℃加热到80℃，溶液流量为1.0kg/s。加热介质为120℃的饱和水蒸气，其消耗量为0.095kg/s，蒸汽冷凝成同温度的饱和水后排出。试计算换热器的热损失占水蒸气所提供热量的百分数。

解：（1）绘简图 根据题意绘图。

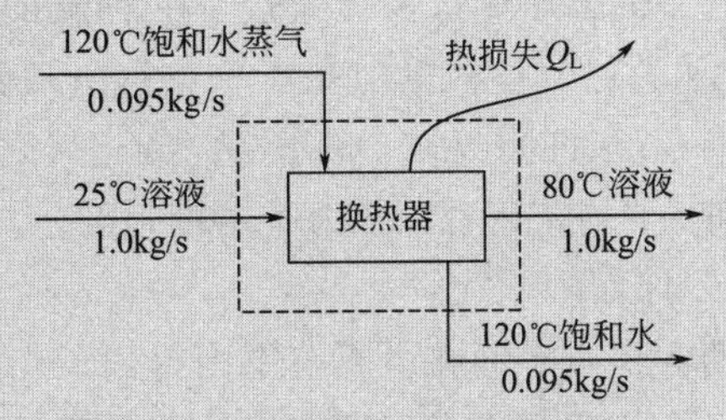

（2）划范围 以换热器为衡算范围。

（3）定基准 单位时间（1s），0℃、液体。

（4）列算式 查水蒸气数据：120℃饱和水蒸气的$H_i=2708.9$kJ/kg；120℃饱和水的$H_o=503.67$kJ/kg。

则由式(1-4)：

$$1.0\times3.56\times(25-0)+0.095\times2708.9=1.0\times3.56\times(80-0)+0.095\times503.67+Q_L$$

$$Q_L=13.70(\text{kW})$$

水蒸气提供热量：

$$Q=0.095\times(2708.9-503.67)=209.5(\text{kW})$$

$$\text{热损失百分数}=13.70/209.5=6.54(\%)$$

1.6 单位制与量纲

1.6.1 单位与单位制

任何物理量的大小都是用数字与单位的乘积表示的，物理量的单位可以任意选择。由于各种物理量间存在着客观的联系，因此无须对每种物理量的单位都单独进行任意选择，而是通过某些物理量的单位来量度另一些物理量。

通常先选定几个独立的物理量（如长度、时间等），称为基本量，并根据使用方便的原则制定出这些量的单位，称为基本单位。然后，其他物理量（如速度、加速度等）的单位便可根据它们与基本量之间的关系来确定，这些物理量称为导出量，其单位称为导出单位。基本单位与导出单位的总和称为单位制。

因基本量及其单位的选择不同，会产生不同的单位制。历史上，常见的几种单位制所用的基本量与基本单位见表 1-1。

表 1-1　绝对单位制与重力单位制

单位制	基本单位			
	长 度	时 间	质 量	力
绝对单位制				
CGS 制（物理单位制）	cm	s	g	
MKS 制	m	s	kg	
重力单位制（工程单位制）	m	s		kgf

由于科学技术领域曾存在着多种单位制并用的局面，因此，同一个物理量在不同的单位制中具有不同的单位与数值，给计算和交流带来了不便，并且容易引起错误。为改变这种局面，1960 年 10 月召开的第十一届国际计量大会通过了一种新的单位制，称为国际单位制，其国际符号为 SI。SI 制共规定了七个基本量与基本单位，以及两个辅助量。七个基本量与基本单位分别为：长度，米(m)；时间，秒(s)；质量，千克(kg)；电流，安培(A)；发光强度，坎德拉(cd)；物质的量，摩尔(mol)；热力学温度，开尔文(K)。两个辅助量分别为：平面角，弧度(rad)；立体角，球面度(sr)。

国际单位制因具有如下两大优点，而在世界范围内得到了广泛的推广应用。

(1) 通用性　在自然科学、工程技术乃至国民经济的各部门中，所有物理量的单位都可由上述七个基本单位和两个辅助量导出，也就是说，SI 制是所有科学、技术、经济部门都可采用的一套完整的单位制。

(2) 一贯性　任何一个 SI 导出单位在由上述七个基本单位相乘或相除而导出时，都无须引入比例系数，SI 制中每种物理量只有一个单位。例如，热和功是本质相同的物理量（能量），但在重力单位制中，热的单位是 kcal，功的单位是 kgf · m，在运算中必须通过"热功当量"（1kcal＝427kgf · m）这样一个比例系数来转换；而在 SI 制中，热、功、能三者的单位均采用 J（焦耳），转换时无须比例系数。

1.6.2　量纲和无量纲特征数

量纲是物理学中的一个重要概念。它可以定性地表示出物理量与基本量之间的关系，可有效地应用它进行单位换算，也可以用来检查物理公式的正确与否，还可以通过它来推知某些物理规律。我们在后续的课程学习中，经常会遇到量纲这一概念。所谓量纲，是在选定了单位制之后，将一个物理导出量用若干个基本量的乘方之积表示出来的表达式，称为该物理量的量纲式，简称量纲（旧称因次）。例如，在 SI 制中，如基本物理量长度、质量和时间的量纲符号分别用 L、M、T 表示，则速度、加速度和力的量纲就分别为：速度 $u=\mathrm{d}s/\mathrm{d}t$，量纲 $\mathrm{L}\cdot\mathrm{T}^{-1}$；加速度 $a=\mathrm{d}u/\mathrm{d}t$，量纲 $\mathrm{L}\cdot\mathrm{T}^{-2}$；力 $F=ma$，量纲 $\mathrm{M}\cdot\mathrm{L}\cdot\mathrm{T}^{-2}$。

根据量纲的概念，物理量依据其属性可分为两类：一类物理量的大小与度量时所选用的单位有关，称为有量纲量，例如长度、时间、质量、速度等就是常见的有量纲量；另一类物理量的大小与度量时所选用的单位无关，称为无量纲量或无量纲特征数，例如角度、长度之比、时间之比等。

无量纲特征数因无单位，其数值大小与所选单位制无关，只要组合群数的各个量采用同一单位制，都可得到相同数值的无量纲特征数。

习 题

1-1 某一段河流上游流量为 36000m^3/d，河水中的污染物浓度为 3.0mg/L。现有流量为 10000m^3/d 的一条支流汇入该河段，其中污染物浓度为 30mg/L。假设完全混合，试求：

（1）下游的污染物浓度；

（2）每天有多少千克的污染物质通过下游某一监测点。

1-2 将 A、B、C、D 四种组分各为 0.25（摩尔分数，下同）的某混合溶液，以 1000kmol/h 的流量送入精馏塔内进行分离，分别在塔顶与塔釜得到两股产品。进料中的全部 A 组分、96%的 B 组分及 4%的 C 组分存于塔顶产品中，全部 D 组分存于塔釜产品中，试计算塔顶与塔釜产品的流量及其组成。

1-3 某污水处理工艺中包括沉淀池和浓缩池。沉淀池用于去除水中的悬浮物，上清液排放；浓缩池用于将沉淀的污泥进一步浓缩，上清液返回到沉淀池中。沉淀池进水流量为 5000m^3/d，悬浮物浓度为 200mg/L，出水中悬浮物浓度为 20mg/L；沉淀污泥的含水率为 99.8%，进入浓缩池停留一定时间后，排出的污泥含水率为 96%，上清液中悬浮物含量为 100mg/L。假设系统处于稳定状态，过程中没有生物作用，试求整个系统的污泥产量和排水量，以及浓缩池上清液回流量。注：污水密度取值为 1000kg/m^3，含水率为质量分数。

1-4 每小时将 200kg 的过热氨气（压强为 1200kPa）从 95℃冷却、冷凝为饱和液氨。已知冷凝温度为 30℃。采用冷冻盐水为冷却、冷凝剂，盐水于 2℃下进入冷却、冷凝器，离开时为 10℃。求每小时盐水的用量（热损失可以忽略不计）。

物料焓值表

物料	温度/℃	焓/(kJ/kg)
过热氨气	95	1647
饱和液氨	30	323
盐水	2	6.8
	10	34

1-5 在一列管式换热器中用 373K 的饱和水蒸气将某液体从 298K 加热到 353K，液体流量为 1000kg/h，平均比热容为 3.56kJ/(kg·K)。饱和水蒸气冷凝放热后以 373K 的饱和水排出。换热器向四周的散热速率为 10000kJ/h。试求稳定操作下加热所需的蒸汽量。

第2章 流体流动

在交通如此发达的今天，“日行千里”已不再是一种奢想。作为热门交通工具之一的飞机，由于其速度快、安全性高等优势，已成为越来越多旅客的第一选择。说到这里，同学们不禁会想，究竟是什么使得飞机能够保持高空飞行呢？类似的疑问还有“喷雾器是如何喷出液体的?”“乒乓球中的‘弧线球’是如何实现的?”等等。相信学习了本章内容，同学们心中将会有答案。

2.1 概述

2.1.1 流体流动规律的工程应用

诸如化工生产、环境治理或污染控制等过程工业所涉及的物料多数是流体，且绝大部分的操作过程是在流动的条件下进行的。过程的好坏、动力的消耗及设备的投资等都与流体的流动状态密切相关。在实际生产过程中，经常需要应用流体流动规律解决如下主要问题。

（1）流体的输送　欲想把流体按所规定的条件从一个设备送到另一个设备，常常需要应用流体流动规律进行管路设计、输送机械选型以及所需功率的计算等。

（2）压强、流速和流量的测量　为了解和控制生产过程，需要合理地选用和安装测量仪表，对管路或设备内的压强、流速及流量等参数进行测定，而这些测量仪表的操作原理多以流体的静止或流动规律为依据。

（3）为强化设备提供适宜的流动条件　过程工业中的传热、传质、反应等操作大多在流体流动的情况下进行，设备的操作效率与流体流动状况有密切关系，寻求设备的强化途径离不开对过程所涉及的流体流动规律的研究。

本章将着重讨论流体流动过程的基本原理及流体在管内的流动规律，并运用这些原理与规律去分析和计算流体的输送问题。

2.1.2 连续介质的概念

流体是由大量的彼此之间有一定间距的单个分子所组成的，而且各分子做着随机的、混乱的运动。如果以单个分子作为考察对象，那么，流体将是一种不连续的介质，其运动是一种随机的运动，问题将非常复杂。

但是，在研究流体的平衡和运动规律中，考虑的是由大量分子所组成的流体质点的宏观运动规律，而不是着眼于单个分子的微观运动状况；考虑的是流体质点在容器或管路内的变化，而不是平均自由程那样微小距离上的差异。因此，可以取流体质点（或微团）而不是单个分子作为最小的考察对象。所谓质点，是指一个含有大量分子的流体微团，其尺寸远小于设备尺寸，但比起分子自由程却要大得多。根据质点的概念，就可以将流体视为是由大量质点组成的、彼此间没有间隙、完全充满所占空间的连续介质。这样，流体的物理性质及运动参数等宏观特征量（如压强、密度、速度等）在空间连续分布，可以使用连续函数的数学工具加以描述，进而大大简化了对于流体静止或运动状态规律的研究。

实践证明，应用连续介质这一物理模型所导出的方程及其计算结果，与实验结果是一致的。这表明按连续介质处理流体是合理的。只有在个别情况下，不能将流体作为连续介质来处理。例如航天飞机进入超高空极稀薄大气中的飞行阶段、地面上高真空技术和催化剂颗粒内气体扩散等问题，这时气体分子的自由程大到可同设备的特征长度相比拟。

2.1.3　可压缩性流体与不可压缩性流体

流体的密度与温度和压力有关。在外部压力的作用下，流体分子间的距离会发生一定的改变，表现为体积的变化。当作用在流体上的外力增大时，其体积会减小，这种特征称为流体的压缩性。

流体的压缩性可用体积压缩性系数 ε_v 来表示。压缩性系数 ε_v 是指当温度维持不变，压强每增加一个单位时流体体积的相对变化量。以单位质量流体的体积为基准，压缩性系数 ε_v 可表示为：

$$\varepsilon_v = -\frac{1}{v}\frac{\mathrm{d}v}{\mathrm{d}p} \tag{2-1}$$

式中　ε_v——压缩性系数，Pa^{-1}；

v——比体积，即单位质量的物质所占有的体积，m^3/kg；

p——压强，Pa。

负号表示压强增加时，流体体积缩小。

由于密度 $\rho = \frac{1}{v}$，即 $\rho v = 1$，故：

$$\rho \mathrm{d}v + v\mathrm{d}\rho = 0$$

据此，可将式(2-1) 变成：

$$\varepsilon_v = \frac{1}{\rho}\frac{\mathrm{d}\rho}{\mathrm{d}p} \tag{2-2}$$

式(2-2) 表明，压缩性系数 ε_v 值越大，流体越容易压缩。通常将 $\varepsilon_v \neq 0$ 的流体称为可压缩流体，$\varepsilon_v = 0$ 的流体称为不可压缩流体。

由于液体分子间的距离均很小，故其压缩性系数 ε_v 也很小。除了外压很大的情况外，通常可忽略外压对液体密度的影响，即压缩性系数 $\varepsilon_v \approx 0$，可将其视为不可压缩流体。温度对液体的密度有一定的影响，对大多数液体而言，温度升高，其密度下降。因此，在选用密度数据时，要注明该液体所处的温度。

气体分子间的距离大，分子间的作用力小，属于可压缩流体，其密度随压力和温度可发生明显的变化，因此气体的密度必须标明其状态。从手册或附录中查得的气体密度是某一指定条件下的数值，使用时需将其换算成操作条件下的数值。在工程计算中，当压力不太高、温度不太低时，可把气体（或气体混合物）按理想气体处理。

由理想气体状态方程式 $pV = nRT = \frac{m}{M}RT$，可得气体密度的计算式：

$$\rho = \frac{m}{V} = \frac{pM}{RT} \tag{2-3}$$

式中　p——气体的绝对压强，kPa；

n——气体的物质的量，mol；

M——气体的摩尔质量，g/mol；

R——通用气体常数，其值为 8.315J/(mol·K)。

另外，由理想气体状态方程式，若已知 T_0、p_0 下的 ρ_0，则 T、p 下的 ρ 可按下式计算：

$$\rho=\rho_0\frac{T_0 p}{T p_0} \tag{2-4}$$

当温度较低、压强较高时，气体的密度应采用真实气体状态方程进行计算。

2.1.4 稳定流动与不稳定流动

流体流动时，若任一空间位置上流体的流速、压强、密度等物理参数均不随时间而改变，则这种流动称为稳定流动，也称定态流动。

若流体流动时，任一点上流体的物理参数部分或全部随时间而改变，则这种流动称为不稳定流动或非定态流动。

设想在水桶底部安装一根排水用的管路，其由直径不等的几段管子连接而成。如图 2-1（a）所示，若在排水过程中不断有水补充回桶内，并维持桶内水面高度不变，则排水管中直径不等的各截面上水的平均速度虽然不同，但每一截面上的平均速度是恒定的，不随时间而变，这种流动属于稳定流动。但对于图 2-1（b）所示情况，排水过程中不向桶内补充水，则桶内液面不断下降，各截面上的流速均随时间而变（减小），属于不稳定流动。

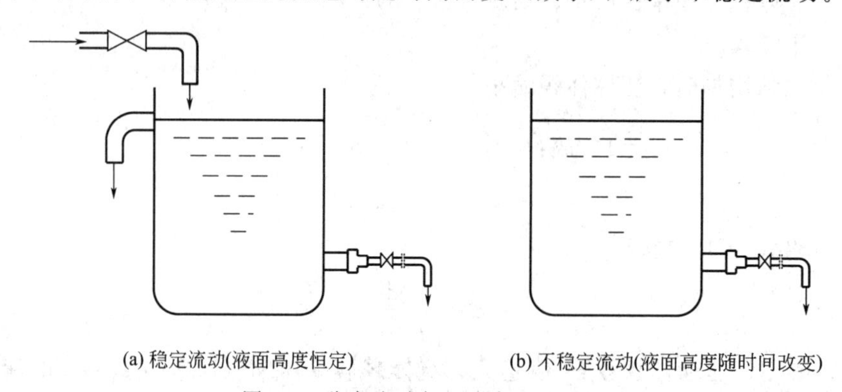

(a) 稳定流动(液面高度恒定)　　(b) 不稳定流动(液面高度随时间改变)

图 2-1　稳定流动与不稳定流动示例

连续生产过程中的流体流动，在正常条件下多属定态流动，但在开工或停工阶段则可能为非定态流动。因实际生产过程多以连续稳定操作为主，因此除特别说明外，本书所论均为稳定流动。

2.2 流体静力学

2.2.1 流体的静压强

作用于流体单位表面积上的法向表面力称为压强，流体处于静止状态时的压强又称为静压强。压强是流体力学中重要而又常用的物理量，习惯上常将压强称为压力，以后除特殊说明外，均将压强称为压力，而将作用于流体一定大小表面积上的表面力的总和称为总压力。

设作用于流体表面积 S 上的总压力为 F，则平均压力可表示为：

$$p_{\mathrm{m}}=\frac{F}{S} \tag{2-5}$$

对于流体中任意一点的压力则可表示为：

$$p=\lim_{S\to 0}\left(\frac{F}{S}\right) \tag{2-6}$$

压力的 SI 制单位为 N/m^2，可用帕斯卡（Pa）表示。其他单位制中，压力的单位还有标准大气压（atm）、毫米汞柱（mmHg）、米水柱（mH_2O）、工程大气压（at）、巴（bar）等。常见压力单位的换算关系为：

$$1atm=760mmHg=10.33mH_2O=1.0133bar=1.033at=1.0133\times10^5Pa$$

为计算方便，工程上将 1at 近似地等于 $1kgf/cm^2$，称为工程大气压。

$$1at=1kgf/cm^2=10mH_2O=100kPa=9.807\times10^4N/m^2=735.6mmHg$$

流体的压力除了用不同的单位来计量外，还因计量基准不同，有绝对压力、表压和真空度三种表示方式。以绝对零压（即完全真空）为基准的压力称为绝对压力（简称绝压），以当时当地大气压力为基准的压力称为表压。表压为绝对压力与大气压力之差，即表压值可用压力表直接测得。

若表压值低于当地大气压，则表压的负值称为真空度，即大气压力与绝对压力的差值。真空度表示绝对压力低于大气压力的数值，该值可由真空表直接测量，而绝对压力则是大气压力与真空度之差。

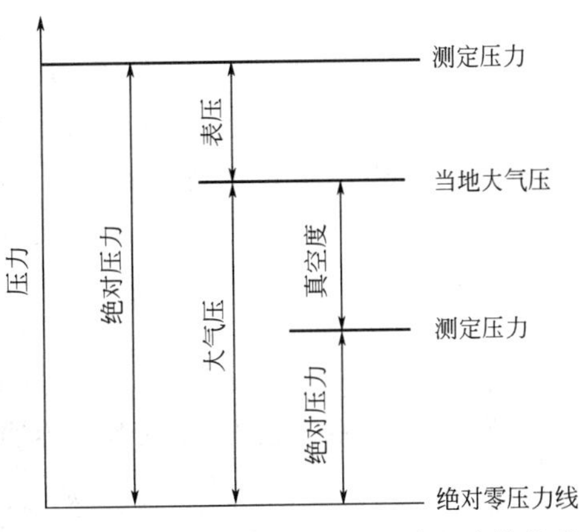

图 2-2　流体绝对压力、表压和真空度的关系

图 2-2 所示为流体的绝对压力、表压和真空度之间的相互关系。由图可见，流体表压越高，其绝压越高；真空度越高，绝压越低，且真空度最高不超过当地的大气压值。因流体压力有绝压、表压和真空度三种表示方式，因此对表压和真空度均应加以标注，如表压 4kPa。如流体压力值未标注，均指绝压。

流体压力具有以下两个重要特性。

① 流体压力处处与它的作用面垂直，并且总是指向流体的作用面。

② 流体中任一点的静压力的大小与所选定的作用面在空间的方位无关，即从各个方向作用于同一点的流体静压力相等。

在空间的不同点上，可以有不同的压力，因而它是空间坐标的单值函数，即：

$$p=f(x,y,z) \tag{2-7}$$

式(2-7) 不仅适用于流体内部，也适用于与器壁接触的流体表面上的任一点。

2.2.2　流体静力学基本方程式

流体静力学基本方程式描述处于静止状态的流体所受的压力和重力之间的平衡规律。此方程式可通过如下受力分析推导得出。

如图 2-3 所示，在密度为 ρ 的静止液体中，任取一微元立方体，其边长分别为 dx、dy、dz，且分别与 x、y、z 轴平行。作用于该立方体上、下底面的压力分别为 p 和 $p+dp$。由于液体处于静止状态，因此所有作用于该立方体上的力在坐标轴上的投影之代数和应等于零。对于 z 轴，作用于该立方体上的力包括以下几个。

① 作用于上底面的总压力 $-(p+dp)dxdy$。

② 作用于下底面的总压力 $pdxdy$。

③ 作用于整个立方体的重力 $-\rho g dxdydz$。

z 轴方向的力平衡式可写成：

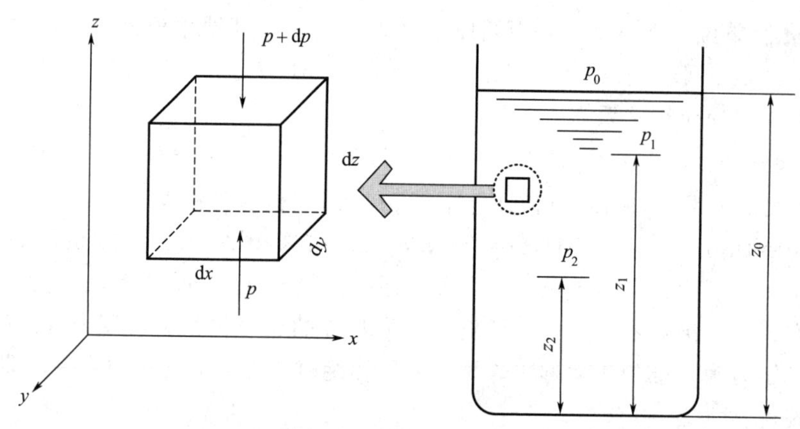

图 2-3 流体静力平衡

$$p\,\mathrm{d}x\,\mathrm{d}y-(p+\mathrm{d}p)\mathrm{d}x\,\mathrm{d}y-\rho g\,\mathrm{d}x\,\mathrm{d}y\,\mathrm{d}z=0$$

即

$$-\mathrm{d}p\,\mathrm{d}x\,\mathrm{d}y-\rho g\,\mathrm{d}x\,\mathrm{d}y\,\mathrm{d}z=0$$

上式各项除以 $\mathrm{d}x\mathrm{d}y$，则 z 轴方向力的平衡式可简化为：

$$\mathrm{d}p+\rho g\,\mathrm{d}z=0$$

液体可视为不可压缩流体，ρ=常数，积分上式，得：

$$\frac{p}{\rho}+gz=\text{常数} \tag{2-8}$$

在静止液体中取任意两点，分别距容器底面的垂直距离为 z_1 和 z_2，如图 2-3 所示，则有：

$$\frac{p_1}{\rho}+gz_1=\frac{p_2}{\rho}+gz_2 \tag{2-9}$$

或

$$p_2=p_1+\rho g(z_1-z_2) \tag{2-10}$$

为讨论方便，使点 1 处于容器的液面上，设液面上方的压力为 p_0，距液面任意距离 h 处的点 2 的压力为 p，则式(2-10) 可改写成：

$$p=p_0+\rho gh \tag{2-11}$$

式(2-9) ～式(2-11) 均为液体静力学基本方程式，表明了在重力场作用下静止液体内部压强的变化规律。

由式(2-11) 可见以下几点。

① 当容器液面上方的压力 p_0 一定时，静止液体内部任一点压力 p 的大小与液体本身的密度 ρ 和该点距液面的深度 h 有关。因此，在静止的、连续的同一液体内，处于同一水平面上各点的压力都相等。

② 当液面所受压力 p_0 有改变时，液体内部各点的压力 p 也发生同样大小的改变。

③ 式(2-11) 可改写成 $\dfrac{p-p_0}{\rho g}=h$。

上式说明压力或压力差的大小可以用一定高度的液体柱表示，这就是压力可以用 mmHg 柱、mH_2O 柱等单位进行计量的依据。当用液柱高度来表示压力或压力差时，必须注明是何种液体才具有实际意义。

式(2-9) ～式(2-11) 是以恒密度液体为例推导得出的。因气体的密度除随温度变化外还随压力而变化，因此也随它在容器内的位置高低而改变。但在工业生产过程中，这种变化一般可以忽略。因此，式(2-9)～式(2-11) 也适用于气体，统称为流体静力学基本方程式。

2.2.3　流体静力学基本方程式的应用

2.2.3.1　压力测量

测量流体压力的仪表种类众多，本节仅介绍以流体静力学基本方程式为依据的测压仪器。这类测压仪器统称为液柱压差计，可用来测量流体的压力或压力差。

(1) U 形管压差计　如图 2-4 所示，其内装有指示液。指示液的密度要大于被测流体的密度，并与被测流体不互溶，不起化学作用。

测压时，将 U 形管两端与被测系统的两点相连接，并使 U 形管上部充满被测流体，以确保压力的正常传递。由于两测压点的压力值 p_1 和 p_2 不相等，于是 U 形管的两侧便产生指示液面的高度差 R，称为压差计的读数，其大小反映了 p_1、p_2 的压力差。

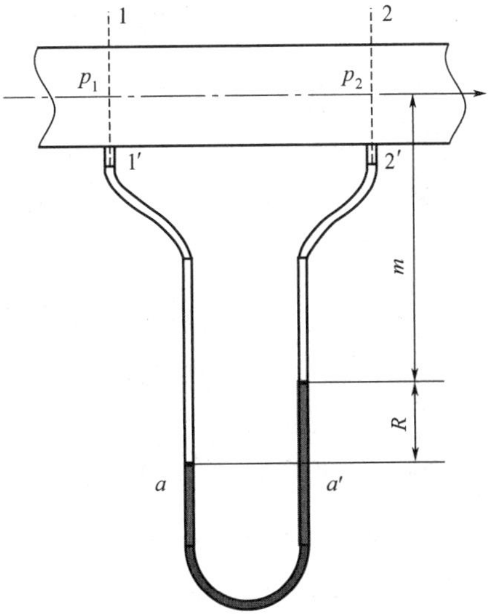

设指示液密度为 ρ_0，被测流体密度为 ρ。根据连通管原理，a、a'两点的压力相等，则由流体静力学基本方程式可得：

$$p_a = p_1 + (m+R)\rho g$$

$$p_{a'} = p_2 + m\rho g + R\rho_0 g$$

图 2-4　U 形管压差计

因为　$p_a = p_{a'}$

所以　$p_1 + (m+R)\rho g = p_2 + m\rho g + R\rho_0 g$

即
$$p_1 - p_2 = R(\rho_0 - \rho)g \tag{2-12}$$

若被测流体是气体，因气体的密度比液体的密度小得多，即 $\rho \ll \rho_0$ 时，此时式(2-12)可简化为：

$$p_1 - p_2 = R\rho_0 g \tag{2-13}$$

将 U 形管的一端连接于被测系统，而另一端通大气，则 U 形管压差计的读数即为被测系统的表压或真空度。

【例 2-1】 如图 2-5 所示，为了测得锅炉液面上方的压力 p，在锅炉侧面安装了一个复式 U 形管水银测压计。截面 2、4 间充满水。以 U 形管底部为基准面，图中各点的标高分别为 $z_0 = 2.2\text{m}$，$z_2 = 1.0\text{m}$，$z_4 = 2.1\text{m}$，$z_6 = 0.8\text{m}$，$z_7 = 2.6\text{m}$。试求锅炉中蒸汽的表压。

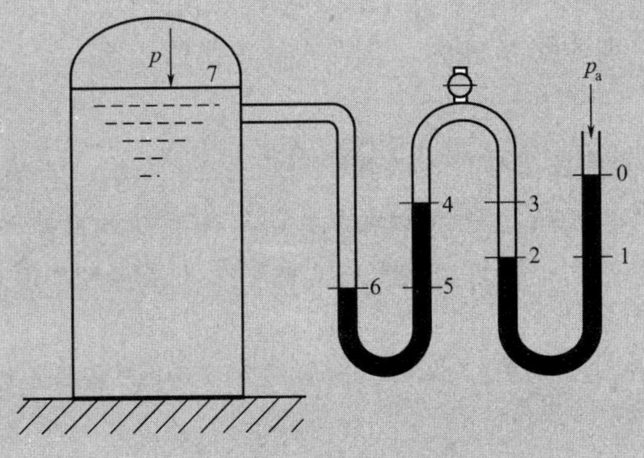

图 2-5　例 2-1 附图

解：根据流体静力学原理，静止的、连续的同一流体内，同一水平面上各点的压力都相等，则对于水平面1—2，由 $p_2=p_1=p_a+\rho_0 g(z_0-z_1)$，可得：

$$p_2-p_a=\rho_0 g(z_0-z_1)$$

对于水平面3—4，由 $p_4=p_3=p_2-\rho g(z_4-z_2)$，可得：

$$p_4-p_2=-\rho g(z_4-z_2)$$

对于水平面5—6，由 $p_6=p_5=p_4+\rho_0 g(z_4-z_5)$，可得：

$$p_6-p_4=\rho_0 g(z_4-z_5)$$

锅炉液面压力 $p=p_7=p_6-\rho g(z_7-z_6)$，可将其改写为：

$$p-p_6=-\rho g(z_7-z_6)$$

以上各式中的 ρ_0、ρ 分别为指示液水银和水的密度。由以上各式可得蒸汽的表压为：

$$\begin{aligned}p-p_a&=\rho_0 g(z_0-z_1)+\rho_0 g(z_4-z_5)-\rho g(z_4-z_2)-\rho g(z_7-z_6)\\&=13600\times9.81\times(2.2-1.0+2.1-0.8)-1000\times9.81\times(2.1-1.0+2.6-0.8)\\&=305.1(\text{kPa})\end{aligned}$$

(2) 微差压差计　由式(2-12)可见，若所测量的压力差很小，U形管压差计的读数 R 也就很小，有时难以准确读出 R 值。为把读数 R 放大，除了在选用指示液时，尽可能地使其密度 ρ_0 与被测流体的密度 ρ 相接近外，还可采用如图2-6所示的微差压差计。其特点如下。

① 压差计内装有两种密度相近但不互溶的指示液A和B，且指示液B与被测流体亦不互溶。

② 在U形管的两侧臂顶端各装有一个扩大室，通常扩大室内径与U形管内径之比要大于10，以确保U形管内指示液A的液面差 R 很大，但两扩大室内指示液B的液面变化却很微小，可以认为维持等高。

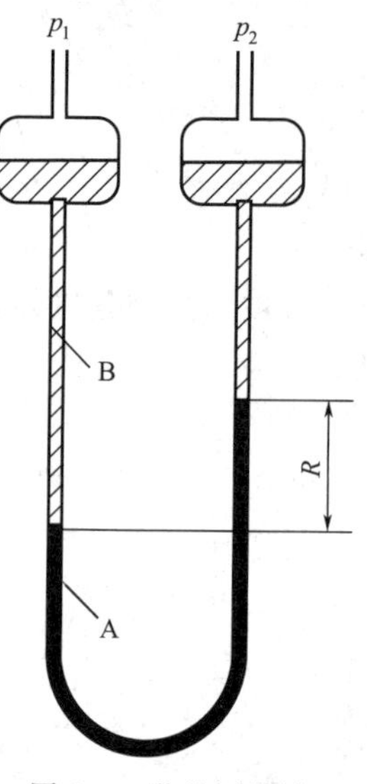

图2-6　微差压差计

由静力学基本方程式可得：

$$p_1-p_2=Rg(\rho_A-\rho_B) \tag{2-14}$$

式中，ρ_A、ρ_B 分别为A、B两种指示液的密度。由式(2-14)可见，$\rho_A-\rho_B$ 值愈小，则读数 R 愈大，这样在测很小的压差时，也能精确读取 R 值。

【例2-2】 为了精密测量某管道中两截面的压力差，对微差压差计的灵敏度做进一步调整。原微差压差计中的轻指示液为食盐溶液，其密度为1250kg/m³；重指示液为四氯化碳，密度为1590kg/m³。如果用四氯化碳溶解轻质油品，将其密度调整到1410kg/m³，问测量灵敏度可提高多少？

解：设 R_1 和 R_2 分别为对四氯化碳密度进行调整前后的微差压差计的读数。由式(2-14)：

$$R_1=\frac{\Delta p}{g(\rho_{A,1}-\rho_{B,1})}$$

$$R_2=\frac{\Delta p}{g(\rho_{A,2}-\rho_{B,2})}$$

根据题意 $\rho_{B,1}=\rho_{B,2}$，则：

$$\frac{R_2}{R_1}=\frac{\Delta p/[g(\rho_{A,2}-\rho_{B,1})]}{\Delta p/[g(\rho_{A,1}-\rho_{B,1})]}=\frac{1590-1250}{1410-1250}$$

即

$$R_2=2.125R_1$$

这说明，对于相同的压力差，四氯化碳密度调整后的微差压差计的读数是对其密度调整前的 2.125 倍。

2.2.3.2　液位的测量和控制

工业生产中常常需要随时对容器中的液位进行测定或控制。大多数液位计的工作原理遵循静止液体内部压力变化的规律。对于较小的容器，通常只需在容器上装接一连通的玻璃管便可，玻璃管中的液位即为容器内液体的液位。但对于大容器或需远距离监控的容器，则需以流体静力学基本方程为依据进行测定。

(1) 大容器的液位计　如图 2-7 所示的大容器液位计，是由平衡器和压差计串联组成的。液位计的平衡器与贮槽液面上方连通，压差计的一端与容器下方连通。液位计内装有指示液汞，上方的平衡器内注入被测液体。当容器内液位与平衡器液位等高时，压差计的读数 $R=0$；当贮槽内液位下降时，读数 R 增大。根据流体静力学基本方程式，容器内液位下降的高度为：

$$\Delta h=\frac{\rho_{Hg}-\rho}{\rho}R \tag{2-15}$$

式中　ρ——被测液体的密度。

ρ_{Hg}——汞的密度。

因为 ρ_{Hg} 比 ρ 要大得多，所以，液位计中较小的 R 值便可反映容器内较大的液位变化。

(2) 远距离测量的液位计　大型贮罐贮有危险品时往往埋于地下，要测定其液位高度需采用远距离测量装置，如图 2-8 所示。

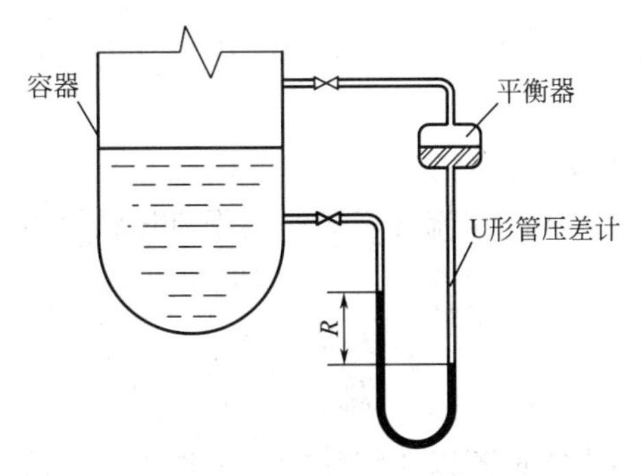

图 2-7　大容器液位计

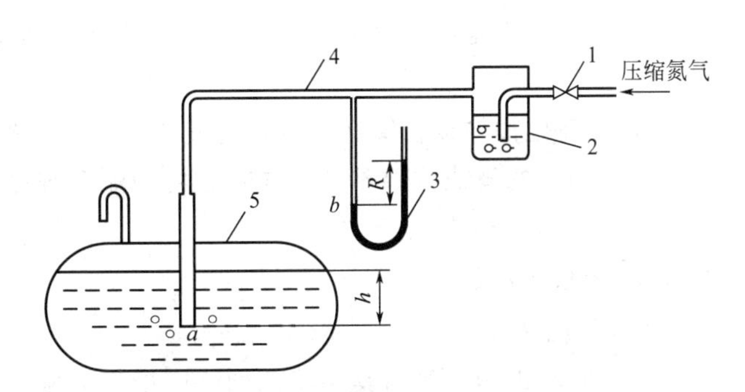

图 2-8　远距离测量的液位计

1—调节阀；2—鼓泡观察器；3—U 形管压差计；4—吹气管；5—贮罐

操作时，自右侧管口通入压缩气体（注意气体不能与被测流体有化学反应或物理溶解），用调节阀 1 调节气体流量，使其以极小的流量（在鼓泡观察器看到有少量气泡缓慢逸出即可）通入测量系统，最后从吹气管出口 a 处慢慢释放并排空。管内某截面上的压力用 U 形管压差计测量。压差计读数 R 的大小便可反映贮罐内液面的高度。

因图 2-8 所示的地下贮罐和 U 形管压差计均通大气，则由流体静力学基本方程式，可得：

$$p_a = p_0 + \rho g h$$

$$p_b = p_0 + \rho_{Hg} g R$$

式中 ρ——被测流体的密度；

p_0——当地大气压。

由于吹气管内气体流速极慢，流动阻力可忽略不计，故 $p_a = p_b$。因此可得：

$$h = \frac{\rho_{Hg}}{\rho} R \tag{2-16}$$

2.2.3.3 液封

在工业生产中，为控制设备内的气体压力不超过限定值或防止设备内气体泄漏，常给设备加一个安全液封装置，如图 2-9 所示。

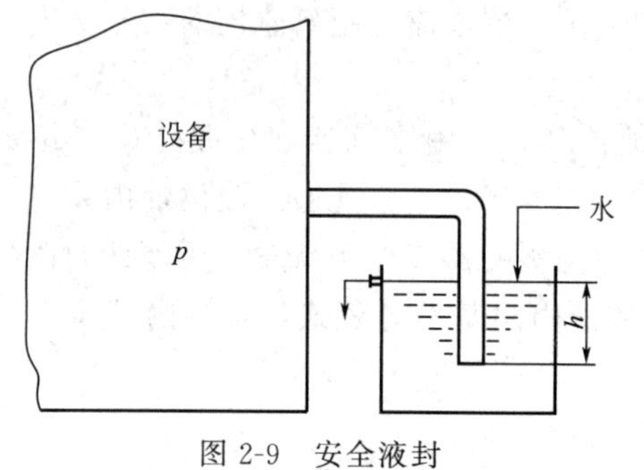

图 2-9 安全液封

当设备内的气体压力增大而超过液封高度 h 的压力时，气体便由液封管口排出，以确保操作安全。设设备内压力限定值为 p（表压），根据流体静力学基本方程式，可得：

$$h = \frac{p}{\rho_{液} g} \tag{2-17}$$

在实际生产中，为安全起见，液封高度要比计算值 h 略小。

2.3 流体在管内的流动

在流体输送过程中常常会遇到如下问题。

① 流动流体内部压力是如何变化的？

② 液体以一定的流量从低位流到高位或从低压流到高压时，需要输送设备为液体提供多少能量？

③ 从高位槽向设备输送一定量的液体时，高位槽的安装位置如何？

这些问题的解决均离不开流体在管内的流动规律。反映流体流动规律的方程有连续性方程式和伯努利方程式。

2.3.1 流量与流速

2.3.1.1 流量

单位时间内通过管道某一截面的流体量称为流量。流体量若以体积计量，则称为体积流量，以符号 q_V 表示，单位为 m^3/s 或 m^3/h；若以质量计量，则称为质量流量，以符号 q_m 表示，单位为 kg/s 或 kg/h。

体积流量和质量流量之间的关系为：

$$q_m = q_V \rho \tag{2-18}$$

式中 ρ——流体的密度，kg/m^3。

2.3.1.2　流速

单位时间内流体在流动方向上所流经的距离称为流速，以符号 u 表示，单位为 m/s。

实验证明，实际流体在管内流动时，由于流体的黏滞作用使其流速在管截面径向各点均不同，在管中心处为最大，越靠近管壁流速越小，在管壁处的流速为零。流体在管截面上的速度分布规律较为复杂，工程计算上为方便起见，流速通常是指管截面上各点的平均流速，其表达式为：

$$u=\frac{q_V}{A} \tag{2-19}$$

式中　A——与流动方向垂直的流道截面积，m^2。

由式(2-18) 和式(2-19)，可得质量流量 q_m 与 u 的关系：

$$q_m=\rho q_V=\rho uA \tag{2-20}$$

由于气体体积流量随温度和压力而变化，其流速也随之改变。所以工程计算中常采用质量流速 ω。质量流速亦称质量通量，是指单位时间内流体流过管道单位截面积的质量，单位是 $kg/(m^2 \cdot s)$，表达式为：

$$\omega=\frac{q_m}{A}=\frac{q_V\rho}{A}=u\rho \tag{2-21}$$

【例 2-3】 列管换热器的管束由 121 根 ϕ25mm×2.5mm（外径×壁厚）的钢管组成。空气以 10m/s 的速度在列管内流动。空气在管内的平均温度为 50℃，表压为 196kPa，当地大气压为 98.7kPa。试求：

(1) 空气的质量流量；

(2) 操作条件下空气的体积流量；

(3) 将 (2) 的计算结果换算为标准状况下空气的体积流量。

解： 经查表，50℃、标准大气压下空气的密度为 $\rho_0=1.093kg/m^3$，则操作条件下空气密度为：

$$\rho=\frac{p}{p_0}\rho_0=\frac{196+98.7}{101.325}\times1.093=3.18(kg/m^3)$$

由题意，钢管的内径为 $d=25-2.5\times2=20(mm)=2\times10^{-2}(m)$，则体积流量为：

$$q_V=n\frac{\pi}{4}ud^2=121\times\frac{3.14}{4}\times10\times0.02^2=0.38(m^3/s)$$

质量流量为：

$$q_m=\rho q_V=3.18\times0.38=1.21(kg/s)$$

标准状况下空气的体积流量为：

$$q_{V,0}=q_V\left(\frac{T_0}{T}\right)\left(\frac{p}{p_0}\right)=0.38\times\frac{273.15}{273.15+50}\times\frac{196+98.7}{101.325}=0.93(m^3/s)$$

2.3.1.3　管径的估算

流体输送管道通常为圆形，若以 d 表示管道的内径，则式(2-19) 可变为：

$$u=\frac{q_V}{\frac{\pi d^2}{4}}$$

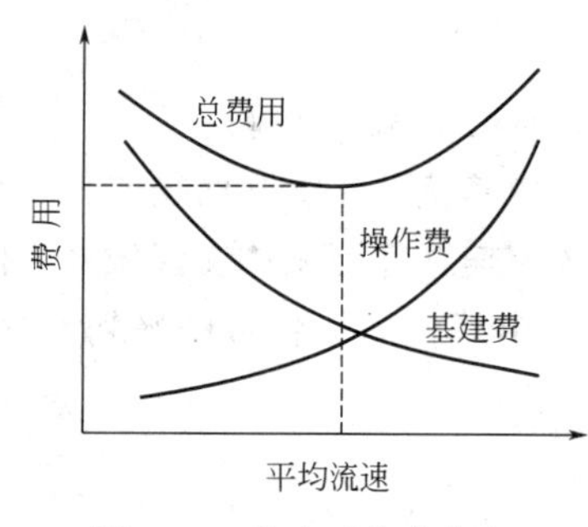

图 2-10　流速对基建费和操作费的影响

于是可得流体输送管路直径的计算式：

$$d=\sqrt{\frac{4q_V}{\pi u}} \tag{2-22}$$

式中的流量一般为生产任务所决定，所以确定输送管路直径的关键在于选择合适的流速。如图 2-10 所示，随着流速增大，因所需管径减小，基建费降低；但流体流过管道的阻力会随之增大，导致动力消耗及相应的操作费增加；反之，流速选得小，操作费可以相应减少，但管径增大，管路的基建费会随之增加。所以，当流体以大流量在长距离的管路中输送时，需根据具体情况通过经济权衡来确定总费用最低时的适宜流速。对于车间内部的工艺管线，通常较短管内流速可选用经验数据。某些流体在管道中的常用流速范围见表 2-1，计算时也可查阅本书附录。

表 2-1　流体在管道中的常用流速范围

流体种类及状况	流速范围/(m/s)	流体种类及状况	流速范围/(m/s)
水及低黏度液体	0.5～3	压力较低的气体	15～25
黏度较大的液体	0.5～1	常压饱和水蒸气	15～25
低压气体	8～15	表压 0.5MPa 饱和水蒸气	20～40
易燃易爆的低压气体	<8	过热水蒸气	30～50

值得注意的是，应用式(2-22) 算出管径后，还需从有关手册选用标准管径。工程实际中流体输送常用管子包括水煤气管和无缝钢管两种。其中水煤气管用公称直径（接近管子内径的整数）表示其规格，无缝钢管则用 ϕ 外径×壁厚表示其尺寸规格。例如 ϕ25mm×2.5mm 的无缝钢管，其外径为 25mm，内径为 20mm。

【例 2-4】 某水厂预铺设一条输送量为 50000kg/h 的输水管路，试选择合适的管路管径。

解： 根据式(2-18) 可得所输送水的体积流量为：

$$q_V=\frac{q_m}{\rho}=\frac{50000}{1000\times 3600}=0.0139(\mathrm{m^3/s})$$

由表 2-1，选择管道内水的流速 $u=1.8\mathrm{m/s}$。

由式(2-22) 可得输水管路直径为：

$$d=\sqrt{\frac{4q_V}{\pi u}}=\sqrt{\frac{4\times 0.0139}{3.14\times 1.8}}=0.0992(\mathrm{m})$$

查阅相关手册，可选用 ϕ108mm×4mm 的无缝钢管，其内径 $d=108-2\times 4=100(\mathrm{mm})$。

重新核算流速，$u=\dfrac{4\times 0.0139}{3.14\times 0.1^2}=1.77(\mathrm{m/s})$，属于常用流速范围。

2.3.2　连续性方程式

流体流动规律的重要内容是流速、压强等运动参数在流动过程中的变化规律。流体流动应当服从质量守恒、能量守恒等一般性原理，通过这些守恒原理可以得到有关运动参数的变化规律。其中连续性方程是流体流动遵守质量守恒原理的体现。对于图 2-11 所示的流体流动系统，在截面 1—1′和 2—2′之间进行物料衡算。

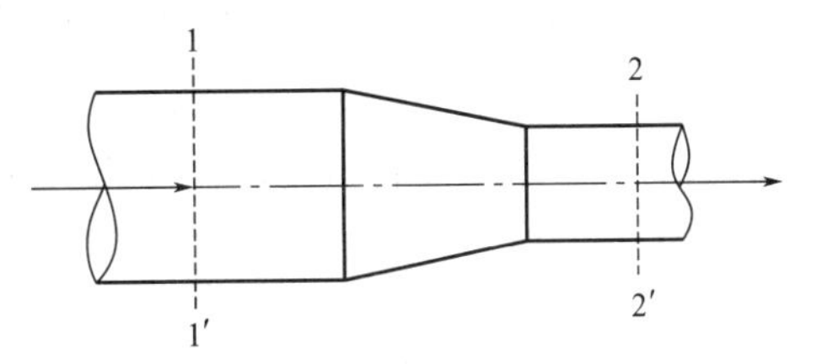

图 2-11　连续性方程式推导

流体从截面 1—1′流入，质量流量为 q_{m1}；从截面 2—2′流出，质量流量为 q_{m2}。稳定流动系统中无流体漏损，则：

$$q_{m1}=q_{m2} \tag{2-23}$$

根据式(2-20)，可得：

$$\rho_1 A_1 u_1=\rho_2 A_2 u_2 \tag{2-24}$$

如果把衡算范围推广到任意截面，则：

$$q_m=\rho_1 A_1 u_1=\rho_2 A_2 u_2=\cdots=\rho A u=\text{常数} \tag{2-25}$$

上式称为连续性方程式。它表明在定态流动系统中，流体流经各截面的质量流量 q_m 不变，但流速却随流体流通的截面积和密度而变化。

若流体不可压缩，即 ρ 为常数，则式(2-25) 可简化为：

$$q_V=A_1 u_1=A_2 u_2=\cdots=A u=\text{常数} \tag{2-26}$$

式(2-26) 说明，不可压缩流体不仅流经各截面的质量流量相等，其体积流量也相等；同时，流体流速与管道截面积成反比。对于圆管，由式(2-26) 可得：

$$u_1 \frac{\pi}{4} d_1^2=u_2 \frac{\pi}{4} d_2^2$$

即

$$\frac{u_1}{u_2}=\left(\frac{d_2}{d_1}\right)^2 \tag{2-27}$$

由上式可知，当管内体积流量一定时，流体流速与管径平方成反比。

由以上讨论可知，连续性方程反映了在定态流动系统中，流量一定时管路各截面上流速的变化规律。此规律与管路的安排以及管路上是否装有管件、阀门或输送设备等无关。

【例 2-5】 一新购置的水泵吸入管规格为 ϕ88.5mm×4mm，压出管规格为 ϕ75.5mm×3.75mm。水泵在最佳工况点工作时，吸入管的流速为 1.4m/s。试求压出管中水的流速。

解： 由题意，水泵吸入管内径 d_1=88.5−2×4=80.5(mm)，压出管内径 d_2=75.5−2×3.75=68(mm)。

由式(2-27)，压出管中水的流速为：

$$u_2=\left(\frac{d_1}{d_2}\right)^2 u_1=\left(\frac{80.5}{68}\right)^2 \times 1.4=1.96(\text{m/s})$$

2.3.3　伯努利方程式

如前所述，连续性方程是流体流动遵守质量守恒原理的体现，而下面所要介绍的伯努利方程则是管内流体流动遵守能量守恒原理的体现，可通过能量守恒推得。流体力学讨论能量衡算的主要目的是推导出伯努利方程式，因此，其能量衡算的范畴只是流体输送中的总机械能，而不是流体流动的总能量。

在流体输送过程中，主要考虑各种形式机械能的相互转换。而由流体的状态所决定的内能，以及在生产过程中通过热交换所产生的温度或状态变化均不能直接转变为机械能，因此在推导反映流体流动过程机械能相互转换关系的伯努利方程式时，可不予考虑。

2.3.3.1　能量衡算系统的机械能

在图 2-12 所示的稳定流动系统中，流体从截面 1—1′流入，经粗细不同的管道，从截面 2—2′流出。管路上装有向流体输入或从流体取出热量的换热器 a 以及对流体做功的泵 b。

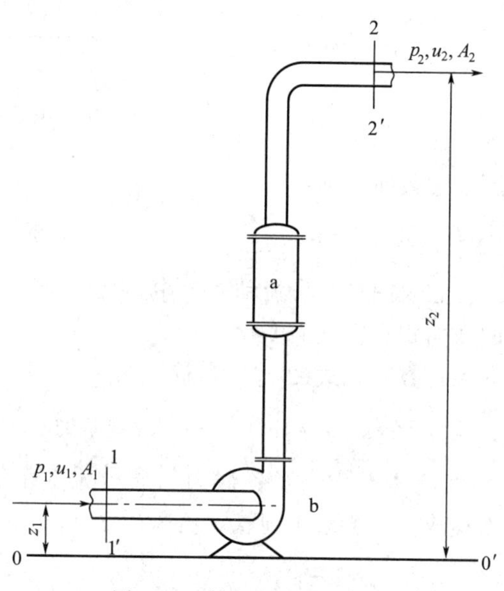

图 2-12　伯努利方程式推导

衡算范围：选取管道内壁面、1—1′截面与 2—2′截面间。

衡算基准：1kg 流体。

基准水平面：0—0′平面。

u_1，u_2——流体分别在截面 1—1′与 2—2′处的流速，m/s；

p_1，p_2——流体分别在截面 1—1′与 2—2′处的压力，Pa；

z_1，z_2——截面 1—1′与截面 2—2′的中心至基准水平面 0—0′的垂直距离，m；

A_1，A_2——流通截面 1—1′与截面 2—2′的面积，m^2；

ρ_1，ρ_2——流体分别在截面 1—1′与截面 2—2′处的密度，kg/m^3。

1kg 流体进、出系统时输入和输出的机械能有如下各项。

(1) 位能　流体因受重力的作用便在不同的高度处具有不同的位能，相当于质量为 m 的流体从基准水平面升到某高度 z 时重力所做的功，即 mgz。

1kg 流体输入与输出衡算系统的位能分别为 gz_1 与 gz_2，其单位为 J/kg。位能是个相对值，随基准水平面的位置而定，基准水平面以上的位能为正值，以下的位能为负值。

(2) 动能　流体以一定的速度运动时，便具有一定的动能。质量为 m 的流体以速度 u 流动时所具有的动能为$\frac{1}{2}mu^2$。

1kg 流体输入与输出衡算系统的动能分别为$\frac{1}{2}u_1^2$ 与$\frac{1}{2}u_2^2$，其单位为 J/kg。

(3) 静压能（压强能）　前已述及，静止流体内部任一处都有一定的静压力。流动着的流体内部任何位置也均具有一定的静压力。如图 2-13 所示，在内部有液体流动的管壁上开孔，并与一根竖直的玻璃管相接，液体便会在玻璃管内上升直至达到某一平衡位置。玻璃管内上升的液柱高度便是运动着的流体在该截面处的静压力的具体表现。

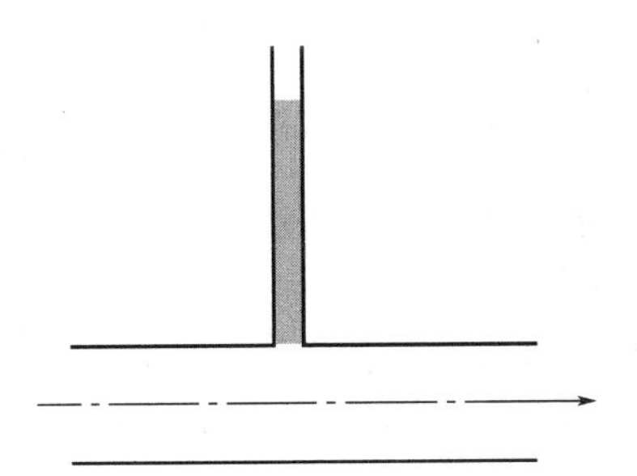

图 2-13　流动液体的静压能

对于图 2-12 所示的流动系统，流体通过截面 1—1′时，由于该截面处流体具有一定的压力，这就需要对流体做相应的功，以克服这个压力，才能把流体推进系统。于是流经截面 1—1′的流体必定要带着与所需的功相当的能量进入系统，流体所具有的这种能量称为静压能或流动功。

设质量为 m、体积为 V_1 的流体通过截面 1—1′，把该流体推进此截面所需的作用力为 p_1A_1，流体流经此截面所走的距离为 V_1/A_1，则流体带入系统的静压能为 $p_1A_1\times\dfrac{V_1}{A_1}=p_1V_1$。

对于 1kg 流体，输入的静压能为$\dfrac{p_1V_1}{m}=\dfrac{p_1}{\rho_1}$(J/kg)。

同理，1kg 流体流经 2—2′截面离开系统时输出的静压能为$\dfrac{p_2}{\rho_2}$ (J/kg)。

2.3.3.2　伯努利方程式的导出

下面，以不可压缩流体为例，分理想流体与实际流体两种情况，通过能量衡算推导出伯努利方程式。

(1) 理想流体的伯努利方程式　理想流体是指无黏性，在流动过程中无摩擦损失的流体。对于不可压缩的理想流体（ρ 为常数），在图 2-12 中，进入衡算系统的能量包括随流体带入系统的总机械能$\left(gz_1+\dfrac{1}{2}u_1^2+\dfrac{p_1}{\rho_1}\right)$和输送设备 b 对流体所做的功；排出系统的能量为随流体带出系统的总机械能$\left(gz_2+\dfrac{1}{2}u_2^2+\dfrac{p_2}{\rho_2}\right)$。

设输送设备对 1kg 流体所做的功为 E_e(J/kg)。根据能量守恒定律，输入系统的总能量等于排出系统的总能量，即：

$$gz_1+\frac{u_1^2}{2}+\frac{p_1}{\rho}+E_e=gz_2+\frac{u_2^2}{2}+\frac{p_2}{\rho} \tag{2-28}$$

若图 2-12 所示的 1—1′截面与 2—2′截面间无输送设备 b，即 $E_e=0$，则可得：

$$z_1+\frac{u_1^2}{2g}+\frac{p_1}{\rho g}=z_2+\frac{u_2^2}{2g}+\frac{p_2}{\rho g} \tag{2-29}$$

式(2-28) 和式(2-29) 均为理想流体的伯努利方程。

(2) 实际流体的伯努利方程式　上述的理想流体是为了方便问题讨论而假想的流体，实际中并不存在。对于实际流体，因其流动时存在着摩擦阻力，需在输出能量中加一项阻力损失 $\sum h_f$（单位为 J/kg）来表示流体在截面 1—1′与 2—2′间流动时，为克服流动阻力而消耗的那部分机械能。此种情况下，式(2-28) 应改写为：

$$gz_1+\frac{u_1^2}{2}+\frac{p_1}{\rho}+E_e=gz_2+\frac{u_2^2}{2}+\frac{p_2}{\rho}+\sum h_f \tag{2-30}$$

式(2-30) 即为实际流体流动时的伯努利方程式。

2.3.3.3 伯努利方程式的讨论

① 式(2-29) 表示理想流体在管道内做定态流动，而又没有外功加入时，在管道任一截面上单位质量流体所具有的总机械能相等，但每一种形式的机械能不一定相等，各种形式的机械能之间可以相互转换。例如，某理想流体在水平管道中定态流动，若在某处管道的截面积缩小，则流速增加，因总机械能为常数，静压能就要相应降低，即一部分静压能转变为动能；反之，当另一处管道的截面积增大时，流速减小，动能减小，则静压能增加。因此，式(2-29) 也表示了理想流体流动过程中各种形式的机械能相互转换的数量关系。

② 式(2-30) 中各项的单位均为 J/kg，但应注意 gz、$\frac{1}{2}u^2$、$\frac{p}{\rho}$与 E_e、$\sum h_f$ 的区别。gz、$\frac{1}{2}u^2$、$\frac{p}{\rho}$是指在某截面上流体本身所具有的能量，而 E_e、$\sum h_f$ 是指流体在两截面之间所获得和所消耗的能量。

式中 E_e 是输送设备对单位质量流体所做的有效功，是决定流体输送设备的重要数据。单位时间输送设备对流体所做的有效功称为有效功率，以 P_e 表示，即：

$$P_e=E_e q_m \tag{2-31}$$

式中，q_m 为流体的质量流量，单位为 kg/s，故 P_e 的单位为 J/s 或 W。

③ 对于可压缩流体，若所选取的衡算系统两截面间的流体绝压变化值小于原来绝对压力的 20%（即$\frac{|p_1-p_2|}{p_1}<20\%$）时，则上述以不可压缩流体为例导出的伯努利方程式可近似成立。此时式中的流体密度 ρ 应为两截面间流体的平均密度 ρ_m。这种处理方法所导致的误差，在工程计算上是允许的。

④ 对于非定态流动系统的任一瞬间，伯努利方程式仍成立。

⑤ 若衡算系统内的流体静止，则 $u=0$，自然没有流体流动阻力，即$\sum h_f=0$；由于流体保持静止状态，也就不会有外功加入，即 $E_e=0$，于是式(2-30) 变成：

$$\frac{p_1}{\rho}+gz_1=\frac{p_2}{\rho}+gz_2$$

上式即为流体静力学基本方程式的表达形式之一。由此可见，伯努利方程式除表示流体的流动规律外，还表示了流体静止状态的规律，也即流体的静止状态是流体流动状态的特殊形式。

⑥ 如果流体的衡算基准不同，式(2-30) 可写成不同的表达形式。

a. 以单位重量（即 1N）流体为衡算基准。1kg 流体重 g(N)，因此将式(2-30) 各项除以 g，可得：

$$z_1+\frac{u_1^2}{2g}+\frac{p_1}{\rho g}+\frac{E_e}{g}=z_2+\frac{u_2^2}{2g}+\frac{p_2}{\rho g}+\frac{\sum h_f}{g}$$

令 $H_e=\frac{E_e}{g}$，$H_f=\frac{\sum h_f}{g}$，则：

$$z_1+\frac{u_1^2}{2g}+\frac{p_1}{\rho g}+H_e=z_2+\frac{u_2^2}{2g}+\frac{p_2}{\rho g}+H_f \tag{2-32}$$

上式各项单位可简化为 m，它所表示的物理意义是，单位重量流体所具有的机械能，可以把它自身从基准水平面升举的高度。常把 z、$\frac{1}{2g}u^2$、$\frac{p}{\rho g}$ 与 H_f 分别称为位压头、动压头、静压头与压头损失，而 H_e 则称为输送设备对流体所提供的有效压头。

b. 以单位体积流体为衡算基准。1kg 流体的体积为 $1/\rho(m^3)$，因此将式(2-30) 各项除以 $1/\rho$，则：

$$\rho g z_1+\frac{u_1^2}{2}\rho+p_1+E_e\rho=\rho g z_2+\frac{u_2^2}{2}\rho+p_2+\rho\sum h_f \tag{2-33}$$

2.3.4　伯努利方程式的应用

2.3.4.1　伯努利方程式的解题要点

应用伯努利方程式解题时，需注意以下要点。

① 根据题意绘制出流动系统的示意图，用细实线代表管路，并指明流体的流动方向。

② 确定上、下游截面，以明确流动系统的衡算范围。选定的上、下游截面应满足如下要求。

a. 截面应与流体的流动方向垂直，两截面间的流体要做连续、稳定流动，且充满衡算系统。

b. 所要求解的未知量应在截面上或在两截面之间，且截面上的 z、u、p 等有关物理量，除所需求解的未知量外，都应该是已知的或能通过其他关系计算得出。

c. 截面的选取要与 $\sum h_f$ 所涉及的流体流动范围相一致，即 $\sum h_f$ 是流体从上游截面经输送管路流至下游截面的全部阻力损失，并注意其是否包括出口阻力损失。

当流体经管路出口流至外部大空间时，为简化计算，认为流体一旦流出管口，其流速即刻为零，动能全部损失，这部分能量损失称为出口阻力损失，其值为 $u^2/2$ (J/kg)。因此对于图 2-14 所示的流动系统，如衡算范围为 1—1′截面至 2—2′截面内侧，则流体没有流出管子，2—2′截面流体具有动能，1—1′至 2—2′截面间的流动阻力损失 $\sum h_f$ 不包括出口阻力损失；若衡算范围为 1—1′截面至 2—2′截面外侧，则流体已流出管子，2—2′截面的流体动能为零，1—1′至 2—2′截面间的阻力损失 $\sum h_f'$ 包括出口阻力损失 $u^2/2$，即 $\sum h_f'=\sum h_f+u^2/2$。

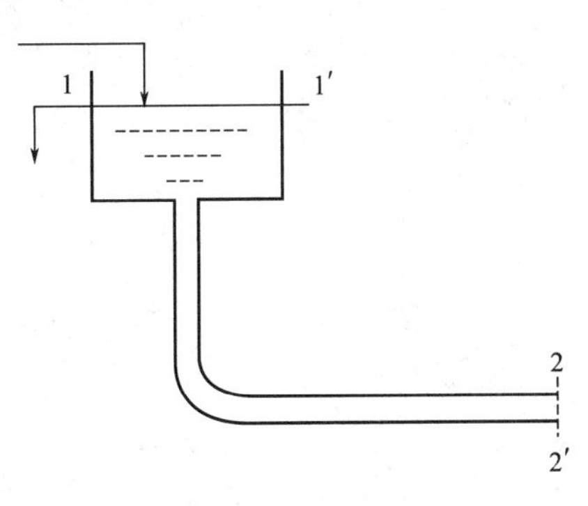

图 2-14　截面选取

③ 基准面是用以衡量系统位置的准则，可以任意选取，但必须水平，且便于计算所选取的截面与基准面间的垂直距离。当截面与基准面不平行时，z 值是指截面中心点到基准面的垂直距离。为了计算方便，通常取基准水平面通过衡算范围的两个截面中的一个截面。

④ 伯努利方程式具有单位一致性，因此尽管伯努利方程的表示式有几种，但同一方程内所有项的单位必须一致。另外，方程式中的压力 p 可以均用绝压，也可以均用表压。

2.3.4.2　伯努利方程式应用实例

伯努利方程广泛应用于工程实际中的流体输送，计算过程中所需的动力和流动参数等，同时也用于研究流体输送过程和涉及传热、传质等其他工业过程的条件优化。

【例 2-6】 见图 2-15，用泵将密度为 $1100\mathrm{kg/m^3}$ 的某液体以 25t/h 的流量从低位槽输送到吸收塔顶，经喷淋用作吸收剂。已知贮槽液面比地面低 1.5m，塔内喷头比地面高出 13m，泵压出管内径为 53mm；液体喷出喷头时的压力（表压）为 30kPa，输送系统中液体的压头损失为 3m。若泵的效率为 75%，试求泵所需的轴功率。

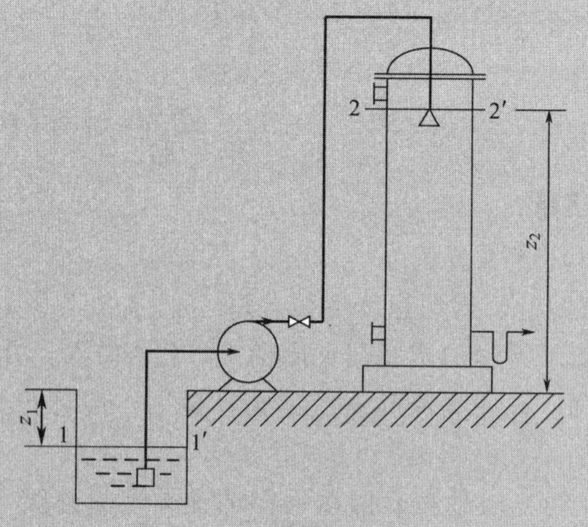

图 2-15　例 2-6 附图

解：以贮槽液面为上游截面 1—1′，喷头出口截面为下游截面 2—2′，以地面作为基准水平面 0—0′。

在截面 1—1′与 2—2′内侧之间列伯努利方程式：

$$z_1+\frac{u_1^2}{2g}+\frac{p_1}{\rho g}+H_e=z_2+\frac{u_2^2}{2g}+\frac{p_2}{\rho g}+H_f$$

整理上式，得：

$$H_e=(z_2-z_1)+\frac{u_2^2-u_1^2}{2g}+\frac{p_2-p_1}{\rho g}+H_f$$

式中，$z_1=-1.5\mathrm{m}$，$z_2=13\mathrm{m}$，$\rho=1100\mathrm{kg/m^3}$，$H_f=3\mathrm{m}$。

公式中压力均用表压，则 $p_1=0$，$p_2=30000\mathrm{Pa}$。

因相比输送管道，贮槽截面积很大，液面下降极慢，故 $u_1\approx 0$。压出管内径为 53mm，因此压出管速度 u_2 为：

$$u_2=\frac{q_m}{\rho\dfrac{\pi}{4}d^2}=\frac{25\times 1000}{\dfrac{\pi}{4}\times(0.053)^2\times 1100\times 3600}=2.86(\mathrm{m/s})$$

将上述参数代入方程式求解，得：

$$H_e=(13+1.5)+\frac{(2.86)^2}{2\times 9.81}+\frac{30000}{1100\times 9.81}+3-20.7(\mathrm{m})$$

流体的质量流量为：

$$q_m=25\mathrm{t/h}=6.94\mathrm{kg/s}$$

输送液体所需的有效功率为：

$$P_e=q_m gH_e=6.94\times 9.81\times 20.7=1409(\mathrm{m^2\cdot kg/s^3})=1.409(\mathrm{kW})$$

则泵的轴功率 P 为：

$$P=\frac{P_e}{\eta}=\frac{1.409}{0.75}=1.88(\text{kW})$$

实际选用时参照泵的规格，轴功率应大于或等于 1.88kW。

【例 2-7】 如图 2-16 所示，密度为 850kg/m^3 的料液从高位槽送入塔中，高位槽内的液面维持恒定。塔内表压为 9.81×10^3Pa，进料量为 $5\text{m}^3/\text{h}$。连接管规格为 $\phi38\text{mm}\times2.5\text{mm}$，料液在连接管内流动时的能量损失为 30J/kg（不包括出口的能量损失）。试求高位槽内的液面应比塔的进料口高出多少才能完成上述输送任务？

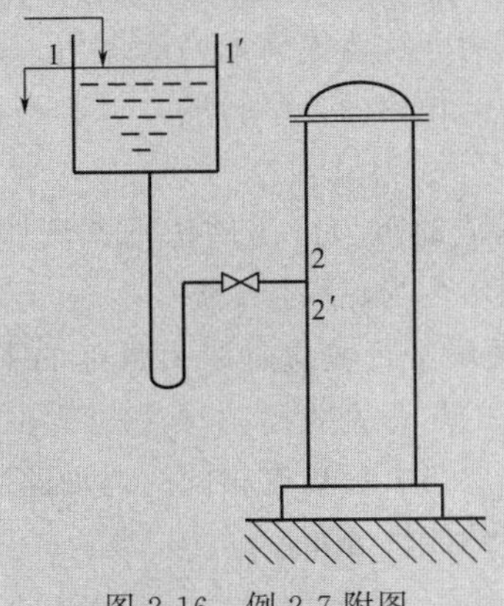

图 2-16　例 2-7 附图

解： 取高位槽液面为上游截面 1—1′，连接管出口内侧为下游截面 2—2′，并以截面 2—2′的中心线为基准水平面。在两截面间列伯努利方程式：

$$gz_1+\frac{u_1^2}{2}+\frac{p_1}{\rho}=gz_2+\frac{u_2^2}{2}+\frac{p_2}{\rho}+\sum h_f$$

式中，$z_2=0$；p_1(表压)$=0$；p_2(表压)$=9.81\times10^3$Pa；$\sum h_f=30$J/kg。

高位槽截面比管道截面要大得多，故槽内流速可忽略不计，即 $u_1\approx0$。

$$u_2=\frac{q_V}{\frac{\pi}{4}d^2}=\frac{5}{\frac{\pi}{4}\times(0.033)^2\times3600}=1.62(\text{m/s})$$

将上列数值代入伯努利方程式，并整理得：

$$z_1=\left(\frac{1.62^2}{2}+\frac{9.81\times10^3}{850}+30\right)/9.81=4.37(\text{m})$$

即高位槽内的液面应比塔的进料口高 4.37m。

2.4　流动流体的内部结构

2.4.1　牛顿黏性定律与流体的黏度

2.4.1.1　牛顿黏性定律

流体具有流动性，在外力作用下其内部会产生相对运动。与流动性相反，在运动的状态下，流体还有一种抗拒内在向前运动的特性，称为黏性。

以水在管内流动时为例，管内任一截面上各点的速度并不相同，管中心处的速度最大，愈靠近管壁速度愈小。在管壁处，水的质点黏附于管壁上，其速度为零。其他流体在管内流动时也有类似的规律。所以，流体在圆管内流动时，实际上是被分割成无数极薄的圆筒层，各层以不同的速度向前运动，如图 2-17 所示。

由于各层速度不同，层与层之间便产生了相对运动，速度快的流体层对与之相邻的速度较慢的流体层形成了推动沿其运动方向前进的力，而同时速度慢的流体层对与之相邻的速度快的流体层作用着一个大小相等、方向相反的力，从而阻碍其向前运动。这种运动着的流体内部相邻两流体层间的相互作用力，称为流体的内摩擦力，是流体黏性的表现，所以又称为黏滞力或黏性摩擦力。内摩擦力与作用面是平行的，单位面积上的内摩擦力称为内摩擦应力或剪应力。

流体在流动时的内摩擦，是流动阻力产生的依据，流体流动时必须克服内摩擦力而做功，从而将流体的一部分机械能转变为热而损失掉。

如图 2-18 所示，设有上下两块平行放置且距离很近的平板，板间充满静止液体。当下板固定，拖动上板做平行于下板的匀速直线运动时，两板间的液体随即被分成无数平行的薄层而运动。黏附在上板底面的液层与上板具有相同的运动速度，而黏附于下板的液层则静止不动，液体层的流速呈上大下小的线性分布。

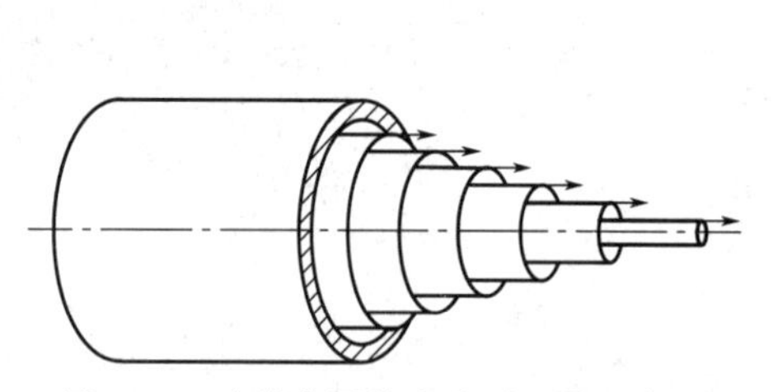

图 2-17 流体在圆管内分层流动示意图

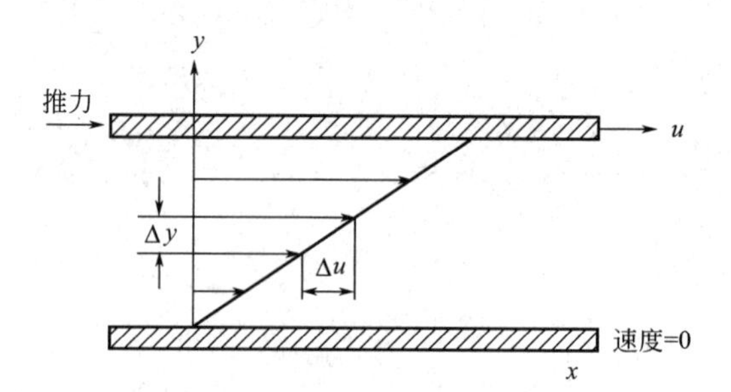

图 2-18 平板间液体速度变化图

设纵坐标 y 处流体层的速度为 u，与其相邻 $y+\mathrm{d}y$ 处流体层的速度为 $u+\mathrm{d}u$，则 $\mathrm{d}u/\mathrm{d}y$ 为速度梯度。实验证明，两流体层间的内摩擦应力 τ 与垂直于流动方向的速度梯度 $\mathrm{d}u/\mathrm{d}y$ 成正比，即：

$$\tau=\mu\frac{\mathrm{d}u}{\mathrm{d}y} \tag{2-34}$$

此式即为牛顿黏性定律表示式。式中，μ 为比例系数，其值随流体种类而异，流体的黏性愈大，其值愈大，称为动力黏度，即黏度，SI 制单位为 Pa·s。

流体按其是否服从牛顿黏性定律可分为两大类。服从牛顿黏性定律的流体称为牛顿型流体，如空气、一般气体、水和低分子量溶液等；不服从这一定律的流体称为非牛顿型流体，如泥浆、悬浊液、聚合物溶液或熔融体、生物类流体、油漆等。本章仅讨论牛顿型流体。

2.4.1.2 流体的黏度

黏度是衡量流体黏性大小的物理量，将式(2-34) 改写可得其定义式，即：

$$\mu=\frac{\tau}{\frac{du}{dy}} \tag{2-35}$$

由式(2-35)可见，黏度的物理意义是促使流体流动产生单位速度梯度的剪应力。黏度总是与速度梯度相联系，只有在运动时才显现出来。分析静止流体的规律时无须考虑黏度。

黏度是流体的物理性质之一，可通过实验测定，大多数纯净物的黏度可从手册中查得。流体黏度与压力的关系不大，但受温度影响明显。液体黏度随温度升高而减小；对于气体，温度升高，气体分子运动速度加快，相互碰撞机会增加，因此黏度增大。

工程上常用泊（P）或厘泊（cP）作黏度单位，它们与 Pa·s 的换算关系为：

$$1P=0.1Pa\cdot s=100cP$$

流体力学中常把流体黏度 μ 与密度 ρ 之比称为运动黏度，用符号 ν 表示：

$$\nu=\frac{\mu}{\rho} \tag{2-36}$$

其单位为 m^2/s。

在推导伯努利方程式时，曾引入理想流体的概念，这种流体在流动时没有摩擦损失，即认为内摩擦力为零，故理想流体的黏度为零。理想流体仅是一种设想，实际上并不存在。因为影响黏度的因素较多，给研究实际流体的运动规律带来诸多困难。因此，为简化问题，先按理想流体来考虑，找出规律后再加以修正，然后应用于实际流体。而且在某些场合下，流体黏性并不起主要作用，此时实际流体就可按理想流体来处理。所以，理想流体的概念对解决工程实际问题具有重要意义。

【例 2-8】 用往复泵将原油送到精馏塔。往复泵缸内壁的直径 D 为 14cm，活塞的直径 d 为 13.95cm，厚度 l 为 8cm，往复运动的速度为 1.0 m/s。原油黏度 $\mu=0.12Pa\cdot s$，试求活塞运动时所克服的黏滞力为多少？

解： 活塞与缸内壁的距离 $n=(14-13.95)/2=0.25(mm)$。因黏滞作用，靠缸内壁的原油速度为 0，靠活塞外沿的原油速度与活塞速度相等，为 1.0m/s。该层原油速度梯度近似为：

$$\frac{du}{dy}=\frac{u}{n}=\frac{1.0}{0.25\times10^{-3}}=4\times10^{3}(s^{-1})$$

剪应力为：

$$\tau=\mu\frac{u}{n}=0.12\times4\times10^{3}=4.8\times10^{2}(N/m^{2})$$

活塞与缸内壁接触面积为：

$$A=\pi dl=3.14\times13.95\times10^{-2}\times8\times10^{-2}=3.5\times10^{-2}(m^{2})$$

活塞运动时所克服的黏滞力为：

$$F=\tau A=4.8\times10^{2}\times3.5\times10^{-2}=16.8(N)$$

2.4.2 流动类型与雷诺数

2.4.2.1 流动类型

前面根据流体流动中的质量和能量守恒原理，得出了描述流体流动参数变化规律的连续性方程和伯努利方程，然而尚未涉及流体的内部结构。有关流体的流动阻力是如何产生的，热量在流体中是如何传递的，溶质在流体中是如何扩散的，这些都与流体流动的内部结构，即流体质点的运动状况有关。

1883 年，雷诺通过实验观察了流体流动时内部质点的运动状况，分析了影响质点运动状况的有关因素，进而揭示了流体流动的两种本质不同的形态。如图 2-19 所示，在水箱内装有溢流装置，以维持水位恒定。水箱底部接一段直径相同的水平玻璃管，管出口处装有阀门，用以调节流量。水箱上方用管子连接一内盛有色液体的小瓶，有色液体流经细管沿管轴线注入水平玻璃管内。实验所配有色液体密度应与清水密度基本相等。实验时，在清水流经玻璃管的过程中，同时把有色液体送到玻璃管入口以后的管中心位置上。

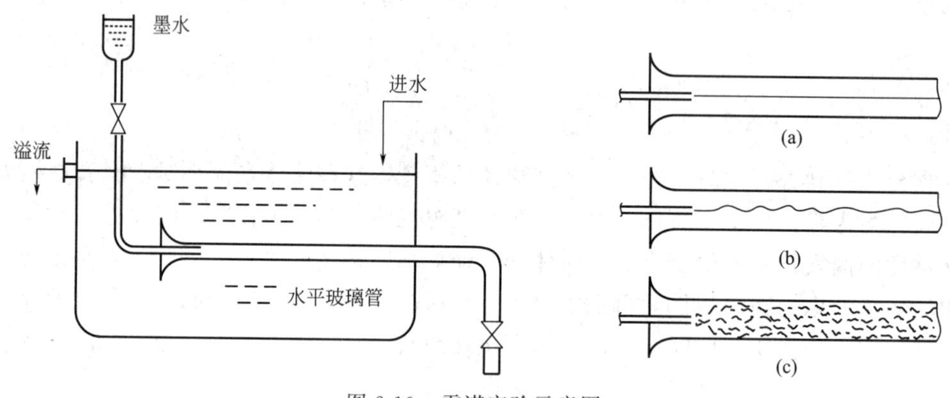

图 2-19 雷诺实验示意图

通过实验可以观察到，当玻璃管内清水缓慢流动时，从细管引至水流中心的有色液体呈细直线平稳地流过整根水平玻璃管，与玻璃管里的水不相混杂，如图 2-19（a）所示。若把清水流速逐渐提高到一定数值，有色液体的细线逐渐变为波浪形，如图 2-19（b）所示；继续增大清水流速，细线逐渐消失，有色液体流出细管后随即散开，与水完全混合在一起，整根玻璃管中的水呈现均匀的颜色，如图 2-19（c）所示。

上述雷诺实验揭示了与流速有关的两种本质不同的流动形态，层流与湍流。

（1）层流（又称滞流） 当流体在管内流动时，流体质点沿平行于管轴的方向做直线运动，质点间无轴向和径向上的混合，如图 2-19（a）所示。

（2）湍流（又称紊流） 当流体在管内流动时，流体质点主体除沿轴向向前运动外，同时质点在各个方向做随机运动，彼此混合，产生涡流，质点速度的大小和方向随时发生变化，如图 2-19（c）所示。

2.4.2.2 雷诺数

雷诺实验还发现，流体流动形态除与流速 u 有关外，还与流体的密度 ρ、黏度 μ 以及管道内径 d 有关。在大量实验的基础上，雷诺发现可将这 4 个因素组合成一个无量纲数群，作为流型的判据。该数群称为雷诺数，以 Re 表示，表达式为：

$$Re=\frac{du\rho}{\mu} \tag{2-37}$$

对于一定的流体流动，因 Re 无量纲，所以无论采用何种单位制，只要数群中各物理量的单位一致，所算出的 Re 值必相等。

凡是几个有内在联系的物理量按无量纲条件组合起来的数群，称为特征数或无量纲数群。这种组合并非是任意拼凑的，一般都是在大量实践的基础上，对影响某一现象或过程的各种因素有了一定认识之后，再通过物理分析或数学推演或二者相结合的方法确定出来的。它既反映了所包含的各物理量的内在关系，又能说明某一现象或过程的一些本质。如流体的流动类型，可以用雷诺数来判断。

雷诺实验指出：当 $Re \leqslant 2000$ 时，流体的流动类型为层流；当 $Re \geqslant 4000$ 时，流动类型为湍流；当 $2000 < Re < 4000$ 时，有时出现层流，有时出现湍流，称为过渡流。

值得注意的是，过渡流不是一种单独的流动类型，而是一种不稳定的状态，与外界干扰有关，例如流道弯曲、管壁粗糙或外来震动等都可能导致湍流。

【例 2-9】 温度为 20℃ 的清水在一内径为 25mm 的直管内流动，当流速为 1.5m/s 时，其流动形态如何？若控制流动形态为层流，则最大流速为多少？

解： 查表可知，20℃时水的黏度 $\mu = 1 \times 10^{-3}$ Pa·s，密度 $\rho = 998.2 \text{kg/m}^3$。

当 $u = 1.5$ m/s 时：

$$Re = \frac{d\rho u}{\mu} = \frac{25 \times 10^{-3} \times 998.2 \times 1.5}{1 \times 10^{-3}} = 3.74 \times 10^4 > 4000$$

故流动类型为湍流。

当流动形态为层流时，雷诺数 $Re \leqslant 2000$，则：

$$Re_{max} = \frac{d\rho u_{max}}{\mu} = \frac{25 \times 10^{-3} \times 998.2 \times u_{max}}{1 \times 10^{-3}} = 2000$$

经计算，需控制的最大流速 $u_{max} = 0.08$ m/s。

2.4.3　边界层及边界层脱体

2.4.3.1　边界层的形成

如图 2-20 所示，当流体以均匀流速 u_0 流经一个固体壁面时，由于流体具有黏性又能完全润湿壁面，则黏附在壁面上的流体层便和与其相邻的流体层间产生内摩擦，而使相邻流体层的速度减慢。实验表明，这种减速作用，由附着于壁面的流体层开始依次向流体内部传递，离壁面愈远，减速作用愈小。因此在离壁面一定距离后，流体的速度渐渐接近于未受壁面影响时的流速。靠近壁面的流体速度分布情况如图 2-20 所示。图中各速度分布曲线与 x 相对应。x 为沿流动方向离开平板前缘的距离。

从上述情况可知，当流体流经固体壁面时，由于流体具有黏性，在垂直于流体流动方向上便产生了速度梯度。在壁面附近，存在着较明显速度梯度的流体层称为流动边界层，简称边界层，如图 2-20 中虚线所示。边界层以外，黏性不起作用，即速度梯度可视为零的区域，称为流体的外流区或主流区。对于流体在平板上的流动，主流区的流速应与未受壁面影响的流速 u_0 相等。工程上，将有较明显速度梯度的流体层定义为速度 $\leqslant 0.99u_0$ 的流体层；对此，边界层的厚度 δ 等于由壁面至速度达到 $0.99u_0$ 的点之间的距离。

由于边界层的形成，可把沿壁面的流动简化成两个区域，即边界层区与主流区。在边界

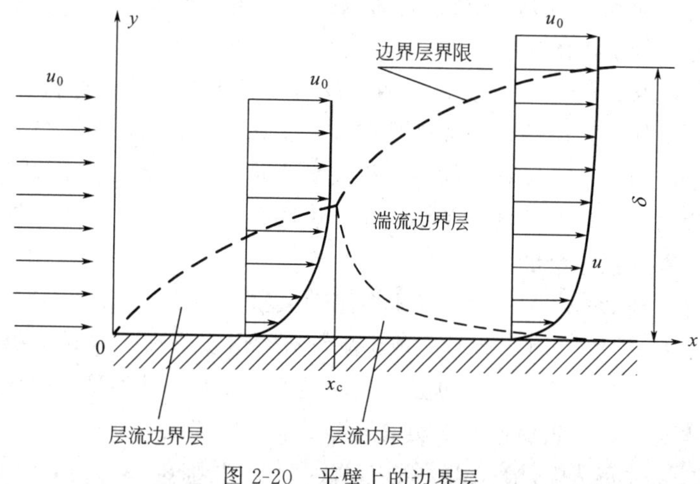

图 2-20 平壁上的边界层

层区，垂直于流动方向上存在着显著的速度梯度（du/dy），即使黏度很小，摩擦应力 $\tau=\mu\dfrac{du}{dy}$仍然很大，不可忽视。在主流区内，速度梯度近似为零，摩擦应力可忽略不计，则此区流体可视为理想流体。

应用边界层的概念研究实际流体的流动，可使问题得到简化，从而可以用理论的方法来解决比较复杂的流动问题。边界层概念的提出对传热与传质过程的研究同样具有重要意义。

2.4.3.2 边界层的发展

（1）流体在平板上的流动 如图 2-20 所示，随着流体流经平板距离的增加，因黏性对流体的持续作用，促使更多的流体层速度减慢，从而使边界层的厚度逐渐变厚，即边界层在平板前缘后的一定距离内是发展的。在边界层的发展过程中，边界层内流体的流型可能是层流，也可能由层流转变为湍流。由图 2-20 可见，在平板的前缘处，边界层较薄，流体的流动总是层流，这种边界层称为层流边界层。在距平板前缘某一临界距离 x_c 处，边界层内的流动会由层流转变为湍流，此后的边界层称为湍流边界层。但在湍流边界层内，靠近平板的极薄一层流体仍维持层流，称为层流内层或层流底层。层流内层与湍流层之间存在着过渡层或缓冲层，其流动类型不稳定，可能是层流，也可能是湍流。

（2）流体在圆形直管进口段内的流动 图 2-21 表示了流体在圆形直管进口段内流动时，边界层的发展情况。流体在进入圆管前，以均匀的流速流动；流进管道之初，流体速度分布比较均匀，仅在管壁处形成很薄的边界层；因流体黏性的持续作用，随着流体向前流动，边界层逐渐增厚，边界层内的流速逐渐减小。对于稳定流动，因管内流体的流量维持不变，致使管中心部分的流速增加，速度分布随之而变。在距管入口处 x_0 的地方，管壁上已经形成的边界层在管的中心线上汇合，此后边界层占据整个圆管的截面，其厚度维持不变，等于管子半径。距管进口的距离 x_0 称为稳定段长度或进口段长度。在稳定段之后，管道各截面速度分布曲线形状不随 x 而变，称为完全发展了的流动。

与流体流经平板相同，流体在管内流动的边界层亦可从层流转变为湍流。但值得注意的是，在完全发展了的流动开始之时，若边界层内为层流，则管内的流动仍将保持层流；若边界层内的流动已由层流转变为湍流，则管内的流动仍保持为湍流。

与流体流经平板时的湍流边界层相类似，对于湍流管道内完全发展了的流体流动，靠近

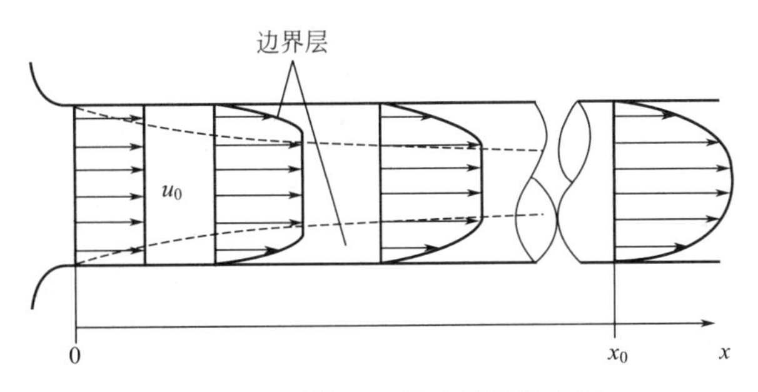

图 2-21　圆管入口处边界层的发展

管壁的流体薄层仍做层流流动，即所谓的层流内层或层流底层；自层流内层往管中心推移，速度逐渐增大，出现了既非层流流动亦非完全湍流流动的缓冲层或过渡层；再往中心才是湍流主体。层流内层的厚度很薄，且随 Re 值的增加而减小。层流内层通常很薄，但其对传热与传质过程都有重大的影响。

流体在圆形直管内稳定流动时，在稳定段以后，管内各截面上的流速分布和流型保持不变，因此在测定圆管内截面上流体的速度分布曲线时，测定点必须选在圆管中流体速度分布保持不变的平直部分，即此处到入口或转弯等处的距离应大于 x_0，其他测量仪表在管道上的安装位置也应如此。层流时，通常取稳定段长度 $x_0=(50\sim100)d$；湍流的稳定段长度，除 Re 值较小外，一般比层流时的要短些。

2.4.3.3　边界层的分离

流体流过平板或者直管时，边界层始终紧贴壁面。但是，当流体流过球体、圆柱体或其他曲面形状物体的表面时，在一定的条件下边界层会脱离固体表面，并在脱离处产生旋涡，加剧流体质点间的相互碰撞，造成流体的能量损失。

如图 2-22 所示，流体以均匀的流速 u_0 垂直流过一无限长圆柱体表面（以圆柱体上半部为例）。由于流体具有黏性，在壁面上形成边界层，其厚度沿流体的流动方向而增加。当流体到达点 A 时，因受壁面的阻滞，流速为零。点 A 称为停滞点或驻点。在点 A 处，流体压力为最大，后续而来的流体在高压作用下被迫改变原来的运动方向，由点 A 绕圆柱表面而流动。在点 A 至点 B 间，因流通截面逐渐减小，边界层内的流体流速增大而压力降低，所减小的静压能一部分转变为动能，另一部分用于克服因流体的内摩擦而引起的流动阻力（摩擦阻力）而消耗掉。在点 B 处，流通截面积最小，因此流速最大而压力最低；此后，随流通截面的逐渐增大，流体又处于减速加压的过程，所减小的动能一部分转变为静压能，另一部分消耗于克服摩擦阻力。当达到某点，譬如说点 C 时，流体减速为零，压力增至最大，形成了新的停滞点，后续而来的流体在高压作用下被迫离开壁面沿新的流动方向前进，故点 C 称为分离点。这种边界层脱离壁面的现象，称为边界层分离。

由于边界层自点 C 开始脱离壁面，所以在点 C 的下游形成了流体的空白区，后面的流体必将回流以填充空白区，因此在点 C 下游的壁面附近会产生流向相反的两股流体，进而形成涡流区。其中流体质点进行着强烈的碰撞与混合而消耗能量。这部分能量损耗是由于固体表面形状而造成边界层分离所引起的，故称为形体阻力。所以，黏性流体绕过固体表面的阻力为摩擦阻力与形体阻力之和，称为局部阻力。流体流经管件、阀门、管子进出口等局部的地方，由于流动方向和流道截面的突然改变，都会发生上述情况而产生局部阻力。

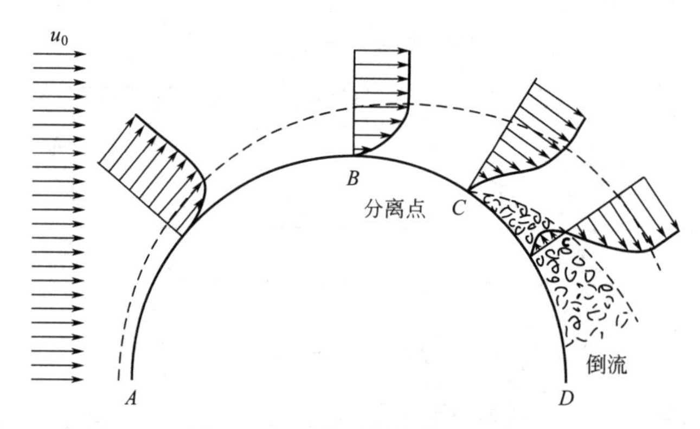

图 2-22 流体对圆柱体的绕流

2.4.4 圆管内流体运动的速度分布

速度分布是指流体流动时，管道截面上质点的轴向速度沿径向的变化。层流和湍流两种流动形态，因其流体质点具有本质不同的运动特征，致使速度分布规律亦不相同。

层流时，流体质点和流体层都是按受力层次有序运动。而湍流时，流体质点除整体向前运动外，不同质点的运动方向随时改变，并产生旋涡，运动情况复杂，其各种参数均要用统计的方法进行计算。

2.4.4.1 层流时的速度分布

图 2-23 所示为通过实验测得的层流时的速度分布，分布曲线为一抛物线。管中心速度最大，平均速度为最大速度的一半。层流时的速度分布，亦可通过严格的理论推导得出。

如图 2-24 所示，流体在半径为 R 的水平管道中做稳定流动。在管内取一段长为 l、半径为 r 的流体柱。流体柱前后两端所受压力分别为 p_1 和 p_2；在距离管中心 r 处，流速为 u_r，$r+\mathrm{d}r$ 处的流速为 $u_r+\mathrm{d}u_r$，则速度梯度为 $\mathrm{d}u_r/\mathrm{d}r$，两相邻流体层间的内摩擦应力为 τ_r。

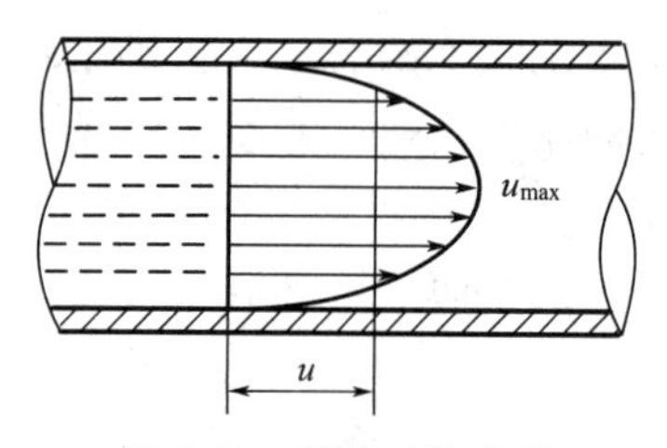

图 2-23 层流时的速度

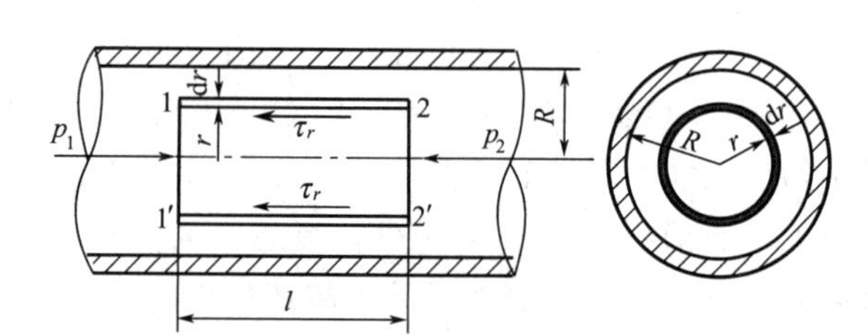

图 2-24 层流速度分布推导

促使流体流动的推动力，即作用于流体柱两端的总压力之差为：

$$(p_1-p_2)\pi r^2=\Delta p\pi r^2$$

式中 Δp——流体柱两端的压力差。

层流时内摩擦应力服从牛顿黏性定律，即：

$$\tau_r=-\mu\frac{\mathrm{d}u_r}{\mathrm{d}r}$$

式中的负号表示流速随半径增加而减小。

由此可得作用于流体柱表面积 $2\pi rl$ 上的阻力为：

$$F=-(2\pi rl)\mu\frac{\mathrm{d}u_r}{\mathrm{d}r}$$

因流体做等速运动，推动力与阻力大小相等，方向相反，即：

$$\Delta p\pi r^2=-(2\pi rl)\mu\frac{\mathrm{d}u_r}{\mathrm{d}r}$$

整理得：

$$\frac{\mathrm{d}u_r}{\mathrm{d}r}=-\frac{\Delta p}{2\mu l}r$$

定态流动时，Δp 为常数。上式的积分边界条件为：当 $r=r$ 时，$u_r=u_r$；当 $r=R$ 时，$u_r=0$。在 r 至 R 间积分上式，得：

$$u_r=\frac{\Delta p}{4\mu l}(R^2-r^2) \tag{2-38}$$

式(2-38) 即为流体在圆管中层流时的速度分布方程式。

(1) 最大流速　在管中心处，流速最大，因此将 $r=0$ 代入式(2-38)，可得：

$$u_{\max}=\frac{\Delta p}{4\mu l}R^2 \tag{2-39}$$

(2) 流量确定　根据理论推得的速度分布方程式(2-38)，可求得流体流经管道整个截面的流量。对于图 2-24 所示的内半径为 r、厚度为 $\mathrm{d}r$ 的一个薄环，由于 $\mathrm{d}r$ 很小，可近似认为流体在 $\mathrm{d}r$ 薄环内的流速相同，均为 u_r。于是通过该环形截面流道的流量为：

$$\mathrm{d}q_V=u_r\mathrm{d}A=2\pi ru_r\mathrm{d}r$$

式中 u_r 以式(2-38) 代入，则：

$$\mathrm{d}q_V=\frac{\Delta p}{4\mu l}(R^2-r^2)(2\pi r\mathrm{d}r)$$

上式积分边界条件为：当 $r=0$ 时，$q_V=0$；当 $r=R$ 时，$q_V=q_V$。在 0 至 R 区间积分：

$$\int_0^{q_V}\mathrm{d}q_V=\frac{\pi\Delta p}{2\mu l}\int_0^R r(R^2-r^2)\mathrm{d}r$$

于是得管中流量：

$$q_V=\frac{\pi\Delta pR^4}{8\mu l} \tag{2-40}$$

(3) 平均流速　由式(2-40) 得：

$$u=\frac{q_V}{\pi R^2}=\frac{\pi\Delta pR^4/8\mu l}{\pi R^2}=\frac{\Delta p}{8\mu l}R^2 \tag{2-41}$$

比较式(2-39) 和式(2-41) 得：

$$u=\frac{1}{2}u_{\max}$$

2.4.4.2　湍流时的速度分布

湍流时，流体质点的运动情况复杂，无法完全采用理论方法得出速度分布规律。经实验测定，湍流时圆管内的速度分布曲线如图 2-25 所示。由于流体质点的强烈分离与混合，致使流通截面上靠近管中心部分的各点速度分布比较均匀，所以速度分布曲线不再是严格的抛物线。而且，Re 值愈大，曲线顶部的区域就愈广阔平坦，只在靠近管壁的区域才会有明显的速度梯度。

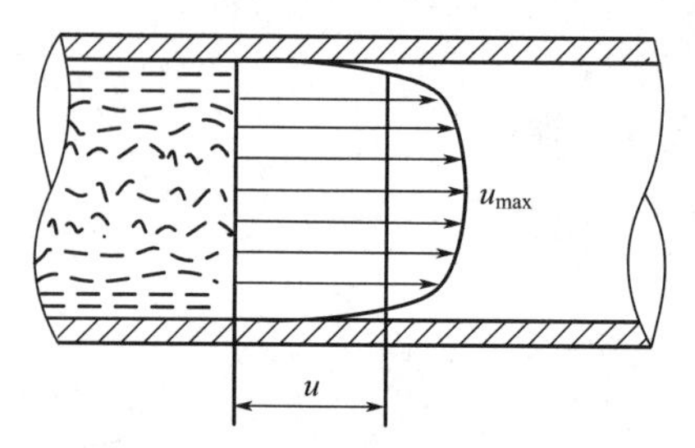

图 2-25　湍流时的速度分布

通过对湍流时速度分布的研究，可得出一些有关的经验计算式。以下是湍流时，平均流速与最大流速关系的经验式：

$$u=u_{\max}\left[1-\left(\frac{r}{R}\right)\right]^{\frac{1}{n}} \tag{2-42}$$

式中，n 为雷诺数的函数，其值在 6～10 之间，当 $4\times10^4\leqslant Re<1.1\times10^5$ 时，$n=6$；$1.1\times10^5\leqslant Re<3.2\times10^6$ 时，$n=7$；$Re\geqslant3.2\times10^6$ 时，$n=10$。

2.5　流体在管内的流动阻力

2.5.1　流动阻力的影响因素

应用伯努利方程求解实际问题时，需对方程式中的阻力损失进行准确计算。根据前面的讨论可知，流体具有黏性，流动时存在着内摩擦，是流动阻力产生的根源；固定的管壁或其他形状的固体壁面，促使流动的流体内部发生相对运动，为流动阻力的产生提供了条件。所以流动阻力的大小与流体本身的物理性质、流动状况及壁面的形状等因素有关。

流体输送管路主要由两部分组成：一部分是直管，另一部分是弯头、三通、阀门等各种管件。无论是直管还是管件，都会对流体流动产生阻力，消耗一定的机械能。直管阻力造成的机械能损失称为直管阻力损失（或称沿程阻力损失）；管件局部阻力造成的机械能损失称为局部阻力损失。伯努利方程式中的 $\sum h_f$、H_f、$\rho\sum h_f$ 项是指所研究管路系统的总能量损失（或称阻力损失），它包括系统中各段直管阻力损失和系统中各种局部阻力损失。

$\sum h_f$ 是指 1kg 流体流动时所损失的机械能，单位为 J/kg；$H_f=\dfrac{\sum h_f}{g}$，是指单位重量流体流动时所损失的机械能，单位为 m；$\rho\sum h_f$ 是指 $1m^3$ 流体流动时所损失的机械能，以 Δp_f 表示，即：

$$\Delta p_f=\rho\sum h_f$$

Δp_f 的单位为 J/m^3 或 N/m^2。

由于 Δp_f 的单位可简化为压力的单位，故常称为因流动阻力而引起的压力降，有时也用 mmHg、mH_2O 等流体柱的高度来表示。

应注意，Δp_f 与伯努利方程式中两截面间的压差 Δp 是两个截然不同的概念。以 $1m^3$ 流体为基准，有外功加入的实际流体的伯努利方程式为：

$$\rho g z_1+\frac{u_1^2}{2}\rho+p_1+E_e\rho=\rho g z_2+\frac{u_2^2}{2}\rho+p_2+\Delta p_f$$

可将其改写为：

$$\Delta p=p_2-p_1=E_e\rho-\rho g\Delta z-\rho\frac{\Delta u^2}{2}-\Delta p_f$$

上式表明，因流动阻力而引起的压力降 Δp_f 并不是两截面间的压差 Δp。两截面间的压差是由多方面因素引起的，如不同形式机械能的相互转换都会使两截面压差发生变化。在一般情况下，Δp_f 与 Δp 在数值上不相等，只有当流体在一段既无外功加入、直径又相同的水平管内流动时，因 $E_e=0$，$\Delta z=0$，$\frac{\Delta u^2}{2}=0$，才能得出两截面间的压力差 Δp 与压力降 Δp_f 在绝对数值上相等。

此外，还应注意将直管阻力损失与固体表面间的摩擦损失相区别。固体摩擦仅发生在接触的外表面，而直管阻力损失发生在流体内部，紧贴管壁的流体层与管壁之间并没有相对滑动。

2.5.2 流体流动的直管阻力

2.5.2.1 直管阻力损失计算通式

流体在管内以一定速度流动时，有两个方向相反的力相互作用着。一个是促使流体流动的推动力，另一个是由内摩擦而引起的阻止流体流动的摩擦阻力。只有在推动力与阻力达到平衡的条件下，流动速度才能维持不变，即达到稳定流动。

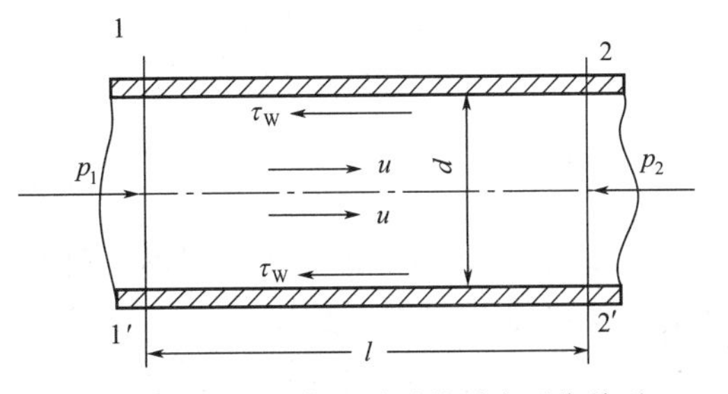

图 2-26 管内流体流动时的受力平衡关系

如图 2-26 所示，流体以流速 u 流过一直径为 d、长度为 l 的水平直管，p_1、p_2 分别为截面 1—1′、2—2′的静压力。对于不可压缩流体，在 1—1′和 2—2′截面间列伯努利方程，可得：

$$gz_1+\frac{u_1^2}{2}+\frac{p_1}{\rho}=gz_2+\frac{u_2^2}{2}+\frac{p_2}{\rho}+h_f$$

式中 h_f——以 1kg 流体为基准的直管阻力损失，J/kg。

因是直径相同的水平管，所以 $u_1=u_2=u$，$z_1=z_2$，上式可简化为：

$$p_1-p_2=\rho h_f \tag{2-43}$$

对图 2-26 所示的水平管内的流体进行受力分析。

作用于流体柱两截面的总压力差，即促使流体流动的推动力为：$\frac{\pi d^2}{4}(p_1-p_2)$；平行作用于流体柱表面上的摩擦阻力为：$\tau_W\pi dl$。

根据牛顿第二运动定律，要维持流体在管内做匀速运动，作用于流体柱上的推动力应与阻力的大小相等，方向相反，即：

$$\frac{\pi d^2}{4}(p_1-p_2)=\tau_W\pi dl$$

整理得：

$$p_1-p_2=\frac{4l}{d}\tau_W$$

将式(2-43) 代入上式并整理，得：

$$h_f=\frac{4l}{\rho d}\tau_W \tag{2-44}$$

上式即为流体在圆形直管内流动时能量损失与摩擦应力的关系式。由实验得知，流体只有在流动时才产生阻力。在流体物理性质、管径与管长相同的情况下，流速增大，能量损失也随之增加，即流动阻力与流速有关。由于动能 $u^2/2$ 的单位与 h_f 单位相同，均为 J/kg，因此经常把能量损失表示为动能的若干倍数。于是可将式(2-44) 改写为：

$$h_f=\frac{4\tau_W}{\rho}\frac{2}{u^2}\frac{l}{d}\frac{u^2}{2}$$

令

$$\lambda=\frac{8\tau_W}{\rho u^2}$$

则

$$h_f=\lambda\frac{l}{d}\frac{u^2}{2} \tag{2-45}$$

或

$$\Delta p_f=\rho h_f=\lambda\frac{l}{d}\frac{\rho u^2}{2} \tag{2-46}$$

式(2-45) 与式(2-46) 即为圆形直管阻力损失的计算通式，称为范宁(Fanning)公式，此式对于层流与湍流均适用。式中 λ 是无量纲的系数，称为摩擦系数，其与 τ_W 有关，而 τ_W 与流动形态和流体性质有关。λ 是雷诺数的函数或者是雷诺数与管壁粗糙度的函数。

2.5.2.2　管壁粗糙度对摩擦系数的影响

工业生产所铺设的管道，按其材质的性质和加工情况，大致可分为光滑管与粗糙管。通常把玻璃管、黄铜管、塑料管等视为光滑管；把钢管和铸铁管等视为粗糙管。

管壁粗糙度可用绝对粗糙度与相对粗糙度来表示。绝对粗糙度是指壁面凸出部分的平均高度，以 ε 表示。相对粗糙度是指绝对粗糙度与管道直径的比值，即 ε/d。管壁粗糙度对摩擦系数的影响程度与管径的大小有关，如对于绝对粗糙度相同的管道，直径越小，对 λ 的影响越大。因此在计算流动阻力损失时，不但要考虑绝对粗糙度的大小，还要考虑相对粗糙度的大小。

流体做层流流动时，管壁上凹凸不平的地方均被做规则流动的流体层所覆盖，且速度比较缓慢，流体质点对管壁凸出部分不会有碰撞作用。所以，层流时的摩擦系数与管壁粗糙度无关。

当流体做湍流流动时，管壁处总存在着一层层流底层，其厚度与流体的湍动程度密切相关。对于图 2-27 (a) 所示的情况，层流底层的厚度 δ_b 大于壁面的绝对粗糙度，即 $\delta_b>\varepsilon$，此时管壁粗糙度对摩擦系数的影响与层流相近。但随着 Re 值的增加，层流底层的厚度逐渐变薄，当 $\delta_b<\varepsilon$ 时，如图 2-27 (b) 所示，管壁面凸出部分便伸入湍流区并与流体质点发生碰撞，使湍动加剧。此时壁面粗糙度便成为影响摩擦系数的重要因素，Re 值愈大，层流底

层愈薄，影响愈显著。

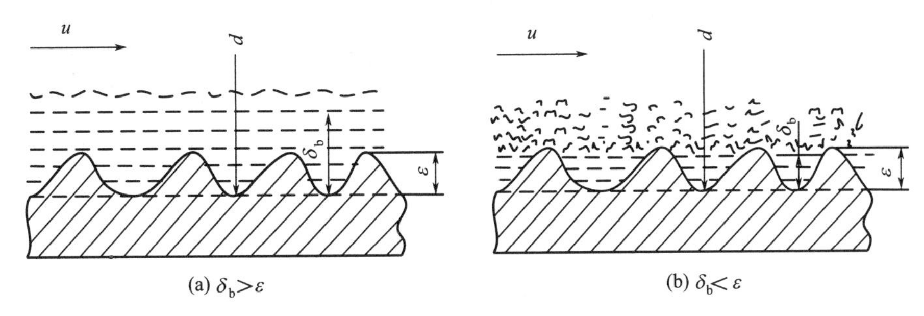

(a) $\delta_b > \varepsilon$　　(b) $\delta_b < \varepsilon$

图 2-27　管壁粗糙度对摩擦系数的影响

2.5.2.3　层流时的摩擦系数

由上得知，层流摩擦系数只与雷诺数有关，而与管壁的粗糙度无关。λ 与 Re 的关系式可通过理论分析得出。

仍以理论推导层流时速度分布的流体柱（图 2-24）为对象进行分析。对于图 2-24 中所标示的半径为 r、长度为 l 的流体柱，作用于其两端的作用力之差可表示为：

$$(p_1 - p_2)\pi r^2 = \Delta p_f \pi r^2$$

即

$$\Delta p_f = \Delta p$$

将上式及管道直径 $d=2R$ 代入式(2-41) 中，得：

$$u = \frac{\Delta p_f}{8\mu l}\left(\frac{d}{2}\right)^2$$

对上式整理得：

$$\Delta p_f = \frac{32\mu l u}{d^2} \tag{2-47}$$

式(2-47) 称为哈根-泊谡叶（Hagen-Poiseuille）公式，表示管内流体做层流流动时平均流速与压力降的关系。显然，$\Delta p_f \propto u$，即层流时的阻力损失与速度的一次方成正比，也称作层流阻力的一次方定律。

将式(2-47) 改写成以单位质量流体为基准的直管阻力损失计算通式，可得：

$$h_f = \frac{\Delta p_f}{\rho} = \frac{32\mu l u}{d^2 \rho} \tag{2-48}$$

或者

$$h_f = \left(\frac{64}{\frac{du\rho}{\mu}}\right)\left(\frac{l}{d}\right)\left(\frac{u^2}{2}\right)$$

即

$$h_f = \lambda \frac{l}{d}\frac{u^2}{2}$$

上式中

$$\lambda = \frac{64}{Re} \tag{2-49}$$

式(2-49) 为层流时摩擦系数的计算表达式。

2.5.2.4　湍流的摩擦系数与量纲分析法

湍流时，由于流体质点做不规则的运动与脉动，且不断发生旋涡，所产生的内摩擦比层流时大得多。内摩擦应力的大小不能用牛顿黏性定律来表示，但可模仿牛顿黏性定律而写成：

$$\tau=(\mu+e)\frac{\mathrm{d}u}{\mathrm{d}y} \tag{2-50}$$

式中，e 称为湍流黏度系数或涡流黏度，其单位虽然与流体黏度 μ 相同，但本质迥然不同。μ 是流体的物理性质，由流体本身来决定，而 e 不是流体的物理性质，其大小由流体流动状况所决定。由于湍流时流体质点运动情况复杂，目前还无法完全依靠理论推导得出求算 e 的关系式，因此也就无法借助理论分析法建立求算湍流时摩擦系数的公式。但可通过实验并用量纲分析法来建立用于解决工程设计和控制操作等实际问题的经验关联式。

量纲分析法的依据是量纲一致性原则，即任何一个物理方程等式两边或其中各项的量纲必然相同，也称为量纲和谐。

量纲分析法的基本原理是白金汉（Buckingham）提出的 π 定理。该定理指出，任何一个物理方程均可转化为一组无量纲数群关系的形式，其中无量纲数群的数目等于原物理方程的变量数减去用以表示这些物理量的基本量纲数。

通过对湍流时摩擦阻力的实验研究和综合分析得知，其影响因素包括流体的密度 ρ、黏度 μ、流速 u、管径 d 和管壁的粗糙度 ε，并且只有这些因素。故摩擦阻力系数 λ 可表示为如下的函数形式：

$$\lambda=f(\rho,\mu,u,d,\varepsilon) \tag{2-51}$$

由前面所述及的管壁粗糙度对摩擦系数的影响可知，式(2-51）中的粗糙度应以相对粗糙度 ε/d 来测算，其量纲为 1。为计算方便，暂不考虑 ε/d 对 λ 的影响。于是，式(2-51）可改写为如下幂函数形式：

$$\lambda=Kd^{a}u^{b}\rho^{c}\mu^{e} \tag{2-52}$$

式中　K——常数；

a，b，c，e——各变量的幂。

根据量纲分析法，依据物理方程式两边量纲相等的原则，列出上式的量纲恒等式。

式(2-52）中各物理量的量纲为：

$$d=\mathrm{L}$$
$$u=\mathrm{L}\cdot\mathrm{T}^{-1}$$
$$\rho=\mathrm{M}\cdot\mathrm{L}^{-3}$$
$$\mu=\mathrm{M}\cdot\mathrm{L}^{-1}\cdot\mathrm{T}^{-1}$$
$$\lambda=1=\mathrm{L}^{0}\cdot\mathrm{M}^{0}\cdot\mathrm{T}^{0}$$

L、M、T 分别为长度、质量和时间的量纲符号，所以，量纲恒等式为：

$$[\mathrm{L}^{0}\cdot\mathrm{M}^{0}\cdot\mathrm{T}^{0}]=[\mathrm{L}]^{a}[\mathrm{L}\cdot\mathrm{T}^{-1}]^{b}[\mathrm{M}\cdot\mathrm{L}^{-3}]^{c}[\mathrm{M}\cdot\mathrm{L}^{-1}\cdot\mathrm{T}^{-1}]^{e} \tag{2-53}$$

根据量纲一致性原则，方程两边量纲相同，由式(2-53）可得：

$$L: a+b-3c-e=0$$

$$M: c+e=0$$

$$T: -b-e=0$$

上述三个方程均有 e，因此可将其他三个变量表达为 e 的函数，联立上述三式可得：

$$b=-e \quad c=-e \quad a=-e$$

将其代入式(2-52)，则：

$$\lambda=Kd^{-e}u^{-e}\rho^{-e}\mu^{e}=K\left(\frac{du\rho}{\mu}\right)^{-e}=KRe^{-e}$$

由上可见，通过量纲分析，将式(2-52)中的四个变量简化成 Re 一个变量。以此为基础，进一步考虑式(2-51)中的 ε 对摩擦系数 λ 的影响，则 λ 便可表示为两个量纲为1的变量 Re 和 ε/d 的函数，即：

$$\lambda=f\left(Re,\frac{\varepsilon}{d}\right) \tag{2-54}$$

湍流流动中 λ 与 Re 和 ε/d 的关系需由实验确定，将实验数据绘于双对数坐标上，可得如图2-28所示的摩擦系数图。图中，横坐标为 Re，右纵坐标为相对粗糙度 ε/d，左纵坐标为摩擦系数 λ。该图分为4个区。

(1) 层流区（$Re\leqslant 2000$） λ 与 Re 呈直线关系，与 ε/d 无关，表达这一直线的方程即为 $\lambda=64/Re$；由 $h_f=32\mu lu/(d^2\rho)$ 知，h_f 与 u 的一次方成正比。

(2) 过渡区（$2000<Re<4000$） 在此区域内层流或湍流的 λ-Re 曲线都可应用；但工程上一般按湍流处理，可将湍流曲线向左延伸查取 λ。

(3) 湍流区（$Re\geqslant 4000$ 及虚线以下区域） 该区域 λ 与 Re 和 ε/d 均有关；当 ε/d 一定时，λ 随 Re 的增大而减小，Re 增至某一数值后 λ 变化渐趋平缓；当 Re 一定时，λ 随 ε/d 的增大而增大。其中最下面一条曲线为光滑管 λ 与 Re 的关系曲线。

(4) 完全湍流区（$Re\geqslant 4000$ 及虚线以上区域） 该区域所有的 λ-Re 曲线趋于水平，即 λ 仅与 ε/d 有关，与 Re 几乎无关。由范宁公式可见，当 l/d 一定时，此区内的 λ 又为常数，则 $h_f\propto u^2$。也就是说，高度湍流时，流动阻力所引起的能量损失与流速的平方成正比，因此该区又称阻力平方区。

2.5.2.5 非圆形直管内的流动阻力

除圆形管或设备外，在工程实际中还会遇到流体在非圆形管或设备内流动的情况，如输水明渠、套管环隙、方形管等。计算非圆形管内的流动阻力时，如流体流动为湍流，则只需将式(2-45)或式(2-46)中的管径 d 用非圆形管的当量直径 d_e 代替即可。为计算当量直径，引进水力半径 r_H 的概念。水力半径是指流体在流道里的流通截面积 A 与润湿周边长度 Π 之比，即：

$$r_H=\frac{A}{\Pi} \tag{2-55}$$

对于直径为 d 的圆形管，流通截面积 $A=\frac{\pi d^2}{4}$，润湿周边长度 $\Pi=\pi d$，则：

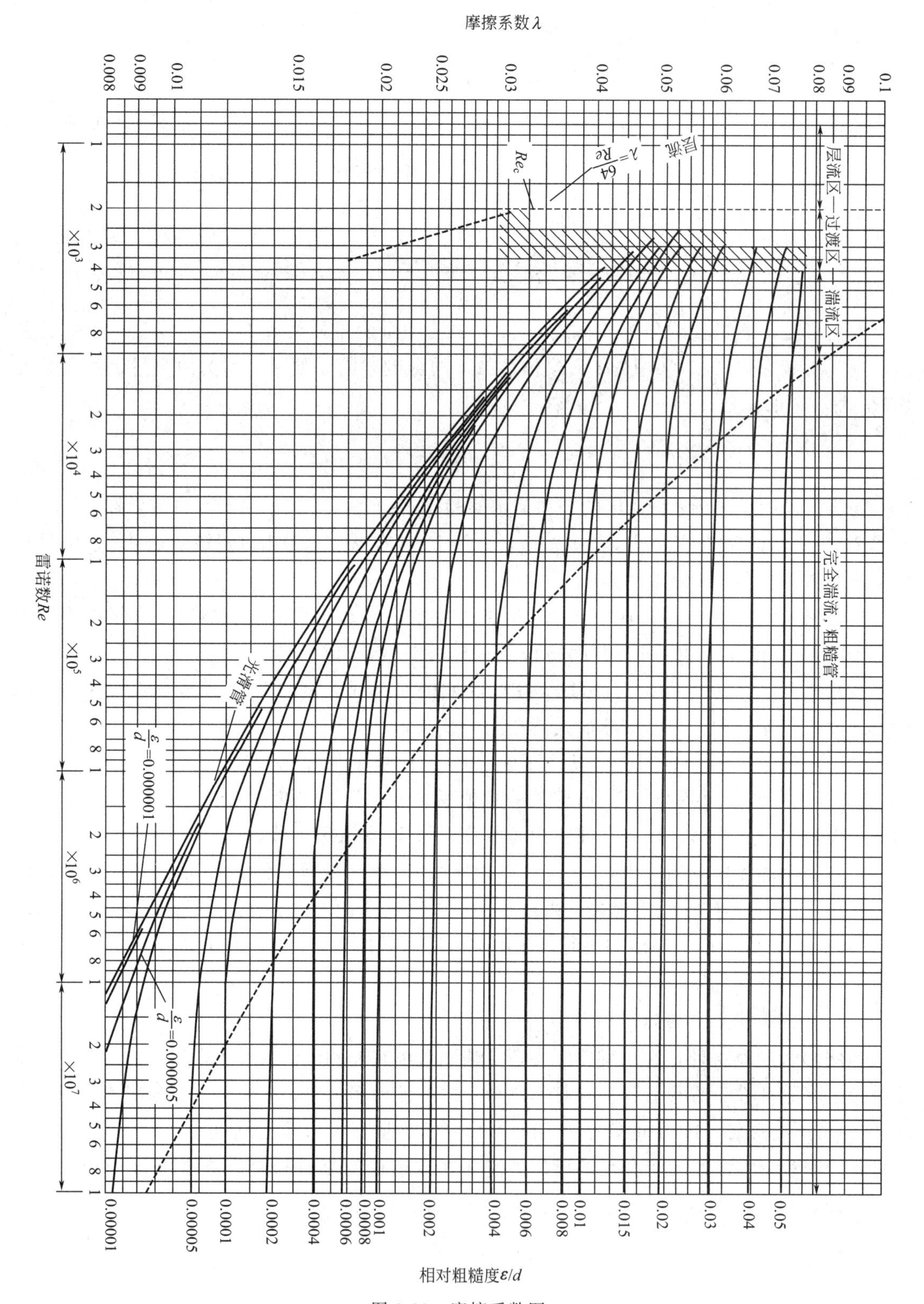

摩擦系数λ
0.008
0.009
0.01
0.015
0.02
0.025
0.03
0.04
0.05
0.06
0.07
0.08
0.09
0.1
雷诺数Re
×10³
×10⁴
×10⁵
×10⁶
×10⁷
层流区
过渡区
湍流区
完全湍流，粗糙管
层流
λ=64/Re
Re_c
光滑管
ε/d=0.000001
ε/d=0.000005
相对粗糙度ε/d
0.0001
0.00005
0.0001
0.0002
0.0004
0.0006
0.0008
0.001
0.002
0.004
0.006
0.008
0.01
0.015
0.02
0.03
0.04
0.05

图 2-28 摩擦系数图

$$r_H=\frac{\frac{\pi d^2}{4}}{\pi d}=\frac{d}{4} \quad 或 \quad d=4r_H$$

即圆形管的直径为其水力半径的 4 倍。把此概念推广到非圆形管，也采用 4 倍的水力半径来代替非圆形管的“直径”，称为当量直径，用 d_e表示，于是：

$$d_e=\frac{4A}{\Pi} \tag{2-56}$$

例如，对于外管内径为 d_2、内管外径为 d_1 的套管环隙，其当量直径为：

$$d_e=4\times\frac{\frac{\pi}{4}(d_2^2-d_1^2)}{\pi(d_1+d_2)}=d_2-d_1$$

就当量直径的概念而论，当流道截面积一定时，浸润周边的值越小，当量直径越大，根据范宁公式，其阻力损失越小。就此点而论，方管和圆管比较，圆管的阻力损失更小。

研究表明，当量直径用于湍流时的阻力计算比较可靠；用于矩形管时，其截面的长宽之比不能超过 3∶1；用于环形截面时，其可靠性较差。

层流时应用当量直径计算阻力损失的误差较大，需对摩擦系数的计算式进行修正，即：

$$\lambda=\frac{C}{Re} \tag{2-57}$$

式中　C——无量纲系数，一些非圆形管的常数 C 值见表 2-2。

表 2-2　某些非圆形管的常数 C 值

非圆形管截面形状	正方形	等边三角形	环形	长方形	
				长∶宽=2∶1	长∶宽=4∶1
常数 C	57	53	96	62	73

应予注意，不能用当量直径来计算流体通过的截面积、流速和流量。

2.5.3　流体流动的局部阻力损失

流体在管路的进口、出口、弯头、阀门、扩大、缩小等局部位置流过时，其流速大小和方向都发生了变化，且流体受到干扰或冲击，使涡流现象加剧而消耗能量。由实验测知，流体即使在直管中为层流流动，流过管件或阀门时也容易变为湍流。克服局部阻力所引起的能量损失无法像直管段阻力损失那样通过理论导出数学表达式，只能通过实验测定，并采用阻力系数法和当量长度法来计算。

2.5.3.1　阻力系数法

阻力系数法是将管路中的局部阻力所引起的能量损失用同径管路的动能的倍数来表示的计算方法，即：

$$h_f=\zeta\frac{u^2}{2} \tag{2-58}$$

式中　ζ——局部阻力系数，无量纲，一般由实验测定。

下述内容为常用的局部阻力系数的求法。

(1) 突然扩大与突然缩小　按式(2-58) 计算管路由于直径改变而突然扩大或缩小所产生的能量损失时，流速均以小管的流速为准，局部阻力系数可根据小管与大管的截面积之比从图 2-29 所示的曲线查得。

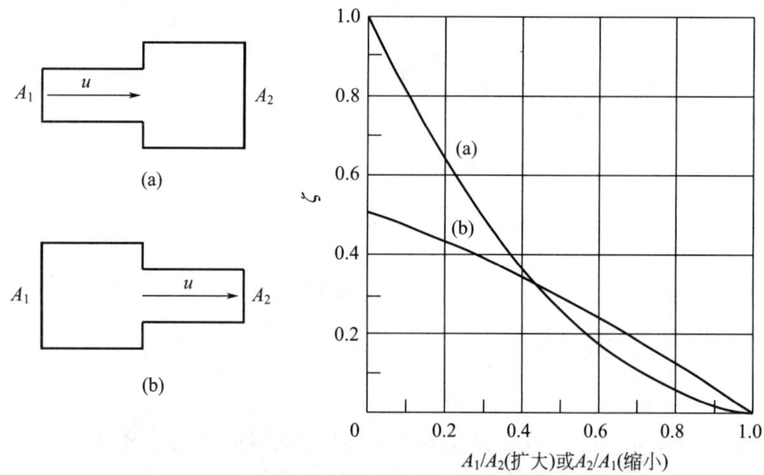

图 2-29 突然扩大和突然缩小的局部阻力系数

(a) 突然扩大；(b) 突然缩小

(2) 进口与出口 流体自容器进入管内，可看作从很大的截面 A_1 突然进入很小的截面 A_2，即 $A_2/A_1 \approx 0$。这种情况的局部阻力损失常称为进口损失，相应的局部阻力系数又称为进口阻力系数 ζ_c。根据图 2-29 的曲线，可得进口阻力系数 $\zeta_c = 0.5$。若管口圆滑或成喇叭状，则局部阻力系数相应减小，为 0.25～0.05。

流体自管子进入容器或从管子直接排放到管外空间，可看作自很小的截面 A_1 突然扩大到很大的截面 A_2，即 $A_1/A_2 \approx 0$。这种情况的局部阻力损失常称为出口损失，相应的阻力系数又称为出口阻力系数 ζ_e。从图 2-29 中的曲线，可得出口阻力系数 $\zeta_e = 1$。

(3) 管件与阀门等 常用的管件与阀门等的阻力系数 ζ 见表 2-3。

表 2-3 管件与阀门的阻力系数与当量长度数据（适用于湍流）

名称		阻力系数 ζ	当量长度与管径之比 l_e/d
45°弯头		0.35	17
90°弯头		0.75	35
三通		1.0	50
回弯头		1.5	75
管接头、活接头		0.04	2
闸阀	全开	0.17	9
	半开	4.5	225
截止阀	全开	6.4	300
	半开	9.5	475
止回阀	球式	70.0	3500
	摇板式	2.0	100
角阀	全开	2.0	100
水表	盘式	7.0	350

2.5.3.2 当量长度法

当量长度法是将管路中的局部阻力损失折算成相当长度的同径直管阻力损失来计算的方法，即：

$$h_f = \lambda \frac{l_e}{d} \frac{u^2}{2} \tag{2-59}$$

式中 l_e——管件或阀门等的当量长度，m，应用时可从表 2-3 或在图 2-30 中查取。

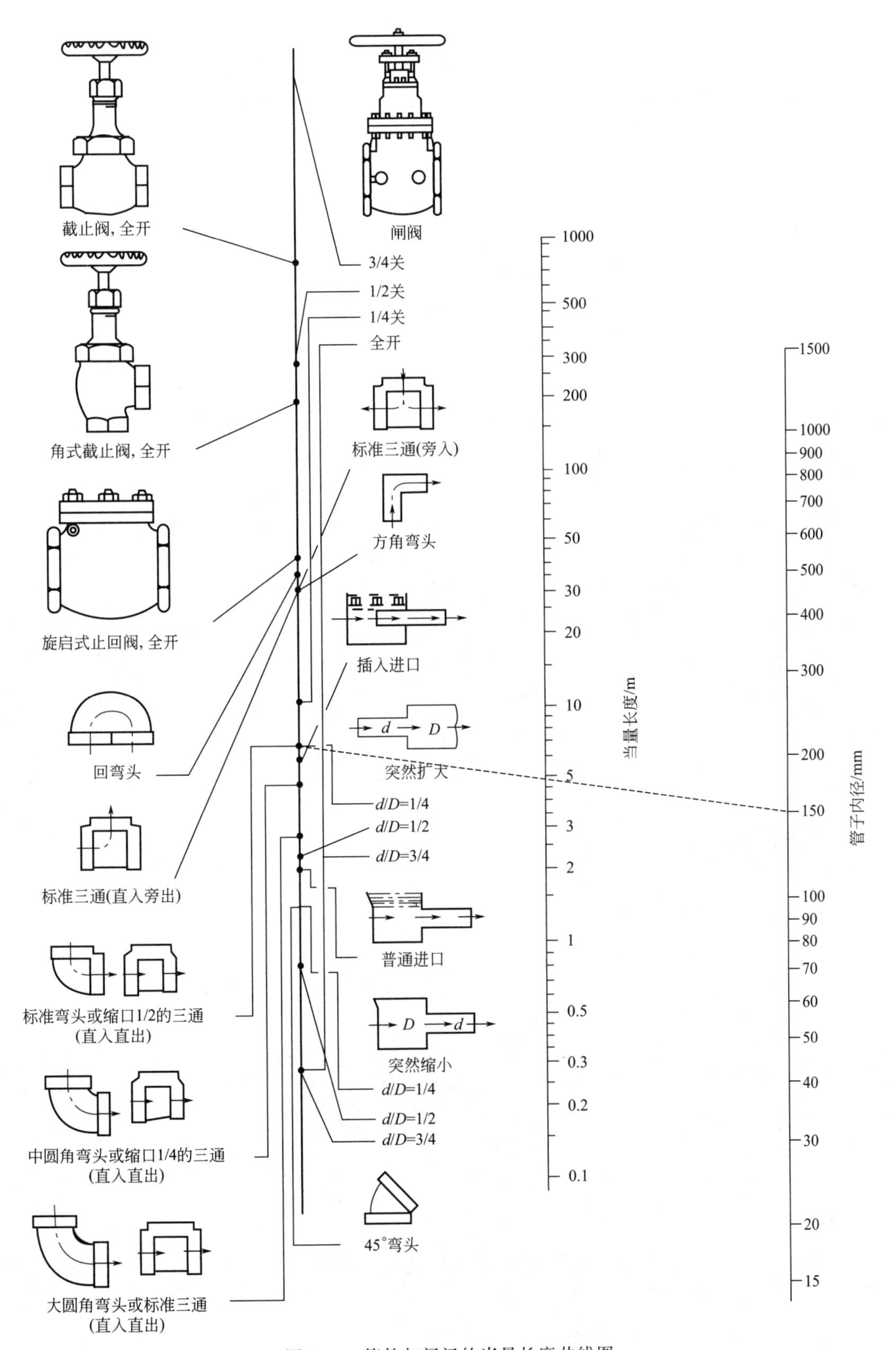

图 2-30　管件与阀门的当量长度共线图

2.5.4 管路总能量损失的计算

管路总能量损失又常称为总阻力损失，是管路上全部直管阻力损失与局部阻力损失之和。这些阻力损失可分别用有关的公式进行计算。对于流体流经直径不变的管路，如果局部阻力损失都按当量长度法计算，则管路的总能量损失为：

$$\sum h_f=\lambda\frac{l+\sum l_e}{d}\frac{u^2}{2} \tag{2-60}$$

式中 $\sum h_f$——管路的总能量损失，J/kg；

l——管路上各段直管的总长度，m；

$\sum l_e$——管路上全部管件与阀门等的当量长度之和，m；

u——流体流经管路的流速，m/s。

应注意，上式适用于直径相同的管段或管路系统的计算，式中的流速 u 是指管段或管路系统的流速，由于管径相同，所以 u 可按任一管截面来计算。而伯努利方程式中动能 $\frac{u^2}{2}$ 项中的流速是指相应的衡算截面处的流速。

【例 2-10】 如图 2-31 所示，某混合液由敞口高位槽送入精馏塔中进行分离回收。精馏塔内压力（表压）为 30kPa，输送管路为 ϕ45mm×2.5mm 的无缝钢管，直管长为 10m。管路中装有 180°回弯头一个，90°标准弯头一个，标准截止阀（全开）一个。若维持混合液处理量为 5m³/h，问高位槽中的液面应高出进料口多少米？已知：操作条件下料液的密度为 890kg/m³，黏度为 1.3×10^{-3}Pa·s；管壁绝对粗糙度取 0.3mm。

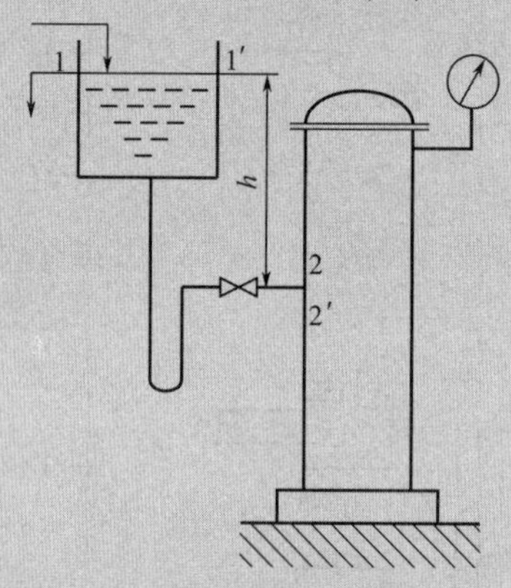

图 2-31 例 2-10 附图

解： 如图 2-31 所示，取高位槽液面为 1—1′截面，管出口外侧为 2—2′截面，且以过 2—2′截面中心线的水平面为基准面。在 1—1′与 2—2′截面间列伯努利方程：

$$gz_1+\frac{p_1}{\rho}+\frac{1}{2}u_1^2=gz_2+\frac{p_2}{\rho}+\frac{1}{2}u_2^2+\sum h_f$$

其中，$z_1=h$，$z_2=0$，$u_1=u_2=0$，p_1（表压）$=0$，p_2（表压）$=30$kPa。

$d=0.045-0.0025\times2=0.04$(m)，管道内流体流速为：

$$u=\frac{4q_V}{\pi d^2}=\frac{4\times5\div3600}{3.14\times0.04^2}=1.1(\text{m/s})$$

$$Re=\frac{d\rho u}{\mu}=\frac{0.04\times890\times1.1}{1.3\times10^{-3}}=3.01\times10^{4}$$

管路总阻力为：

$$\sum h_{f}=\left(\lambda\frac{l}{d}+\sum\zeta\right)\frac{u^{2}}{2}$$

由题意可知，$\varepsilon=0.3\text{mm}$，则$\frac{\varepsilon}{d}=\frac{0.3}{40}=0.0075$。

查图 2-28 得摩擦系数 $\lambda=0.036$。进口 $\zeta_{c}=0.5$；出口 $\zeta_{e}=1$。

由相关手册或表 2-3 可得其余管件的局部阻力系数：180°回弯头 $\zeta=1.5$；90°标准弯头 $\zeta=0.75$；标准截止阀（全开）$\zeta=6.4$。

则有：

$$\sum\zeta=0.5+1+1.5+0.75+6.4=10.15$$

$$\begin{aligned}\sum h_{f}&=\left(\lambda\frac{l}{d}+\sum\zeta\right)\frac{u^{2}}{2}\\&=\left(0.036\times\frac{10}{0.04}+10.15\right)\times\frac{1.1^{2}}{2}\\&=11.586(\text{J/kg})\end{aligned}$$

所求位差为：

$$h=\frac{p_{2}}{\rho g}+\frac{\sum h_{f}}{g}=\frac{30\times10^{3}}{890\times9.81}+\frac{11.586}{9.81}=4.62(\text{m})$$

2.6　管路计算与流量测量

2.6.1　管路计算

管路计算是综合应用流体连续性方程式、伯努利方程式和阻力损失计算式等解决流体输送工程中的设计和操作计算问题。其中，管路设计是指根据给定的流体输送任务，如流量、输送的距离和提升的高度等，而设计一种经济、合理的管路。管路操作是指在已知的管路中，核算在给定条件下的输送能力或合理的操作费用等。

在工程实际中常遇到的管路计算问题有以下三种情况。

① 已知管径、管长、管件和阀门的设置及流体的输送量，求流体通过管路系统的能量损失，以便进一步确定输送设备需提供的能量、设备内的压强或设备间的相对位置等。

对于这种情况，根据已知的 q_{V}、d 可计算出 u，可进一步求得 Re 和 λ，又因管路尺寸及布置已知，则可方便地求算出能量损失。此类计算比较容易。

② 已知管径、管长、管件和阀门的设置及管路允许的能量损失，求流体的流速或流量。

③ 已知管长、管件和阀门的当量长度、流体的流量及管路允许的能量损失，求管径。

对于②和③两种情况都存在着共性问题，即流量或管径 d 为未知，因此无法求取 u，也就无法求得 Re 以判断流体的流型，所以无法确定摩擦系数以计算能量损失。对于这种情况，工程计算中常采用试差法。下面以简单管路为例，介绍试差法。

2.6.1.1 简单管路的计算

简单管路是指没有分支的管路，可分为直径相同的管路和不同直径的串联管路两种。

【例 2-11】 现铺设一条总长 140m 的管路，要求输水量为 $30m^3/h$，根据生产工艺需求，输水过程中允许的压头损失为 $9mH_2O$，试求管子的直径。已知操作条件下水的密度为 $1000kg/m^3$，黏度为 $1.0\times10^{-3}Pa\cdot s$，钢管的绝对粗糙度为 0.2mm。

解：该题属上述第③类问题，已知阻力损失和流量，计算管径。

已知 $l=140m, \sum H_f=9mH_2O, q_V=30m^3/h, \varepsilon=0.2mm$，则：

$$u=\frac{4q_V}{\pi d^2}=\frac{30}{3600}\times\frac{4}{\pi d^2}=\frac{0.0106}{d^2} \tag{1}$$

因为 u、d 未知，无法求算 Re 并确定 λ，需用试差法求解。

假设 $\lambda=0.025$，将已知数据代入 $\sum H_f=\lambda\frac{l}{d}\frac{u^2}{2g}$，则：

$$9=0.025\times\frac{140}{d}\frac{\left(\frac{0.0106}{d^2}\right)^2}{2\times9.81} \tag{2}$$

联立式(1) 和式(2) 解得 $d=0.074m, u=1.933m/s$，于是：

$$Re=\frac{du\rho}{\mu}=\frac{0.074\times1.933\times1000}{10^{-3}}=143042$$

又有

$$\frac{\varepsilon}{d}=\frac{0.2\times10^{-3}}{0.074}=0.0027$$

根据 Re 和 ε/d 查图 2-28，得 $\lambda=0.027$，与初设值不符。

重新假设 $\lambda=0.027$ 进行上述计算，即：

$$9=0.027\times\frac{140}{d}\frac{\left(\frac{0.0106}{d^2}\right)^2}{2g}$$

解得：

$$d=0.075m,\ u=1.88m/s$$

则

$$Re=\frac{du\rho}{\mu}=\frac{0.075\times1.88\times1000}{10^{-3}}=141000$$

又由

$$\frac{\varepsilon}{d}=\frac{0.2\times10^{-3}}{0.075}=0.0027$$

查图得 $\lambda\approx0.027$，试差正确，因此所求管径为 0.075m。

2.6.1.2 复杂管路的计算

复杂管路包括并联管路和分支管路。其中在主管某处分支后又在主管某处汇合的管路称为并联管路；如果分支后不汇合，则称为分支管路，如图 2-32 所示。

并联管路与分支管路中各支管的流量彼此影响，相互制约，流动情况比简单管路复杂，

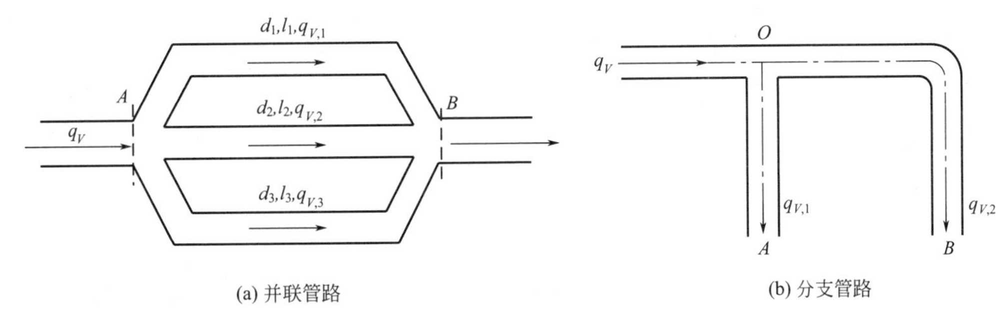

图 2-32　复杂管路

但仍然遵循能量衡算与质量衡算的原则。

并联管路与分支管路的计算内容包括以下几种情况。

① 已知主管路的总流量和各支管的尺寸，计算各支管的流量。

② 已知各支管的流量、管长及管件、阀门等的设置，选择合适的管径。

③ 在给定的输送条件下，计算输送设备应提供的功率。

(1) 并联管路的特点

① 总管路流量等于并联的各支管流量之和，即：

$$q_m = q_{m,1} + q_{m,2} + q_{m,3} \tag{2-61}$$

不可压缩流体：

$$q_V = q_{V,1} + q_{V,2} + q_{V,3} \tag{2-62}$$

② 各支管中的流体阻力损失相等，即：

$$h_{f,1} = h_{f,2} = h_{f,3} \tag{2-63}$$

③ 因为各支管 h_f 相等，根据式 $h_f = \lambda \frac{l}{d} \frac{u^2}{2}$，则：

$$\lambda_1 \frac{l_1}{d_1} \frac{u_1^2}{2} = \lambda_2 \frac{l_2}{d_2} \frac{u_2^2}{2} = \lambda_3 \frac{l_3}{d_3} \frac{u_3^2}{2}$$

因此，各支管的流量会根据它们的阻力损失相等的原则自行调整。将 $q_V = \frac{\pi}{4} d^2 u$ 代入上式整理，可得：

$$q_{V,1} : q_{V,2} : q_{V,3} = \sqrt{\frac{d_1^5}{\lambda_1 l_1}} : \sqrt{\frac{d_2^5}{\lambda_2 l_2}} : \sqrt{\frac{d_3^5}{\lambda_3 l_3}} \tag{2-64}$$

(2) 分支管路的特点

① 主管路流量等于各支管流量之和，即：

$$q_m = q_{m,1} + q_{m,2} \tag{2-65}$$

不可压缩流体：

$$q_V = q_{V,1} + q_{V,2} \tag{2-66}$$

② 流体在各支管流动终了时的总机械能与能量损失之和相等，即：

$$\frac{p_A}{\rho} + g z_A + \frac{1}{2} u_A^2 + \sum h_{fOA} = \frac{p_B}{\rho} + g z_B + \frac{1}{2} u_B^2 + \sum h_{fOB} \tag{2-67}$$

【例 2-12】 对于图 2-32（a）所示的并联管路，已知总管内水的流量为 $2m^3/s$，各支管的长度（l_1、l_2、l_3）及管径（d_1、d_2、d_3）分别为 1200m、1500m、800m 和 0.6m、0.5m、0.8m。求各支管中水的流量。已知：水的密度为 $1000kg/m^3$，黏度为 $1.0\times10^{-3}Pa\cdot s$，管道绝对粗糙度取 0.2mm。

解：对于并联管路，有：

$$q_{V1}:q_{V2}:q_{V3}=\sqrt{\frac{d_1^5}{\lambda_1 l_1}}:\sqrt{\frac{d_2^5}{\lambda_2 l_2}}:\sqrt{\frac{d_3^5}{\lambda_3 l_3}}$$

因为 $\lambda_i(i=1,2,3)$ 无法计算确定，需用试差法。先假设 3 根支管中的 λ 值相同，则：

$$q_{V1}:q_{V2}:q_{V3}=\sqrt{\frac{0.6^5}{1200}}:\sqrt{\frac{0.5^5}{1500}}:\sqrt{\frac{0.8^5}{800}}=1:0.567:2.514$$

又 $q_V=2m^3/s$，因此可以分别求出各支管的流量和流速，即：

$$q_{V,1}=0.49m^3/s,\ u_1=1.73m/s$$

$$q_{V,2}=0.28m^3/s,\ u_2=1.42m/s$$

$$q_{V,3}=1.23m^3/s,\ u_3=2.45m/s$$

根据流速计算 Re，验算 λ 值：

$$Re_1=1.04\times10^6$$

$$Re_2=0.71\times10^6$$

$$Re_3=1.96\times10^6$$

又 $\varepsilon/d_1=0.00033$，$\varepsilon/d_2=0.0004$，$\varepsilon/d_3=0.00025$，查图得：

$$\lambda_1=0.016,\ \lambda_2=0.016,\ \lambda_3=0.0155$$

可以认为近似相等，假设成立，计算结果基本正确。

【例 2-13】 如图 2-33 所示，用泵将 12℃的河水经分支管路分别送至两个水槽。已知支管（1）为 ϕ70mm×2mm 的无缝钢管，总管长为 42m（含管件、阀门等的当量长度）；支管（2）为 ϕ76mm×2mm 的无缝钢管，总管长为 84m（含管件、阀门等的当量长度）。连接两支管的三通及管路出口的局部阻力可以忽略不计。a、b 水槽的水面维持恒定，且两水面间的垂直距离为 2.6m。若总流量为 $55m^3/h$，试求两支管的水量。计算时，取管壁的绝对粗糙度 ε 为 0.2mm。

解：选取 a、b 两槽的水面分别为 1—1′截面和 2—2′截面，通过分支处的水平面为 0—0′截面。

分别在截面 0—0′与 1—1′间、0—0′与 2—2′间列伯努利方程式，得：

$$gz_0+\frac{u_0^2}{2}+\frac{p_0}{\rho}=gz_1+\frac{u_1^2}{2}+\frac{p_1}{\rho}+\sum h_{f,0-1}$$

$$gz_0+\frac{u_0^2}{2}+\frac{p_0}{\rho}=gz_2+\frac{u_2^2}{2}+\frac{p_2}{\rho}+\sum h_{f,0-2}$$

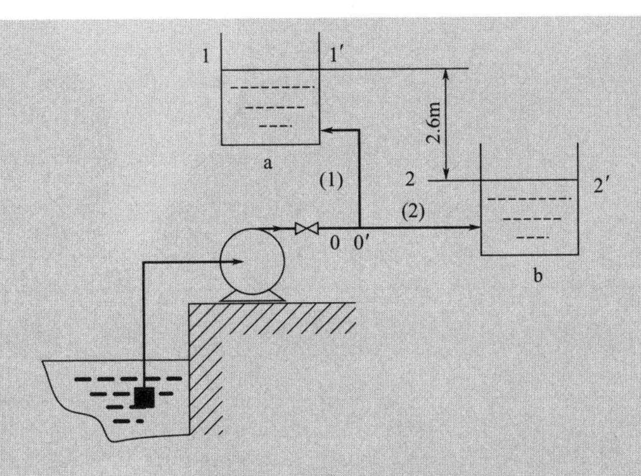

图 2-33　例 2-13 附图

上两等式左侧均代表单位质量流体在截面 0—0′处的总机械能，故两等式的右侧必相等，即：

$$gz_1+\frac{u_1^2}{2}+\frac{p_1}{\rho}+\sum h_{f,0-1}=gz_2+\frac{u_2^2}{2}+\frac{p_2}{\rho}+\sum h_{f,0-2}$$

因 a、b 槽均为敞口，故 $p_1=p_2$；两槽截面比管截面大得多，故 $u_1\approx 0, u_2\approx 0$；若以截面 2—2′为基准水平面，则 $z_1=2.6\text{m}, z_2=0$。故上式可简化为：

$$25.5+\sum h_{f,0-1}=\sum h_{f,0-2} \tag{1}$$

同时，主管流量等于两支管流量之和，即：

$$q_V=q_{V,a}+q_{V,b} \tag{2}$$

由于：

$$\sum h_{f,0-1}=\sum h_{f,a}=\lambda_a\frac{l_a+\sum l_{ea}}{d_a}\frac{u_a^2}{2}=\lambda_a\frac{42}{0.066}\frac{u_a^2}{2}=318.2\lambda_a u_a^2$$

$$\sum h_{f,0-2}=\sum h_{f,b}=\lambda_b\frac{l_b+\sum l_{eb}}{d_b}\frac{u_b^2}{2}=\lambda_b\frac{84}{0.072}\frac{u_b^2}{2}=583.3\lambda_b u_b^2$$

下标 a 及 b 分别表示通往 a 槽与 b 槽的支管。

将以上两式代入式（1），得：

$$25.5+318.2\lambda_a u_a^2=583.3\lambda_b u_b^2$$

所以

$$u_a=\sqrt{\frac{583.3\lambda_b u_b^2-25.5}{318.2\lambda_a}} \tag{3}$$

根据式（2），得：

$$q_V=\frac{\pi}{4}d_a^2u_a+\frac{\pi}{4}d_b^2u_b$$

或

$$\frac{55}{3600\times\frac{\pi}{4}}=0.066^2u_a+0.072^2u_b$$

因此

$$u_b=3.75-0.84u_a \tag{4}$$

只用式（3）和式（4）两个方程式，无法确定λ_a、λ_b、u_a和u_b四个未知数，由前讨论可知，需借助试差法求解，其试差步骤见下表。

项目	次数		
	1	2	3
假设 u_a/(m/s)	2.5	2	2.1
$Re_a=\frac{d_a u_a \rho}{\mu}$	133500	106800	112100
ε/d_a	0.003	0.003	0.003
从图 2-28 查出 λ_a 值	0.0271	0.0275	0.0273
由式（4）计算 u_b/(m/s)	1.65	2.07	1.99
$Re_b=\frac{d_b u_b \rho}{\mu}$	96120	120600	115900
ε/d_b	0.0028	0.0028	0.0028
从图 2-28 查出 λ_b 值	0.0274	0.027	0.0271
由式（3）算出 u_a/(m/s)	1.45	2.19	2.07
结论	假设值偏高	假设值偏低	假设值可以接受

查得12℃时水的黏度为1.236cP，密度为1000kg/m^3。

由试差结果得$u_a=2.07$m/s，$u_b=2.01$m/s，故：

$$q_{V,a}=\frac{\pi}{4}\times0.066^2\times2.07\times3600=25.5(\text{m}^3/\text{h})$$

$$q_{V,b}=55-25.5=29.5(\text{m}^3/\text{h})$$

2.6.2 流量测量

流速和流量是与流体有关的工业过程中的重要参数，尤其是现代大型连续化、自动化生产中的流量，更需要准确控制才能确保生产的正常稳定运行。测量流量的仪表种类多样，下面仅介绍几种根据流体流动时各种机械能相互转换关系而设计的流速计与流量计。

2.6.2.1 测速管

测速管又称皮托管，结构如图 2-34 所示，它是由两根弯成直角的同心套管所组成的。外管的管口封闭，在外管前端壁面四周开有若干测压小孔。为了降低测量误差，测速管的前端经常做成半球形以减少涡流。测量时，测速管可以放在管截面的任一位置上，但必须使其管口正对管道中流体的流动方向，外管与内管的末端分别与液柱压差计的两臂相连接。

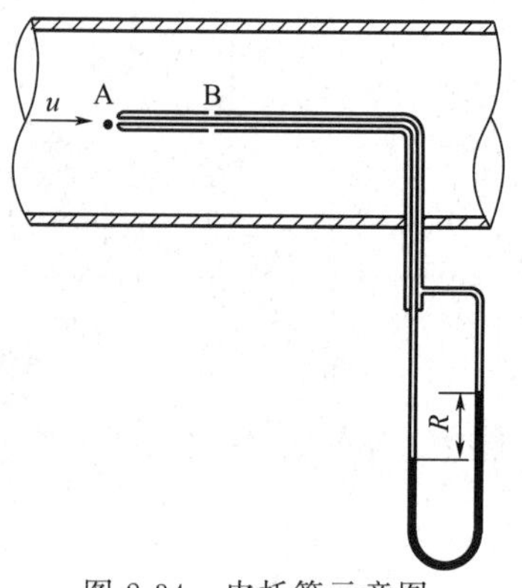

图 2-34　皮托管示意图

根据上述情况，测速管的内管所测为管口所处位置的局部流体动能与静压能之和，称为冲压能，即：

$$h_A=\frac{u_r^2}{2}+\frac{p}{\rho}$$

式中　u_r——流体在测量点处的局部流速。

测速管的外管前端壁面的测压孔口 B 所测为流体的静压能，即：

$$h_B=\frac{p}{\rho}$$

测量点处的冲压能与静压能之差 Δh 为：

$$\Delta h=h_A-h_B=\frac{u_r^2}{2}$$

于是测量点处的局部流速为：

$$u_r=\sqrt{2\Delta h}$$

式中，Δh 值由液柱压差计的读数来确定。对于图 2-34 中的 U 形管压差计，读数为 R，指示剂密度为 ρ_0，被测流体密度为 ρ，则：

$$\Delta h=\frac{p_A-p_B}{\rho}=\frac{R(\rho_0-\rho)g}{\rho}$$

将其代入 $u_r=\sqrt{2\Delta h}$，可得：

$$u_r=\sqrt{\frac{2R(\rho_0-\rho)g}{\rho}} \tag{2-68}$$

考虑到制造精度等的影响，理论推导得出的计算公式(2-68) 需乘以一校正系数 C，即：

$$u_r=C\sqrt{\frac{2R(\rho_0-\rho)g}{\rho}} \tag{2-69}$$

通常 $C=0.98\sim1.00$，使用时若精度要求不高，可不校正。

测速管所测为流体在管道截面上某一点处的局部流速。欲得到管截面上的平均流速，可将测速管口置于管道的中心线上，以测量流体的最大流速 u_{max}，然后利用图 2-35 所示的 u/u_{max} 与 Re 及 Re_{max} 的关系曲线，计算管截面的平均流速 u。图中的 $Re_{max}=\frac{du_{max}\rho}{\mu}$，$d$ 为管道内径。

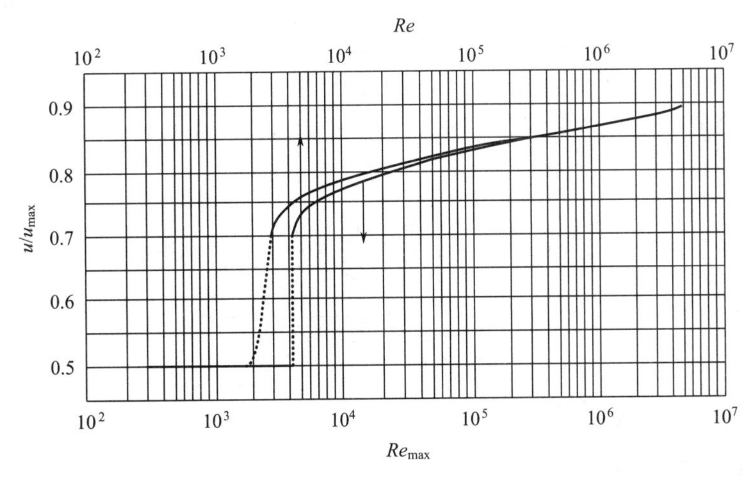

图 2-35　u/u_{max} 与 Re 及 Re_{max} 间的关系曲线

应注意，图 2-35 所表示的 u/u_{max} 与 Re_{max} 间的关系在稳定段之后才出现，因此测量点应在稳定段之后。此外，为减少皮托管本身对管道流场的干扰，一般要求测速管的外管直径不大于管道内径的 1/50。

2.6.2.2 孔板流量计

如图 2-36 所示，在管道里插入一片与管轴垂直并带有通常为圆孔的金属板，用法兰将其固定；孔的中心位于管道的中心线上，且圆孔从流体进口向出口扩大；再于孔板前后连接一压差计。这样构成的装置，称为孔板流量计，其中的孔板称为节流元件。

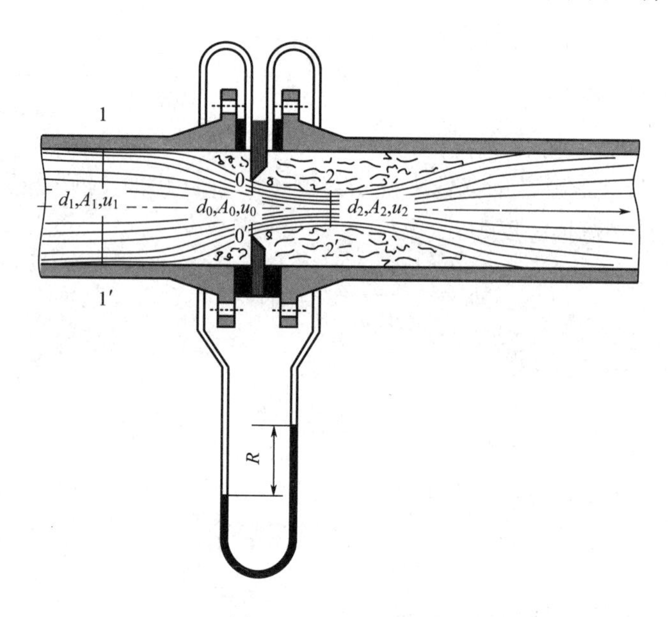

图 2-36 孔板流量计

当流体流过小孔以后，由于惯性作用，流动截面并非立即扩大到与管截面相等，而是继续收缩一定距离后才逐渐扩大至整个管截面。流动截面最小处（如图中 2—2′截面）称为缩脉。流体在缩脉处的流速最高，即动能最大，而相应的静压力就最低。因此，当流体以一定的流量流经孔板时，在孔板两侧就会产生一定的压力差，流量愈大，所产生的压力差也就愈大。这样通过测量压力差，便可度量流体的流量。

设不可压缩流体在水平管内流动，选取孔板上游流体流动截面尚未收缩处为 1—1′截面（面积为 A_1），孔板下游缩脉处为 2—2′截面（面积为 A_2）。在两截面间列伯努利方程，若暂不计阻力损失，则有：

$$\frac{u_1^2}{2}+\frac{p_1}{\rho}=\frac{u_2^2}{2}+\frac{p_2}{\rho}$$

或

$$\sqrt{u_2^2-u_1^2}=\sqrt{\frac{2(p_1-p_2)}{\rho}} \tag{2-70}$$

式中 ρ——被测流体密度。

根据流体连续性方程：

$$u_1A_1=u_2A_2$$

即
$$u_1^2=u_2^2\left(\frac{A_2}{A_1}\right)^2$$

代入式(2-70) 得：

$$\sqrt{u_2^2-u_2^2\left(\frac{A_2}{A_1}\right)^2}=\sqrt{\frac{2(p_1-p_2)}{\rho}}$$

或
$$u_2=\frac{1}{\sqrt{1-\left(\frac{A_2}{A_1}\right)^2}}\sqrt{\frac{2(p_1-p_2)}{\rho}}$$

推导上式时，为方便起见，暂时略去了两截面间的能量损失，实际上，流体流经孔板的能量损失不能忽略；同时因缩脉处的截面积 A_2 和流速 u_2 均难以确定，对此可用孔口截面积 A_0 和孔口流速 u_0 代替 A_2 和 u_2。为校正因忽略能量损失以及用 A_0 和 u_0 代替 A_2 和 u_2 所引起的误差，应引入一校正系数 C_1，即：

$$u_0=\frac{C_1}{\sqrt{1-\left(\frac{A_0}{A_1}\right)^2}}\sqrt{\frac{2(p_1-p_2)}{\rho}}$$

又因为压差计的连接位置紧靠孔口，测出的压力差不是 p_1-p_2，而是 p_a-p_b，因此上式中还应引入另一校正系数 C_2，即：

$$u_0=\frac{C_1C_2}{\sqrt{1-\left(\frac{A_0}{A_1}\right)^2}}\sqrt{\frac{2(p_a-p_b)}{\rho}}$$

式中 p_a，p_b——孔板上、下游测压口的静压力。

将上式所有常数做归一处理，令 $C_0=\frac{C_1C_2}{\sqrt{1-\left(\frac{A_0}{A_1}\right)^2}}$，则有：

$$u_0=C_0\sqrt{\frac{2(p_a-p_b)}{\rho}}$$

若采用图 2-36 所示的 U 形管压差计测量 p_a-p_b，当压差计读数为 R，指示液密度为 ρ_0 时，则有：

$$p_a-p_b=gR(\rho_0-\rho)$$

代入上式，得：

$$u_0=C_0\sqrt{\frac{2gR(\rho_0-\rho)}{\rho}} \tag{2-71}$$

根据 u_0，可计算得到流体的体积流量：

$$q_V=u_0A_0=C_0A_0\sqrt{\frac{2gR(\rho_0-\rho)}{\rho}} \tag{2-72}$$

式中　C_0——流量系数或孔流系数，无量纲，由实验测定，或查阅图 2-37 孔板流量计流量系数关系曲线。

C_0 与 Re、A_0/A_1 有关。图 2-37 中横坐标 $Re=\frac{d_1u_1\rho}{\mu}$，为流体流经管路的雷诺数，$A_0/A_1$ 为孔口截面积与管截面积之比。由图 2-37 可见，对于任一 A_0/A_1 值，当 Re 超过某一临界值 Re_c 后，C_0 即变为常数。故，流量计的测量范围最好落在 C_0 为常数的区域。

用式(2-72) 计算流体的流量时，必须先确定 C_0 的数值，但是 C_0 与 Re 有关，而管道中的流体流速 u_1 又未知，故无法计算 Re。如前所述，对此可采用试差法，即先假设 Re 值大于临界值 Re_c，由已知的 A_0/A_1 值从图中查得 C_0，然后根据式(2-72) 计算出流体的流量 q_V，进一步算出流体在管道内的流速 u_1，并以 u_1 值计算 Re 值。若所计算的 Re 值大于临界值 Re_c，则表示假定正确，否则须重新假设 Re 值，重复上述计算，直至所假设的 Re 值与计算值相符为止。

孔板流量计结构简单，安装方便；当流量有较大变化时，可方便调换孔板以调整测量条件。它的主要缺点是流体经过孔板的能量损失较大，并随 A_0/A_1 的减小而加大；而且孔口边缘容易腐蚀和磨损，所以孔板流量计应定期进行校正。

2.6.2.3　文丘里流量计

为减少流体流过孔板的阻力损失，可用文丘里流量计代替。文丘里流量计是用逐渐缩小、逐渐扩大的流道代替孔板而制成，结构简图如图 2-38 所示。

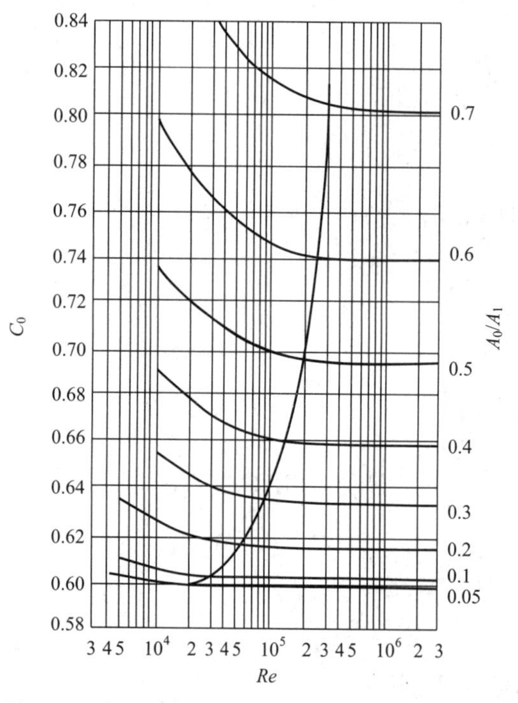

图 2-37　流量系数 C_0 与 Re 和 A_0/A_1 的关系曲线

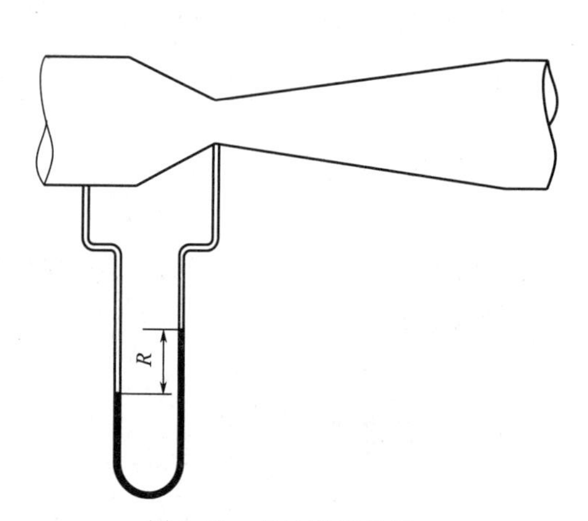

图 2-38　文丘里流量计

与孔板流量计相仿，文丘里流量计的流量可用下式计算：

$$q_V=C_VA_0\sqrt{\frac{2gR(\rho_0-\rho)}{\rho}} \tag{2-73}$$

式中 C_V——流量系数，一般为 0.98～0.99。

文丘里流量计阻力损失小，大多用于低压气体输送的测量，在中小型污水处理厂中应用较多。其主要不足是，各部分尺寸要求严格，加工精度要求较高，价格相对昂贵，安装时流量计本身要占较长位置。

【例 2-14】 采用孔径为 45mm 的标准孔板流量计测定某溶液流经管道的流量，流量计角接取压，以 U 形管水银压差计测量孔板前、后的压差。已知在操作温度下，溶液的密度为 1600kg/m³，黏度为 1.5cP，溶液流经的管道为 ϕ80mm×2.5mm 的无缝钢管。如压差计读数为 600mm，试求溶液的质量流量。

解：由题可知，$d=75\text{mm}$，$d_0=45\text{mm}$，$R=600\text{mm}$，$\rho_0=13600\text{kg/m}^3$，$\rho=1600\text{kg/m}^3$，$\mu=1.5\text{cP}$。

假设 C_0 与 Re 无关，则依据 $A_0/A_1=(d_0/d)^2=0.36$，由图 2-37 查得 $C_0=0.65$。

由式(2-72)，得：

$$q_V=C_0A_0\sqrt{\frac{2gR(\rho_0-\rho)}{\rho}}$$

$$=0.65\times\frac{\pi\times0.045^2}{4}\sqrt{\frac{2\times9.81\times0.6\times(13600-1600)}{1600}}$$

$$=0.0097(\text{m}^3/\text{s})$$

校核 Re 与 C_0 的值：

$$u=\frac{q_V}{\frac{\pi}{4}d^2}=\frac{0.0097}{0.785\times(0.075)^2}=2.2(\text{m/s})$$

$$Re=\frac{du\rho}{\mu}=\frac{0.075\times2.2\times1600}{1.5\times10^{-3}}=1.76\times10^5$$

由图 2-37 可知，当 $A_0/A_1=0.36$，计算所得 $Re>Re_c$，即 C_0 与 Re 值无关，说明假设正确。进而，流体的质量流量为：

$$q_m=q_V\times\rho=0.0097\times1600=15.5(\text{kg/s})$$

2.6.2.4 转子流量计

如图 2-39 所示，转子流量计是由一根上粗下细的微锥形玻璃管和一个在锥管内流体中浮动的转子（或称浮子）构成的。玻璃管外壁标有刻度，用以指示流量大小，转子顶部直径略大。流体由玻璃管底部进入，从顶部流出。

当流体自下而上流过竖直的锥管时，其中的转子将受到两个力的作用：一个是流体流经转子与锥管间的环形截面所产生的推动转子向上运动的总压力差；另一个是促使转子向下运动的净重力，它等于转子所受的重力减去流体对转子的浮力。当流量加大使总压力差大于转子的净重力时，转子就上升；当流量减小使总压力差小于转子的净重力时，转子就下沉；当总压力差与转子的净重力相等时，转子处于平衡状态，即停留在一定位置上。根据转子的停留位置，即可根据玻璃管外壁的刻度读出被测流体的流量。

设 V_f 为转子的体积，A_f 为转子的最大截面积，ρ_f 为转子的密度，ρ 为流体密度，则如图 2-40 所示，当流体通过转子与锥管间的环隙时，因流道截面缩小，流速增大，流体的静压力下降，于是在转子上下游便产生下部压力大于上部压力的压力差 Δp，进而形成了向上作用于转子的推力 ΔpA_f。当转子在流体中处于平衡状态时：

转子所受总压力差＝转子所受重力－转子所受浮力

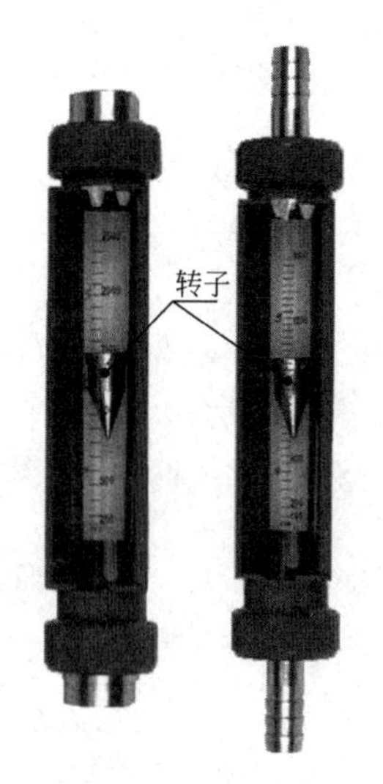

图 2-39　转子流量计

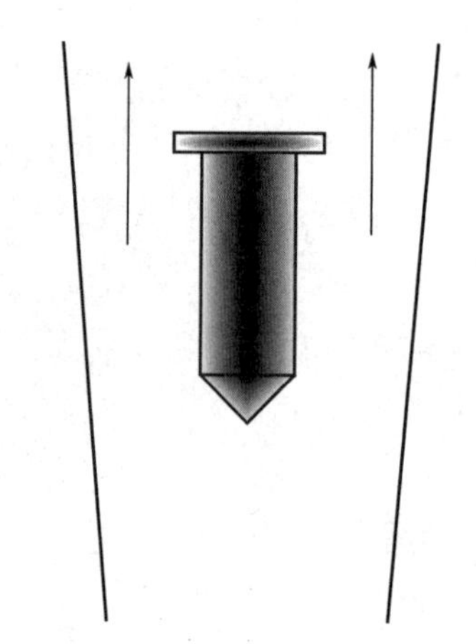

图 2-40　转子流量计工作原理

即
$$\Delta pA_f = V_f\rho_f g - V_f\rho g$$

则
$$\Delta p = \frac{V_f g(\rho_f - \rho)}{A_f} \tag{2-74}$$

转子处于平衡状态时，环隙流道截面积不变，仿照孔板流量计的流量计算公式可得：

$$q_V = C_R A_R \sqrt{\frac{2\Delta p}{\rho}}$$

将式(2-74) 代入，得：

$$q_V = C_R A_R \sqrt{\frac{2gV_f(\rho_f - \rho)}{A_f\rho}} \tag{2-75}$$

式中　A_R——转子与管壁间的环形截面积，m^2；

C_R——转子流量计的流量系数，无量纲，由实验测定。

制成的转子流量计，V_f、A_f、ρ_f 均固定不变，因此若在所测的流量范围内流量系数为常数，则流量只随环形截面积而变，即 q_V 与 A_R 成正比。由于玻璃管为上大下小的锥体，所以环形截面积的大小随转子所处的位置而变，因而可用转子所处位置的高低来反映流量的大小。

由式(2-75) 知，转子流量计的刻度与被测流体的密度有关，而转子流量计上的流量刻度通常是用常温（293K）下的水或常温（293K）、常压（0.1MPa）下的空气进行标定的。若用于测定其他不同密度的流体流量，则应进行换算。在同一刻度下，不同流体的流量之比为：

$$\frac{q_{V,2}}{q_{V,1}} = \sqrt{\frac{\rho_1(\rho_f - \rho_2)}{\rho_2(\rho_f - \rho_1)}} \tag{2-76}$$

式中，下标 1 代表标定流体，下标 2 代表实际被测流体。如果被测定的是气体，ρ_1、ρ_2 的值远比转子的密度 ρ_f 小，上式可简化为：

$$\frac{q_{V,2}}{q_{V,1}}=\sqrt{\frac{\rho_1}{\rho_2}} \tag{2-77}$$

转子可用不锈钢、玻璃、塑料等材料制造，购置转子流量计时应根据所测流体性质和测定的范围进行选择。

转子流量计的特点主要有结构简单、读数方便、精确度高、阻力损失较小，但通常需要安装在垂直管路上。

上述介绍的孔板及文丘里流量计与转子流量计的结构不同，对应的测量原理差别较大，其主要区别为：孔板及文丘里流量计的节流口面积不变，流体流经节流口所产生的压力差随流量不同而变化，因此可通过流量计的压差计读数来反映流量的大小，这类流量计统称为差压流量计。而转子流量计是使流体流经转子与锥管间的环隙节流口所产生的压力差保持恒定，而节流口的面积随流量而变化，由变动的环隙面积来反映流量的大小，即根据转子所处位置的高低来读取流量，故此类流量计又称为截面流量计。

【例 2-15】 用转子流量计测量某气体流量，流量计的转子用密度 ρ_A 为 0.95kg/m^3 的塑料制成。为增大测量范围，改用密度 ρ_B 为 2.95kg/m^3 的铝合金制造流量计的转子，并且保持转子的大小和形状不变。问测量范围能增加多少倍？

解： 由转子流量计计算公式(2-75) 知，当测量气体流速时，转子的密度比气体密度大得多，因此 $\rho_f-\rho$ 可写成 ρ_f，则式(2-75) 变为：

$$q_V=C_R A_R\sqrt{\frac{2gV_f\rho_f}{A_f\rho}}$$

当转子的材料由塑料 A 改成铝合金 B 时，它们的流量比应为：

$$\frac{q_{V,B}}{q_{V,A}}=\frac{C_R A_R\sqrt{\dfrac{2gV_f\rho_B}{A_f\rho}}}{C_R A_R\sqrt{\dfrac{2gV_f\rho_A}{A_f\rho}}}$$

即

$$\frac{q_{V,B}}{q_{V,A}}=\sqrt{\frac{\rho_B}{\rho_A}}=\sqrt{\frac{2.95}{0.95}}=1.76$$

转子流量计在改装后测量范围扩大至原来的 1.76 倍。

2.7　案例

建筑给排水工程设计中，给水系统与排水系统都非常重要，其影响着建筑物的基本功能，也影响着建筑物的整体质量。在排水系统设计中，需要考虑到区域气候情况，对于雨季较长、雨量较多的区域，在建筑给排水系统设计中需要设计出更有效率的排水系统，使得雨水不积留于建筑物中，不形成对建筑物的破坏与影响。虹吸式雨水排水系统与传统雨水排水系统相比，因其排水量较大、管路布置无须坡度等原因被广泛应用在工程中。

双斗虹吸排水泄流量理论分析如下。

通过本章的学习，我们知道，伯努利方程是理想的不可压缩恒定流的能量方程。在虹吸式排水系统中，形成虹吸的满管流流量实质上是位差提供的动力和管路提供的阻力平衡后的结果，因此虹吸式雨水排水系统可以用伯努利方程及管路的串并联理论进行理论分析。

双斗虹吸式雨水排水系统水力分析示意图如图 2-41 所示，假设系统已形成虹吸满管流，管内无空气；断面 $A—A$ 为天沟上平面，且该平面处于同一水平线，立管出口为断面 $Z—Z$，对 $A—A$ 和 $Z—Z$ 两断面列出伯努利方程：

$$Z_A+\frac{p_A}{\rho g}+\frac{u_A^2}{2g}=Z_Z+\frac{p_Z}{\rho g}+\frac{u_Z^2}{2g}+h_{A-Z} \tag{2-78}$$

将 $Z—Z$ 看作系统水力计算基准面，此时，Z_A 为系统天沟上平面到立管出口的高度 h，$Z_Z=0$；由于 $A—A$ 和 $Z—Z$ 两断面均与大气相通，p_A 和 p_Z 两项看作 0；系统满足连续性方程 $u_AA_{A-A}=u_ZA_{Z-Z}$，而天沟截面 $A_{A-A}\gg$ 管道出口截面 A_{Z-Z}，因此 $u_A\approx 0$。由此，伯努利方程可以化简为：

$$h_{A-Z}=h-\frac{u_Z^2}{2g} \tag{2-79}$$

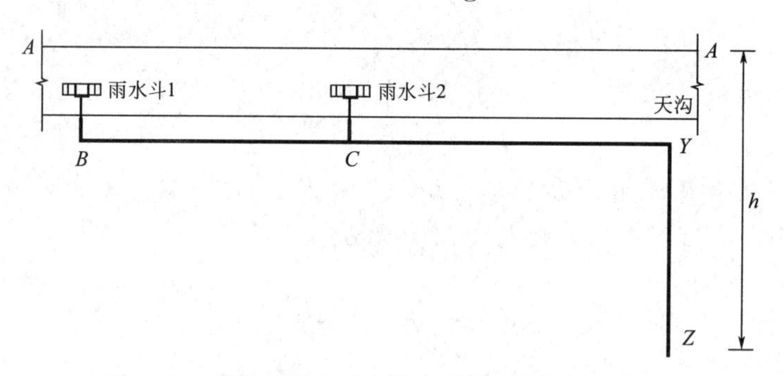

图 2-41　双斗虹吸式雨水排水系统水力分析示意图

两断面间的阻力损失 h_{A-Z} 由直管阻力损失和局部阻力损失组成：

$$h_{A-Z}=h_f+h_m \tag{2-80}$$

式中，h_f 为直管阻力损失；h_m 为局部阻力损失。

直管阻力损失为：

$$h_f=\lambda\frac{l}{d}\frac{u^2}{2g} \tag{2-81}$$

式中，λ 为直管阻力系数；l 为管道长度，m；d 为管道内径，m；u 为管道某一截面平均流速，m/s。

查阅资料可知，λ 可采用由 Swamee 和 Jain 提出的近似显式计算式计算：

$$\lambda=\frac{0.25}{\left[\lg\left(\frac{k}{3.71d_j}+\frac{5.74}{Re^{0.9}}\right)\right]^2} \tag{2-82}$$

式中，k 为绝对当量粗糙度；d_j 为管道内径；Re 为雷诺数。

管道的局部阻力损失 h_m 应根据管道的连接方式，按式（2-83）计算，雨水斗及配件的局部阻力系数取值通过产品实测确定。

$$h_m=\sum\zeta\frac{u^2}{2g} \tag{2-83}$$

式中，ζ 为管道的局部阻力系数。

将直管阻力损失 h_f 和局部阻力损失 h_m 表达式代入式（2-79），可得：

$$\sum\left(\lambda_i \frac{l_i}{d_i}+\sum\zeta_i\right)\frac{8Q_i^2}{g\pi^2 d_i^4}=h-\frac{8Q_Z^2}{g\pi^2 d_Z^4} \tag{2-84}$$

因为出口局部阻力系数 $\zeta_0=1$，将系统立管出口处的速度水头看作出口局部阻力系数加到 $\sum\zeta_Z$ 中，再令 $S_i=\left(\lambda_i \frac{l_i}{d_i}+\sum\zeta_i\right)\frac{8}{g\pi^2 d_i^4}$，式（2-84）可以写成：

$$(\sum S_i)Q^2=h \tag{2-85}$$

式中，Q 为多斗虹吸系统总泄流量，m^3/s；S_i 为各管段对应系统总流量为 Q 的阻抗，s^2/m^5。

代入到图 2-41 所示的双斗模型中，即为：

$$(S_{AC0}+S_{CY}+S_{YZ})Q^2=h \tag{2-86}$$

式中，S_{AC0} 为三通前管段总阻抗；S_{CY} 为管段 CY 阻抗；S_{YZ} 为管段 YZ 阻抗。

再利用管路并联原理，并联管路遵循质量平衡原理：

$$Q=Q_1+Q_2 \tag{2-87}$$

式中，Q_1 为雨水斗 1 泄流量，m^3/s；Q_2 为雨水斗 2 泄流量，m^3/s。

从能量平衡的观点来看，支路 ABC、支路 AC 的阻力损失均等于 A、C 两节点的压头差。

$$h_{ABC}=h_{AC}=h_1 \tag{2-88}$$

式中，h_1 为 A、C 两节点的压头差。

即：

$$S_{ABC}Q_1^2=S_{AC}Q_2^2=S_{AC0}Q^2 \tag{2-89}$$

式中，S_{ABC} 为雨水斗 1 管段阻抗；S_{AC} 为雨水斗 2 管段阻抗。

通过式（2-87）、式（2-88）、式（2-89）求得三通前总阻抗及雨水斗 1 与雨水斗 2 泄流量的比值分别为：

$$\frac{1}{\sqrt{S_{AC0}}}=\frac{1}{\sqrt{S_{ABC}}}=\frac{1}{\sqrt{S_{AC}}} \tag{2-90}$$

$$\frac{Q_1}{Q_2}=\frac{\sqrt{S_{AC}}}{\sqrt{S_{ABC}}} \tag{2-91}$$

因此，双斗雨水系统的总泄流量可以写成式（2-92），即双斗虹吸排水泄流量：

$$Q^2=\frac{h}{\dfrac{1}{\left(\dfrac{1}{\sqrt{S_{AC}}}+\dfrac{1}{\sqrt{S_{ABC}}}\right)}+S_{CY}+S_{YZ}} \tag{2-92}$$

习　题

2-1　装在某设备进口处的真空表读数为 60kPa，出口压力表的读数为 140kPa，则此设备进出口之间的压差为多大？已知当地大气压为 105kPa。

2-2　在附图所示的流化床反应器上装有两个 U 形管压差计，指示液为水银。测得读数 $R_1=400mm$，$R_2=$

100mm。右侧U形管与大气连通的玻璃管内注入高度 $R_3=50$mm 的水柱，以防止水银蒸气向大气扩散。试求 A、B 两处的表压。

2-3 用图示的复式U形管压差计测定水管 A、B 两点的压差。指示液为汞，其间充满水。今测得 $h_1=1.20$m，$h_2=0.30$m，$h_3=1.30$m，$h_4=0.25$m，试求 A、B 两点的压差。

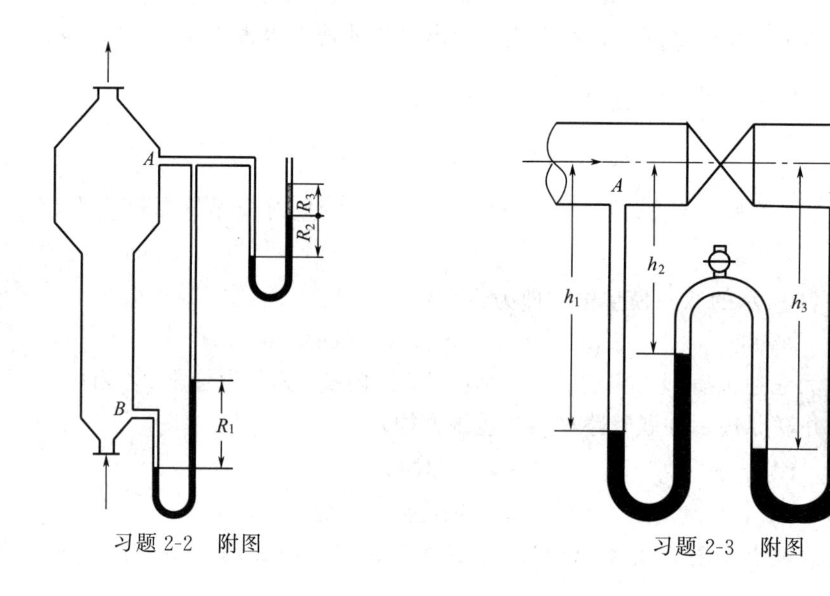

习题 2-2 附图　　习题 2-3 附图

2-4 为测量附图所示水塔中的水位，在监测室安装一U形水银测压计，测压计左支管用软管与水塔相连通。已知测压计左支管水银面高度为500.00m，测压计读数 $R=110$cm，试求此时塔中的水面高度。

2-5 如附图所示，在气液接触混合式冷凝器中，蒸汽被水冷凝后，冷凝液与水沿大气腿流出，已知冷凝器内真空度为82kPa，当地大气压为100kPa，试求大气腿内的水柱高度 H 为多少米？

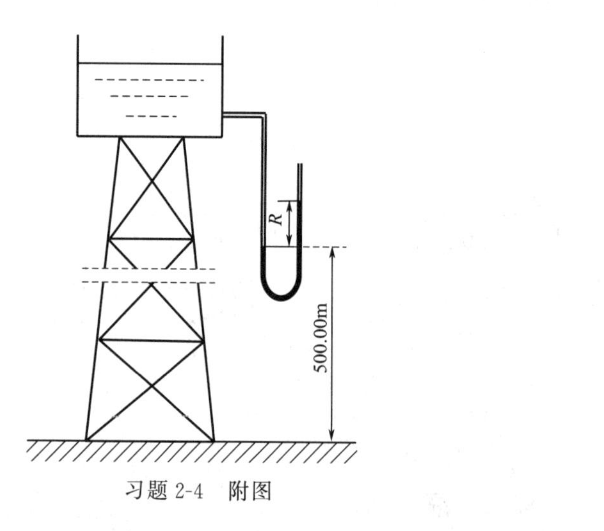

习题 2-4 附图

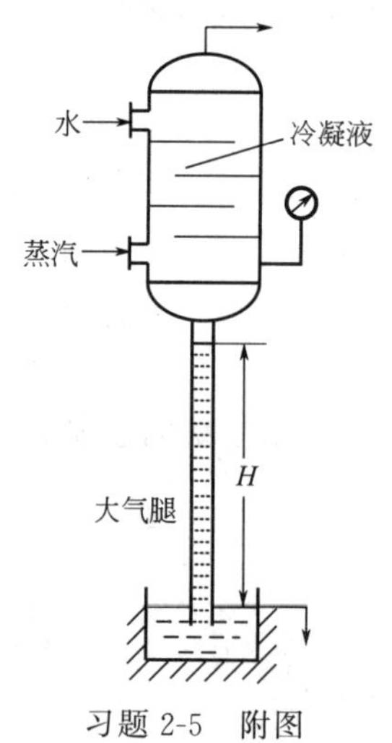

习题 2-5 附图

2-6 如附图所示，有一水平通风管道，在某处直径由400mm减缩至200mm。在异径水平管段两端各装一个U形管压差计，现测得粗管端读数 $R_1=40$mm 水柱，细管端读数 $R_2=20$mm 水柱。管道中空气的密度为1.2kg/m^3，若忽略空气流过异径水平管段的能量损失，试求管道中的空气流量。

2-7　在本题附图所示的异径水平管段两截面间连一倒置 U 形管压差计，粗、细管的直径分别为 ϕ75mm×2.5mm 与 ϕ46mm×2.0mm。试问：20℃清水，以 4.5kg/s 的流量流经该异径水平管段时，U 形管压差计读数为 95mm，则两截面间的压力差和压降各为多少？

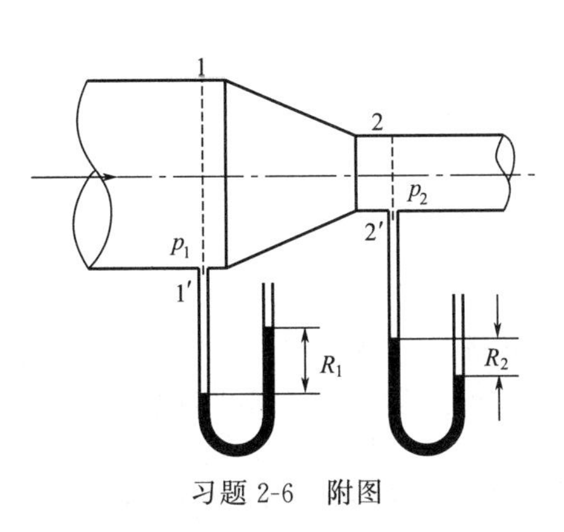

习题 2-6　附图

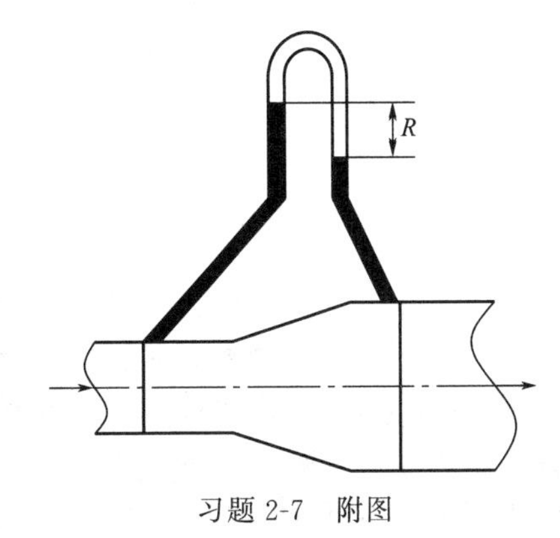

习题 2-7　附图

2-8　如附图所示，敞口贮槽内盛有密度为 1200kg/m³ 的溶液，敞口液面 1—1′维持恒定。用泵将该溶液从贮槽输送至常压吸收塔的顶部，经喷头喷入塔内，用于分离回收混合气体中的有机污染物。已知管道与喷头相连截面 2—2′表压为 20.0kPa，且高于贮槽液面 18m，用 ϕ55mm×2.5mm 的无缝钢管输送，送液量为 20m³/h，已测得溶液从 1—1′截面流至喷头的能量损失为 145J/kg（流经喷头的能量损失忽略），泵的效率为 75%，求泵的轴功率。

2-9　如附图所示，用水泵向高位水箱供水，管路流量为 150m³/h，水箱液面维持恒定，其至水池液面垂直距离 50m。泵吸入管与排出管分别为 ϕ219mm×7mm 和 ϕ194mm×7mm 的钢管。吸入管管长 50m（包括吸入管路局部阻力的当量长度），排出管管长 200m（包括排出管路局部阻力的当量长度），吸入管和排出管的管壁粗糙度均为 0.3mm，水的密度为 1000kg/m³，黏度为 1.0×10^{-3}Pa·s，泵的效率为 70%，试求：

(1) 吸入管和排出管内的流速；

(2) 泵的有效功率和轴功率。

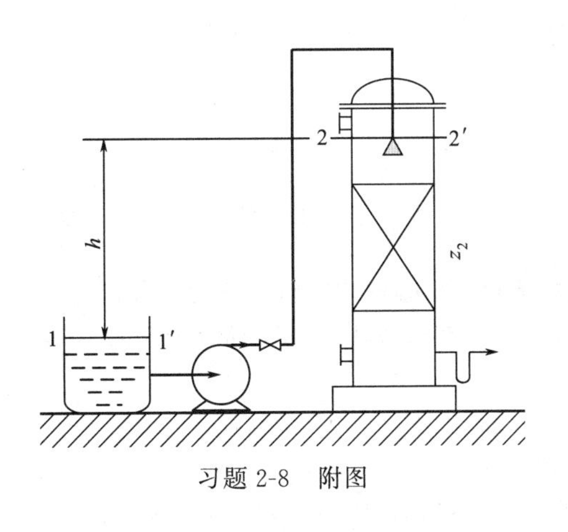

习题 2-8　附图

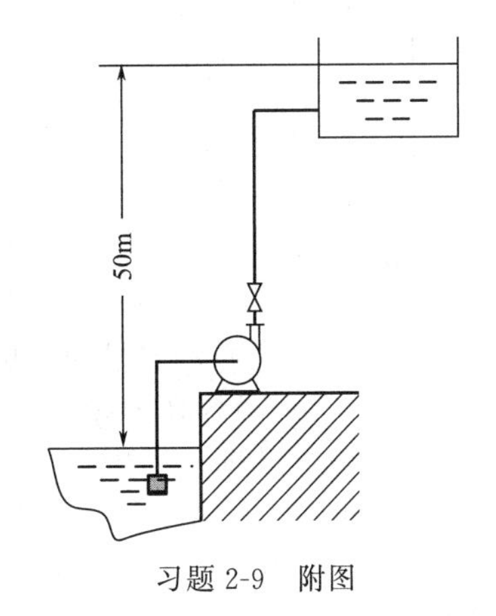

习题 2-9　附图

2-10　采用如附图所示的输水管路以 11m³/h 的流量输送 20℃的清水，上游管路直径 50mm，长 80m，途中设 90°弯头 5 个。然后变径（突然收缩）为管径为 40mm 的输送管路，总长 20m，设有 1/2 开启的闸阀一个。试求满足生产输水要求的高位槽液位高度 z（管壁粗糙度 $\varepsilon=0.2$mm）。

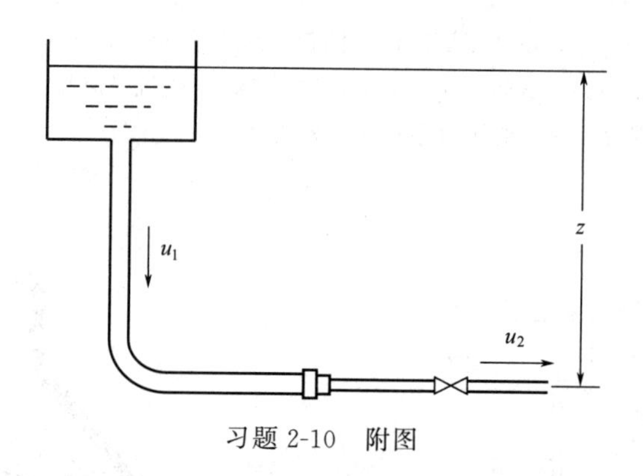

习题 2-10　附图

2-11　用 ϕ108mm×2.5mm 钢管输送某液体，管路总长 2km（包括管阀件局部阻力的当量长度），溶液流经管路所允许的压降为 0.25MPa。已知流体密度为 850kg/m^3，黏度为 5.0×10^{-3}Pa·s，钢管粗糙度ε=0.2mm，试求流体在管路中的流量。

2-12　如附图所示，用内径为 300mm 的钢管输送 20℃的清水，为测量管内水的流量，在长 2m 的一段主管路上并联了一根直径为 ϕ60mm×3.5mm 的支管，其总长与所有局部阻力的当量长度之和为 10m。支管上安装的转子流量计读数显示，支管内水的流量为 2.72m^3/h。主管与支管的摩擦系数分别取值为 0.018 和 0.03，试求水在主管路中的流量及总流量。

2-13　附图所示为水槽液位恒定的分支输水管路，其中 *AB* 段管长 6m，内径 41mm；*BC* 段长 15m，内径 25mm；*BD* 段长 24m，内径 25mm。上述管长均包括阀门及其他局部阻力的当量长度，但不包括出口动能项，分支点 *B* 的能量损失可忽略。设全部管路的摩擦系数均可取 0.03，且不变化，试求：

（1）*BC*、*BD* 两支管的流量及水槽的总排水量；

（2）将 *BC* 支管的阀关闭，求水槽由 *BD* 支管流出的出水量。

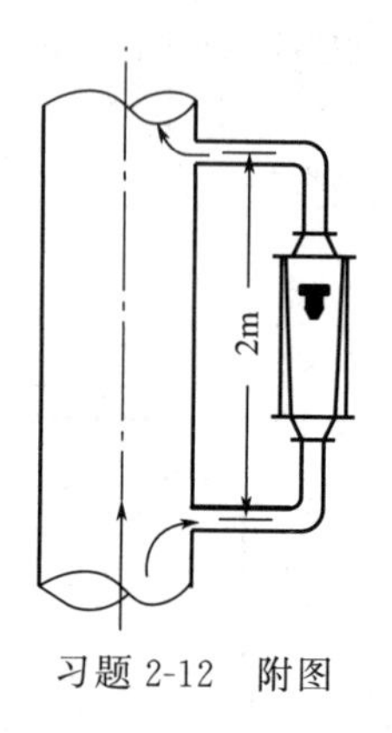

习题 2-12　附图

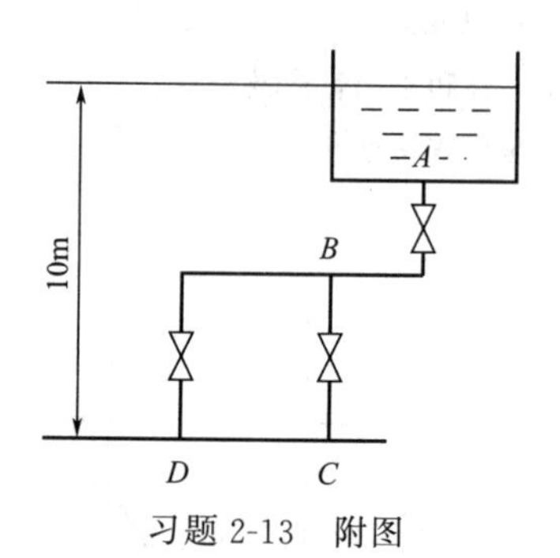

习题 2-13　附图

2-14　在内径为 0.3m 的管中心装一皮托管，用来测量气体流量。气体温度为 40℃，压力为 101.3kPa，黏度为 2×10^{-5}Pa·s，气体的平均分子量为 60。在同一管道截面测得皮托管的最大读数为 30mm 水柱。问此时管道中气体的流量为多少?

2-15　如附图所示，用离心泵将贮槽中 20℃的水，通过 ϕ108mm×4mm 的管路送至高位槽。贮槽与高位槽液面维持恒定，两液面间位差为 10m。在泵出口管路上装一孔板流量计，其孔径 d_0=70mm，U 形管压差计读数 R=170mm（指示液为水银）。已知管路全部阻力损失为 44J/kg，泵效率 ε=75%，试求：

（1）水在管路中的质量流量；

（2）泵所需的轴功率。

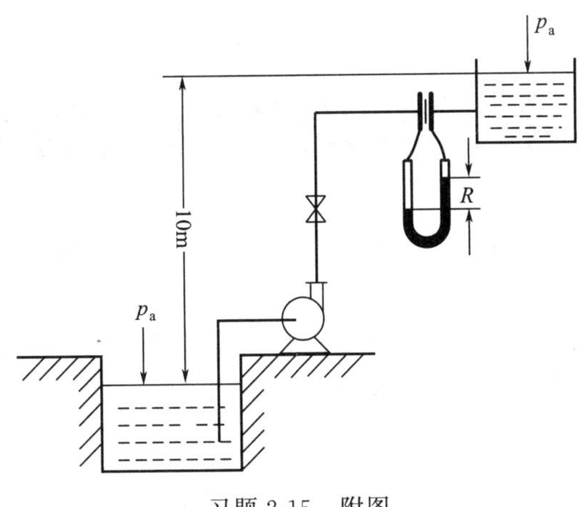

习题 2-15　附图

2-16　一转子流量计，其转子材料为铝。出厂时用 20℃、压力为 0.1MPa 的空气标定，得转子高度为 100mm 时，流量为 $10m^3/h$。今将该流量计用于测量 50℃、压力为 0.15MPa 的氯气，则在同一高度下的流量为多少？

2-17　如附图所示，在 ϕ45mm×3mm 的管路上安装一文丘里管，文丘里管的上游接一压力表，其读数（表压）为 5kPa，压力表轴心与管中心的垂直距离为 0.3m，管内水的流速为 1.5m/s，文丘里管的喉径为 10mm。在文丘里管喉部接一内径为 15mm 的玻璃管，玻璃管的下端插入水池中，池内水面到管中心的垂直距离为 3m。若将水视为理想流体，试问：

（1）池中的水能否被吸入管中；

（2）若能吸入，则每小时吸入的水量为多少（m^3/h）？

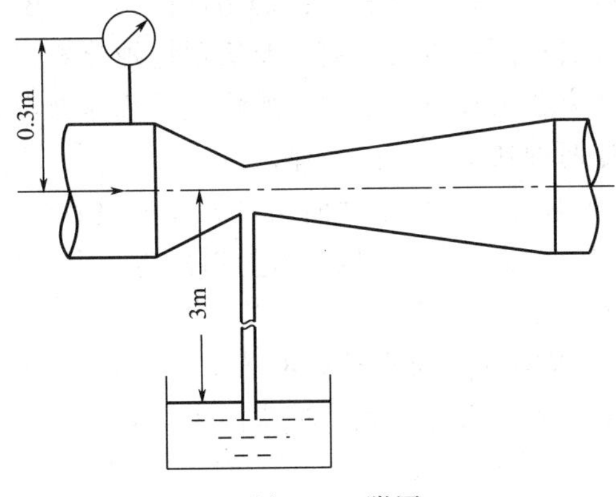

习题 2-17　附图

第3章　非均相物系的分离

生活中，为了从混合物中得到我们想要的物质，我们通常会采用各种分离方法来达到目的。例如，在淘米时将大米与洗米水分离、口罩将颗粒与我们呼吸的空气分离等等。分离过程不仅与我们的日常生活息息相关，目前更是广泛应用于各种“三废”（水、气、固）的处理工艺，剔除有毒有害物质，从而使我们的环境更加洁净、空气更加清新。

3.1　概述

自然界的物质大多为混合物。若物系内部各处物质性质均匀且不存在相界面，则称为均相混合物或均相物系，例如溶液及混合气体都是均相混合物。凡物系内部有隔开两相的界面存在，且界面两侧的物料性质截然不同，则称为非均相混合物或非均相物系。例如，含尘气体及含雾气体属于气态非均相物系；悬浮液、乳浊液以及含有气泡的液体（即泡沫液），则属于液态非均相物系。

在非均相物系中，处于分散状态的物质，如分散于流体中的固体颗粒、液滴或气泡，称为分散物质或分散相；包围分散物质而处于连续状态的物质称为分散介质或连续相。

3.1.1　非均相物系分离方法

由于非均相物系中分散相和连续相具有不同的物理性质（如密度、颗粒形状、尺寸等），故工业上一般都采用机械方法将两相进行分离。要实现这种分离，必须使分散相与连续相之间发生相对运动。因此，分离非均相物系的单元操作遵循流体力学的基本规律。根据运动方式的不同，分为沉降和过滤两种典型的单元操作。

① 颗粒相对于流体（静止或运动）运动而实现分离的过程称为沉降分离。实现沉降操作的作用力可以是重力（称为重力沉降），也可以是惯性离心力（称为离心沉降）。因此，沉降过程有重力沉降与离心沉降之分。

② 流体相对于固体颗粒床层运动而实现固液分离的过程称为过滤。实现过滤操作的外力可以是重力、压力差或惯性离心力。因此，过滤操作又可分为重力过滤、加压过滤、真空过滤和离心过滤。

3.1.2　非均相物系分离在工业生产中的应用

分离过程是将混合物分成组成互不相同的两种或几种产品的操作，其在化学、石油、冶金、食品、轻工、医药、生物、原子能、环境保护和废弃物资源利用等工业都具有广泛的应用。工业上分离非均相混合物的主要目的如下。

① 在化学工业中，分离操作一方面为化学反应提供符合质量要求的原料，清除对反应或催化剂有害的杂质，减少副反应和提高收率，另一方面对反应产物起着分离提纯的作用，以得到合格的产品，并使未反应的反应物得以循环利用。例如某些催化反应的原料气中夹带有会影响催化剂活性的杂质，因此，在气体进入反应器之前，必须除去其中尘粒状的杂质，以保证催化剂的活性。

② 回收有价值的分散物质。例如从催化反应器出来的气体，往往夹带着有价值的催化

剂颗粒，必须将这些颗粒加以回收循环使用；再如，从某些干燥器出来的气体及从结晶器出来的晶浆中都带有一定量的固体颗粒，也必须回收这些悬浮的颗粒作为产品。另外，在某些金属冶炼过程中，烟道气中常悬浮着一定量的金属化合物或冷凝的金属烟尘，收集这些物质不仅能提高该种金属的产率，而且为提炼其他金属提供原料。

③ 随着现代工业向大型化生产发展的趋向，“三废”（水、气、固）更趋向低浓度、量大、排放集中。“三废”处理对于资源的再生循环利用、生态环境的治理，进而促进经济社会的可持续发展均具有重要意义。而分离过程在“三废”处理中起着十分重要的作用，如对工业排放的废气、废液中毒害的物质进行分离处理，使其浓度符合规定的排放标准。

3.1.3　流体中移动粒子受到的阻力

由于流体具有黏性，因此当流体中的固体颗粒与流体发生相对运动时，流体与颗粒间将产生相互作用力。流体与固体颗粒之间的相对运动可以有各种情况：固体颗粒静止，流体对其做绕流；或流体静止，颗粒做沉降运动；或两者都运动但保持一定的相对速度。但就流体对颗粒的作用力来说，只要相对运动速度相同，上述三者之间并无本质区别，此作用力即为颗粒相对于流体做运动时所受到的阻力。

3.1.3.1　颗粒的特性

颗粒的最基本特性是大小（粒径）、形状和表面积。

（1）球形颗粒　球形颗粒的形状最匀称，用单一参数直径 d_s 就可以表征其各有关特性。

球形颗粒的表面积 $A=\pi d_s^2$，体积 $V=\dfrac{\pi d_s^3}{6}$；比表面积，即单位体积颗粒的表面积为 $a_{球}=\dfrac{A}{V}=\dfrac{6}{d_s}$。

（2）非球形颗粒　工业所遇到的固体颗粒大多是非球形的。非球形颗粒的形状多样，无法用单一参数全面地表示颗粒的体积、表面积和形状。通常用某当量的球形颗粒来代表非球形颗粒，以使在所考察的领域内非球形颗粒的特性与球形颗粒的特性等效，这一当量的球形颗粒的直径称为当量直径。例如，当讨论颗粒在重力（或离心力）场中所受的场力时，常用质量等效或体积等效的当量直径；而影响进行相对运动的流体与颗粒间作用力的主要颗粒特性是颗粒的比表面积，此时常用比表面积当量直径。根据等效性的基准不同，可以定义不同的当量直径。

体积当量直径，即当量球形颗粒的体积与真实颗粒的体积相等。

面积当量直径，即当量球形颗粒的表面积与真实颗粒的表面积相等。

比表面积当量直径，即当量球形颗粒的比表面积与真实颗粒的比表面积相等。

为了描述非球形颗粒形状偏离球形颗粒的程度，可引入球形度（表示为 ϕ_s）的概念。

$$\phi_s=\frac{\text{与颗粒体积相等的球的表面积}}{\text{颗粒的表面积}} \tag{3-1}$$

由定义式可见，球形颗粒的球形度 $\phi_s=1$。由于体积相同时球形颗粒的表面积最小，因此，任何非球形颗粒的 ϕ_s 皆小于1。

3.1.3.2　颗粒受到的阻力

研究表明，在流体中运动的光滑球形颗粒，影响其所受阻力的因素有颗粒的尺寸（直径）、与流体间的相对运动速度、流体的性质（密度与黏度）等。可将这些影响因素表示为如下函数形式：

$$F_d = F(d_s, u, \rho, \mu)$$

式中，u 为流体与颗粒间的相对运动速度；ρ 和 μ 分别为流体的密度与黏度。

对上式应用量纲分析可以得出：

$$\left(\frac{F_d}{A\ \frac{1}{2}\rho u^2}\right) = \varphi\left(\frac{d_s u \rho}{\mu}\right)$$

若令雷诺数：

$$Re_p = \frac{d_s u \rho}{\mu} \tag{3-2}$$

$$\zeta = \varphi(Re_p) \tag{3-3}$$

则有

$$F_d = \zeta\ \frac{1}{2}\rho u^2 A \tag{3-4}$$

式中 A——颗粒在运动方向上的投影面积，对于球形颗粒 $A = \frac{1}{4}\pi d_s^2$；

ζ——无量纲曳力系数，亦称为阻力系数，需经实验测定。

在图 3-1 中，球形度 $\phi_s = 1$ 所对应的曲线即为球形颗粒的曳力系数 ζ 与颗粒雷诺数 Re_p 间的相互关系，该曲线依照 Re_p 可分为三个区域。

① 滞流区(又称为斯托克斯定律区)：$10^{-4} < Re_p \leqslant 2$。

$$\zeta = \frac{24}{Re_p} \tag{3-5}$$

在此区域，流体以低速绕过球形颗粒，球形颗粒受到的阻力可理论推导求得，即：

$$F_d = 3\pi\mu d_s u \tag{3-6}$$

② 过渡区(又称为艾仑区)：$2 < Re_p \leqslant 500$。

$$\zeta = \frac{18.5}{Re_p^{0.6}} \tag{3-7}$$

③ 湍流区(又称为牛顿定律区)：$500 < Re_p < 2 \times 10^5$。

$$\zeta \approx 0.44 \tag{3-8}$$

在流体中运动的颗粒所受到的阻力，还与其形状密切相关。对于不同球形度的非球形颗粒，实测的曳力系数也示于图 3-1 上。对于非球形颗粒，应注意，式(3-4) 中的 A 应取颗粒的最大投影面积，而颗粒雷诺数 Re_p 公式中的 d_s，则取等体积球形颗粒的当量直径 d_e。

由 $\frac{\pi d_e^3}{6} = V_p$ 可得：

$$d_e = \sqrt[3]{\frac{6}{\pi} V_p} \tag{3-9}$$

式中 V_p——颗粒的体积。

由图 3-1 可见，颗粒的球形度 ϕ_s 越小，对应于同一 Re_p 值的阻力系数 ζ 越大，但在滞流区 ϕ_s 对 ζ 的影响并不显著。随着 Re_p 增大，这种影响逐渐变大。

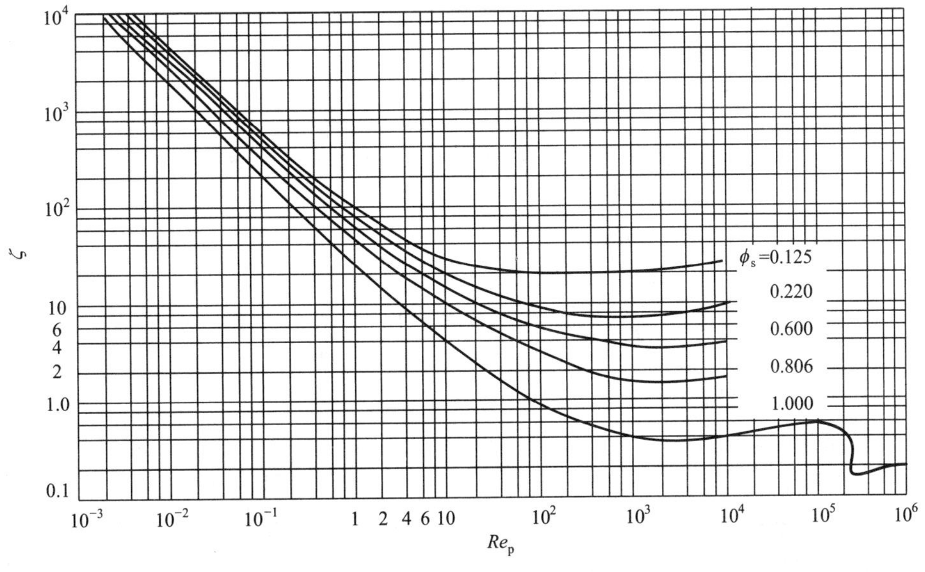

图 3-1 ζ-Re_p 关系曲线

3.2 重力沉降

重力沉降是依靠重力的作用，利用分散物质与分散介质的密度差异，使之发生相对运动而实现分离的过程。

3.2.1 重力沉降速度

3.2.1.1 球形颗粒的自由沉降

自由沉降，是指任一颗粒的沉降不因流体中存在其他颗粒而受到干扰。自由沉降发生在流体中颗粒稀疏的情况下，否则颗粒之间便会产生相互影响，而发生干扰沉降。

设想把一表面光滑的球形颗粒置于静止的流体介质中，如果颗粒的密度大于流体的密度，则颗粒将在流体中做下沉运动。此时，颗粒在垂直方向上会受到三个力的作用，分别为重力 G、浮力 F_b 和流体的阻力 F_d，如图 3-2 所示。重力向下，浮力向上，阻力与颗粒运动的方向相反，即方向向上。

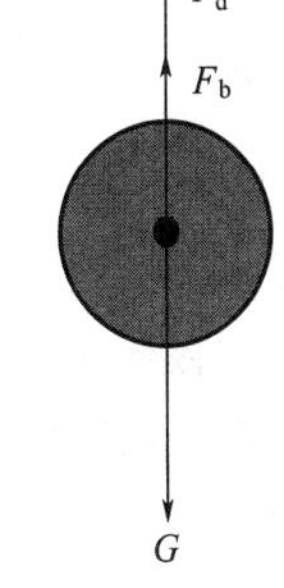

图 3-2 静止流体中颗粒受力示意图

颗粒和流体一定，则颗粒受到的重力和浮力均恒定，但阻力会随颗粒与流体间的相对运动速度而发生变化。令颗粒的密度为 ρ_s、直径为 d_s，流体的密度为 ρ，则重力 G、浮力 F_b 和阻力 F_d 分别为：

$$G=\frac{\pi}{6}d_s^3\rho_s g$$

$$F_b=\frac{\pi}{6}d_s^3\rho g$$

$$F_d=\zeta A\frac{\rho u^2}{2}$$

式中　A——颗粒沿沉降方向的最大投影面积，对于球形颗粒 $A=\frac{\pi d_s^2}{4}$，m^2；

u——颗粒相对于流体的下沉速度，m/s；

ζ——阻力系数。

根据牛顿第二运动定律可知，此三力的代数和应等于颗粒质量 m 与其加速度 a 的乘积，即：

$$G-F_b-F_d=ma$$

或

$$\frac{\pi}{6}d_s^3(\rho_s-\rho)g-\zeta\frac{\pi}{4}d_s^2\left(\frac{\rho u^2}{2}\right)=\frac{\pi}{6}d_s^3\rho_s\frac{du}{d\theta} \tag{3-10}$$

式中　m——颗粒的质量，kg；

a——加速度，m/s^2；

θ——时间，s。

3.2.1.2　沉降速度计算

颗粒开始沉降的瞬间，$u=0$，$F_d=0$，因而颗粒的加速度最大。随后颗粒的 u 值不断增加，所受到的阻力 F_d 随之增大，直至 u 达到某一定值 u_t 时，作用于颗粒的重力、浮力和阻力达到平衡，则 $a=0$，于是颗粒开始做匀速沉降运动。

由此可见，颗粒的沉降过程分为起初的加速和随后的等速两个阶段。加速阶段终了时颗粒相对于流体的速度 u_t，也即等速阶段颗粒与流体间的相对运动速度，称为“沉降速度”。

在工程实际中，因大部分沉降操作所处理的物料粒径甚小，颗粒与流体间的接触表面相对较大，阻力随速度增长很快，可在很短的时间内便与颗粒所受的净重力接近平衡。因此加速阶段常可以忽略不计。

根据沉降速度定义，当 $a=0$ 时，$u=u_t$，将其代入式(3-10)，得：

$$u_t=\sqrt{\frac{4gd_s(\rho_s-\rho)}{3\zeta\rho}} \tag{3-11}$$

式中　u_t——球形颗粒的自由沉降速度，m/s。

将式(3-5)、式(3-7) 及式(3-8) 表达的阻力系数分别代入式(3-11)，便可得表面光滑的球形颗粒在各区的沉降速度计算公式。

层流区($10^{-4}<Re_p\leqslant 2$)：

$$u_t=\frac{d_s^2(\rho_s-\rho)g}{18\mu} \tag{3-12}$$

过渡区($2<Re_p\leqslant 500$)：

$$u_t=0.27\sqrt{\frac{d_s(\rho_s-\rho)g}{\rho}Re_p^{0.6}} \tag{3-13}$$

湍流区($500<Re_p<2\times 10^5$)：

$$u_t=1.74\sqrt{\frac{d_s(\rho_s-\rho)g}{\rho}} \tag{3-14}$$

式(3-12) 称为斯托克斯（Stokes）公式，式(3-13) 称为艾仑（Allen）公式，式(3-14) 称为牛顿（Newton）公式。

在层流区，由流体黏性而引起的表面摩擦阻力占主要地位。在湍流区，由流体在颗粒尾部出现边界层分离而形成旋涡所引起的形体阻力占主要地位。由牛顿公式可见，在湍流区，流体黏度 μ 对沉降速度 u_t 已无影响。在过渡区中，表面摩擦阻力和形体阻力二者均不可忽略。

上述三个计算公式既适用于静止流体中的运动颗粒，也适用于运动流体中的静止颗粒，或者是逆向运动着的流体与颗粒，以及同向运动但具有不同速度的流体与颗粒之间相对运动速度的计算。

上述公式是基于颗粒在流体中做自由沉降而推导得出的，因此在使用时，还需满足如下两个条件。

① 容器的尺寸要远远大于颗粒的尺寸（譬如 100 倍以上），否则器壁会对颗粒的沉降产生显著的阻碍作用。

② 颗粒不可过分细微，否则由于流体分子的碰撞会使颗粒发生布朗运动。

【例 3-1】 一直径 2.0mm、密度为 $8000\mathrm{kg/m^3}$ 的钢球，在密度为 $1400\mathrm{kg/m^3}$ 的流体中自由沉降 6.0cm 需要 33s 时间，求该液体的黏度。

解： 设钢球在该液体中沉降时，流动形态为层流。由式(3-12) 得：

$$\mu=\frac{d_s^2 g(\rho_s-\rho)}{18u_t}$$

$$=\frac{(2\times10^{-3})^2\times9.81\times(8000-1400)}{18\times\dfrac{6\times10^{-2}}{33}}$$

$$=7.9(\mathrm{Pa\cdot s})$$

校核流型：

$$Re_p=\frac{d_s u_t \rho}{\mu}$$

$$=\frac{2\times10^{-3}\times\dfrac{6\times10^{-2}}{33}\times1400}{7.9}$$

$$=6.4\times10^{-4}<2$$

确属层流，上述计算正确。

3.2.2　降尘室

重力沉降是一种最简单的沉降分离方法，在环境工程领域中应用十分广泛。重力沉降既可用于气体净化中粉尘与气体的分离，又可用于水处理中水与颗粒物的分离，还可用于不同大小或不同密度颗粒的分离。在气体净化中，用于分离气体中尘粒的重力沉降设备称为降尘室，结构如图 3-3 所示。

操作时，含有颗粒的流体以均匀速度 u 从左向右水平地流过降尘室。这时，颗粒因受重力的作用以与在静止流体中完全相同的沉降速度 u_t 向下沉降。假设直径为 d_{sc} 的球形颗粒从左上方的 a 点进入，随着流体，即被流体裹携着一起向右移动，只要在流体通过降尘

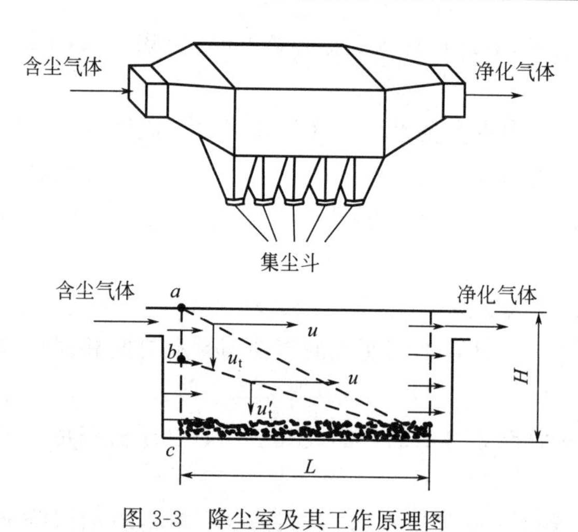

图 3-3 降尘室及其工作原理图

室的时间内颗粒能够降至室底，颗粒便可从流体中分离出来。

令 L 为降尘室的长度（m），H 为降尘室的高度（m），W 为降尘室的宽度（m），u_t 为颗粒的沉降速度（m/s），u 为流体在降尘室内水平通过的流速（m/s），则颗粒沉降至室底所需的时间为：

$$\theta_t = \frac{H}{u_t}$$

流体通过降尘室的时间为：

$$\theta = \frac{L}{u}$$

于是，颗粒能被分出的条件为 $\theta_t \leqslant \theta$，即：

$$\frac{H}{u_t} \leqslant \frac{L}{u} \tag{3-15}$$

当然，如果颗粒从比 a 点低的位置进入室内，或者直径大于 d_{sc} 的颗粒，都会在到达右端前沉入室底。然而，直径小于 d_{sc} 的颗粒能否沉至室底，取决于其从左端进入的位置。设直径为 d_s 的颗粒从 b 点进入，在到达右端之前就可沉入室底；如果是从比 b 点更高的位置进入，则直至随同流体一起排出室外仍不能被分离。假设含尘气体沿高度 H 均布进入降尘室，则直径为 d_s 的颗粒通过降尘室能被分离的比例可通过如下比例关系计算确定。

假设颗粒的沉降运动处于层流区，直径为 d_{sc} 和 d_s 颗粒的沉降速度分别为 u_t 和 u_t'，从图 3-3 可以明显地看到，直径为 d_s 的粒子能够沉至降尘室底部的比例为：

$$f = \frac{bc}{ac} = \frac{u_t'}{u_t} = \frac{d_s^2}{d_{sc}^2} \tag{3-16}$$

令 q_V 代表降尘室所处理的含尘气体的体积流量（又称为降尘室的生产能力），则气体的水平流速为：

$$u = \frac{q_V}{WH}$$

将此关系代入式(3-15) 并整理，得：

$$q_V \leqslant LWu_t \tag{3-17}$$

式(3-17) 表明，降尘室的生产能力只与其降尘面积 LW 及颗粒的沉降速度 u_t 有关，而与降尘室的高度 H 无关。因此，在实际操作中，通过重力沉降处理含尘气体时，常可将降尘室做成多层，以提高其生产能力，并减小占地空间。这样的降尘室称为多层降尘室，结构如图 3-4 所示。室内以水平隔板均匀分成若干层，隔板间距通常为 40～100mm。

对降尘室进行计算时，沉降速度应根据需要分离下来的最小颗粒确定。气流速度 u 不应过高，以免干扰颗粒的沉降或把已经沉降下来的颗粒重新卷起。为此，应保证气体流动的雷诺数处于滞流范围以内，这样才可近似认为颗粒在静止流体中进行沉降。

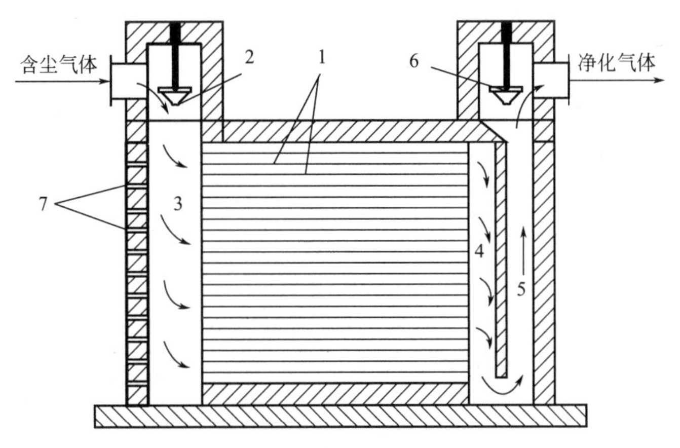

图 3-4　多层降尘室

1—隔板；2,6—调节闸阀；3—气体分配道；
4—气体凝聚道；5—气道；7—清灰口

【例 3-2】 用多层降尘室除尘，已知降尘室总高 4m，每层高 0.2m，长 4m，宽 2m，欲处理的含尘气体密度为 1kg/m^3，黏度为 $3\times10^{-5}\text{Pa}\cdot\text{s}$，尘粒密度为 3000kg/m^3，要求完全去除的最小颗粒直径为 20μm，求降尘室最大处理的气体流量。

解： 假设颗粒沉降处于层流区，则颗粒的沉降速度为：

$$u_t=\frac{(\rho_s-\rho)gd_s^2}{18\mu}=\frac{(3000-1)\times9.81\times(20\times10^{-6})^2}{18\times3\times10^{-5}}=0.0218(\text{m/s})$$

检验：

$$Re_p=\frac{\rho d_s u_t}{\mu}=\frac{1\times2.0\times10^{-5}\times0.0218}{3\times10^{-5}}=0.0145<2$$

假设正确。

降尘室层数为：

$$n=4/0.2=20$$

则降尘室最大处理流量为：

$$q_V=nAu_t=20\times4\times2\times0.0218=3.488(\text{m}^3/\text{s})$$

一般地，进行分离操作的颗粒直径通常很小，其沉降过程多处于层流区，沉降速度可用斯托克斯公式计算。根据分离条件，要使粒径大于 d_{sc} 的球形粒子完全分离，则降尘室的长度 L 可表达为：

$$L\geqslant\frac{Hu}{u_t}\geqslant Hu\frac{18\mu}{gd_{sc}^2(\rho_s-\rho)} \tag{3-18}$$

因为 L 与粒径的平方 d_{sc}^2 成反比，因此当需要能够被完全分离的粒子直径变小时，设备的长度就需大幅度增加。显然，当所要分离的粒子尺寸变得很小时，利用作为自然能的位能进行分离的沉降设备就会变得非常巨大，设备投资费用显著提高而失去其经济性。所以通过重力沉降分离的粒径 d_{sc} 是有限度的。一般地，对气相来说，能够被分离的颗粒粒径约为一至十几微米，而在液相中为数十微米。

3.2.3 沉淀池

沉淀池是水处理中分离悬浮液的常见构筑物。因所处理的悬浮液浓度较高，颗粒的沉降多属于干扰沉降，其情况与自由沉降有明显区别，有关计算可参考专业书籍。沉淀池有平流式、竖流式、辐流式等形式，图 3-5 所示为最典型的平流式沉淀（砂）池结构简图。

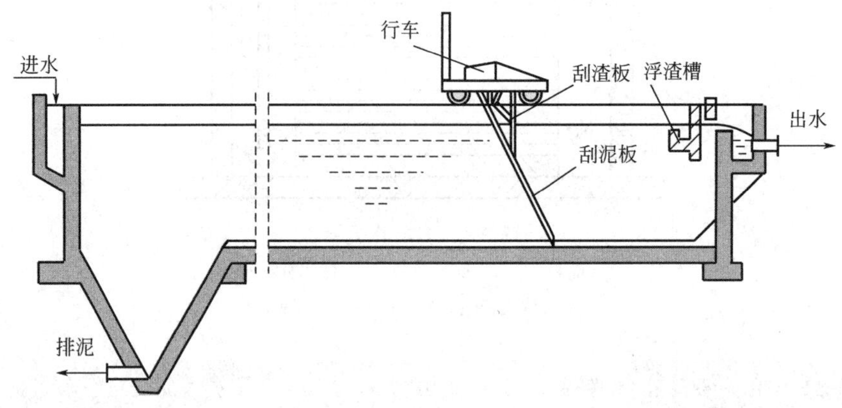

图 3-5 平流式沉淀（砂）池

池形呈长方形，由进、出水口，水流部分和污泥斗等部分组成。进口设在池的一端，通常采用淹没进水孔结构，水由进水渠通过均匀分布的进水孔流入池体，进水孔后设有挡板，使水流均匀地分布在整个池宽的横断面。沉淀池的出口设在池长的另一端，多采用溢流堰，以保证沉淀后的澄清水可沿池宽均匀地流入出水渠。堰前设浮渣槽和挡板以截留水面浮渣。水流部分是池的主体，池宽和池深要保证水流沿池的过水断面布水均匀，缓慢而稳定地流过。污泥斗用来积聚沉淀下来的污泥，多设在池前部的池底以下，斗底有排泥管，定期排泥。

平流式沉淀池多用混凝土筑造，或为砖石衬砌的土池。平流式沉淀池构造简单，沉淀效果好，工作性能稳定，使用广泛，但占地面积较大。为提高沉淀池工作效率，可装设刮泥机或对密度较大的沉渣进行机械排除。

3.3 离心沉降

如前所述，因质量一定的颗粒在重力场中所受的重力是一定的，所以重力沉降的分离能力有限，尤其是对流体中密度小或直径较小的颗粒，很难用重力沉降进行分离去除。在这种情况下采用离心沉降会收到较好的效果。所谓离心沉降，就是依靠惯性离心力的作用而实现的沉降过程。

3.3.1 离心沉降速度

如图 3-6 所示，当流体裹挟着颗粒高速旋转时，便形成了惯性离心力场。由于颗粒和流体间存在密度差，因此在惯性离心力的作用下，颗粒便会沿径向与流体发生相对运动，从而实现颗粒和流体的分离。由于在高速旋转的流体中，颗粒所受的离心力比重力大很多，且可根据需要进行调节，所以其分离效果要好于重力沉降。

与重力沉降相仿，对于图 3-6 所示的离心力场中的颗粒，沿径向对其进行受力分析，可推导得出离心沉降速度的表达式。假设颗粒呈球形，直径为 d_s，密度为 ρ_s，流体密度为 ρ；颗粒至旋转中心轴的距离为 r，颗粒随同流体的切向速度为 u_T，颗粒与流体在半径方向的相对运动速度为 u_r，则颗粒在径向上受到的三个作用力可分别表达如下。

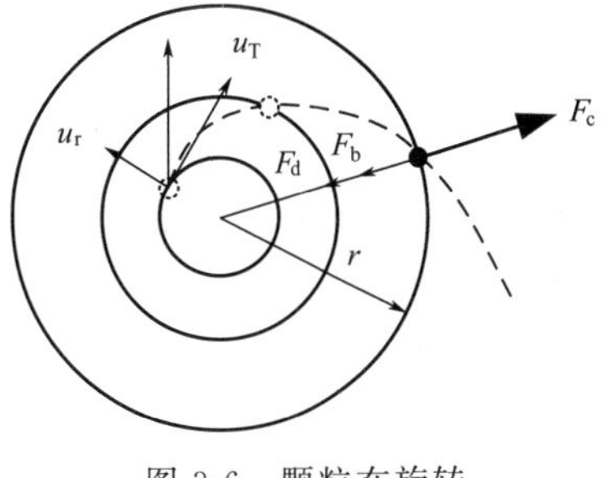

图 3-6　颗粒在旋转流体中的运动

惯性离心力为：

$$F_c=\frac{\pi}{6}d_s^3\rho_s\frac{u_T^2}{r}$$

向心力为：

$$F_b=\frac{\pi}{6}d_s^3\rho\frac{u_T^2}{r}$$

流体对颗粒的阻力为：

$$F_d=\zeta\frac{\pi}{4}d_s^2\frac{\rho u_r^2}{2}$$

若 $\rho_s>\rho$，则颗粒向外运动，流体对颗粒的阻力沿半径指向中心。若此三力能够达到平衡，则平衡时颗粒在径向上相对于流体的速度 u_r 便是它在此位置上的离心沉降速度。于是由：

$$\frac{\pi}{6}d_s^3\rho_s\frac{u_T^2}{r}-\frac{\pi}{6}d_s^3\rho\frac{u_T^2}{r}-\zeta\frac{\pi}{4}d_s^2\frac{\rho u_r^2}{2}=0$$

可得离心沉降速度：

$$u_r=\sqrt{\frac{4d_s(\rho_s-\rho)u_T^2}{3\zeta\rho\quad r}} \tag{3-19}$$

将上式与重力沉降速度公式(3-11) 对比可知，颗粒的离心沉降速度 u_r 与重力沉降速度 u_t 具有相似的表达式，即将式(3-11) 中的重力加速度 g 改为离心加速度 u_T^2/r，便可得式(3-19)。但同时也要注意 u_r 与 u_t 间的重要区别：u_t 的方向垂直向下，而 u_r 是沿径向向外，即背离旋转中心；对于一定的物系，u_t 是不变的，但是因离心力随旋转半径而变化，致使离心沉降速度 u_r 也随颗粒的位置而变。

若颗粒随同流体的旋转角速度为 ω，则离心加速度 a_r 亦可表示为：

$$a_r=\omega^2r$$

则

$$u_r=\sqrt{\frac{4}{3}\frac{d_s(\rho_s-\rho)\omega^2r}{\zeta\rho}} \tag{3-20}$$

同样，在离心沉降过程中，一般颗粒的直径也比较小，基本上在滞流区，所以将 $\zeta=24/Re_p$ 代入式(3-20) 中可得：

$$u_r=\frac{d_s^2(\rho_s-\rho)\omega^2r}{18\mu} \tag{3-21}$$

也可表示为：

$$u_r=\frac{d_s^2(\rho_s-\rho)}{18\mu}\frac{u_T^2}{r} \tag{3-22}$$

式(3-21) 说明，在角速度一定的情况下，离心沉降速度与颗粒旋转半径成正比。而式(3-22) 显示，在颗粒圆周运动的线速度恒定的情况下，离心沉降速度与颗粒旋转的半径成反比。

工程上，常将离心加速度和重力加速度的比值称为离心分离因数，用 K_c 表示，即：

$$K_c=\frac{a_r}{g}=\frac{u_T^2}{gr} \tag{3-23}$$

若流体中颗粒的沉降运动处于滞流区，对比式(3-22) 和式(3-12) 可见，在此种情况下，离心分离因数表明离心沉降速度是重力沉降速度的多少倍。

由此可见，离心分离因数是离心分离设备的重要性能指标。某些高速离心机的离心分离因数可高达数十万。对于本节将要讨论的旋风分离器和旋液分离器，其离心分离因数一般在5～2500之间，分离效能远高于重力沉降设备。

3.3.2　旋风分离器

3.3.2.1　旋风分离器的操作原理

旋风分离器是基于气-固间的密度差，利用惯性离心力的作用实现气-固分离的设备。对于图3-7所示的标准型旋风分离器，设备主体上部为圆筒形，下部为圆锥形。操作时，由圆筒上部的进气管沿切向进入设备的高速含尘气体，受器壁约束而旋转向下做螺旋形运动。在惯性离心力的作用下，颗粒被甩向器壁与气流分离，再沿壁面落至锥底的排灰口。净化后的气流在中心轴附近范围内由下而上做旋转运动，最后由顶部排气管排出。通常把下行的螺旋形气流称为外旋流，上行的螺旋形气流称为内旋流。内、外旋流气体的旋转方向是相同的。其中外旋流的上部为主要的除尘区。

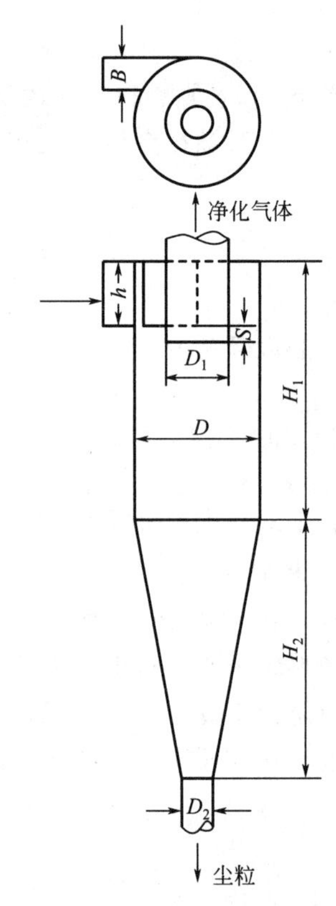

图3-7　标准型旋风分离器

$h=D/2$；$B=D/4$；$D_1=D/2$；$H_1=H_2=2D$；$S=D/8$；$D_2=D/4$

旋风分离器具有结构简单、造价低廉、没有活动部件、可用各种材料制造、操作条件范围宽广、分离效率较高等优点，是化工、采矿、冶金、机械、轻工、环保等工业部门最常用的一种除尘、分离设备。旋风分离器一般常用来去除气流中直径在5μm以上的尘粒。对颗粒含量高于200g/m^{3}的气体，由于颗粒聚结作用，此类设备甚至能除去3μm以下的颗粒。为减少颗粒对设备的磨损，对于直径在200μm以上的粗大颗粒，通常先用重力沉降除去，然后用旋风分离器进行进一步的精细分离。

3.3.2.2　旋风分离器的性能

（1）临界粒径　所谓临界粒径，是指在旋风分离器内能被完全分离下来的最小颗粒的直径。临界粒径是判断分离效率高低的重要依据。

为推导临界粒径的计算公式，可做如下简化假设。

① 进入旋风分离器的气流做严格的螺旋线形等速运动，其切向速度等于进口气速 u。

② 颗粒向器壁沉降时，必须穿过厚度等于整个进气口宽度 B 的气流层，才能到达壁面而被分离。

③ 颗粒做自由沉降运动，且处于层流区。

由假设③，颗粒的沉降速度可用式(3-22)求得。公式中的旋转半径 r 取平均值 r_m；由假设①，式中的 $u_T=u$；同时因气体密度 $\rho \ll$ 固体颗粒密度 ρ_s，故可略去式(3-22)中的 ρ。于是，气流中颗粒的离心沉降速度可表示为：

$$u_r=\frac{d_s^2\rho_s u^2}{18\mu r_m}$$

则颗粒到达器壁所需的沉降时间为：

$$\theta_t=\frac{B}{u_r}=\frac{18\mu r_m B}{d_s^2\rho_s u^2}$$

令气流在旋风分离器内的有效旋转周数为 N_e，则气流在设备内运行的距离便为 $2\pi r_m N_e$，于是停留时间为：

$$\theta=\frac{2\pi r_m N_e}{u}$$

N_e 值一般为 0.5～3.0，但对于图 3-7 所示的标准型旋风分离器，N_e 取值为 5.0。

若某种尺寸的颗粒所需的沉降时间恰等于停留时间，该颗粒即为理论上能被完全分离下来的最小颗粒。以 d_{sc} 代表这种颗粒的直径，即临界直径，则：

$$\frac{18\mu r_m B}{d_{sc}^2\rho_s u^2}=\frac{2\pi r_m N_e}{u}$$

对该式进行整理，可得：

$$d_{sc}=\sqrt{\frac{9\mu B}{\pi N_e u\rho_s}} \tag{3-24}$$

根据 d_{sc} 的概念，比 d_{sc} 大的粒子均可被分离，比 d_{sc} 小的粒子则需要根据其入口位置来分析它能被分离的可能性。

一般旋风分离器都以圆筒直径 D 为基本参数，其他尺寸均与 D 成一定比例。因此，由式(3-24)可见，临界粒径随分离器尺寸增大而增大，相应地，分离效率随分离器尺寸增大而减小。所以当气体处理量很大时，常将若干个小尺寸的旋风分离器并联使用（称为旋风分离器组），以维持较高的除尘效率。

(2) 分离效率　旋风分离器的分离效率有总效率和分效率（又称粒级效率）两种表示法。

总效率，是指进入旋风分离器的全部颗粒中被分离下来的质量分数，用 η_0 表示，即：

$$\eta_0=\frac{C_1-C_2}{C_1} \tag{3-25}$$

式中　C_1，C_2——进、出旋风分离器的气体中所含尘粒的质量浓度，g/m^3。

总效率在工程实际中最常用，也最易测定，但其无法表明旋风分离器对各种尺寸粒子的分离效果。含尘气流中的颗粒通常是大小不均的。通过旋风分离器之后，各种尺寸的颗粒被分离下来的百分率会不相同。颗粒小，所受离心力也小，沉降速度相对也低，被去除的比例自然也低。因此采用相同的旋风分离器处理含尘浓度相同且气体性质亦相同的不同来源的气流时，会因气流中所含尘粒的粒度分布不同而有不同的分离总效率。

分效率，又称粒级效率，就是按各种粒度分别表示出其被分离下来的质量分数，用 η_{pi} 代表。通常是把气流所含颗粒的尺寸范围分成 n 个小段，则第 i 小段内颗粒（平均粒径为 d_i）的粒级效率定义为：

$$\eta_{pi}=\frac{C_{1i}-C_{2i}}{C_{1i}} \tag{3-26}$$

式中　C_{1i}——进口气体中粒径在第 i 段范围内颗粒的质量浓度，g/m^3；

C_{2i}——出口气体中粒径在第 i 段范围内颗粒的质量浓度，g/m^3。

总效率与粒级效率的关系为：

$$\eta_0=\sum_{i=1}^{n}x_i\eta_{pi} \tag{3-27}$$

式中　x_i——粒径为 d_i 的颗粒占总颗粒的质量分数。

3.3.2.3　压降

气体流经旋风分离器时，由于进气管、排气管及主体器壁所引起的摩擦阻力、气体流动时的局部阻力及气体旋转运动所产生的动能损失等，造成气体的压降。可将压降看作与进口气体动压成正比，即：

$$\Delta p=\zeta\frac{\rho u^2}{2} \tag{3-28}$$

式中　ζ——比例系数，亦称阻力系数，对于同一结构形式及尺寸比例相同的旋风分离器，ζ 为常数。

图 3-7 所示的标准型旋风分离器，其阻力系数 $\zeta=8.0$。旋风分离器的压降一般为 500～2000Pa。

影响旋风分离器性能的因素众多且复杂，物系特性及操作条件是其中的重要因素。一般地，颗粒的尺寸大、密度高，进口气速高以及粉尘浓度高等都有利于分离。例如，提高含尘浓度有利于颗粒的凝结，进而提高分离效率，而且提高尘粒浓度也可抑制气体涡流，从而使阻力下降，因此较高的含尘浓度对降低压降和提高效率均有利。但有些因素则会对旋风分离器的性能产生相互矛盾的影响，譬如进口气速稍高有利于分离，但过高则招致涡流加剧，反而不利于分离。因此，旋风分离器的进口气速以保持在 10～25m/s 范围内为宜。

【例 3-3】 已知含尘气体中尘粒的密度为 $2300kg/m^3$。气体流量为 $1000m^3/h$，黏度为 $3.6\times10^{-5}Pa\cdot s$，密度为 $0.674kg/m^3$。若用如图 3-7 所示的标准型旋风分离器进行除尘，分离器圆筒直径为 400mm，试估算其临界粒径及气体压降。

解： 已知 $\rho_s=2300kg/m^3$，$q_V=1000m^3/h$，$\mu=3.6\times10^{-5}Pa\cdot s$，$\rho=0.674kg/m^3$，$D=400mm=0.4m$，对于图 3-7 所示的标准型旋风分离器：$h=\frac{D}{2}$，$B=\frac{D}{4}$。

故该分离器进口截面积为：

$$A=hB=\frac{D^2}{8}$$

所以

$$u=\frac{q_V}{A}=\frac{1000\times8}{3600\times0.4^2}=13.89(\text{m/s})$$

根据式(3-24)及标准型旋风分离器 $N_e=5$，得：

$$d_{sc}=\sqrt{\frac{9\mu B}{\pi N_e\rho_s u}}=\sqrt{\frac{9\times3.6\times10^{-5}\times0.4}{3.14\times5\times2300\times13.89\times4}}=0.8\times10^{-5}(\text{m})=8(\mu\text{m})$$

根据式(3-28)，取 $\zeta=8.0$，则：

$$\Delta p=\zeta\frac{\rho u^2}{2}=8.0\times\frac{0.674\times(13.89)^2}{2}=520(\text{Pa})$$

3.3.3　旋液分离器

旋液分离器是利用离心沉降原理分离液固混合物的设备，其结构和操作原理与旋风分离器类似。设备主体也是由圆筒体和圆锥体两部分组成，如图 3-8 所示。悬浮液由入口管切向进入，并向下做螺旋运动，固体颗粒在惯性离心力作用下，被甩向器壁后随旋流降至锥底。由底部排出的稠浆称为底流；清液和含有微细颗粒的液体则形成内旋流螺旋上升，从顶部中心管排出，称为溢流。

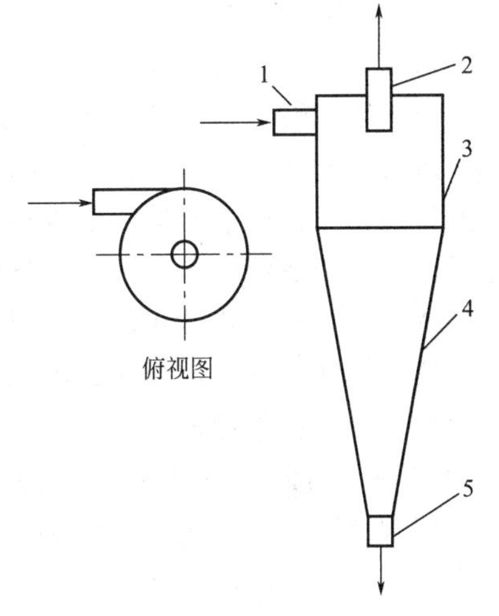

图 3-8　旋液分离器示意图

1—进料管；2—溢流管；3—圆管；4—锥管；5—底流管

旋液分离器的结构特点是直径小且圆锥部分长，其进料速度为 2～10m/s，可分离的粒径为 5～200μm。若悬浮液中含有不同密度或不同粒径的颗粒，可使大直径或大密度的颗粒从底流送出，通过调节底流量与溢流量比例，进而控制两流股中颗粒大小，这种操作称为分级。用于分级的旋液分离器称为水力分离器。

旋液分离器还可用于不互溶液体的分离、气液分离以及传热、传质及雾化等操作中，因而广泛应用于多种工业领域。与旋风分离器相比，其压降较大，且随着悬浮液密度的增大而增大。在使用中设备磨损较严重，应考虑采用耐磨材料作内衬。

3.4　过滤

3.4.1　过滤操作的基本概念

过滤是在外力作用下使液-固或气-固混合物中的流体通过多孔介质，将其中的悬浮固体颗粒截留下来，从而实现固体颗粒与流体间的相互分离，是一种属于流体动力过程的单元操作。下面所介绍的过滤为针对悬浮液中固-液分离的过滤，操作所处理的悬浮液称为滤浆，所用的多孔介质称为过滤介质，穿过介质孔道的澄清液体称为滤液，被截留的固体颗粒称为滤饼或滤渣。图 3-9 为过滤操作的示意图。

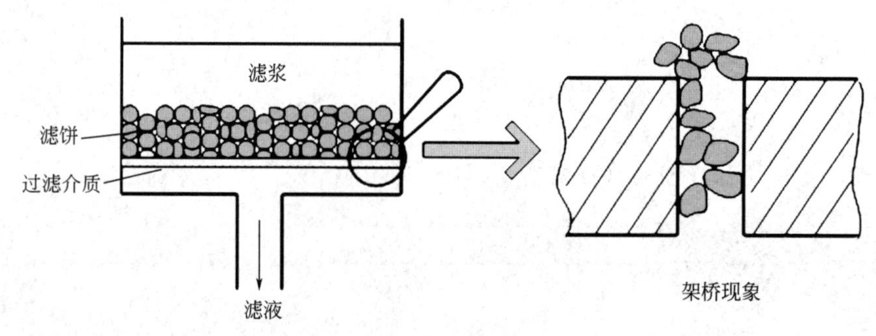

图 3-9　饼层过滤示意图

赖以实现过滤操作的外力，可以是重力或惯性离心力，但在工程实际中应用最多的是多孔介质两侧的压力差。

借过滤操作可获得清净的液体或得到作为产品的固体颗粒。过滤是给水处理及水污染控制中最常用的分离措施。

3.4.1.1　两种过滤方式

过滤操作分为饼层过滤和深层过滤两大类。

（1）饼层过滤　又称为表面过滤，其特点是固体颗粒呈饼状沉积于过滤介质的上游一侧。过滤介质常用多孔织物，其网孔尺寸未必一定小于被截留的颗粒直径。因此，在过滤操作开始之初，会有部分颗粒进入过滤介质网孔中发生架桥现象（图 3-9），也会有少量颗粒穿过介质混于滤液中而无法有效分离。随着固体颗粒的逐步堆积，在介质上逐渐形成一定厚度的滤饼层，其孔隙尺寸远小于颗粒直径，可确保悬浮液中颗粒能被有效截留。由此可见，对于饼层过滤，真正起作用的是滤饼层，而不是过滤介质。对于正常操作的饼层过滤，应保证获得澄清的滤液。因此在操作开始阶段，即架桥形成之初，因部分颗粒未被有效截留而得到的浑浊滤液，须在滤饼形成之后返回重滤。

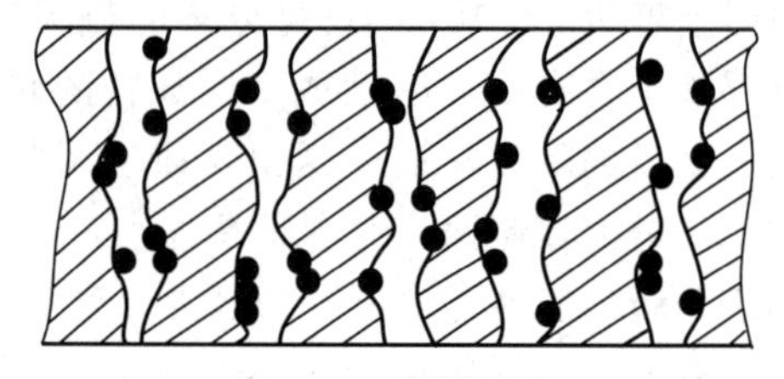

图 3-10　深层过滤

（2）深层过滤　又称为澄清过滤，其特点是固体颗粒并不形成滤饼，而是沉积于较厚的过滤介质内部，如图 3-10 所示。此种过滤的颗粒尺寸通常小于介质孔隙，颗粒可随同液体进入长而曲折的通道，在惯性和扩散作用下趋向通道壁面并借静电与表面力附着其上。深层过滤常用于净化含固量很少（颗粒的体积分数＜0.1％）的悬浮液。例如，自来水厂里用很厚的石英砂层作为过滤介质来实现水的净化。

大多工程实际所处理的悬浮液浓度往往较高，故本章中只讨论饼层过滤。

3.4.1.2　过滤介质

作为滤饼的支承物，过滤介质应具有足够的机械强度和尽可能小的流动阻力，同时要有稳定的化学性能，并能耐受一定的高温。工业操作使用的过滤介质主要有以下三类。

（1）织物介质　又称滤布，包括由棉、毛、丝、麻等天然纤维及由各种合成纤维制成的织物，以及由玻璃丝、金属丝等织成的网。织物介质在工业上应用最广，具有价格便宜、清洗及更换方便等优点。

（2）多孔固体介质　多孔固体介质是指具有众多微细孔道的固体材料，主要包括微孔陶瓷、多孔塑料及由烧结金属（或玻璃）制成的多孔管或板。此类介质大多耐腐蚀，且孔道细微，适用于处理只含少量细小颗粒的腐蚀性悬浮液及其他特殊场合。

（3）粒状介质　此类介质是由细小而坚硬的固体颗粒（如细砂、木炭、石棉粉、硅藻土等）或非编织纤维（玻璃纤维等）堆积而成，一般用于处理固体含量很小的悬浮液，多用于深层过滤，在水处理中有非常广泛的应用。

过滤介质的选择应根据悬浮液中固体颗粒的含量及粒度范围，介质所能承受的温度和它的化学稳定性、机械强度等因素进行综合考虑。

3.4.1.3　滤饼

滤饼是由被截留下来的固体颗粒累积而成的固定床层。如果构成滤饼的固体颗粒坚硬且不易变形，则当滤饼两侧的压力差增大时，颗粒的形状以及颗粒间的空隙均不会发生显著变化，故流体流经单位厚度滤饼的阻力可近似恒定。这种滤饼称为不可压缩滤饼，如由硅藻土、碳酸钙等固体颗粒形成的滤饼。反之，如果滤饼是由某些氢氧化物之类的胶体物质所构成，则当两侧压力差增大时，颗粒的形状和颗粒间的空隙便会产生显著的改变，单位厚度滤饼的流动阻力随之增大。这种滤饼称为可压缩滤饼。

3.4.1.4　助滤剂

对于可压缩滤饼，为降低流体的流动阻力，可将某种质地坚硬而能形成疏松床层的固体颗粒或纤维状物质预先涂于过滤介质上，或者混入悬浮液中，以形成较为疏松的滤饼，使滤液得以畅流，这种固体颗粒或纤维状物质称为助滤剂。

助滤剂应具备的特性如下。

① 应是能够形成多孔床层的刚性颗粒或纤维状物质，以确保滤饼具有良好的渗透性及较低的流动阻力。

② 具有化学稳定性，不与悬浮液发生化学反应，也不溶于液相之中。

3.4.2　过滤基本方程式

从流体力学角度来考虑，过滤操作实际上就是流体通过固体颗粒层的流动过程，流体只有克服了固体颗粒对其阻力才能够进一步流过多孔介质而与固体颗粒分离。流体通过颗粒层的流动与普通管内流动相仿，均属于固体边界内部的流动问题。流体在管内的流动规律，已在第 2 章做了必要的阐述。但对于流体在颗粒床层内的流动问题，却因边界条件复杂而难以直接用第 2 章所述方程式来表示。因颗粒床层内的流体通道是由大量尺寸不等、形状不规则的固体颗粒随机堆积而成的，具有复杂的网状结构，因此对这样复杂通道的描述应从组成通道的颗粒特性着手。

3.4.2.1　颗粒床层的特性

（1）床层的空隙率　是描述由众多固体颗粒堆积所成固定床的疏密程度的物理量，用符号 ε 来表示。空隙率的定义如下：

$$\varepsilon=\frac{\text{床层体积}-\text{颗粒体积}}{\text{床层体积}}$$

（2）床层的各向同性　工业上的小颗粒床层通常是乱堆的，且颗粒的空间定向是随机的，因此可以认为床层是各向同性的。

各向同性床层的重要特点，是床层横截面上可供流体通过的空隙面积（即自由截面）与床层截面积之比在数值上等于床层的空隙率 ε。

实际上，由于壁效应，床层靠近壁面附近的空隙率总是大于床层内部的空隙率，因此流体在近壁处的流速也大于床层内部的流速。对于大直径床层，近壁区所占的比例小，壁效应的影响可以忽略；但对于小直径床层，壁效应的影响则不可忽略。

(3) 床层的比表面积　单位体积床层所具有的颗粒表面积称为床层的比表面积，用 a_B 表示。如果忽略因颗粒相互接触致使裸露的颗粒表面减少，则 a_B 与颗粒的比表面积 a 之间具有如下关系：

$$a_B=(1-\varepsilon)a \tag{3-29}$$

3.4.2.2　流体通过固定床的压降

固定床中可供流体通过的细小通道，是由颗粒间的空隙形成的，这些通道曲折且互相交联，同时通道的截面大小和形状很不规则，因此很难通过理论计算确定流体流经这些复杂通道时的阻力损失（压降），必须依靠实验来解决。在第 2 章，介绍了如何通过量纲分析进行实验规划，本节则介绍近代广泛应用的另一种实验规划方法——数学模型法。

(1) 颗粒床层的简化模型　固定床内大量细小而密集的固体颗粒对流体的运动形成了很大的阻力。该阻力虽有利于流速沿床截面的均匀分布，但却在床层两端造成了很大的压降。关于流体通过固定床的流动问题，工程上感兴趣的不是速度分布而是床层的压降。

因流体通过颗粒层的流动多呈滞流状态，单位体积床层所具有的表面积对流动阻力有决定性的作用。这样，为解决工程实际所关心的压降问题，可在确保单位体积床层表面积相等的前提下，对流体流经颗粒床层的实际流动过程进行大幅简化，使之可用已知的数学方程式加以描述。经简化得到的等效流动过程称为真实流动过程的物理模型，见图 3-11。

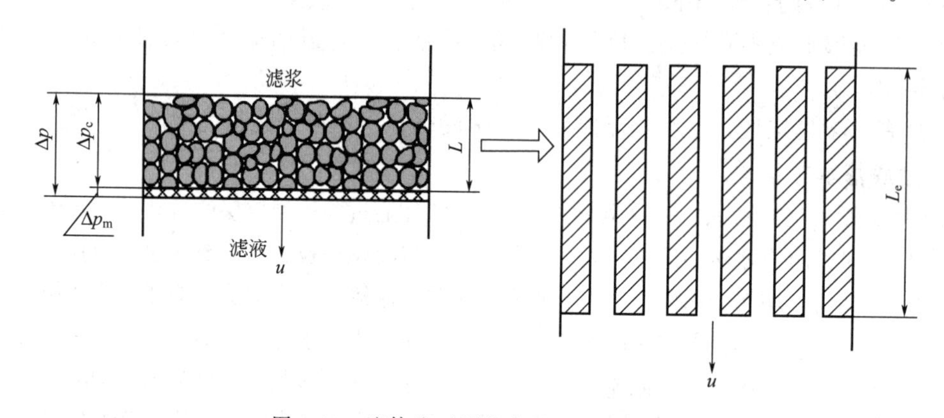

图 3-11　流体流过颗粒床层的物理模型

简化方法：将颗粒床层中复杂的不规则通道假想成长度为 L_e 的一组平行细管，并有以下规定。

① 细管的内表面积等于床层颗粒的全部表面积。

② 细管的全部流动空间等于颗粒床层的空隙容积。

根据上述规定，可求得虚拟细管的当量直径 d_e：

$$d_e=\frac{4\times\text{通道的截面积}}{\text{润湿周边长度}}$$

上式分子、分母同乘 L_e，则有：

$$d_e=\frac{4\times\text{细管的全部流动空间}}{\text{细管的内表面积}}$$

对上式进一步整理，并分子、分母同除以床层体积，得：

$$d_e=\frac{4\varepsilon}{a_B}$$

将式(3-29) 代入，得：

$$d_e=\frac{4\varepsilon}{(1-\varepsilon)a} \tag{3-30}$$

按上述简化模型，流体通过固定床的压降相当于流体通过一组当量直径为 d_e、长度为 L_e 的细管的压降。

(2) 流体压降的数学描述　根据上述物理模型，流体通过具有复杂几何边界床层的压降可简化为通过一组均匀细管的压降。应用计算圆形直管阻力所引起的能量损失计算通式[范宁(Fanning)公式]，可得到描述流体流过固定床压降的数学表达式：

$$\Delta p_f=\lambda\frac{L_e}{d_e}\frac{\rho u_1^2}{2} \tag{3-31}$$

式中　u_1——流体在细管内的平均流速，即流体通过实际床层中颗粒空隙的平均流速，由连续性方程可得其与空床流速（表观流速）u 的关系。

由连续性方程 $Au=A_1u_1$，以及 $A_1/A=\varepsilon$，可得：

$$u=\varepsilon u_1 \text{ 或 } u_1=\frac{u}{\varepsilon} \tag{3-32}$$

其中，A 为床层的截面积；A_1 为床层截面上可供流体通过的空隙面积。

将式(3-30)、式(3-32) 代入式(3-31)，并整理，可得：

$$\frac{\Delta p_f}{L}=\left(\lambda\frac{L_e}{8L}\right)\frac{(1-\varepsilon)a}{\varepsilon^3}\rho u^2$$

虚拟细管长度 L_e 与实际床层高度 L 不等，但可认为 L_e 与 L 成正比，即 L_e/L＝常数，并将其并入摩擦系数中去，于是：

$$\frac{\Delta p_f}{L}=\lambda'\frac{(1-\varepsilon)a}{\varepsilon^3}\rho u^2 \tag{3-33}$$

$$\lambda'=\frac{\lambda}{8}\frac{L_e}{L}$$

式(3-33) 即为流体通过固定床压降的数学模型，其中包括一个未知的待定系数 λ'。λ' 称为模型参数，也可称为固定床的流动摩擦系数。

(3) 模型的检验和模型参数的估值　基于简化假设所建立的物理模型，其有效性须经过实验检验并确定模型参数。康采尼（Kozeny）对此进行了实验研究，发现在流速较低，即雷诺数 $Re<2$ 的情况下，可将实验数据整理成如下公式：

$$\lambda' = \frac{K}{Re} \tag{3-34}$$

式中　K——康采尼常数，取值为5.0；

Re——床层雷诺数，由式(3-35) 计算。

$$Re = \frac{d_e u_1 \rho}{4\mu} = \frac{\rho u}{a(1-\varepsilon)\mu} \tag{3-35}$$

将式(3-34) 代入式(3-33)，得：

$$\frac{\Delta p_f}{L} = K\frac{a^2(1-\varepsilon)^2}{\varepsilon^3}\mu u \tag{3-36}$$

此式称为康采尼方程，仅适用于 $Re<2$ 的情况。

3.4.2.3　过滤速率与过滤速度

单位时间获得的滤液体积称为过滤速率，单位为 m^3/s。而单位过滤面积的过滤速率，也即单位时间通过单位过滤面积的滤液体积，则称为过滤速度，单位为 m/s。由康采尼方程式 (3-36)，任一瞬间的过滤速度可写成如下形式：

$$u = \frac{dV}{A d\theta} = \frac{\varepsilon^3}{5a^2(1-\varepsilon)^2}\left(\frac{\Delta p_c}{\mu L}\right) \tag{3-37}$$

则过滤速率可表示为：

$$\frac{dV}{d\theta} = \frac{\varepsilon^3}{5a^2(1-\varepsilon)^2}\left(\frac{A\Delta p_c}{\mu L}\right) \tag{3-38}$$

式中　V——滤液量，m^3；

θ——过滤时间，s；

A——过滤面积，m^2；

Δp_c——滤液通过滤饼层的压力差，Pa。

这里需要说明的是，根据康采尼方程，式(3-37) 和式(3-38) 中的 Δp_c 理应为滤液流过滤饼层的压降。但依据上述讨论，实际的过滤过程可简化为滤液流过一组水平圆形直管的流动，且管间无外功输入。对此，由伯努利方程可得，滤液流过滤饼层的压降在数值上等于促成滤液流动的推动力，即滤饼层两侧的压力差 Δp_c。用压力差 Δp_c 代替压降便于后续内容的讨论与分析。

3.4.2.4　滤饼的阻力

由组成的物理参数可知，式(3-37) 和式(3-38) 中的 $\frac{\varepsilon^3}{5a^2(1-\varepsilon)^2}$ 反映了床层颗粒的特性，其值随物料而异。若以 r 代表其倒数，即：

$$r = \frac{5a^2(1-\varepsilon)^2}{\varepsilon^3} \tag{3-39}$$

则式(3-37) 可写成：

$$\frac{dV}{A d\theta} = \frac{\Delta p_c}{\mu r L} = \frac{\Delta p_c}{\mu R} \tag{3-40}$$

式中　r——滤饼的比阻，m^{-2}；

R——滤饼阻力，m^{-1}，其计算式为式 (3-41)。

$$R = rL \tag{3-41}$$

对于不可压缩滤饼，空隙率 ε 可视为常数，同时因颗粒的形状、尺寸不变，比表面积 a 亦为常数。因此不可压缩滤饼的比阻 r 为常数。

式(3-40) 表明，当滤饼不可压缩时，任一瞬间的过滤速度与滤饼上、下游两侧的压力差成正比，而与当时的滤饼厚度成反比，并与滤液黏度成反比。同时式(3-40) 亦表明，过滤速度可表示成推动力与阻力之比的形式。压力差 Δp_c 是促成滤液流动的过滤推动力；单位面积上的过滤阻力 μrL 包括两方面的因素，分别为滤液本身的黏性（μ）和滤饼的阻力（rL）。

由式(3-40) 可见，比阻 r 是单位厚度滤饼的阻力，它在数值上等于黏度为 1Pa·s 的滤液以 1m/s 的平均流速通过厚度为 1m 的滤饼层时所产生的压降。比阻反映了颗粒形状、尺寸及床层空隙率对滤液流动的影响。床层空隙率 ε 愈小，颗粒比表面积 a 愈大，则滤饼愈致密，对液体流动的阻滞作用也愈大。

3.4.2.5　过滤介质的阻力

对于饼层过滤，尽管过滤介质的阻力通常比较小，但在过滤初始阶段、滤饼尚薄等期间却不能忽略。过滤介质的阻力与其厚度及致密程度密切相关。通常视过滤介质的阻力为常数，仿照式(3-40) 可以写出滤液流经过滤介质层的速度关系式：

$$\frac{dV}{A\,d\theta}=\frac{\Delta p_m}{\mu R_m} \tag{3-42}$$

式中　Δp_m——过滤介质上、下游两侧的压力差，N/m^2；

　　R_m——过滤介质阻力，m^{-1}。

由于很难划定过滤介质与滤饼之间的分界面并测定分界面处的压力，对此可通过如下方法将过滤介质与滤饼作为整体来考虑，以使问题简单化。

滤液通过滤饼层时：

$$\frac{dV}{A\,d\theta}=\frac{\Delta p_c}{\mu R}$$

则

$$\Delta p_c=\mu R\frac{dV}{A\,d\theta}$$

滤液流经过滤介质时：

$$\frac{dV}{A\,d\theta}=\frac{\Delta p_m}{\mu R_m}$$

则

$$\Delta p_m=\mu R_m\frac{dV}{A\,d\theta}$$

通常，滤饼与过滤介质的面积相等，所以两层中的过滤速度应相等，因此：

$$\Delta p=\Delta p_c+\Delta p_m=\mu R\frac{dV}{A\,d\theta}+\mu R_m\frac{dV}{A\,d\theta}=(\mu R+\mu R_m)\frac{dV}{A\,d\theta}$$

整理得：

$$\frac{dV}{A\,d\theta}=\frac{\Delta p_c+\Delta p_m}{\mu(R+R_m)}=\frac{\Delta p}{\mu(R+R_m)} \tag{3-43}$$

式中 $\Delta p=\Delta p_c+\Delta p_m$，代表滤饼与滤布两侧的总压力差（图 3-11），称为过滤压力差。为方便计算，可假想过滤介质的阻力与厚度为 L_e 的滤饼层的阻力相当，即：

$$R_m = rL_e \tag{3-44}$$

于是式(3-43) 可改写为：

$$\frac{dV}{A d\theta} = \frac{\Delta p}{\mu(rL + rL_e)} = \frac{\Delta p}{\mu r(L + L_e)} \tag{3-45}$$

式中 L_e——过滤介质的当量滤饼厚度，或称虚拟滤饼厚度，m。

值得注意的是，在一定的操作条件下，以一定的过滤介质过滤一定的悬浮液时，L_e 为定值；但同一介质在不同的过滤操作中，具有不同的 L_e 值。

综合上述讨论，值得关注的是，若将式(3-40)、式(3-42) 及式(3-43) 等与电工学中的欧姆定律（$I = \frac{U}{R}$）相比较，可以发现它们具有完全类似的表达形式，进而可归纳得到自然界中传递过程的普遍关系式：

$$\text{过程传递速率} = \frac{\text{过程的推动力}}{\text{过程的阻力}}$$

并且串、并联电阻的计算方法也普遍适用于传递过程中的有关计算。例如，上面讨论的滤液通过滤饼及过滤介质的流动过程就与串联电路完全类似，过滤速率（或过滤速度）除可分别用式(3-40) 和式(3-42) 表示外，还可用总推动力与总阻力之比，即式(3-43) 来表达。其中总推动力为滤饼两侧和过滤介质两侧的压力差（即推动力）之和，总阻力为滤饼层和过滤介质的阻力之和。我们在后面章节的讨论中也会发现，应用串、并联电阻的计算方法可以有效地解决热量传递和质量传递过程中的复杂问题。

3.4.2.6 过滤基本方程式

令 ν 为滤饼体积与相应的滤液体积之比，即每获得 $1m^3$ 滤液所形成的滤饼体积，无量纲。于是在任一瞬间的滤饼厚度 L 与形成 L 厚度滤饼所获得的滤液体积 V 之间便存在如下关系：

$$LA = \nu V$$

即

$$L = \nu \frac{V}{A}$$

同理，如生成厚度为 L_e 的滤饼所应获得的滤液体积为 V_e，则：

$$L_e = \nu \frac{V_e}{A}$$

式中 V_e——过滤介质的当量滤液体积，或称虚拟滤液体积，m^3。

于是：

$$\frac{dV}{A d\theta} = \frac{\Delta p}{\mu r\nu\left(\frac{V + V_e}{A}\right)}$$

或

$$\frac{dV}{d\theta} = \frac{A^2 \Delta p}{\mu r\nu(V + V_e)} \tag{3-46}$$

式(3-46) 是当滤饼不可压缩时的过滤速率与各有关因素间的关系式。

可压缩滤饼的比阻 r 并非常数，其数值随两侧压力差的增大而增大，工程计算时可用下面的经验公式粗略估算压力差对比阻的影响，即：

$$r = r'(\Delta p)^{s} \tag{3-47}$$

式中　r'——单位压力差下滤饼的比阻，m^{-2}；

Δp——过滤压力差，Pa；

s——滤饼的压缩指数，无量纲，$s=0\sim1$，对于不可压缩滤饼，$s=0$。

将式(3-47) 代入式(3-46)，得：

$$\frac{dV}{d\theta} = \frac{A^{2}\Delta p^{1-s}}{\mu r'\nu(V+V_{e})} \tag{3-48}$$

上式称为过滤基本方程式，表示了过滤进程中任一瞬间的过滤速率与各有关因素间的关系，是进行过滤计算的基本依据。该式适用于可压缩滤饼及不可压缩滤饼。

应用过滤基本方程式进行过滤计算时，还需针对具体的过滤方式对上式积分。一般地，过滤操作分为恒压、恒速及先恒速、后恒压三种方式。本书仅讨论工程实际中最常见的恒压过滤。

3.4.3　恒压过滤

所谓恒压过滤，是指在恒定压力差下进行的过滤操作。随着过滤的进行，滤饼不断变厚，进而过滤阻力逐渐增加，因过滤推动力 Δp 恒定，则过滤速率逐渐变小。

对于一定的悬浮液，若 μ、r'及 ν 皆可视为常数，则令：

$$k = \frac{1}{\mu r'\nu} \tag{3-49}$$

由其组成可见，k 是表征过滤物料特性的常数，单位为 $m^{4}/(N\cdot s)$。

将式(3-49) 代入式(3-48) 中，得：

$$\frac{dV}{d\theta} = \frac{kA^{2}\Delta p^{1-s}}{V+V_{e}}$$

上式中，Δp、k、A、s、V_{e} 均为常数，故其积分形式为：

$$\int (V+V_{e})\,dV = kA^{2}\Delta p^{1-s}\int d\theta \tag{3-50}$$

如前所述，V_{e} 为与过滤介质阻力相对应的虚拟滤液体积（常数），假定获得体积为 V_{e} 的滤液所需的过滤时间为 θ_{e}（常数），称为虚拟的过滤时间。则有如下积分边界条件：

过滤时间	滤液体积
$0\rightarrow\theta_{e}$	$0\rightarrow V_{e}$
$\theta_{e}\rightarrow\theta+\theta_{e}$	$V_{e}\rightarrow V+V_{e}$

其中，θ 为实际的过滤时间，与之相对应的 V 是实际获得的滤液体积。进行积分时的过滤时间指的是 θ_{e} 与 θ 之和；滤液体积是 V_{e} 与 V 之和。于是可写出：

$$\int_{0}^{V_{e}} (V+V_{e})\,d(V+V_{e}) = kA^{2}\Delta p^{1-s}\int_{0}^{\theta_{e}} d(\theta+\theta_{e})$$

$$\int_{V_{e}}^{V+V_{e}} (V+V_{e})\,d(V+V_{e}) = kA^{2}\Delta p^{1-s}\int_{\theta_{e}}^{\theta+\theta_{e}} d(\theta+\theta_{e})$$

积分上两式，并令：

$$K=2k\Delta p^{1-s} \tag{3-51}$$

则可得：

$$V_e^2=KA^2\theta_e \tag{3-52}$$

$$V^2+2V_eV=KA^2\theta \tag{3-53}$$

将式(3-52) 和式(3-53) 相加，可得：

$$(V+V_e)^2=KA^2(\theta+\theta_e) \tag{3-54}$$

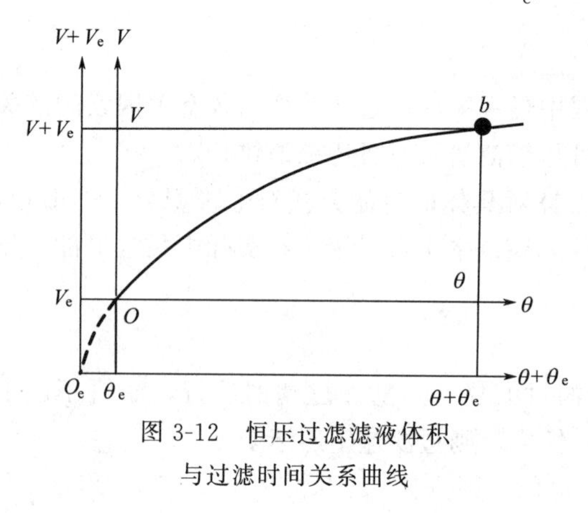

图 3-12 恒压过滤滤液体积与过滤时间关系曲线

上式称为恒压过滤方程式。由式可见，恒压过滤时滤液体积与过滤时间的关系为一抛物线方程，如图 3-12 所示。Ob 段曲线表示了实际的过滤时间 θ 与实际的滤液体积 V 之间的关系，而 O_eO 段则描述了与过滤介质阻力相对应的虚拟过滤时间 θ_e 与虚拟滤液体积 V_e 之间的关系。

当过滤介质阻力可以忽略时，$V_e=0$，$\theta_e=0$，式(3-54) 简化为：

$$V^2=KA^2\theta \tag{3-55}$$

令 $q=\dfrac{V}{A}$，以及 $q_e=\dfrac{V_e}{A}$，则恒压过滤方程式可另表示为：

$$q_e^2=K\theta_e \tag{3-56}$$

$$q^2+2q_eq=K\theta \tag{3-57}$$

$$(q+q_e)^2=K(\theta+\theta_e) \tag{3-58}$$

若过滤介质阻力可忽略，则 $q_e=0$，$\theta_e=0$，于是：

$$q^2=K\theta \tag{3-59}$$

恒压过滤方程式中的 K 是由物料特性及过滤压力差所决定的常数，称为滤饼常数，单位为 m^2/s；θ_e 与 q_e 是反映过滤介质阻力大小的常数，称为介质常数，单位分别为 s 及 m^3/m^2；K、θ_e 和 q_e 三者总称过滤常数。

【例 3-4】 用过滤面积 $1m^2$ 的设备对某种悬浮液进行恒压过滤，过滤 5min 可得滤液 $0.01m^3$，再过滤 5min 又得到滤液 $0.006m^3$，试求过滤常数以及 10min 时的过滤速度。

解： 由题可知 $\theta_1=5min$，$q_1=0.01m$，$\theta_2=10min$，$q_2=0.016m$，由 $q^2+2qq_e=K\theta$，得：

$$0.01^2+2\times0.01\times q_e=5K$$

整理得

$$0.01+2q_e=500K$$

$$0.016^2+2\times0.016q_e=10K$$

整理得

$$0.016+2q_e=625K$$

联立求解上述方程，可得 $K=4.8\times10^{-5}\text{m}^2/\text{min}$，$q_e=0.007\text{m}^3/\text{m}^2$。

由 $q_e^2=K\theta_e$，可得 $\theta_e=1.02\text{min}$。

对 $q^2+2qq_e=K\theta$ 求导，可得 $2q\dfrac{dq}{d\theta}+2q_e\dfrac{dq}{d\theta}=K$。

于是：

$$\frac{dq}{d\theta}=\frac{K}{2q+2q_e}=\frac{4.8\times10^{-5}}{2\times0.016+2\times0.007}=0.00104(\text{m/min})$$

3.5　案例

随着资源与环境问题日益凸显，可持续发展理念与构建循环型社会已成为人们的共识，利用以电子废物为重要组成的城市矿产成为众多国家资源供给的主要来源之一，也是推动循环经济发展的重要抓手。日益增长的电子废物是伴随着电子、电器工业的形成与快速发展所产生的新的一类固体废物，由于具有产生量巨大、环境风险与资源化利用价值并存等特点，采用经济有效且环境友好的方法对其进行资源化处理已成为世界关注的热点。

在所形成的电子废物资源化处理技术中，机械或物理方法以其工艺简单、环保高效以及易于实现金属与非金属全面回收等优点而成为现行的电子废物资源化的主流技术，该技术大体分为两大步骤。

（1）破碎解离　一般地，构成电子、电器产品的材料通过焊接、钉合、镶嵌、黏合、包裹、捆扎等方式而相互连接。电子废物的破碎解离即是采用合适的机械设备对其进行破碎，当物料被破碎至一定粒度时，原本相互连接的材料便会以单体颗粒形式存在而相互解离，然后便可借助不同材料间的物理性质差，采用机械或物理方法对组成材料进行分离富集。

（2）分离富集　借助破碎解离材料在粒度、形状、密度、铁磁性、导电性等物理特性方面的较大差异，选用形状分离、磁性分离、导电分离或密度差分离等技术对其进行分离富集。

电子、电器产品种类繁多，其构成零部件及组成材料复杂多变，尤其是其中的印刷线路板（printed circuit board，PCB）是电子、电器工业的基础，是各类电子、电器产品中不可缺少的重要部件。PCB 由多种金属，以及有机塑料、陶瓷等非金属组成。对于金属，PCB 的铜含量就在 25%以上，且 PCB 含有少量金、银等贵金属和稀有金属，资源化利用价值高。鉴于 PCB 中的金属与非金属材料间存在显著的密度差，可采用基于密度差的流态化分选对金属与非金属进行分离富集。

① 流态化分离原理　使待分离的颗粒物料在一定流速气体或液体的作用下形成流化床，借助不同密度及不同尺寸颗粒物料在流体中的沉降速度不同而将其相互分离。下面以球形颗粒进行分析。

球形颗粒在流体中沉降速度为：

$$u_t=\sqrt{\frac{4gd_s(\rho_s-\rho)}{3\rho\zeta}}\tag{3-60}$$

式中，d_s 为颗粒的直径；ρ_s 为颗粒的密度；ρ 为流体的密度；g 为重力加速度；ζ 为阻力系数，$\zeta=f(Re)$。

Re 为颗粒与流体相对运动时的雷诺数，$Re=\dfrac{du\rho}{\mu}$，其中，u 为颗粒与流体的相对运动速度，μ 为流体的黏度。

处于上升流体中的颗粒达到沉降速度时，其绝对速度 u_a 等于上升流体速度 u_0 与颗粒的沉降速度 u_t 之差，即：

$$u_a=u_0-u_t \tag{3-61}$$

由式（3-61）可知：当沉降速度大于等于上升流体速度时，$u_a\leqslant 0$，颗粒呈下沉状态；当沉降速度小于上升流体速度时，若 $u_a>0$，颗粒随流体向上运动。因此，对于进行流态化分离的直径相同但材质不同的球形混合物料，通过调节流体速度，便可使轻组分随流体被带出设备而将其与重组分颗粒分离。

② 流态化分选的进料条件　对于实际分离操作所处理的颗粒物料，其尺寸通常大小不一，具有一定的粒级范围；而由式（3-60）可见，颗粒的沉降速度不仅与颗粒密度有关还与颗粒尺寸有关。如果待分离颗粒物料的粒度范围过大，则其中大尺寸轻组分颗粒的沉降速度有可能等于甚至大于小尺寸重组分颗粒的沉降速度而无法实现有效分离。为确保流态化气流分选有效进行，需对待分离物料进行分级而将其控制在一定的粒级范围内。

对于同一流体介质中的密度不同的两种材料颗粒，将具有相同沉降速度的颗粒定义为等沉颗粒，其中密度小的颗粒直径 d_1 与密度大的颗粒直径 d_2 之比，称为等沉比，以 e 表示，即：

$$e=\frac{d_1}{d_2} \tag{3-62}$$

联立式（3-60）和式（3-62），且 $u_1=u_2$，可得：

$$e=\frac{d_1}{d_2}=\frac{\rho_2-\rho}{\rho_1-\rho} \tag{3-63}$$

在实际分离操作中，只要控制颗粒混合料中的最大颗粒尺寸与最小颗粒尺寸之比小于其等沉比，则可确保轻重组分分离的沉降速度差，方可实现轻重组分的完全分离。

上述分析基于球形颗粒的自由沉降，但实际操作中的颗粒常为非球形颗粒，且其沉降过程为干扰沉降，影响分离效果的因素较为复杂，分离规律以及适宜的操作参数需实验确定。

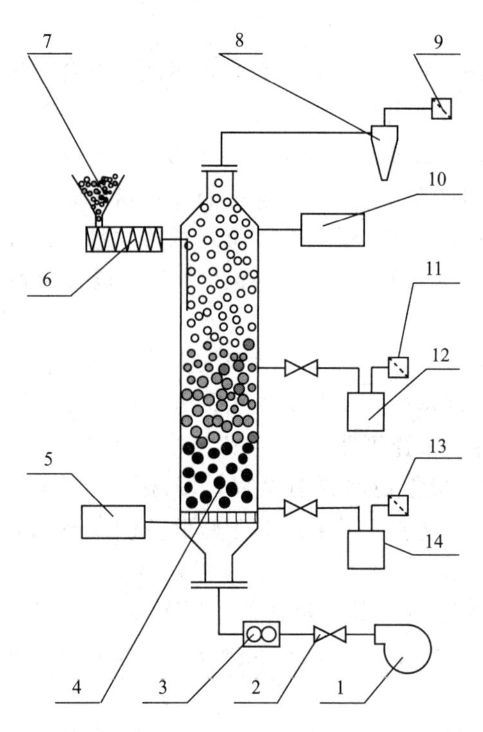

图 3-13　基于流态化分离原理的固体流态化分离装置及工艺流程简图

1—风机；2—阀门；3—流量计；4—流化床；5,10—压力表；6—螺旋送料器；7—加料斗；8—旋风分离器；9,11,13—袋滤器；12,14—收集仓

③ 固体流态化分离工艺及装置　图 3-13 为基于流态化分离原理的固体流态化分离装置及工艺流程简图。设备主体为多侧线流化床，通常以空气为流化介质，待分离的固体颗粒混合料在流化床内流化分离，操作流程为：开启风机 1，用阀门 2 缓慢调节风机流量至适宜大小，经送料器送入主体设备流化床 4 的 WEEE 粉碎料在流经分布板气流的作用下充分流化；粉碎料中不同材质颗粒，

因密度差沿流化床4自下而上形成重组分富集层与轻组分富集层；流化床4内分层的轻重组分分别经流化床4下部与中部的侧线出料口流入收集仓14与12，夹带微量粉尘的空气分别经袋滤器11与13过滤后排空；混合料中粒度微细或密度小的组分经流态化分离后处于设备上部，可将其以稀相输送方式流经旋风分离器8进行回收，夹带少量微细粉尘的空气经袋滤器9过滤后排空。

④ 分离实例　用粉碎设备对拆解后的废弃印刷线路板破碎解离。按照沉降分离对颗粒粒径范围的要求，筛分选定粒度为0.4～0.6mm的颗粒料，采用固体流态化气流输送分离设备对其中的金属铜与非金属进行分离富集。结果显示，分离所得金属富集体中铜的品位高达69%，金属的总回收率大于95%，分离富集效果如图3-14所示。

图3-14　印刷线路板分离富集效果

习　题

3-1　密度为$2600kg/m^3$的球形石英颗粒，分别在1atm、20℃的水中和空气中做自由沉降，试求在水中和空气中服从斯托克斯公式的最大颗粒直径的比值。

3-2　粒径为$75\mu m$的油珠（可视为不挥发的刚性球形颗粒）在20℃的常压空气中自由沉降，测得恒速阶段20s内沉降的距离为2.5m，试求：

(1) 油的密度；

(2) 相同的油珠注入20℃水中，恒速阶段20s内油珠沉降的距离。

3-3　用一现有的降尘室分离气体中的粉尘（密度为$4500kg/m^3$），降尘室高2m、宽2m、长5m。已知操作条件下气体的处理量为$10m^3/s$，密度为$0.6kg/m^3$，黏度为$3.0\times10^{-5}Pa\cdot s$。若生产要求能被完全去除的最小尘粒的直径为 55μm，试求：

(1) 上述降尘室能否满足生产要求？

(2) 如不能，对其如何改造可以满足生产要求？

3-4 在 373K、1atm 下，用一个长 2.5m、宽 1.5m 的降尘室来处理 3000m^3/h 的含尘气体。设气体所含尘粒为球形，密度为 2650kg/m^3，气体的物性与空气相似，试求：

(1) 理论上可被 100% 去除的最小颗粒直径 d_{min}；

(2) 直径为 0.08mm 的颗粒能被去除的百分数？

3-5 某工厂采用标准旋风分离器对排空的含尘气体进行净化处理，该含尘空气压力为 1.01×10^5Pa，温度为 200℃，所含尘粒密度为 1800kg/m^3。若旋风分离器直径为 0.70m，进口气速为 20m/s，试求：

(1) 标准状态下，气体处理量；

(2) 尘粒的临界直径；

(3) 气体通过该分离器的压力损失。

3-6 体积流量为 1m^3/s 的 20℃ 常压含尘气体，固体颗粒的密度为 1800kg/m^3。空气的密度为 1.205kg/m^3，黏度为 1.81×10^{-5}Pa·s，问：

(1) 若用长 3m、宽 2m、内设 9 层隔板的多层降尘室除尘，则理论上能够完全去除的最小颗粒直径是多少？

(2) 若用直径为 600mm 的标准旋风分离器除尘，则理论上能够完全去除的最小颗粒直径以及该旋风分离器的分离因数各为多大？

3-7 某种催化剂粒度分布及使用旋风分离器对其分离时每一粒度范围的分离效率见下表所示，试求：

(1) 该旋风分离器的总效率及未分离而被气体带出的颗粒的粒度分布；

(2) 若进分离器的气体中催化剂尘粒的量为 25g/m^3，含尘气体的流量为 2000m^3/h，每日损失的催化剂量为多少？

催化剂粒度分布及粒级效率

粒径/μm	5～10	10～20	20～40	40～100
质量分数	0.25	0.15	0.35	0.25
粒级效率 η	0.79	0.88	0.94	1.00

3-8 某工厂为提高排空气体的净化质量，将三个结构形式及尺寸比例相同的小旋风分离器并联以替代原工艺单一的旋风分离器来分离气体粉尘。若维持气体处理量不变且要求旋风分离器的气体进口速度也不变，试求每个小旋风分离器的直径是原来的几倍，分离的临界直径是原来的几倍。

3-9 悬浮液中固体颗粒浓度为 0.035kg/kg，滤液密度为 1080kg/m^3，湿滤渣与其中固体的质量比为 2.0，试求与 1m^3 滤液相对应的干滤渣质量 w。

3-10 用压滤机恒压过滤某悬浮液 1.6h 之后得到滤液 25m^3，若忽略介质压力，且滤饼不可压缩，试求：

(1) 如果将过滤时间缩短一半，可得多少滤液；

(2) 如将过滤压差提高一倍，则过滤 1.6h 后可以得到多少滤液。

3-11 已知某悬浮液固体颗粒的体积分数为 0.015，液体黏度为 1×10^{-3}Pa·s。当用过滤机以 98.1kPa 的压差恒压过滤时，过滤 20min 得滤液 0.197m^3/m^2，继续过滤 20min，共得滤液 0.287m^3/m^2；过滤压差提高到 196.2kPa 时，过滤 20min 得滤液 0.256 m^3/m^2，试计算 q_e、r_0（单位压差下滤饼的比阻）、s（滤饼的压缩指数）以及两压差下的过滤常数 K。

3-12 在实验室用一个过滤面积为 0.05m^2 的压滤机对碳酸钙颗粒在水中的悬浮液进行过滤实验。过滤压差为 275kPa，浆料温度为 20℃。已知碳酸钙颗粒为球形，密度为 2930kg/m^3；悬浮液中固体质量分数为 0.0723；滤饼不可压缩，每 1m^3 滤饼烘干后的质量为 1620kg。实验中测得得到 1L 滤液需要 15.4s，得到 2L 滤液需要 48.8s。试求过滤常数、滤饼的空隙率 ε、滤饼的比阻 r 及滤饼颗粒的比表面积 a。

第4章 传 热

在北方的冬天，人们都会选择打开暖气片来抵御严寒。这股热量从暖气片中的热水传递到暖气片的外壁，进而传递到室内的空气中，为人们带来温暖。这便是暖气片到空气的传热过程。传热过程不仅在我们的生活中无处不在，更是与工业生产、科技研究等密不可分。掌握了传热的相关知识，将使我们对这一过程具有更深的认识。

4.1 概述

传热，即热量的传递，是指由于温度差引起的能量转移，又称热传递，是自然界中普遍存在的物理现象。由热力学第二定律可知，凡是物系之间有温度差存在，就会导致热量从高温处向低温处的传递，故在科学技术研究、工业生产以及日常生活中都会经常涉及传热过程。

工业生产过程与传热关系十分密切。这是因为工业生产中的很多过程都需要进行加热或冷却。例如，为保证化学反应在一定的温度下进行，就需要向反应器输入或移出热量；工业生产设备的保温或保冷；生产过程中热量的合理使用以及废热的回收利用，换热器网络的综合利用；以及蒸发、精馏、吸收、萃取、干燥等单元操作都与传热过程有关。

传热过程既可连续进行亦可间歇进行。一般连续传热系统（例如换热器）中不积累能量，即输入的能量等于输出的能量，故称为定态传热。定态传热的特点是传热速率（单位时间传递的热量）在任何时刻都为常数，并且系统中各点的温度仅随位置变化而与时间无关。因间歇传热系统中各点的温度既随位置变化也随时间变化，故此种传热过程为非定态传热。

工业生产对传热过程的要求可分为强化传热过程和削弱传热过程两种情况。强化传热过程，如换热设备中的传热，要求尽可能提高单位时间冷、热流体通过换热设备所交换的热量。而削弱传热过程则是要尽可能降低单位时间冷、热流体所交换的热量，以减少热损失，例如设备和管道的保温。但无论哪种情况，有关问题的解决均依赖传热的共同规律。工业过程大多为连续稳定过程，因此本章重点讨论定态传热的基本原理及其在工程实际中的应用。

4.1.1 传热基本方式

根据传热机理不同，传热分为热传导、热对流和热辐射三种基本方式。

4.1.1.1 热传导

热传导，又称导热，是介质内无宏观运动时的传热现象，热量凭借分子、原子和自由电子等微观粒子的热运动而进行传递。

热传导的条件是介质内存在着温度差，热量从高温部分传至低温部分，或从高温物体传向与之接触的低温物体，直至整个物体的各部分温度相等为止。热传导在固体、液体和气体中均可发生，但方式有所不同。在金属固体中，因存在大量的做无规则热运动的自由电子，因此引起热传导的主要因素是自由电子的运动；在不良导体的固体中和大部分液体中，热传导主要是由晶格结构的振动，即凭借原子、分子在其平衡位置附近的热振动来实现的；在气体中，热传导则是由分子的无规则热运动以及分子间的碰撞引起的。从纯的热传导过程仅是静止物质内的一种传热方式可知，纯粹的热传导仅发生在固体中。

4.1.1.2 热对流

热对流（或对流）是指由流体中质点发生相对位移而引起的热交换。因此对流仅发生在流体中。引起流体质点对流的原因分为自然对流和强制对流两种。

（1）自然对流 因流体中存在温度差或浓度差而造成密度的差别，致使轻者上浮、重者下沉，流体质点发生相对位移。本书仅讨论温度差引起的自然对流。

（2）强制对流 由于泵、风机或搅拌等外力推动所导致的流体质点的强制运动。

引起流体流动的原因不同，对流传热的规律也不同。而且在同一种流体中，有可能同时发生自然对流和强制对流。

实际中常遇到的传热过程是流体流过固体表面时发生的热对流和热传导联合作用的传热过程，即是热由流体传到固体表面（或反之）的过程，通常将它称为对流传热（又称为给热）。在后续有关章节的讨论中将会看到，对流传热的特点是在靠近壁面附近的层流底层中依靠热传导方式传热，而在湍流主体中则主要依靠热对流方式传热。由此可见，对流传热与流体流动状况密切相关。由于热对流总伴随着热传导，很难将两者分开处理，因此一般并不讨论纯粹的热对流，而是着重讨论具有实际意义的对流传热。

4.1.1.3 热辐射与辐射传热

热辐射，是物体由于具有温度而辐射电磁波的现象，是一种物体用电磁辐射的形式把热能向外散发的传热方式。

热辐射的光谱是连续的，波长覆盖范围理论上可从 0 直至∞。任何物体，只要温度高于绝对零度，都会产生热辐射，温度愈高，辐射出的总能量也愈大，短波成分也愈多。由于电磁波的传播无须任何介质，所以热辐射可在真空中进行，也是真空中唯一的传热方式。

自然界中的物体在不停地向外发射辐射能的同时，又不断地吸收来自其他物体的辐射能，并将其转变为热能。辐射传热则是物体之间相互辐射和吸收能量的总结果。由于高温物体辐射出的能量比其吸收的多，而低温物体则相反，因此净热量便从高温物体传向低温物体。值得注意的是，辐射传热不仅有能量的转移，而且还伴随有能量形式的转换。即在放热处，热能转变为辐射能，以电磁波的形式向空间传递；当遇到另一个能吸收辐射能的物体时，被其部分或全部吸收而转变为热能。

上述三种基本传热方式，在实际传热过程中并非单独存在，常常是两种或三种传热方式联合作用，称为复杂传热。例如，高温气体与固体壁面之间的传热，就要同时考虑对流传热和辐射传热。由于物体只有在温度较高时，其热辐射才能成为主要的传热方式，因此对于上述三种传热方式，本章仅介绍热传导及热对流的基本规律和相关计算。

4.1.2 冷热流体接触换热方式及传热设备

在工业生产中，需要使用一定的设备来实现冷热流体间的热量交换，这种实现交换热量的设备统称传热设备，或换热器。换热器，作为工艺过程的单元设备，广泛应用于石油、化工、动力、轻工、制药、环境、机械、冶金等工程领域。根据换热器内冷热流体的接触情况，可将工业上的传热设备分为直接接触式、蓄热式和间壁式三大类。

4.1.2.1　直接接触式换热和混合式换热器

顾名思义，直接接触式换热是指冷、热流体在传热设备中通过直接混合的方式进行热量交换，因此又称为混合式传热，所用的设备称为混合式换热器。常见的混合式换热器有凉水塔、洗涤塔、文氏管及喷射冷凝器等。这种换热方式的优点是设备结构简单，传热效率高；缺点是在工艺上必须允许换热的两种流体能够相互混合。

4.1.2.2　蓄热式换热和蓄热器

蓄热式换热是在蓄热器中实现热交换的换热方式。如图4-1所示，在蓄热器内装有固体填充物（如耐火砖等），进行热量交换的冷、热两种流体交替通过同一蓄热器时，即可通过填料将从热流体获得的热量传递给冷流体，达到换热的目的。在工程实际中，通常采用两个并联的蓄热器交替使用，以实现连续生产。蓄热器具有结构较简单、可耐高温等优点，常用于气体余热或冷量的利用；但由于填料需要蓄热，因此设备的体积较大，且两种流体交替流过设备时，无法完全避免两者发生一定程度的混合。

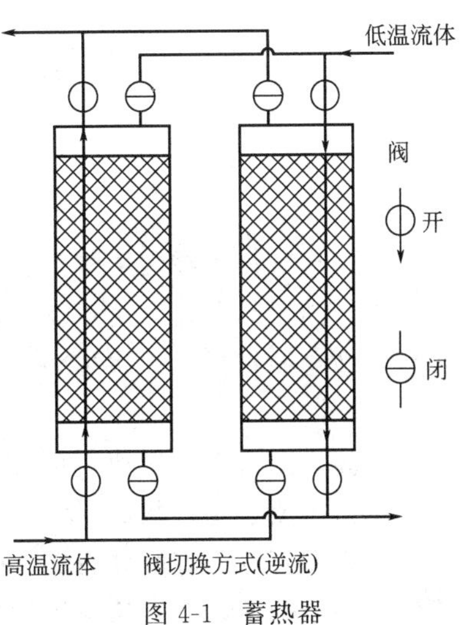

图4-1　蓄热器

4.1.2.3　间壁式换热和间壁式换热器

在实际生产中需要换热的冷、热两种流体通常是不允许混合的，例如热油和冷却水之间的换热。此时可用固体壁面将冷、热流体隔开，使热量由热流体通过壁面传给冷流体。实现此种换热过程的设备称为间壁式换热器，亦称为表面式换热器。间壁式换热器是工程实际中应用最多的换热器，因此也是本章讨论的重点。

间壁式换热器的类型很多，例如套管式换热器和列管式换热器均是典型的间壁式换热器。

图4-2所示为简单的套管式换热器。它是由直径不同的两根管子同心套在一起所构成的。冷、热流体分别流经内管和管间环隙进行换热。

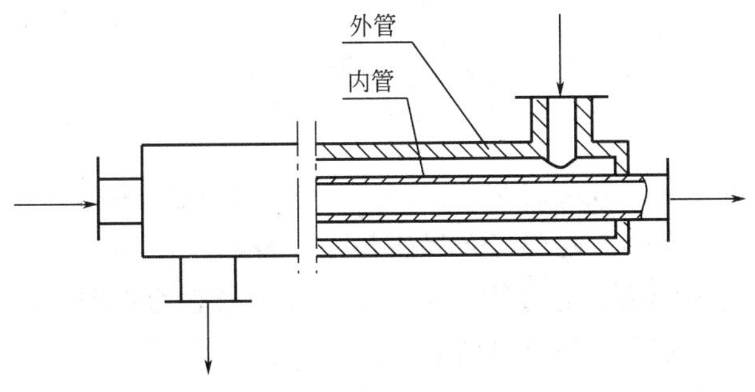

图4-2　套管式换热器

列管式换热器主要由壳体、管束、管板和封头等部分组成，如图4-3所示。壳体多呈圆柱形，内部装有平行管束，管束两端固定在管板上。一种流体（介质1）在管内流动，另一种流体（介质2）则在壳体内流动。壳体内常设置一定数目与管束垂直的折流挡板，其作用不仅是可以防止流体短路，而且可以迫使流体按照规定的路径多次错流经过管束，增加流体流速，进而大大提高流体的湍动程度。

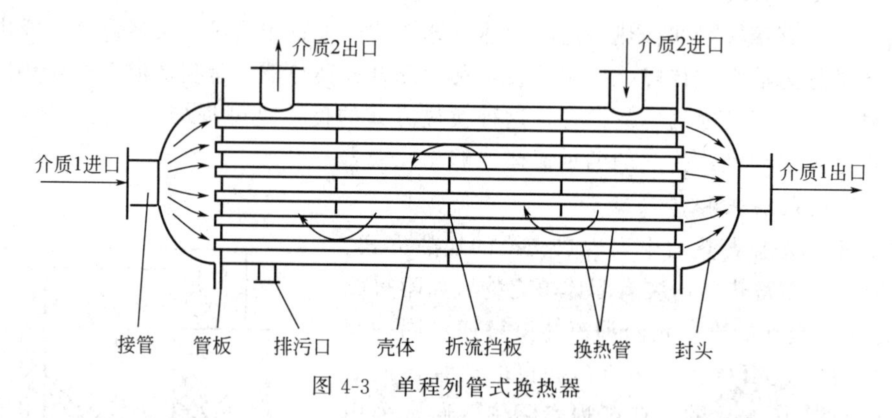

图 4-3　单程列管式换热器

通常，把流体流经管束称为流经管程，将该流体称为管程（或管方）流体；把流体流经管间环隙称为流经壳程，将该流体称为壳程（或壳方）流体。流体在管内每通过一次称为一个管程，而每通过壳体一次称为一个壳程。故图 4-3 所示为单壳程单管程换热器，通常称为 1-1 型换热器。

为提高管内流体的流速，可在封头内设置隔板，将全部管子平均分隔成 n 组，这样可使流体每次只流过总管数的 $1/n$，并往返管束 n 次，称为 n 管程。在图 4-4 所示的换热器中，隔板将左侧分配室等分为二，管程流体只能先流经一半管束，待流到另一端分配室后折回流经另一半管束，然后从封头的接管流出换热器。由于管程流体在管束内流经两次，故称为单壳程双管程换热器（表示为 1-2 型）。

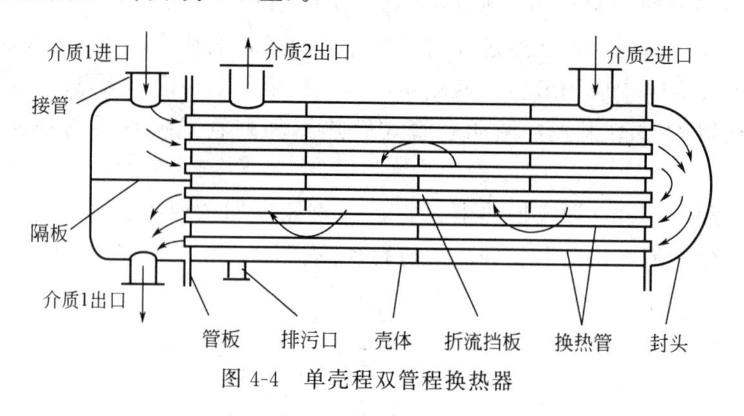

图 4-4　单壳程双管程换热器

同样为提高壳程流速，可在壳体内安装纵向挡板，使流体多次通过壳体空间，称为多壳程。图 4-5 所示的浮头式换热器属于二壳程四管程（表示为 2-4 型）的换热器。

由于冷热两流体间的传热是通过管壁进行的，故管壁表面积即为传热面积。对于特定的管壳式换热器，其传热面积可按下式计算：

$$S = n\pi dL \tag{4-1}$$

式中　S——传热面积，m^2；

n——管数；

d——管径，m；

L——管长，m。

应予指出，式中管径 d 可分别用管内径 d_i、管外径 d_0 或平均管径 d_m ［如$(d_i+d_0)/2$］

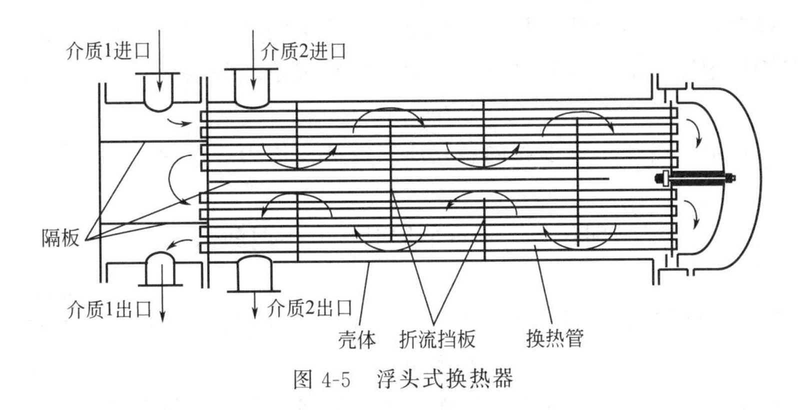

图 4-5　浮头式换热器

来表示，对应的传热面积分别为内侧面积 S_i、外侧面积 S_0 或平均面积 S_m。

4.1.3　传热速率及热通量

前已述及，换热器中的传热一般是通过热传导和热对流等方式来实现的，传热的快慢可用传热速率或热通量来表示。

传热速率 Q 指的是单位时间内通过传热面的热量，其单位为 W。热通量 q 则是指单位时间内通过单位传热面的热量，即通过单位传热面积的传热速率，其单位为 W/m^2。

对于定态传热，传热速率为常数，但由于换热器的传热面积可以用圆管的内表面积 S_i、外表面积 S_0 或平均面积 S_m 表示，相应的热通量的数值各不相同，因此在传热计算时应注明所选择的基准面积。

传热速率和热通量是评价换热器性能的重要指标。

4.2　热传导

由前所述，热传导可发生在固体、气体和液体中，但纯粹的热传导仅产生于固体中，对此本节主要讨论工程实际中经常遇到的通过平壁及圆管壁的稳态热传导。

4.2.1　基本概念及傅里叶定律

4.2.1.1　温度场和温度梯度

温度差是促使热量从高温传向低温的推动力。因此表征热传导快慢程度的物理量，即热传导速率（简称导热速率），必然决定于导热系统内温度的分布情况。而温度场就是任一瞬间物体或系统内各点温度分布的总和。

一般地，物体内任一点的温度为该点的空间位置以及时间的函数，因此温度场可用如下数学表达式描述：

$$t=f(x,y,z,\theta) \tag{4-2}$$

式中　x，y，z——物体内任一点的空间坐标；

t——空间点（x，y，z）的温度，℃或 K；

θ——时间，s。

若温度场内各点的温度随时间而变，此温度场为非定态温度场，这种温度场内的导热为非定态的热传导。若温度场内各点的温度不随时间而变，则为定态温度场，其对应于定态的热传导。定态温度场可表示为如下的函数关系式：

$$t=f(x,y,z) \tag{4-3}$$

在工程计算中，常常将导热物体内的温度视为仅沿一个坐标方向（如 x 方向）发生变化，此种温度场称为定态的一维温度场，对应的函数关系式为：

$$t=f(x) \tag{4-4}$$

在同一时刻，由温度场中温度相同各点所组成的面称为等温面。对于等温面很容易得出如下结论。

① 在同一时刻，由于空间任一点不可能同时具有不同的温度，因此温度不同的等温面彼此不能相交。

② 由于温度差是热量传递的必要条件，因此沿等温面无热量传递，而沿和等温面相交的任何方向，因温度发生变化则有热量的传递。

温度随距离的变化程度以沿与等温面相垂直的方向为最大，将温度分别为 $t+\Delta t$ 和 t 的两相邻等温面之间的温度差 Δt，与两等温面间的垂直距离 Δn 比值的极限称为温度梯度，用 grad t 表示，其数学定义式为：

$$\text{grad}\ t=\lim_{\Delta n\to 0}\frac{\Delta t}{\Delta n}=\frac{\partial \vec{t}}{\partial n}$$

温度梯度$\frac{\partial \vec{t}}{\partial n}$为矢量，其正方向指向温度增加的方向，如图 4-6 所示。

对于定态的一维温度场，温度梯度可表示为：

$$\text{grad}\ t=\frac{\mathrm{d}t}{\mathrm{d}x}$$

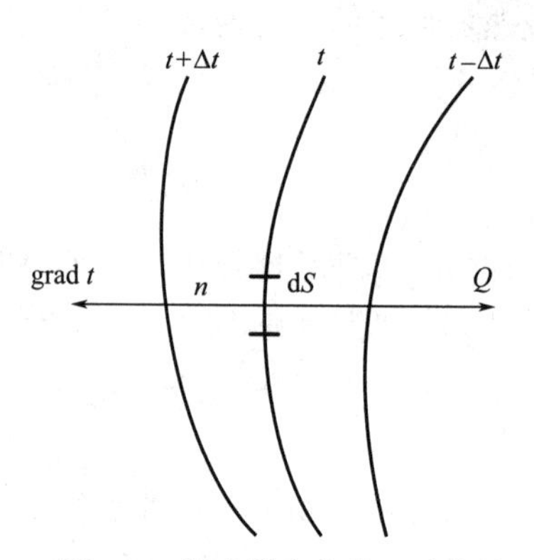

图 4-6 温度梯度和傅里叶定律

4.2.1.2 傅里叶（Fourier）定律

在图 4-6 所示的等温面 t 上，取微元传热面 dS。研究表明通过该传热面的导热速率与该面的温度梯度及传热面积成正比，即：

$$\mathrm{d}Q \propto -\mathrm{d}S\ \frac{\partial t}{\partial n}$$

引入比例系数 λ 可写成如下等式：

$$\mathrm{d}Q=-\lambda \mathrm{d}S\ \frac{\partial t}{\partial n} \tag{4-5}$$

式中 Q——导热速率，即单位时间传导的热，W；

S——等温面的面积，m^2；

λ——比例系数，称为热导率，W/(m·℃)。

式(4-5)即为描述热传导基本规律的傅里叶定律。

式(4-5)中的负号表示热流方向总是和温度梯度的方向相反，如图4-6所示。由式(4-5)可见，傅里叶定律与牛顿黏性定律具有相类似的表达式，其中的热导率λ与黏度μ一样，也是粒子微观运动特性的表现。由此可见，热量传递和动量传递具有类似性。

4.2.2 热导率

对式(4-5)进行改写便可得热导率的定义式，即：

$$\lambda=-\frac{\mathrm{d}Q}{\mathrm{d}S\,\frac{\partial t}{\partial n}} \tag{4-6}$$

由此式可知，热导率在数值上等于单位温度梯度下的热通量，是表征物质导热能力大小的物理量，属于物质的物理性质之一。热导率与物质的组成、结构、密度、温度及压强有关，其数值的变化范围很大，各种物质的热导率通常用实验方法测定。工程计算中常见物质的热导率可从有关手册中查得，本书附录摘录了部分液体和固体的热导率，供做习题时查用。

一般地，金属的热导率最大，非金属固体次之，液体较小，气体最小。各类物质热导率的大致范围见表4-1。

表4-1 物质热导率的大致范围

物质种类	气体	液体	非金属固体	金属	绝热材料
λ/[W/(m·℃)]	0.006～0.6	0.07～0.7	0.2～3.0	15～420	<0.25

4.2.2.1 固体的热导率

在所有的材料中，金属是最好的导热体。一般地，纯金属的热导率随温度升高而降低，金属的热导率随其纯度的提高而增大。因此，合金的热导率一般比纯金属要低。

非金属材料的热导率与温度、组成以及结构的紧密程度有关，通常随密度增加以及温度升高而增大。

大多数固体材料的热导率与温度近似呈线性关系，即：

$$\lambda=\lambda_0(1+a't) \tag{4-7}$$

式中 λ——固体在温度为t℃时的热导率，W/(m·℃)；

λ_0——固体在0℃时的热导率，W/(m·℃)；

a'——与材料性质有关的常数，称为温度系数，$℃^{-1}$，由前所述可知，大多数金属材料的a'为负值，而大多数非金属材料的a'为正值。

4.2.2.2 液体的热导率

液体可分为金属液体和非金属液体。金属液体的热导率比一般液体的要高。大多数液态金属的热导率随温度升高而降低。

在非金属液体中，水的热导率最大。除水和甘油外，液体的热导率随温度升高略有减小。一般地，纯液体的热导率比其溶液的热导率要大。

4.2.2.3 气体的热导率

温度对气体的热导率影响较显著，温度升高，气体的热导率增大。但压力对气体的热导率影响甚微，通常可以忽略不计。只有在极高或极低的压力（高于2×10^5kPa或低于3kPa）下，才考虑压力的影响，此时随压力增高，热导率增大。

气体的热导率很小，对导热不利，但是有利于保温、绝热。工业上所用的诸如玻璃棉、聚合泡沫塑料等多孔保温材料就是利用其空隙中残留气体的导热特性，达到保温隔热的效果。

4.2.3 平壁定态热传导

4.2.3.1 单层平壁的热传导

描述热传导基本规律的傅里叶定律为微分式，若用于工程计算，需根据具体情况进行积分。对于图 4-7 所示的单层平壁的热传导，可做如下假设以获得导热计算式。

① 平壁材料均匀，热导率 λ 不随温度而变（或取平均热导率）。

② 传热系统为一维稳定温度场，即平壁内的温度仅沿垂直于壁面的 x 方向变化，因此等温面（传热面）是垂直于 x 轴的平面。

③ 平壁厚度相比其面积较薄，因此从平壁边缘散失的热量可以忽略不计。

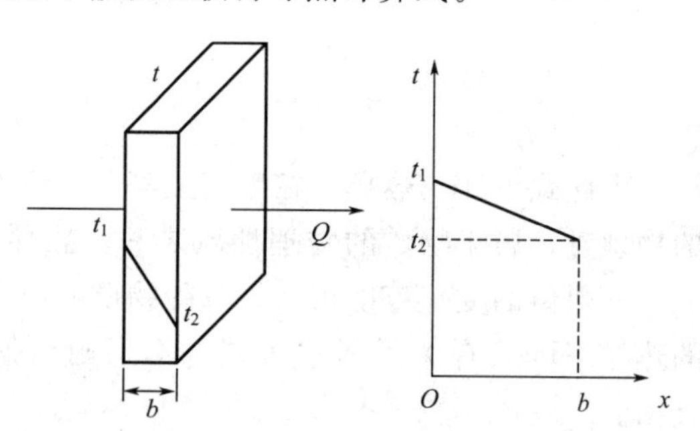

图 4-7 单层平壁的热传导

因为是定态的一维平壁热传导，故导热速率 Q 和传热面积 S 均为常量，式(4-5) 可简化为：

$$Q=-\lambda S\frac{\mathrm{d}t}{\mathrm{d}x} \tag{4-8}$$

积分边界条件：$x=0$ 时，$t=t_1$；$x=b$ 时，$t=t_2$；且 $t_1>t_2$。积分上式，可得：

$$Q=\frac{\lambda}{b}S(t_1-t_2) \tag{4-9}$$

或

$$Q=\frac{t_1-t_2}{\frac{b}{\lambda S}}=\frac{\Delta t}{R} \tag{4-10}$$

和

$$q=\frac{Q}{S}=\frac{\Delta t}{\frac{b}{\lambda}}=\frac{\Delta t}{R'} \tag{4-11}$$

式中 b——平壁厚度，m；

Δt——温度差，即导热推动力，℃；

R——导热热阻，$R=\frac{b}{\lambda S}$，℃/W；

R'——单位传热面积上的导热热阻，$R'=\frac{b}{\lambda}$，m^2·℃/W。

由假设①可知，式(4-10)、式(4-11) 适用于 λ 为常数的定态热传导计算。实际上，传热物体内不同位置上的温度并不相同，因此热导率也随之而异。在工程计算中，对于各处温度不同的固体，其热导率可取固体两侧面温度下的 λ 值的算术平均值，或取两侧面温度算术平均值下的 λ 值。

式(4-10)、式(4-11) 表明：导热速率与导热推动力成正比，与导热热阻成反比；导热距离愈长，传热面积和热导率愈小，则导热热阻愈大。应用热阻概念，可方便地进行传热过程的分析和计算。例如，利用系统中任一段的热阻与该段的温度差成正比的关系，可以计算界面温度或物体内的温度分布；反之，亦可从温度分布情况判断各部分热阻的大小。

【例 4-1】 某平壁厚度为 0.37m，内表面温度 t_1 为 1650℃，外表面温度 t_2 为 300℃，平壁材料热导率 $\lambda=0.815+0.00076t$[t 的单位为℃，λ 的单位为 W/(m·℃)]。若将热导率分别按常量（取平均热导率）和变量计算，试求平壁的温度分布关系式和导热热通量。

解：(1) 热导率按常量计算　平壁的平均温度为：

$$t_m=\frac{t_1+t_2}{2}=\frac{1650+300}{2}=975(℃)$$

平壁材料的平均热导率为：

$$\lambda_m=0.815+0.00076\times975=1.556\ [W/(m\cdot ℃)]$$

由式(4-11) 可求得导热热通量为：

$$q=\frac{\lambda}{b}(t_1-t_2)=\frac{1.556}{0.37}(1650-300)=5677(W/m^2)$$

设壁厚 x 处的温度为 t，则可得：

$$q=\frac{\lambda}{x}(t_1-t)$$

故

$$t=t_1-\frac{qx}{\lambda}=1650-\frac{5677}{1.556}x=1650-3649x$$

上式即为平壁的温度分布关系式，表示平壁距离 x 和等温表面的温度呈直线关系。

(2) 热导率按变量计算　由式(4-8) 得：

$$q=-\lambda\frac{dt}{dx}=-(0.815+0.00076t)\frac{dt}{dx}$$

或

$$-q\,dx=(0.815+0.00076t)\,dt$$

则

$$-q\int_0^b dx=\int_{t_1}^{t_2}(0.815+0.00076t)\,dt$$

得

$$-qb=0.815(t_2-t_1)+\frac{0.00076}{2}(t_2^2-t_1^2)$$

$$q=\frac{0.815}{0.37}(1650-300)+\frac{0.00076}{2\times0.37}(1650^2-300^2)=5677(W/m^2)$$

当 $b=x$ 时，$t_2=t$，代入 q，可得：

$$-5677x=0.815(t-1650)+\frac{0.00076}{2}(t^2-1650^2)$$

整理上式得：

$$t^2+\frac{2\times0.815}{0.00076}t+\frac{2}{0.00076}\left[5677x-\left(0.815\times1650+\frac{0.00076}{2}\times1650^2\right)\right]=0$$

解得：

$$t=-1072+\sqrt{7.41\times10^6-1.49\times10^7x}$$

上式即为当 λ 随 t 呈线性变化时单层平壁的温度分布关系式，此时温度分布为曲线。

计算结果表明，将热导率按常量或变量计算时，所得导热热通量是相同的，但温度分布则不同。当 λ 为常数时，平壁内温度分布为直线，当 λ 为温度的函数时，平壁内温度分布为曲线。

4.2.3.2 多层平壁的热传导

在实际生产中，常会遇到通过多层平壁的热传导，例如燃烧炉的炉壁从里到外，通常由紧密接触的耐火砖、保温砖和建筑砖三种材料组成。本书以三层平壁为例介绍多层平壁的热传导的计算。如图 4-8 所示的三层平壁，各层的壁厚分别为 b_1、b_2 和 b_3，对应的热导率分别为 λ_1、λ_2 和 λ_3。假设层与层之间接触良好，即相互接触的两表面温度相同。各表面温度依次为 t_1、t_2、t_3 和 t_4，且 $t_1>t_2>t_3>t_4$。

对于定态一维导热，通过各层的导热速率相等，即 $Q=Q_1=Q_2=Q_3=Q_4$。因此：

$$Q=\frac{\lambda_1 S(t_1-t_2)}{b_1}=\frac{\lambda_2 S(t_2-t_3)}{b_2}=\frac{\lambda_3 S(t_3-t_4)}{b_3}$$

由上式可得：

$$\Delta t_1=t_1-t_2=Q\frac{b_1}{\lambda_1 S}$$

$$\Delta t_2=t_2-t_3=Q\frac{b_2}{\lambda_2 S}$$

$$\Delta t_3=t_3-t_4=Q\frac{b_3}{\lambda_3 S}$$

将上面三式相加，并整理得：

$$Q=\frac{\Delta t_1+\Delta t_2+\Delta t_3}{\frac{b_1}{\lambda_1 S}+\frac{b_2}{\lambda_2 S}+\frac{b_3}{\lambda_3 S}}=\frac{t_1-t_4}{\frac{b_1}{\lambda_1 S}+\frac{b_2}{\lambda_2 S}+\frac{b_3}{\lambda_3 S}} \tag{4-12}$$

式(4-12) 即为三层平壁的热传导速率方程式。

同理，对于 n 层平壁，热传导速率方程式为：

$$Q=\frac{t_1-t_{n+1}}{\sum_{i=1}^{n}\frac{b_i}{\lambda_i S}}=\frac{\sum\Delta t}{\sum R} \tag{4-13}$$

式中，下标 i 表示平壁的序号。

由式(4-13) 可见，多层平壁热传导的总推动力为各层温度差之和，即总温度差，总热阻为各层热阻之和，符合电阻串联规律。

应予指出，在推导上述多层平壁的计算公式时，假设层与层之间接触良好，两个接触表面具有相同的温度。实际上，不同材料构成的界面之间可能会出现明显的温度降低。这种温度变化是由于表面粗糙不平致使两个接触面间有空穴，而空穴内又充满空气，进而产生了接触热阻。对此情况，传热过程包括通过实际接触面的热传导和通过空穴的热传导（高温时还有辐射传热）。因气体的热导率很小，接触热阻主要来自空穴。接触热阻的影响如图 4-9 所示。

接触热阻与接触面材料、表面粗糙度及接触面上的压力等因素有关，主要通过实验来测定，表 4-2 列出了几种材料的接触热阻值。

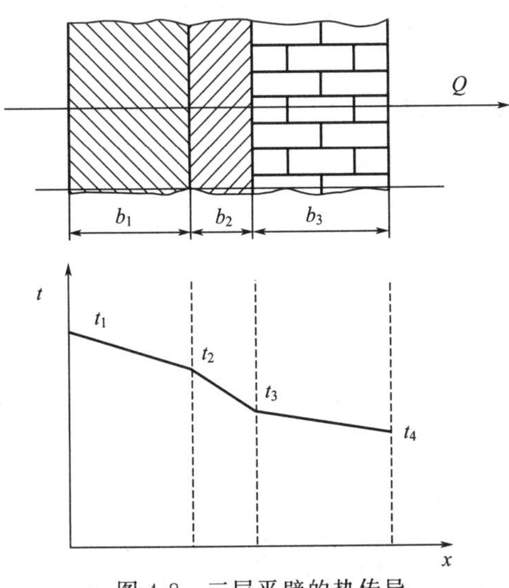

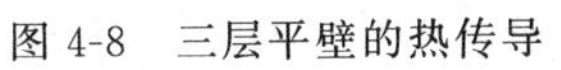
图 4-8 三层平壁的热传导

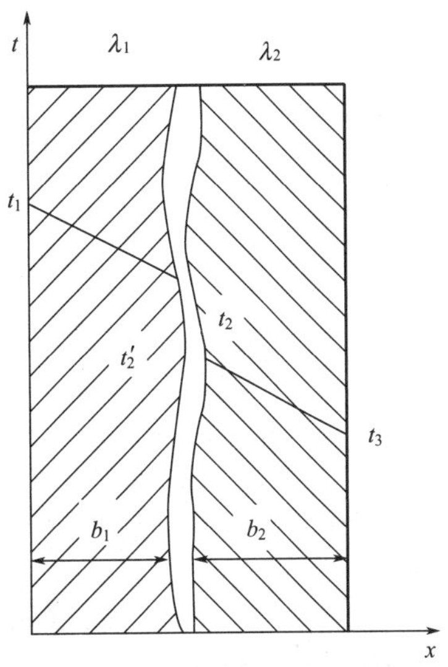

图 4-9 接触热阻的影响

表 4-2 几种接触表面的接触热阻

接触面材料	粗糙度/μm	温度/℃	表压/kPa	接触热阻/(m² · ℃/W)
不锈钢(磨光),空气	2.54	90～200	300～2500	$0.264\sim10^{-3}$
铝(磨光),空气	2.54	150	1200～2500	$0.88\sim10^{-4}$
铝(磨光),空气	0.25	150	1200～2500	0.18×10^{-4}
铜(磨光),空气	1.27	20	1200～20000	0.7×10^{-5}

【例 4-2】 燃烧炉的平壁由三种材料构成。最内层为耐火砖，厚度为 150mm，中间层为绝热砖，厚度为 290mm，最外层为普通砖，厚度为 228mm。已知炉内、外壁表面温度分别为 1016℃和 34℃，试求耐火砖和绝热砖间以及绝热砖和普通砖间界面的温度。假设各层接触良好。

解： 在求解本题时，需知道各层材料的热导率 λ，但 λ 值与各层的平均温度有关，即又需知道本题目待求的各层间的界面温度。对此可采用试算法，先假设各层平均温度（或界面温度），由手册或附录查得该温度下材料的热导率，再利用导热速率方程式计算各层间接触界面的温度。若计算结果与所设的温度不符，则要重新试算。一般经几次试算后，可得合理的估算值。下面列出经几次计算后的结果。

耐火砖 $\lambda_1=1.05\text{W}/(\text{m}\cdot℃)$；绝热砖 $\lambda_2=0.15\text{W}/(\text{m}\cdot℃)$；普通砖 $\lambda_3=0.81\text{W}/(\text{m}\cdot℃)$。

设 t_2 为耐火砖和绝热砖间界面温度，t_3 为绝热砖和普通砖间界面温度。

$t_1=1016℃$，$t_4=34℃$。

由式(4-12) 可知：

$$q=\frac{Q}{S}=\frac{t_1-t_4}{\dfrac{b_1}{\lambda_1}+\dfrac{b_2}{\lambda_2}+\dfrac{b_3}{\lambda_3}}=\frac{1016-34}{\dfrac{0.15}{1.05}+\dfrac{0.29}{0.15}+\dfrac{0.228}{0.81}}$$

$$=\frac{982}{0.1429+1.933+0.2815}=416.6(\text{W/m}^2)$$

再由式(4-11) 得：

$$\Delta t_1 = R'_1 q = 0.1429 \times 416.6 = 59.5(℃)$$

所以

$$t_2 = t_1 - \Delta t_1 = 1016 - 59.5 = 956.5(℃)$$

$$\Delta t_2 = R'_2 q = 1.933 \times 416.6 = 805.3(℃)$$

所以

$$t_3 = t_2 - \Delta t_2 = 956.5 - 805.3 = 151.2(℃)$$

$$\Delta t_3 = t_3 - t_4 = 151.2 - 34 = 117.2(℃)$$

各层的温度差和热阻的数值如下表所示。由表可见，各层的热阻愈大，温度差也愈大，导热中温度差和热阻成正比。

材料	温度差/℃	热阻/(m^2·℃/W)
耐火砖	59.5	0.1429
绝热砖	805.3	1.933
普通砖	117.2	0.2815

4.2.4 圆筒壁的热传导

过程工业所用的设备、管道及换热器的换热管等多为圆筒形，因此通过圆筒壁的热传导更为普遍。

4.2.4.1 单层圆筒壁的热传导

如图 4-10 所示，热传导的圆筒长度为 L，内半径为 r_1，外半径为 r_2；圆筒内、外壁面温度分别为 t_1 和 t_2，且 $t_1 > t_2$。假设导热筒壁很长，则沿圆筒轴向的热损失可忽略不计，于是通过圆筒壁的热传导可视为一维定态热传导，导热系统的温度随半径而变。等温面（即传热面）为同心的圆柱面，也随半径而变。

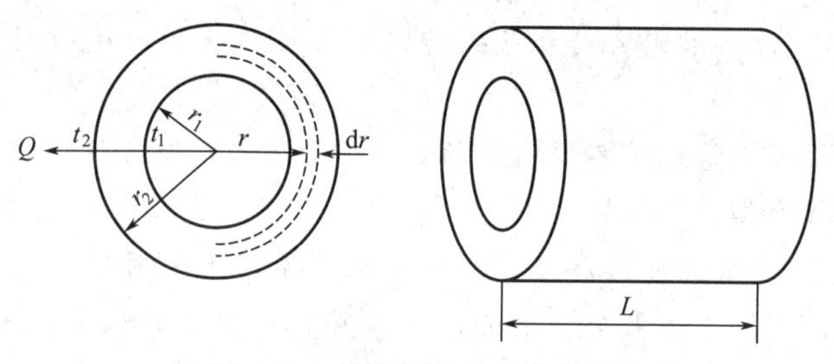

图 4-10 单层圆筒壁的热传导

如图 4-10 所示，在圆筒半径 r 处沿半径方向取微分厚度 dr 的薄壁圆筒，其传热面积可视为常量，等于 $2\pi rL$；同时通过该薄层的温度变化为 dt。由平壁热传导公式，通过该薄层圆筒壁的导热速率可以表示为：

$$Q = -\lambda S \frac{dt}{dr} = -\lambda (2\pi rL) \frac{dt}{dr} \tag{4-14}$$

根据边界条件，$r = r_1$ 时，$t = t_1$；$r = r_2$ 时，$t = t_2$，对上式积分并整理，可得：

$$Q = \frac{2\pi L\lambda (t_1 - t_2)}{\ln \dfrac{r_2}{r_1}} \tag{4-15}$$

式(4-15) 即为单层圆筒壁的热传导速率方程式。该式也可写成与平壁热传导速率方程相类似的表达形式，即：

$$Q=\frac{S_m\lambda(t_1-t_2)}{b}=\frac{S_m\lambda(t_1-t_2)}{r_2-r_1} \tag{4-16}$$

因圆筒壁的传热面积并非常数，因此上式中的 S_m 为平均传热面积。

对比式(4-16) 与式(4-15)，可解得平均传热面积为：

$$S_m=\frac{2\pi L(r_2-r_1)}{\ln\frac{r_2}{r_1}}=2\pi r_m L \tag{4-17}$$

或

$$S_m=\frac{2\pi L(r_2-r_1)}{\ln\frac{2\pi L r_2}{2\pi L r_1}}=\frac{S_2-S_1}{\ln\frac{S_2}{S_1}} \tag{4-18}$$

$$r_m=\frac{r_2-r_1}{\ln\frac{r_2}{r_1}} \tag{4-19}$$

式中　r_m——圆筒壁的对数平均半径，m；

S_m——圆筒壁内、外表面积的对数平均值，m^2。

在工程计算中经常用到两物理量的对数平均值。当两个物理量的比值等于 2 时，采用算术平均值代替对数平均值所产生的计算误差仅为 4%，这是工程计算所允许的。因此，当两个变量的比值小于或等于 2 时，经常用算术平均值代替对数平均值，以简化计算。

4.2.4.2　多层圆筒壁的热传导

如图 4-11 所示，以三层圆筒壁为例介绍多层圆筒壁的热传导。

令由里向外各层的热导率分别为 λ_1、λ_2、λ_3，厚度分别为 $b_1=r_2-r_1$、$b_2=r_3-r_2$、$b_3=r_4-r_3$。同时假设各层间接触良好，则层与层接触面的温度相同。

沿传热方向各层为串联关系，因此应用串联热阻的概念，则由式(4-16) 可得三层圆筒壁的导热速率方程式为：

$$Q=\frac{\Delta t_1+\Delta t_2+\Delta t_3}{\frac{b_1}{\lambda_1 S_{m1}}+\frac{b_2}{\lambda_2 S_{m2}}+\frac{b_3}{\lambda_3 S_{m3}}}=\frac{t_1-t_4}{R_1+R_2+R_3} \tag{4-20}$$

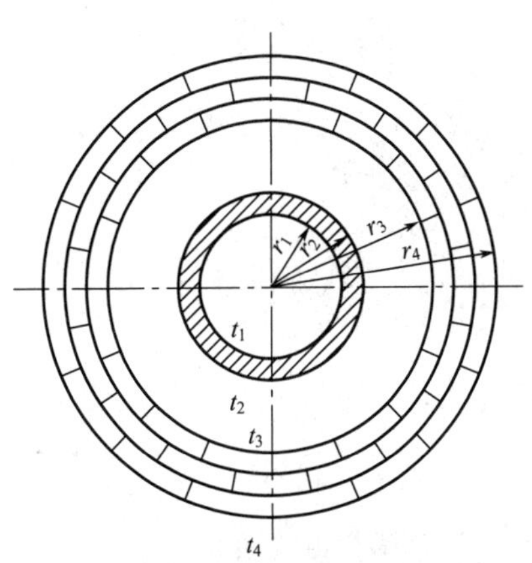

图 4-11　多层圆筒壁的热传导

$$S_{m1}=\frac{2\pi L(r_2-r_1)}{\ln\frac{r_2}{r_1}}$$

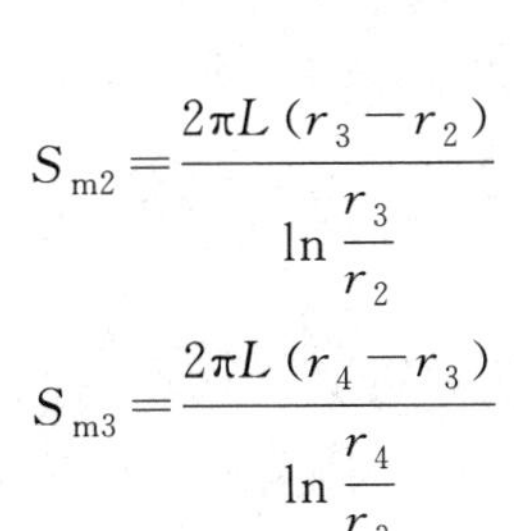

$$S_{m2}=\frac{2\pi L(r_3-r_2)}{\ln\frac{r_3}{r_2}}$$

$$S_{m3}=\frac{2\pi L(r_4-r_3)}{\ln\frac{r_4}{r_3}}$$

同理，由式(4-15) 可得：

$$Q=\frac{2\pi L(t_1-t_4)}{\frac{1}{\lambda_1}\ln\frac{r_2}{r_1}+\frac{1}{\lambda_2}\ln\frac{r_3}{r_2}+\frac{1}{\lambda_3}\ln\frac{r_4}{r_3}} \tag{4-21}$$

对 n 层圆筒壁，其热传导速率方程式可表示为：

$$Q=\frac{t_1-t_{n+1}}{\sum_{i=1}^{n}\frac{b_i}{\lambda_i S_{mi}}} \tag{4-22}$$

或

$$Q=\frac{t_1-t_{n+1}}{\sum_{i=1}^{n}\frac{1}{2\pi L\lambda_i}\ln\frac{r_{i+1}}{r}} \tag{4-23}$$

式中，下标 i 代表圆筒壁的序号。

应予注意，对圆筒壁的定态热传导，通过各层的热传导速率都是相同的，但是热通量因传热面积不同而不相等。

【例 4-3】 在外径为 140mm 的蒸汽管道外包扎保温材料，以减少热损失。蒸汽管外壁温度为 390℃，保温层外表面温度不高于 40℃。保温材料的 λ 与 t 的关系为 $\lambda=0.1+0.0002t$ [t 的单位为℃，λ 的单位为 W/(m·℃)]。若要求每米管长的热损失 Q/L 不大于 450W/m，试求保温层的厚度以及保温层中的温度分布。

解：针对保温层进行计算。已知 $r_1=0.07$m，$t_1=390$℃，$t_2=40$℃，平均温度下保温层的热导率为：

$$\lambda=0.1+0.0002\left(\frac{390+40}{2}\right)=0.143[\text{W/(m·℃)}]$$

(1) 保温层厚度　由式(4-15) 可得：

$$Q=\frac{2\pi L\lambda(t_1-t_2)}{\ln\frac{r_2}{r_1}}$$

$$\ln\frac{r_2}{r_1}=\frac{2\pi\lambda(t_1-t_2)}{Q/L}$$

$$\ln r_2=\frac{2\pi\times0.143(390-40)}{450}+\ln 0.07$$

得 $r_2=0.141$m。

故保温层厚度为：

$$b=r_2-r_1=0.141-0.07=0.071(\text{m})=71(\text{mm})$$

(2) 保温层中温度分布　设保温层半径 r 处的温度为 t，由式(4-15) 可得：

$$\frac{2\pi\times0.143(390-t)}{\ln\frac{r}{0.07}}=450$$

求解上式并整理可得 $t=-501\ln r-942$。

计算结果表明，即使热导率为常数，圆筒壁内的温度分布也不是直线而是曲线。

4.3　对流传热

4.3.1　对流传热分析

前已述及，纯的热对流是借流体质点的移动和混合来完成的，而对于工程实际中常遇到的流体与固体壁面间的对流传热，是流体流过固体表面时发生的热对流和热传导联合作用的传热过程。该过程与流体流动状况密切相关。流体的流动类型不同，热量传递的机理不同。下面针对流体无相变强制流过平壁时的对流传热进行分析。

4.3.1.1　流体沿平壁做层流流动

此种情况下流体做分层直线运动，相邻流体层间没有流体质点的宏观运动，因此在垂直于流体流动的方向上不存在热对流，该方向上的热传递仅为流体的热传导。但实际上，流体层流流动时的传热总是要受到自然对流的影响，致使传热加剧。

4.3.1.2　流体沿平壁做湍流流动

对于此种情况，在“流体流动”一章中曾指出，因流体具有黏性且黏附于固体壁面上的流体与固体壁面具有相同的运动速度，因此，无论流体的湍动程度如何，从固体壁面指向流体中心可以划分为层流底层、缓冲层（或过渡层）和湍流中心三个区域，不同区域的流体处于不同的流动状态。流体的流动状态影响热量的传递及壁面附近的温度变化，使得壁面附近形成如图 4-12 所示的温度分布曲线(与流体流动方向相垂直的 $A—A'$截面的温度分布曲线)。

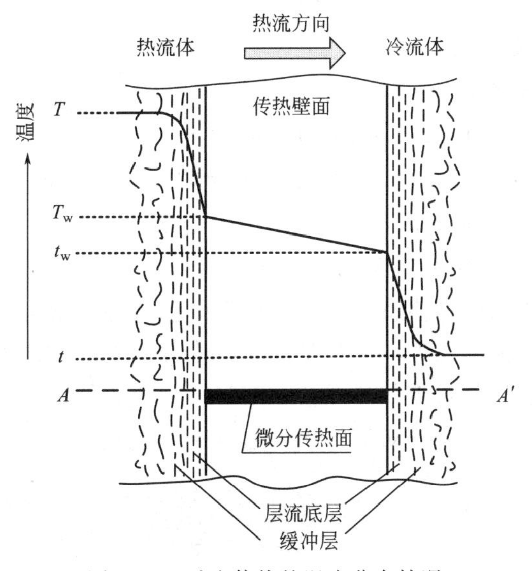

图 4-12　对流传热的温度分布情况

由前面的分析可知，在靠近壁面的层流底层中，垂直于流动方向上的热量传递主要依靠导热进行，符合傅里叶定律；由于流体的热导率较小，致使层流底层的导热热阻很大，因此该层的温度差较大，即温度梯度较大。在湍流中心，因与流体流向相垂直的方向上存在质点的强烈运动，热量传递主要依靠热对流，导热所起的作用很小，因此湍流中心的温度差（温度梯度）极小，各处的温度基本相同。在缓冲层区，垂直于流动方向上的质点运动较弱，对流与导热的作用大致处于同等地位，由于对流传热的作用，温度梯度较层流底层小。

由上可见，湍流传热时，流体从主体到壁面的传热过程为串联传热过程。前已述及，在稳定传热情况下，传热的热阻为串联的各层热阻之和，而温度差和热阻成正比。因此，湍流传热的热阻主要集中在层流底层，减薄层流底层的厚度是强化对流传热的主要途径。

4.3.2 牛顿冷却定律及对流传热系数

4.3.2.1 牛顿冷却定律

由上讨论可知，对流传热过程复杂，影响传热速率的因素众多，因此很难进行对流传热的纯理论计算，目前工程上仍按下述的半经验方法进行处理。

根据传递过程速率的普遍关系，壁面与流体间（或反之）的对流传热速率可表示为推动力和阻力之比，即：

$$\text{对流传热速率}=\frac{\text{对流传热推动力}}{\text{对流传热阻力}}=\text{系数}\times\text{推动力}$$

上式中的推动力是壁面和流体间的温度差。阻力的影响因素众多，但其必与壁面的表面积成反比。在换热器中，沿流体流动的方向上，流体和壁面的温度一般是变化的，在换热器不同位置上的对流传热速率也随之而变。但对于图 4-12 所示情况的微分传热面积 dS，冷、热流体及其接触的壁面的温度均可视为常数。对此，若以热流体和壁面间的对流传热为例，则对流传热速率方程可表示为：

$$dQ=\frac{T-T_w}{\dfrac{1}{\alpha dS}}=\alpha(T-T_w)dS \tag{4-24}$$

式中 dQ——局部对流传热速率，W；

dS——微分传热面积，m^2；

T——换热器任一截面上热流体的平均温度,℃；

T_w——换热器任一截面上与热流体相接触一侧的壁面温度,℃；

α——比例系数，又称为局部对流传热系数，$W/(m^2\cdot℃)$。

上式称为牛顿（Newton）冷却定律。

应注意，流体的平均温度是指将流动横截面上的流体绝热混合后测定的温度。在传热计算中，除另有说明外，流体的温度一般都是指这种横截面的平均温度。

一般地，换热器中的局部对流传热系数 α 随管长而变，但是在工程计算中，为使问题简化，常使用基于整个换热器的平均对流传热系数（一般也用 α 表示）。针对整个换热器的牛顿冷却定律可以表示为：

$$Q=\alpha S\Delta t=\frac{\Delta t}{\dfrac{1}{\alpha S}} \tag{4-25}$$

式中 α——平均对流传热系数，$W/(m^2\cdot℃)$；

S——总传热面积，m^2；

Δt——流体与壁面（或反之）间温度差的平均值,℃；

$1/(\alpha S)$——对流传热热阻,℃/W。

对于工程实际中经常使用的套管式换热器及管壳式换热器，其传热面为隔开冷热两种流体的管子或管束，对应的传热面积有不同的表示方法，可以是管内侧或管外侧表面积。例如，若热流体在换热器的管内流动，冷流体在管间（环隙）流动，则对流传热速率方程式可分别表示为：

$$dQ=\alpha_i(T-T_w)dS_i \quad (4\text{-}26)$$

及

$$dQ=\alpha_0(t_w-t)dS_0 \quad (4\text{-}27)$$

式中 S_i，S_0——换热器的管内侧和管外侧表面积，m^2；

α_i，α_0——换热器管内侧和管外侧流体的对流传热系数，W/(m^2·℃)；

T，t——换热器的任一横截面上热流体和冷流体的平均温度,℃；

T_w，t_w——换热器的任一横截面分别与热流体和冷流体相接触一侧的壁温,℃。

由式(4-26)、式(4-27) 可见，对流传热系数和传热面积以及温度差相对应，工程计算时应注意区别。

4.3.2.2 对流传热系数

由牛顿冷却定律可得对流传热系数的定义式，即：

$$\alpha=\frac{Q}{S\Delta t} \quad (4\text{-}28)$$

上式表明，对流传热系数在数值上等于单位温度差下，单位传热面积的对流传热速率，单位为 W/(m^2·℃)，它反映了对流传热的快慢，α 愈大表示对流传热愈快。

应注意的是，与反映物质导热能力的物性参数 λ 不同，对流传热系数 α 不是流体的物理性质，而是受诸多因素影响的一个系数。例如流体有无相变化、流体流动的原因、流动状态、流体物性和壁面情况（换热器结构）等都会影响对流传热系数。一般来说，对同一种流体，因强制对流时的流体速度较自然对流大，传热效果好，故强制对流时的 α 要大于自然对流时的 α。发生相变传热时，由于相变一侧的流体温度恒定，使传热过程始终保持较大的温度梯度，因此传热速率要比无相变时大得多，对应的有相变时的 α 要大于无相变时的 α。表 4-3 列出了几种对流传热情况下 α 的数值范围，可作为传热计算中的参考。

表 4-3 α 值的范围

换热方式	空气自然对流	气体强制对流	水自然对流	水强制对流	水蒸气冷凝	有机蒸气冷凝	水沸腾
α/[W/(m^2·℃)]	5～25	20～100	20～1000	1000～15000	5000～15000	500～2000	2500～25000

综上可知，牛顿冷却定律表达了复杂的对流传热问题，其中的对流传热系数 α 是众多因素对传热过程影响的集中体现，研究确定各种对流传热情况下 α 的大小、影响因素及 α 的计算式，是对流传热所要解决的核心问题。

流体流过固体壁面时，因存在温度差而发生的对流传热过程与流体的流动状况密切相关。因此，影响流体流动的因素均影响传热。实验表明，影响对流传热系数的主要因素有以下几项。

（1）流体的特性 对 α 值影响较大的流体物性有热导率、黏度、比热容、密度以及对自然对流影响较大的体积膨胀系数。对于同一种流体，这些物性参数与温度有关，其中某些物性还与压强有关。

① 热导率 λ。由对流传热机理可知，对流传热的热阻主要由层流底层（或层流层）的导热热阻控制。当层流底层（或层流层）的温度梯度一定时，流体的热导率愈大，对流传热系数愈大。

② 黏度 μ。由流体流动规律可知，当流体在管中流动时，若管径和流速一定，流体的黏度愈大，Re 值愈小，即湍流程度低，层流底层厚，热阻也就越大，于是对流传热系数就愈小。

③ 比热容和密度。ρc_p 代表单位体积流体所具有的热容量，ρc_p 值愈大，表明流体携带热量的能力愈强，因此对流传热的强度愈强。

④ 体积膨胀系数 β。流体的体积膨胀系数 β 值愈大，则单位温度差所产生的流体密度差也愈大，自然对流强度越大，传热效果越好。

（2）流体的温度　流体温度对对流传热的影响表现为流体温度与壁面温度之差 Δt、流体物性随温度变化的程度以及附加自然对流等方面的综合影响。因此在对流传热计算中必须修正温度对物性的影响。此外流体内部温度分布不均匀必然导致密度的差异，从而产生附加的自然对流，这种影响又与热流方向及管子安放情况等有关。

（3）流体的流动状态　前已述及，层流和湍流的传热机理有本质的区别，在对等条件下，传热效果亦不同，湍流时的对流传热系数远比层流时大。

（4）流体流动的原因　自然对流和强制对流的起因不同，因此具有不同的流动和传热规律。

自然对流是由于流体内部存在温度差，而造成流体密度的差别，致使轻者上浮、重者下沉，流体质点发生相对位移。设 ρ_1 和 ρ_2 分别代表温度为 t_1 和 t_2 两点流体的密度，则由密度差引起的升力为（$\rho_1-\rho_2$）g。若流体的体积膨胀系数为 β（单位为℃$^{-1}$），并以 Δt 代表温度差（t_2-t_1），则可得 $\rho_1=\rho_2(1+\beta\Delta t)$，于是单位体积流体所产生的升力为：

$$(\rho_1-\rho_2)g=[\rho_2(1+\beta\Delta t)-\rho_2]g=\rho_2\beta g\Delta t \tag{4-29}$$

或

$$\frac{\rho_1-\rho_2}{\rho_2}=\beta\Delta t \tag{4-30}$$

强制对流由于外力的作用而引起，例如泵、搅拌器、风机等迫使流体流动，体现为流体的流速 u。

（5）传热面的形状、位置和大小　传热面的形状（如管、板、环隙、翅片等）、传热面方位和布置（如水平或垂直、管束的排列方式），及流道尺寸（如管径、管长、板高和进口效应）等都直接影响对流传热系数。这种影响用特征尺寸 L 描述。应注意，特征尺寸 L 在不同的场合所代表的具体内容不同。

综合上述影响因素，α 可以用下式表示：

$$\alpha=f(\lambda,\mu,c_p,\rho,u,\beta,\Delta t,L,\cdots)$$

由于影响 α 的因素众多，难以建立一个通式用于各种条件下的计算。对此，通常采用量纲分析法，将众多的影响因素（物理量）组合成若干无量纲数群（特征数），然后再用实验的方法确定这些特征数间的关系，即得到不同情况下求算 α 的关联式。因在“流体流动”一章中已经介绍过量纲分析法，故本节忽略过程分析，只给出结果。

对流体无相变时的对流传热进行量纲分析，可得如下的特征数关系式：

$$Nu=f(Re,Pr,Gr) \tag{4-31}$$

式(4-31) 中各特征数的名称、符号和意义见表 4-4。

表 4-4 特征数名称、符号与意义

特征数名称	符号	表达式	意义
努塞尔数	Nu	$\frac{\alpha L}{\lambda}$	表示对流传热系数的特征数
雷诺数	Re	$\frac{Lu\rho}{\mu}$	表示稳定流动状态的特征数
普朗特数	Pr	$\frac{c_p\mu}{\lambda}$	表示物性影响的特征数
格拉晓夫数	Gr	$\frac{\beta g\Delta tL^3\rho^2}{\mu^2}$	表示自然对流影响的特征数

各特征数中物理量的意义为：

α——对流传热系数，W/(m^2·℃)；

u——流速，m/s；

ρ——流体的密度，kg/m^3；

L——传热面的特征尺寸，可以是管内径或外径，或平板高度等，m；

λ——流体的热导率，W/(m·℃)；

μ——流体的黏度，Pa·s；

c_p——流体的定压比热容，J/(kg·℃)；

Δt——流体与壁面间的温度差,℃；

β——流体的体积膨胀系数,℃$^{-1}$；

g——重力加速度，m/s^2。

在某些情况下，式(4-31) 可简化为：

强制湍流 $$Nu=f(Re,Pr) \tag{4-32}$$

自然对流 $$Nu=f(Pr,Gr) \tag{4-33}$$

对于具体情况的对流传热函数关系，由实验决定。在使用由实验整理所得的关联式时，应注意以下三点。

(1) 应用范围 关联式中 Re、Pr 等的数值范围。

(2) 特征尺寸 有关特征数中的特征尺寸 L 的取定。

(3) 定性温度 查定各特征数中流体物性的温度规定。

4.3.3 流体无相变时的对流传热系数

4.3.3.1 流体在管内做强制对流

(1) 流体在圆形直管内做强制湍流

① 低黏度（大约低于 2 倍常温水的黏度）流体：

$$Nu=0.023Re^{0.8}Pr^n \tag{4-34}$$

或 $$\alpha=0.023\frac{\lambda}{d_i}\left(\frac{d_iu\rho}{\mu}\right)^{0.8}\left(\frac{c_p\mu}{\lambda}\right)^n \tag{4-35}$$

式中，n 的取值与热流方向有关。当流体被加热时，$n=0.4$；流体被冷却时，$n=0.3$。

应用范围：$Re>10000$，$0.7<Pr<120$，管长与管径比$\frac{L}{d_i}>60$。

若$\frac{L}{d_i}<60$时，将由式(4-35)算得的α乘以$\left[1+\left(\frac{d_i}{L}\right)^{0.7}\right]$进行校正。

特征尺寸：Nu、Re中的特征尺寸L取管内径d_i。

定性温度：取流体进、出口温度的算术平均值。

② 高黏度流体：

$$Nu=0.027Re^{0.8}Pr^{1/3}\varphi_\mu \tag{4-36}$$

式中，$\varphi_\mu=\left(\frac{\mu}{\mu_w}\right)^{0.14}$，是考虑热流方向影响的校正项。

应用范围：$Re>10000$，$0.7<Pr<1700$，$\frac{L}{d_i}>60$。

特征尺寸：取管内径d_i。

定性温度：除μ_w取壁温外，均取为流体进、出口温度的算术平均值。

由于壁温未知，计算时需用试差法，为避免复杂计算，工程计算时可取为近似值。液体被加热时，$\varphi_\mu\approx1.05$，液体被冷却时，$\varphi_\mu\approx0.95$。对气体，不论加热或冷却，均取$\varphi_\mu=1.0$，即该校正项忽略不计。

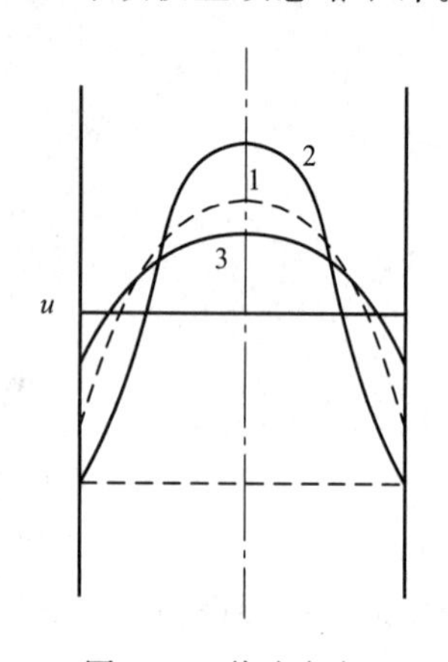

图 4-13　热流方向（黏度变化）对速度分布的影响
1—定温流动；
2—液体被冷却；
3—液体被加热

前已述及，对流传热系数与流体的流动状态密切相关，黏度是影响流体流动的重要因素。当流体与其流经的管壁间发生热量传递时，流体内部便形成温度梯度。因流体黏度随温度而变，致使管道截面上流体的速度分布发生变化，进而对流体与管壁间的对流传热系数产生影响。式(4-34)、式(4-35)中n的不同取值，以及式(4-36)中的φ_μ项，都是为了校正热流方向的影响。图4-13表示了热流方向对管内流体速度分布的影响。

当液体被加热时，靠近管壁液层的温度高于液体的平均温度，由于液体黏度随温度升高而降低，因此与没有传热时的定温流动相比，管壁附近的流速增大，层流底层减薄，速度梯度增大，致使对流传热系数增大。液体被冷却时，情况相反，即壁面附近液体流速降低，层流底层增厚，速度梯度减小，致使对流传热系数降低。对于气体，由于其黏度随温度升高而增高，因此热流方向对速度分布及对流传热系数的影响与液体相反。相比液体，温度对气体黏度的影响较小，因此热流方向对其速度分布以及对流传热系数的影响也较小。

由式(4-34)、式(4-35)可知，无论被加热还是被冷却，只要流体的进、出口温度相同，则Pr值也相同。因此为了校核上述热流方向对α的影响，Pr特征数的指数项n便因热流方向不同而有不同取值。大多数液体的$Pr>1$，于是$Pr^{0.4}>Pr^{0.3}$，故液体被加热时，$n=0.4$，得到的α就大；液体被冷却时，$n=0.3$，得到的α就小。对大多数气体，$Pr<1$，则$Pr^{0.4}<Pr^{0.3}$，所以气体被加热时，n仍取值为0.4，得到的α较小，被冷却时，n仍取0.3，得到的α就大。

式(4-36)中校正项φ_μ具有不同取值的原因分析同上。

【例4-4】 在200kPa、20℃下，流量为60m³/h的空气进入套管换热器的内管，并被饱和蒸汽加热到80℃，内管直径为ϕ57mm×3.5mm，长度为3m。试求管壁对空气的对流传热系数。

解： 定性温度$=\dfrac{20+80}{2}=50$℃。于附录查得50℃空气的物理性质如下：$\mu=1.96\times10^{-5}$Pa·s；$\lambda=2.83\times10^{-2}$W/(m·℃)；$Pr=0.698$。

空气在换热器进口处的速度为：

$$u=\frac{q_V}{\frac{\pi}{4}d_1^2}=\frac{4\times60}{3600\times\pi\times0.05^2}=8.49(\text{m/s})$$

空气进口的密度为：

$$\rho=1.293\times\frac{273}{273+20}\times\frac{200}{101.3}=2.379(\text{kg/m}^3)$$

所以

$$Re=\frac{du\rho}{\mu}=\frac{0.05\times8.49\times2.379}{1.96\times10^{-5}}=51525\quad(\text{湍流})$$

又因

$$\frac{L}{d_i}=\frac{3}{0.05}=60$$

故Re和Pr值均在式(4-34)、式(4-35)的应用范围内。且气体被加热，取$n=0.4$，则：

$$\alpha=0.023\times\frac{\lambda}{d_i}Re^{0.8}Pr^{0.4}=0.023\times\frac{2.83\times10^{-2}}{0.05}(51525)^{0.8}(0.698)^{0.4}$$

$$=66.3[\text{W/(m}^2\cdot℃)]$$

（2）流体在圆形直管内做强制层流　流体在管内做强制层流时，通常应考虑自然对流所引起的径向流动对传热的强化作用。与湍流相比，层流时热流方向对α的影响更加显著，情况比较复杂，实验所得关联式的误差也较大。

但是，当管径较小，流体与壁面间的温度差较小，流体的μ/ρ值较大时，自然对流对强制层流传热的影响可以忽略，此时对流传热系数可用如下关联式求算：

$$Nu=1.86\left(RePr\frac{d_i}{L}\right)^{1/3}\left(\frac{\mu}{\mu_w}\right)^{0.14}\tag{4-37}$$

应用范围：$Re<2300$，$0.6<Pr<6700$，$RePr\dfrac{d_i}{L}>100$。

特征尺寸：管内径d_i。

定性温度：除μ_w取壁温外，均取流体进、出口温度的算术平均值。

（3）流体在圆形直管内做过渡流　当$Re=2300\sim10000$时，对流传热系数可先用湍流时的公式计算，然后将算得的结果乘以校正系数ϕ，即得到过渡流时的对流传热系数。

$$\phi=1-\frac{6\times10^5}{Re^{1.8}}\tag{4-38}$$

（4）流体在弯管内做强制对流　流体在弯管内流动时，因受惯性离心力的作用，流体的湍动程度提高，致使对流传热系数增大。此种情况的对流传热系数可用下式计算：

$$\alpha'=\alpha\left(1+1.77\frac{d_i}{R}\right) \tag{4-39}$$

式中 α'——弯管中的对流传热系数，W/(m^2·℃)；

α——直管中的对流传热系数，W/(m^2·℃)；

d_i——管内径，m；

R——弯管轴的弯曲半径，m。

（5）流体在非圆形管中做强制对流　方法一：将上述各关联式中的管内径替换成当量直径，用于非圆形管中对流传热系数的近似计算。采用该法时应注意：有些资料规定某些关联式应采用传热当量直径。例如，套管换热器环形截面的传热当量直径为：

$$d'_e=\frac{4\times \text{流通截面积}}{\text{传热周边}}=\frac{4\times\frac{\pi}{4}(d_1^2-d_2^2)}{\pi d_2}=\frac{d_1^2-d_2^2}{d_2}$$

式中 d_1——套管换热器外管内径，m；

d_2——套管换热器内管外径，m。

传热计算中，究竟采用何种当量直径，由具体的关联式决定。应予指出，将关联式中的 d_i 改用 d_e 是近似的算法。

方法二：采用经实验获得的 α 关联式进行计算，这种方法的准确性高。

例如，对于套管换热器的环隙，用水和空气进行实验，所得关联式为：

$$\alpha=0.02\times\frac{\lambda}{d_e}\left(\frac{d_1}{d_2}\right)^{0.53}Re^{0.8}Pr^{1/3} \tag{4-40}$$

应用范围：$Re=12000\sim220000$，$\frac{d_1}{d_2}=1.65\sim17$。

特征尺寸：流动当量直径 d_e。

定性温度：流体进、出口温度的算术平均值。

4.3.3.2　流体在管外强制对流

（1）流体强制垂直流过管束　针对流体的流动方向，管子的排列方式分为直列和错列两种；错列又分正方形和正三角形两种，如图 4-14 所示。

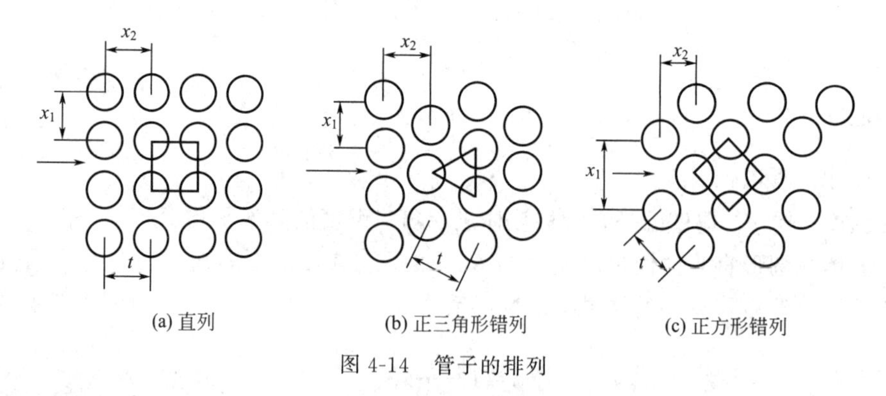

图 4-14　管子的排列

流体垂直流过错列管束时，平均对流传热系数可用下式计算：

$$Nu=0.33Re^{0.6}Pr^{0.33} \tag{4-41}$$

流体垂直流过直列管束时，平均对流传热系数的计算式为：

$$Nu=0.26Re^{0.6}Pr^{0.33} \tag{4-42}$$

应用范围：$Re>3000$。

特征尺寸：管外径 d_0。

流速取流体通过每排管子中最狭窄通道处的速度。其中错列管束最狭窄通道的距离应取 (x_1-d_0) 和 $2(t-d_0)$ 两者中的较小者。

管束排数：应为 10，若不是 10 时，上述公式的计算结果应乘以表 4-5 中的修正系数。

表 4-5　修正系数

排数	1	2	3	4	5	6	7	8	9	10	12	15	18	25	35	75
错列	0.48	0.75	0.83	0.89	0.92	0.95	0.97	0.98	0.99	1.0	1.01	1.02	1.03	1.04	1.05	1.06
直列	0.64	0.80	0.83	0.90	0.92	0.94	0.96	0.98	0.99	1.0						

（2）流体在换热器的管间流动　工业生产中常用的列管式换热器，管束中各列的管子数目不等，而且设备大多设有折流挡板，因此流体在换热器管间流动时，流速和流向均不断变化。一般在 $Re>100$ 时即可能达到湍流，致使对流传热系数增大。折流挡板的形式较多，如图 4-15 所示，其中以圆缺形挡板最为常用。

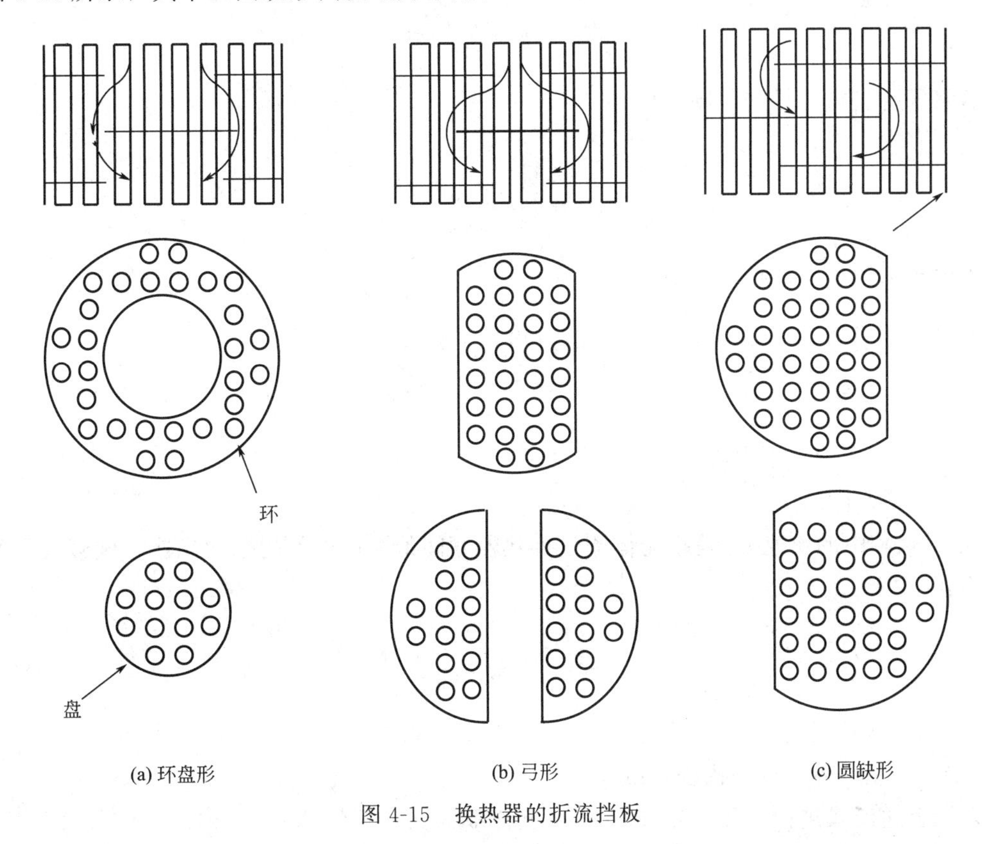

图 4-15　换热器的折流挡板

对于装有圆缺形折流挡板（缺口面积为 25% 的壳体内截面积）的换热器，壳方流体的对流传热系数可用如下关联式计算：

$$Nu=0.36Re^{0.55}Pr^{1/3}\varphi_{\mu} \tag{4-43}$$

或

$$\alpha=0.36\times\frac{\lambda}{d_{e}}\left(\frac{d_{e}u_{0}\rho}{\mu}\right)^{0.55}Pr^{1/3}\left(\frac{\mu}{\mu_{w}}\right)^{0.14} \tag{4-44}$$

应用范围：$Re=2\times10^{3}\sim1\times10^{6}$。

特征尺寸：当量直径 d_e。

定性温度：除 μ_w 取壁温外，均取流体进、出口温度的算术平均值。

当量直径 d_e：根据图 4-16 所示的管子排列情况分别用不同的公式进行计算。

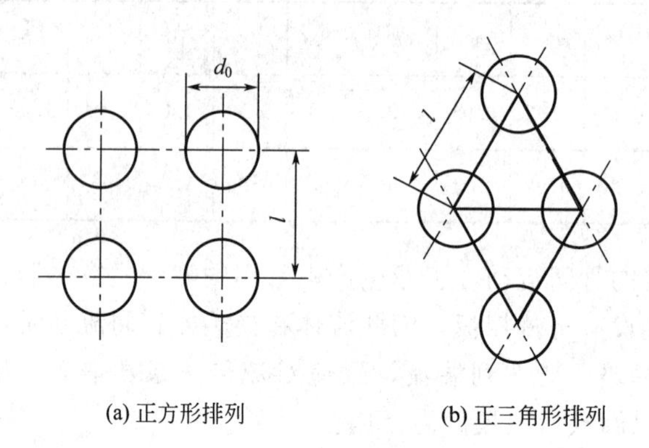

(a) 正方形排列　　(b) 正三角形排列

图 4-16　管间当量直径的推导

若管子为正方形排列，则：

$$d_{e}=\frac{4\left(t^{2}-\frac{\pi}{4}d_{0}^{2}\right)}{\pi d_{0}} \tag{4-45}$$

若管子为正三角形排列，则：

$$d_{e}=\frac{4\left(\frac{\sqrt{3}}{2}t^{2}-\frac{\pi}{4}d_{0}^{2}\right)}{\pi d_{0}} \tag{4-46}$$

式中　t——相邻两管之中心距，m；

d_0——管外径，m。

式(4-44) 中的流速 u_0 是指流体流过换热器管间最大截面处的平均流速，该最大截面的面积为：

$$A=hD\left(1-\frac{d_{0}}{t}\right) \tag{4-47}$$

式中　h——两挡板间的距离，m；

D——换热器的外壳内径，m。

采用上述诸式进行工程计算时，φ_{μ} 可近似取值为：对气体，$\varphi_{\mu}=1.0$；液体被加热时，$\varphi_{\mu}=1.05$；液体被冷却时，$\varphi_{\mu}=0.95$。

此外，若换热器的管间无挡板，管外流体沿管束平行流动，则可用管内强制对流的有关公式计算，但需将式中的管内径改为管间的当量直径。

4.3.3.3 自然对流

自然对流时的对流传热系数仅与反映流体自然对流状况的 Gr 特征数以及 Pr 特征数有关，即：

$$Nu=c(GrPr)^n \tag{4-48}$$

对于大空间中的自然对流，例如管道或传热设备表面与周围流体之间的对流传热，通过实验测得的 c 和 n 值见表 4-6。

定性温度：取膜的平均温度，即壁面温度和流体平均温度的算术平均值。

表 4-6 式(4-48) 中的 c 和 n 值

加热表面形状	特征尺寸	$GrPr$ 范围	c	n
水平圆管	外径 d_0	$10^4 \sim 10^9$	0.53	1/4
		$10^9 \sim 10^{12}$	0.13	1/3
垂直管或板	高度 L	$10^4 \sim 10^9$	0.59	1/4
		$10^9 \sim 10^{12}$	0.10	1/3

4.3.4 流体有相变时的对流传热系数

4.3.4.1 蒸气冷凝

(1) 蒸气冷凝方式 当饱和蒸气与温度较低的壁面相接触时，蒸气放出潜热，并在壁面上冷凝成液体。根据冷凝液在壁面上的存在和流动方式，蒸气冷凝分为膜状冷凝和滴状冷凝两种类型。

① 膜状冷凝。冷凝液能够润湿壁面，并在壁面上形成一层完整的液膜，此种冷凝称为膜状冷凝，如图 4-17 (a) 和 (b) 所示。一旦在壁面上形成冷凝液膜，则随后的蒸气冷凝只能在液膜表面进行，即蒸气冷凝放出的潜热，只有通过液膜后才能传给冷壁面。因此这层冷凝液膜便成为膜状冷凝的主要热阻。显而易见，随着冷凝液膜在重力作用下沿壁面向下流动，所形成的液膜逐渐增厚，热阻随之增大，故壁面愈高或水平放置的管径愈粗，整个壁面的平均对流传热系数也就愈小。

② 滴状冷凝。冷凝液不能润湿壁面，而是因表面张力的作用在壁面上形成许多液滴，并沿壁面落下，此种冷凝称为滴状冷凝，如图 4-17 (c) 所示。由此可见，滴状冷凝时，大部分壁面直接暴露于蒸气中，供蒸气冷凝。由于无液膜所形成的热阻，因此滴状冷凝传热系数可比膜状冷凝传热系数高几倍甚至十几倍。

工业上常遇到的是膜状冷凝，因此本书仅介绍纯净（单组分）饱和蒸气膜状冷凝传热系数的计算方法。

(2) 膜状冷凝对流传热系数 膜状冷凝对流传热系数在如下假定条件下经理论推导获得。

① 冷凝液膜呈层流流动，传热方式为通过液膜的热传导。

② 蒸气静止不动，对液膜无摩擦阻力。

③ 蒸气冷凝所释放的热量仅为冷凝潜热，蒸气温度和壁面温度保持不变。

④ 冷凝液的物性按平均液膜温度确定，且为常数。

(3) 蒸气在垂直管外或垂直平板侧的冷凝 对于蒸气在垂直管外或垂直平板侧的冷凝，

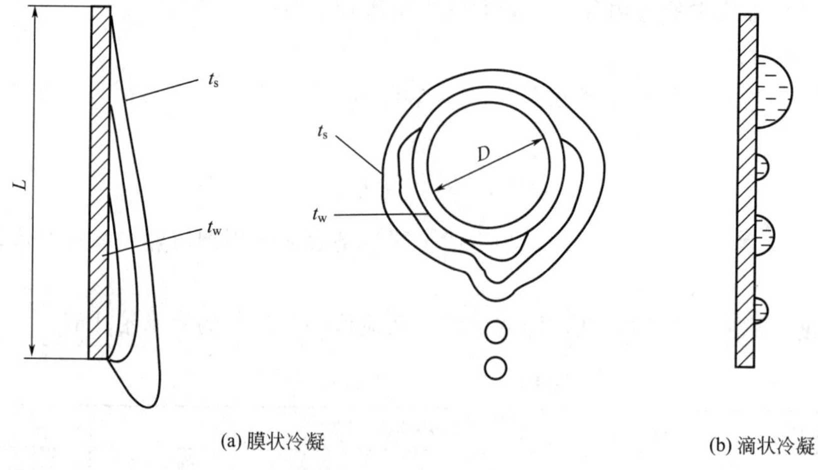

(a) 膜状冷凝　(b) 滴状冷凝

图 4-17　蒸气冷凝方式

基于上述假定推得的努塞尔理论公式如下：

$$\alpha=0.943\left(\frac{r\rho^2 g\lambda^3}{\mu L\Delta t}\right)^{1/4} \tag{4-49}$$

式中　L——垂直管或板的高度，m；

λ——冷凝液的热导率，W/(m・℃)；

ρ——冷凝液的密度，kg/m^3；

μ——冷凝液的黏度，kg/(m・s)；

r——饱和蒸气的冷凝潜热，kJ/kg；

Δt——蒸气的饱和温度 t_s 与壁面温度 t_w 之差，℃。

特征尺寸：取垂直管或板的高度。

定性温度：除蒸气冷凝潜热 r 取饱和温度 t_s 下的值以外，其余物性均为液膜平均温度 $t_m=(t_w+t_s)/2$ 下的值。

适应情况：液膜做层流流动，即液膜流动的 $Re<1800$。

液膜流动的 Re 可表示为冷凝负荷 M 的函数。冷凝负荷是指单位时间流过单位长度润湿周边的冷凝液量，单位为 kg/(m・s)，即 $M=q_m/b$。其中，q_m 为冷凝液的质量流量，kg/s；b 为润湿周边长度，m。

令流动膜层的横截面积（即流通面积）为 A，则当量直径为：

$$d_e=\frac{4A}{b}$$

于是

$$Re=\frac{d_e u\rho}{\mu}=\frac{\frac{4A}{b}\frac{q_m}{\rho A}\rho}{\mu}=\frac{4M}{\mu}$$

由于在推导理论公式时所做的假定不能完全符合实际情况，例如蒸气速度不为零，蒸气和液膜间有摩擦阻力等，因此相比由上述理论公式计算得到的值，大多数实验结果大 20% 左右。据此，对理论公式(4-49) 进行修正，得如下公式：

$$\alpha=1.13\left(\frac{r\rho^2 g\lambda^3}{\mu L\Delta t}\right)^{1/4} \tag{4-50}$$

若膜层为湍流，即 $Re>1800$ 时，可用巴杰尔（Badger）关联式计算 α，即：

$$\alpha=0.0077\left(\frac{\rho^2 g\lambda^3}{\mu^2}\right)^{1/3} Re^{0.4} \tag{4-51}$$

（4）蒸气在水平管外冷凝　若蒸气在单根水平管外冷凝，因管径较小，膜层通常呈层流流动，由基于假设推得的理论公式求得的结果与实验结果相近，计算公式为：

$$\alpha=0.725\left(\frac{\lambda^3\rho^2 gr}{\mu d_0\Delta t}\right)^{1/4} \tag{4-52}$$

式中　d_0——管外径，m。

若蒸气在水平管束外冷凝，可用凯恩（Kern）公式进行估算，即：

$$\alpha=0.725\left(\frac{\lambda^3\rho^2 gr}{n^{2/3}d_0\mu\Delta t}\right)^{1/4} \tag{4-53}$$

式中　n——水平管束在垂直列上的管数。

在列管换热器中，若管束由互相平行的 z 列管子所组成，一般各列管子在垂直方向的排数不相等，若分别为 n_1，n_2，…，n_z，则平均的管排数可按下式估算：

$$n_m=\frac{n_1+n_2+\cdots+n_z}{n_1^{0.75}+n_2^{0.75}+\cdots+n_z^{0.75}} \tag{4-54}$$

【例 4-5】 饱和温度 100℃的水蒸气，在外径为 0.04m、长度 2m 的单根直立圆管外表面上冷凝。管外壁温度为 94℃。试求每小时的蒸气冷凝量。又若管子水平放置，蒸气冷凝量为多少？

解： 由附录查得 100℃的饱和水蒸气的冷凝潜热约为 2258kJ/kg。

$$定性温度=\frac{1}{2}(t_s+t_w)=\frac{1}{2}(100+94)=97(℃)$$

由附录查得在 97℃下水的物性为：$\lambda=0.682$W/(m·℃)；$\mu=0.282$ mPa·s；$\rho=958$kg/m^3。

（1）单根圆管垂直放置　先假定冷凝液膜呈层流，由式(4-50) 可求得：

$$\alpha=1.13\left(\frac{g\rho^2\lambda^3 r}{L\Delta t\mu}\right)^{1/4}=1.13\left[\frac{9.81\times958^2\times0.682^3\times2258\times10^3}{2\times(100-94)\times0.282\times10^{-3}}\right]^{1/4}$$
$$=7466[\text{W}/(\text{m}^2\cdot℃)]$$

由牛顿冷却定律计算对流传热速率，即：

$$Q=\alpha S(t_s-t_w)=7466\times\pi\times0.04\times2\times(100-94)=11253(\text{W})$$

故蒸气冷凝量为：

$$q_m=\frac{Q}{r}=\frac{11253}{2258\times10^3}=0.00498(\text{kg/s})=17.93(\text{kg/h})$$

核算流型：

$$M=\frac{q_m}{b}=\frac{q_m}{\pi d_0}=\frac{0.00498}{\pi\times0.04}=0.0396[\mathrm{kg/(m\cdot s)}]$$

$$Re=\frac{4M}{\mu}=\frac{4\times0.0396}{0.282\times10^{-3}}=562<1800(\text{层流})$$

假设正确。

(2) 管子水平放置 假设膜层为层流，则由式(4-52) 可得：

$$\alpha'=0.725\left(\frac{\rho^2 g\lambda^3 r}{\mu d_0\Delta t}\right)^{1/4}$$

故
$$\frac{\alpha'}{\alpha}=\frac{0.725}{1.13}\left(\frac{L}{d_0}\right)^{1/4}=\frac{0.725}{1.13}\left(\frac{2}{0.04}\right)^{1/4}=1.71$$

所以
$$\alpha'=1.71\alpha=1.71\times7466=12767\ [\mathrm{W/(m^2\cdot ℃)}]$$

$$q_m'=1.71\times17.93=30.7(\mathrm{kg/h})$$

核算流型：

$$Re'=1.71Re=1.71\times562=961<1800(\text{层流})$$

假设正确。

(5) 冷凝传热的影响因素分析 单组分饱和蒸气冷凝时，气相内温度均匀，都是饱和温度 t_s，没有温度差，故热阻主要集中在冷凝液膜内。因此液膜的厚度及其流动状况便成为影响冷凝传热的关键因素。凡有利于减薄液膜厚度、提高其湍动程度的因素均可提高冷凝传热系数，有关的主要因素有以下几项。

① 冷凝液膜两侧的温度差 Δt。当液膜呈层流流动时，若 Δt 加大，则蒸气冷凝速率增加，液膜层厚度增厚，相应的热阻增大，致使冷凝传热系数降低。

② 流体的物性。由膜状冷凝传热系数计算式可知，影响冷凝传热系数的流体物性包括，蒸气的冷凝潜热，液膜的密度、黏度及热导率等。

③ 蒸气的流速和流向。以一定速度运动的蒸气和液膜间会产生摩擦作用力，若蒸气和液膜同向流动，则摩擦力将促使液膜加速，致使液膜厚度减薄，因此 α 增大。若两者逆向流动，则在一定的范围内，因摩擦力对液膜流动的减速作用，其厚度增厚，致使 α 减小；但若蒸气对液膜的摩擦作用力超过液膜重力，液膜会被蒸气吹离壁面，此时随蒸气流速的增加，α 急剧增大。

④ 蒸气中不凝气体的影响。若蒸气中含有空气或其他不凝性气体，则壁面可能会被气体层所遮盖，形成一层热阻较大的附加热阻，致使 α 急剧下降。因此在冷凝器的设计和操作中，都必须考虑定期排除不凝气。

⑤ 冷凝面的影响。在设计和安装冷凝器时，应正确安放冷凝壁面，改善液膜流动状态，以防止冷凝液在壁面上积液增厚，致使传热系数下降。例如，对于水平管束，冷凝液从上面各排流到下面各排时，使液膜逐渐增厚，因此下面管子的 α 比上排的要低；为了减薄下面管排上液膜的厚度，可减少垂直列上的管子数目，或如图 4-18 所示，将排列的管束以与垂直方向成一定的角度 (φ) 安放，使冷凝液沿下一根管子的切向流过。

此外，冷凝壁面的表面情况对 α 也有较大影响。若壁面粗糙不平或有氧化层，则会使膜层加厚，增加膜层阻力，致使 α 降低。

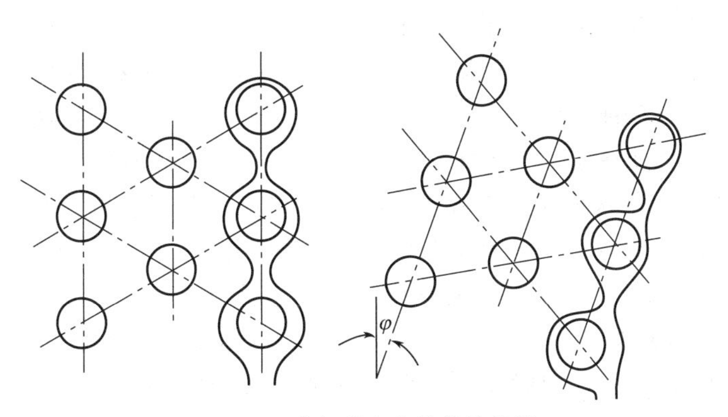

图 4-18 冷凝器中的换热管旋转

4.3.4.2 液体的沸腾

在液体的对流传热过程中，在液相内部产生气泡或气膜的过程，称为液体沸腾（又称沸腾传热）。工业上的液体沸腾，根据设备的形状和尺寸不同，分为大容积沸腾和管内沸腾。将加热壁面浸没在液体中，液体在壁面受热沸腾，称为大容积沸腾；液体在管内流动时受热沸腾，称为管内沸腾。相比大容积沸腾，管内沸腾机理更为复杂，下面仅讨论大容积沸腾。

（1）沸腾的条件　液体沸腾的主要特征是液体内部有气泡产生。气泡存在的必要条件，是液体内部的蒸气压必须等于外压和液层静压力之和，即液体的温度必须高于该蒸气压对应的饱和温度。

液体过热为气泡产生提供了必要条件，但并非加热表面上的任何一点都能产生气泡。气泡只能在汽化核心上产生。汽化核心与加热表面的粗糙度、氧化情况、材质的性质及不均匀性等多种因素有关。一般地，粗糙表面的细小凹缝易成为汽化核心。

（2）液体沸腾曲线　实验表明，在大容器内饱和液体沸腾时，随着传热温度差 Δt（即t_w-t_s)的变化，会出现不同的沸腾状态。下面以常压下水在大容器中的沸腾传热为例，分析沸腾温度差 Δt 对沸腾传热系数 α 和热通量 q 的影响规律。如图 4-19 所示，当传热温度差 Δt 较小（$\Delta t\leqslant 5$℃）时，加热表面上的液体轻微过热，液体内出现自然对流，但无气泡从液体中逸出液面，液体仅在表面蒸发，此阶段的 α 和 q 均较低，如图 4-19 中 AB 段所示。

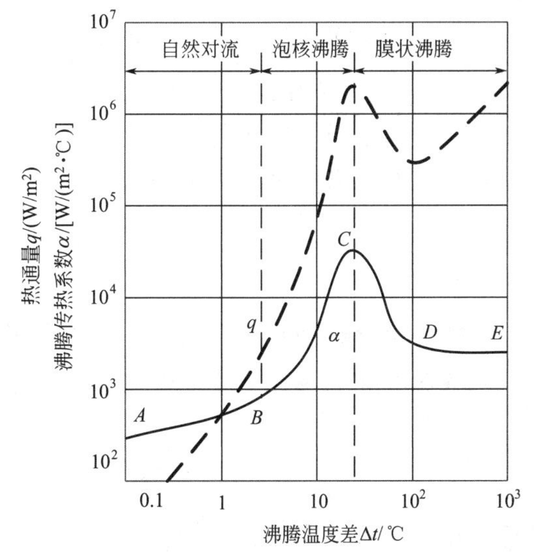

图 4-19 水的沸腾曲线

伴随 Δt 逐渐升高（$\Delta t=5\sim25$℃），开始在加热表面的局部位置上产生气泡，这些局部位置称为汽化核心。气泡产生的速度随 Δt 的提高而增大，且不断地脱离壁面上升至蒸气空间。气泡的生成、脱离和上升，致使液体受到剧烈的扰动，对流传热加剧，因此 α 和 q 都急剧增大，如图 4-19 中 BC 段所示，此段称为泡核沸腾或泡状沸腾。

Δt 继续增大（$\Delta t>25$℃），加热面上产生的气泡大幅增多，直至气泡产生的速度大于脱离表面的速度。气泡在脱离表面前相互连接，形成一层不稳定的蒸气膜，致使液体不能和加热表面直接接触。由于蒸气的导热性能差，气膜的附加热阻使 α 和 q 都急剧下降。气膜开始形成时是不稳定的，有可能形成大气泡脱离表面，此阶段称为不稳定的膜状沸腾或部分泡状沸腾，如图 4-19 中 CD 段所示。由泡核沸腾向膜状沸腾过渡的转折点 C 称为临界点。临界点的温度差、传热系数和热通量分别称为临界温度差 Δt、临界沸腾传热系数 α 和临界热通量 q。当温度差增至 D 点时，传热面几乎全部被气膜所覆盖，开始形成稳定的气膜。以后随着 Δt 的继续增加，α 基本上不变，q 又开始上升，这是由于壁温升高，辐射传热的影响显著增加所致，如图 4-19 中 DF 段所示。一般将 CDE 段称为膜状沸腾。

其他液体在一定压强下的沸腾曲线与水的沸腾曲线类似，但临界点的数值不同。

由于泡核沸腾传热系数较膜状沸腾时的大，因此工业生产中一般总是设法控制在泡核沸腾状态下操作。

（3）沸腾传热系数　由于沸腾传热机理复杂，基于不同沸腾理论得出的经验公式差别较大，本书仅介绍按照对比压力计算泡核沸腾传热系数的莫斯廷凯（Mostinki）公式，即：

$$\alpha=1.163Z(\Delta t)^{2.33} \tag{4-55}$$

式中　Δt——壁面过热度，℃，$\Delta t=t_w-t_s$。

由牛顿冷却定律，可得 $\Delta t=q/\alpha$，将其代入式(4-55)，则：

$$\alpha=1.05Z^{0.3}q^{0.7} \tag{4-56}$$

式中　Z——与操作压力及临界压力有关的参数，采用如下公式计算。

$$Z=\left[0.10\left(\frac{p_c}{9.81\times10^4}\right)^{0.69}(1.8R^{0.17}+4R^{1.2}+10R^{10})\right]^{3.33} \tag{4-57}$$

式中　R——对比压强，无量纲，$R=\dfrac{p}{p_c}$；

p——操作压强，Pa；

p_c——临界压强，Pa。

将式(4-57) 代入式(4-56)，可得：

$$\alpha=0.105\left(\frac{p_c}{9.81\times10^4}\right)^{0.69}(1.8R^{0.17}+4R^{1.2}+10R^{10})q^{0.7} \tag{4-58}$$

上述各式应用条件为：$p_c>3000\text{kPa}$，$R=0.01\sim0.9$，$q<q_c$。

临界热负荷 q_c 可按下式估算，即：

$$q_c=\frac{0.38p_cR^{0.35}(1-R)^{0.9}\pi D_iL}{S_o} \tag{4-59}$$

式中　D_i——管束直径，m；

L——管长，m；

S_o——管外壁总传热面积，m^2。

（4）影响沸腾传热的因素

① 液体的性质。液体的热导率、密度、黏度和表面张力等均对沸腾传热有重要的影响。一般地，α 随 λ、ρ 的增加而增大，而随 μ、σ 的增加而减小。

② 温度差 Δt。温度差（$t_w - t_s$）对泡核沸腾传热系数的影响可表示为如下经验公式：

$$\alpha = a(\Delta t)^n \tag{4-60}$$

式中 a，n——随液体种类和沸腾条件而异的常数，由实验测定。

③ 操作压力。沸腾压力提高，则液体的饱和温度升高，液体的表面张力和黏度随之降低，有利于气泡的生成和脱离，沸腾传热得以强化，因此在相同的 Δt 下，α 和 q 增大。

④ 加热壁面。壁面愈粗糙，气泡核心愈多，越有利于沸腾传热。一般地，新的或清洁的加热面 α 较高；当壁面被油脂沾污后，会使 α 急剧下降。此外，加热面的布置情况对沸腾传热也有明显的影响。

4.4 传热过程计算

工程实际所涉及的传热过程计算主要分为设计计算和校核计算两类。设计计算是指根据生产要求的热负荷，确定换热器的传热面积，而校核计算则是计算给定换热器的传热量、流体的流量或温度等。两类计算均以换热器的热量衡算和传热速率方程为基础。热量衡算已在绪论中介绍过，这里重点介绍传热计算所必需的总传热速率方程及相关内容。

4.4.1 总传热速率方程

应用前述的热传导速率方程和对流传热速率方程进行计算时，均需知道壁面的温度，而壁面温度常常是未知的。对此，我们可采用避开壁温的总传热速率方程式进行传热计算。

在间壁式换热器中任取一微元传热面积 dS，仿照对流传热速率方程可写出描述 dS 间壁两侧的流体进行热量交换的传热速率方程，即：

$$dQ = K(T-t)dS = K\Delta t dS \tag{4-61}$$

式中 T——换热器任一截面上的热流体的平均温度，℃；

t——换热器任一截面上的冷流体的平均温度，℃；

K——局部总传热系数，$W/(m^2 \cdot ℃)$，工程计算中常将其作为常数来处理。

式(4-61) 称为总传热速率微分方程式。将式(4-61) 变形可得总传热系数的定义式，即：

$$K = \frac{dQ}{\Delta t dS} \tag{4-62}$$

式(4-62) 表明，总传热系数在数值上等于单位温度差下的总传热通量。尽管总传热系数 K 和对流传热系数 α 的单位相同，但应注意其中温度差所代表的含义不同。α 中的温度差是流体与壁面间的温度差，而 K 中的温度差则是间壁两侧冷热流体间的温度差。此外还应注意，$1/\alpha$ 是流体侧的对流传热热阻，而总传热系数的倒数 $1/K$ 代表的是间壁两侧流体传热的总热阻。

对于管壳式换热器，选择的传热面积不同，相应的总传热系数也不同，须注意相互之间的对应关系。因此，式(4-61) 可表示为：

$$dQ = K_i(T-t)dS_i = K_0(T-t)dS_0 = K_m(T-t)dS_m \tag{4-63}$$

式中 K_i，K_0，K_m——基于管内表面积、外表面积和内外表面的平均面积的总传热系数，$W/(m^2 \cdot ℃)$；

S_i，S_0，S_m——换热器的内表面积、外表面积和内外表面的平均面积，m^2。

由式(4-63)可知，在传热计算中，无论选择何种面积作为计算基准，其结果完全相同，但工程实际多以外表面积作为基准。

由于 $\mathrm{d}Q$ 及 $T-t$ 与选择的基准面积无关，故可得：

$$\frac{K_0}{K_i}=\frac{\mathrm{d}S_i}{\mathrm{d}S_0}=\frac{d_i}{d_0} \tag{4-64}$$

及

$$\frac{K_0}{K_m}=\frac{\mathrm{d}S_m}{\mathrm{d}S_0}=\frac{d_m}{d_0} \tag{4-65}$$

式中 d_i，d_0，d_m——管内径、管外径和管内外径的平均直径，m。

式(4-61)是针对微元传热面 dS 的总传热速率微分方程式，而实际的传热计算是以整个换热器为考察对象。因此，对式(4-61)进行积分，便可得到更具实际意义的总传热速率方程式，即由 $\int_0^Q \mathrm{d}Q=\int_0^S K(T-t)\mathrm{d}S$，可得：

$$Q=KS\Delta t_m \tag{4-66}$$

式中 Q——通过整个换热器的传热速率，W；

S——换热器总传热面积，m^2；

K——总传热系数，$W/(m^2 \cdot ℃)$；

Δt_m——换热器整个传热面积上的平均温度差，℃。

4.4.2 总传热系数

4.4.2.1 总传热系数的计算式

与图 4-12 所示的冷热两流体通过平壁的传热相同，对于热流体在管内流动，冷流体在管间（环隙）流动的列管式或套管式换热器，冷热两流体的传热包括以下过程。

（1）热流体在流动过程中把热量传给管壁的对流传热　传热速率为：

$$\mathrm{d}Q=\alpha_i(T-T_w)\mathrm{d}S_i$$

整理可得：

$$T-T_w=\frac{\mathrm{d}Q}{\alpha_i \mathrm{d}S_i} \tag{4-67}$$

（2）通过管壁的热传导　由傅里叶定律，通过管壁之任一微分传热面的热传导速率可表示为：

$$\mathrm{d}Q=\frac{\lambda(T_w-t_w)}{b}\mathrm{d}S_m$$

对上式变形可得：

$$T_w-t_w=\frac{b\,\mathrm{d}Q}{\lambda \mathrm{d}S_m} \tag{4-68}$$

式中 b——管壁的厚度，m；

λ——管壁材料的热导率，$W/(m \cdot ℃)$；

S_m——管壁内外表面的平均面积，m^2。

（3）管壁与流动中的冷流体之间的对流传热，传热速率为：

$$dQ=\alpha_0(t_w-t)dS_0$$

经变形可得：

$$t_w-t=\frac{dQ}{\alpha_0 dS_0} \tag{4-69}$$

将式(4-67)、式(4-68) 及式(4-69) 相加得：

$$(T-T_w)+(T_w-t_w)+(t_w-t)=\Delta t=dQ\left(\frac{1}{\alpha_i dS_i}+\frac{b}{\lambda dS_m}+\frac{1}{\alpha_0 dS_0}\right)$$

由上式解得 dQ，然后在式两边均除以 dS_0，便可得：

$$\frac{dQ}{dS_0}=\frac{T-t}{\frac{dS_0}{\alpha_i dS_i}+\frac{b\,dS_0}{\lambda dS_m}+\frac{1}{\alpha_0}}$$

因

$$\frac{dS_0}{dS_i}=\frac{d_0}{d_i},\ \frac{dS_0}{dS_m}=\frac{d_0}{d_m}$$

则

$$\frac{dQ}{dS_0}=\frac{T-t}{\frac{d_0}{\alpha_i d_i}+\frac{bd_0}{\lambda d_m}+\frac{1}{\alpha_0}}$$

将上式与式(4-64) 比较，可得：

$$K_0=\frac{1}{\frac{d_0}{\alpha_i d_i}+\frac{bd_0}{\lambda d_m}+\frac{1}{\alpha_0}} \tag{4-70}$$

同理可得：

$$K_i=\frac{1}{\frac{1}{\alpha_i}+\frac{bd_i}{\lambda d_m}+\frac{d_i}{\alpha_0 d_0}} \tag{4-71}$$

和

$$K_m=\frac{1}{\frac{d_m}{\alpha_i d_i}+\frac{b}{\lambda}+\frac{d_m}{\alpha_0 d_0}} \tag{4-72}$$

式(4-70)～式(4-72) 即为总传热系数的计算式。总传热系数也可以表示为串联热阻相加的形式，例如，对式(4-70) 变形可得：

$$\frac{1}{K_0}=\frac{d_0}{\alpha_i d_i}+\frac{bd_0}{\lambda d_m}+\frac{1}{\alpha_0} \tag{4-73}$$

上式表明总传热热阻 $\left(\frac{1}{K_0}\right)$ 等于串联的管内侧对流传热热阻 $\left(\frac{d_0}{\alpha_i d_i}\right)$、管壁导热热阻 $\left(\frac{bd_0}{\lambda d_m}\right)$ 和管外侧对流传热热阻 $\left(\frac{1}{\alpha_0}\right)$ 之和。

4.4.2.2 污垢热阻

换热器在实际操作中，因流体常会在传热表面上结垢，形成附加热阻，致使总传热系数降低，传热速率显著下降。由于污垢层的厚度及其热导率难以准确测定，因此通常选用污垢热阻的经验值，作为计算 K 值的依据。某些常见流体的污垢热阻的经验值可查附录。若管壁内、外侧表面的污垢热阻分别用 R_{si} 及 R_{s0} 表示，则式(4-73) 应变为：

$$\frac{1}{K_0}=\frac{d_0}{\alpha_i d_i}+R_{si}\frac{d_0}{d_i}+\frac{bd_0}{\lambda d_m}+R_{s0}+\frac{1}{\alpha_0} \tag{4-74}$$

值得注意的是，因污垢层的热导率通常很小，所以即使其厚度较薄，产生的附加热阻也较大，必须给予足够的重视。因此，换热器需根据实际的操作情况定期清洗。

4.4.2.3 总传热系数提高途径

式(4-74) 表明，间壁两侧流体间传热的总热阻等于两侧流体的对流传热热阻、污垢热阻及管壁热传导热阻之和，即符合热阻的串联关系。

若传热面为平壁或薄管壁时，d_i、d_0 和 d_m 相等或近于相等，则式(4-74) 可简化为：

$$\frac{1}{K}=\frac{1}{\alpha_i}+R_{si}+\frac{b}{\lambda}+R_{s0}+\frac{1}{\alpha_0} \tag{4-75}$$

当管壁热阻和污垢热阻均可忽略时，上式可进一步简化为：

$$\frac{1}{K}=\frac{1}{\alpha_i}+\frac{1}{\alpha_0} \tag{4-76}$$

对于式(4-76) 可见以下几点。

① 若 $\alpha_i \gg \alpha_0$，则 $\frac{1}{K}\approx\frac{1}{\alpha_0}$，热阻集中于管外侧，即管外侧的对流传热为控制步骤，提高 K 的关键是减小管外侧对流传热热阻。

② 若 $\alpha_i \ll \alpha_0$，则 $\frac{1}{K}\approx\frac{1}{\alpha_i}$，热阻集中在管内侧，管内侧对流传热为控制步骤，提高 K 的关键是减小管内侧对流传热热阻。

③ 若 α_i 和 α_0 相差不大，则管内、外侧的热阻均不可忽略，此时预提高 K 值，需同时减小管内、外两侧的对流传热热阻。

综上可见，总热阻是由热阻大的一侧的对流传热所控制，即当两个对流传热系数相差较大时，提高 K 值的关键是提高对流传热系数较小一侧的 α。若两侧的 α 相差不大时，则必须同时提高两侧的 α，才能提高 K 值。同理，若污垢热阻为控制因素，则必须设法减缓污垢形成速率或及时清除污垢。

【例 4-6】 某列管换热器由 ϕ25mm×2.5mm 的钢管组成。热空气流经管程，冷却水在管间与空气呈逆流流动。已知管内空气侧的 α_i 为 50W/(m^2·℃)，管外水侧的 α_0 为 1000W/(m^2·℃)。钢的 λ 为 45W/(m·℃)。试求：(1) 基于管外表面积的总传热系数 K_0；(2) 当忽略污垢热阻时，分别将 α_i 和 α_0 提高一倍时 K_0 值提高的百分数。

解： 查阅附录，取空气侧的污垢热阻 $R_{si}=0.5\times10^{-3}$ m^2·℃/W，水侧的污垢热阻 $R_{s0}=0.2\times10^{-3}$ m^2·℃/W。

(1) 由式(4-74) 知

$$\begin{aligned}\frac{1}{K_0}&=\frac{d_0}{\alpha_i d_i}+R_{si}\frac{d_0}{d_i}+\frac{bd_0}{\lambda d_m}+R_{s0}+\frac{1}{\alpha_0}\\&=\frac{0.025}{50\times0.02}+0.5\times10^{-3}\times\frac{0.025}{0.02}+\frac{0.0025\times0.025}{45\times0.0225}+0.2\times10^{-3}+\frac{1}{1000}\\&=0.0269(\text{m}^2\cdot℃/\text{W})\end{aligned}$$

所以 $K_0=37.2\mathrm{W/(m^2 \cdot ℃)}$。

(2) 不考虑污垢热阻时

$$\frac{1}{K_0}=\frac{d_0}{\alpha_i d_i}+\frac{bd_0}{\lambda d_m}+\frac{1}{\alpha_0}$$
$$=\frac{0.025}{50\times0.02}+\frac{0.0025\times0.025}{45\times0.0225}+\frac{1}{1000}$$
$$=0.0261(\mathrm{m^2 \cdot ℃/W})$$

所以 $K_0=38.3\mathrm{W/(m^2 \cdot ℃)}$。

若将 α_i 提高一倍，即 $\alpha_i=2\times50=100\mathrm{W/(m^2 \cdot ℃)}$，则：

$$\frac{1}{K_0'}=\frac{d_0}{\alpha_i d_i}+\frac{1}{\alpha_0}=\frac{0.025}{100\times0.02}+\frac{1}{1000}=0.0135(\mathrm{m^2 \cdot ℃/W})$$

所以 $K_0'=74.1\mathrm{W/(m^2 \cdot ℃)}$。

将 α_0 提高一倍，即 $\alpha_0=2000\mathrm{W/(m^2 \cdot ℃)}$，则：

$$\frac{1}{K_0''}=\frac{d_0}{\alpha_i d_i}+\frac{1}{\alpha_0}=\frac{0.025}{50\times0.02}+\frac{1}{2000}=0.0255(\mathrm{m^2 \cdot ℃/W})$$

所以 $K_0''=39.2\mathrm{W/(m^2 \cdot ℃)}$。

则
$$\frac{K_0'-K_0}{K_0}=\frac{74.1-38.3}{38.3}=93.5\%$$
$$\frac{K_0''-K_0}{K_0}=\frac{39.2-38.3}{38.3}=2.3\%$$

计算结果表明，欲提高 K 值，必须对影响 K 值的各项进行分析，抓住主要问题采取相应的措施，如在本题条件下，提高空气侧的 α 值才是提高 K 值的有效措施。

4.4.2.4 总传热系数的来源

换热器的总传热系数 K 值主要决定于流体的物性、传热过程的操作条件及换热器的类型，其数值变化范围很大。传热计算所需的 K 值通常来源于以下三个方面。

(1) 计算确定　应用前面所介绍的公式进行计算。由于计算对流传热系数 α 的关联式均存在一定的误差，且管壁两侧的污垢热阻难以准确估计等原因，采用计算法获得的总传热系数 K 值往往与实际值相差较大，实际使用时应慎重。

(2) 实验测定　选择现有的与所设计换热器结构类型相同或相近的换热器，基于传热速率方程，通过实验测定 K 值。显然，通过实验可获得较为可靠的 K 值。此外，还可以了解设备的传热性能，从而寻求提高设备生产能力的方法和途径。

(3) 选用生产实际的经验数据　在有关的工艺手册或传热著作中，都列有某些情况下 K 的经验值。设计换热器时，应选用与工艺条件相仿、传热设备类似且较为成熟的经验值作为设计的依据。表 4-7 列出了某些情况下列管式换热器的总传热系数 K 的经验值，供计算时参考。

表 4-7 列管式换热器中的总传热系数 K 的经验值

冷流体	热流体	总传热系数 K/[W/(m^2·℃)]
水	水	850～1700
水	气体	17～280
水	有机溶剂	280～850
水	轻油	340～910
水	重油	60～280
有机溶剂	有机溶剂	115～340
水	水蒸气冷凝	1420～4250
气体	水蒸气冷凝	30～300
水	低沸点烃类冷凝	455～1140
水沸腾	水蒸气冷凝	2000～4250
轻油沸腾	水蒸气冷凝	455～1020

4.4.3 平均温度差

总传热速率方程式中的平均温度差 Δt_m 除受冷热两种流体的进出口温度影响外，还与流体的相互流向密切相关，为讨论问题方便，做以下简化假定。

① 传热为定态操作过程。

② 冷热两流体的比热容均为常量（或取换热器进、出口平均温度下的值）。

③ 总传热系数 K 为常量，即 K 值不随换热器的管长而变化。

④ 换热器的热损失忽略不计。

4.4.3.1 恒温传热时的平均温度差

当换热器间壁两侧分别为饱和液体沸腾和饱和蒸气冷凝时，冷、热流体的温度沿管长均保持不变，分别为两种流体的饱和温度，这种传热即为恒温传热。显而易见，恒温传热时，冷热流体间的温度差处处相等，即 $\Delta t = T - t$；并且流体的流动方向对 Δt 也无影响。根据假定③，对式(4-61) 进行积分，可得：

$$Q = K_0 S_0 (T - t) \tag{4-77}$$

4.4.3.2 变温传热时的平均温度差

通过换热器间壁进行热量交换的冷、热流体，只要有一侧的流体温度沿管长发生变化，即为变温传热。可见，变温传热时，在换热器的各个截面上，冷热流体间的温度差各不相同。此外，通过下面讨论我们将会看到，对于冷、热流体温度均沿管长变化的对流传热过程，即使两流体的进出口温度不变，但若间壁两侧流体的相互流向不同，则平均温度差也不相同。

（1）逆流和并流时的平均温度差 在换热器中，冷、热流体若以相反的方向流动，则称为逆流；若以相同的方向流动，则称为并流，如图 4-20 所示。下面以逆流为例，推导计算平均温度差的通式。

对于图 4-20 中的任一微元传热面积 dS，单位时间冷、热两流体交换的热量为 dQ，对应的冷、热两流体的温度变化分别为 dt 和 dT。对该微元传热面积进行热量衡算可得：

$$dQ = -q_{mh} c_{ph} dT = q_{mc} c_{pc} dt$$

式中 q_{mh}，q_{mc}——热流体和冷流体的质量流量，kg/s；

c_{ph}，c_{pc}——热流体和冷流体的比热容，J/(kg·℃)。

根据假定①和②，由上式可得：

$$\frac{dQ}{dT} = -W_h c_{ph} = 常量$$

及
$$\frac{dQ}{dt}=W_c c_{pc}=常量$$

对上式进行积分可知，Q-T 和 Q-t 均为直线关系，可分别表示为：

$$T=mQ+k$$

及
$$t=m'Q+k'$$

上两式相减，可得：

$$T-t=\Delta t=(m-m')Q+(k-k')$$

式中　m，k——直线 T-Q 的斜率和截距；

m'，k'——直线 t-Q 的斜率和截距。

由上式可知，Δt 与 Q 也呈直线关系。将上述诸直线定性地绘于图 4-21 中。

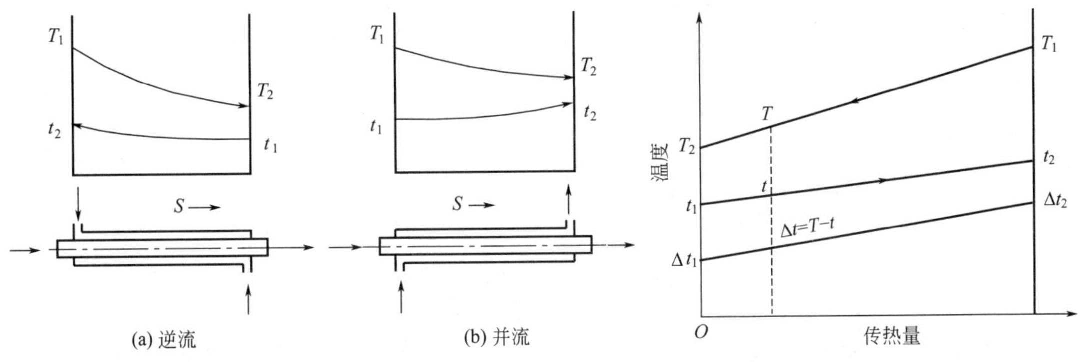

图 4-20　变温传热时的温度差变化

图 4-21　逆温时平均温度差推导

由图 4-21 可见，Q-Δt 直线的斜率为：

$$\frac{d(\Delta t)}{dQ}=\frac{\Delta t_2-\Delta t_1}{Q}$$

应注意上式中的 Q 是对应于整个换热器传热面积的传热速率，为常数。

将 $dQ=K\,dS\,\Delta t$ 代入上式，可得：

$$\frac{d(\Delta t)}{K\,dS\,\Delta t}=\frac{\Delta t_2-\Delta t_1}{Q}$$

由假定③，K 为常量，对上式分离变量并积分：

$$\frac{1}{K}\int_{\Delta t_1}^{\Delta t_2}\frac{d(\Delta t)}{\Delta t}=\frac{\Delta t_2-\Delta t_1}{Q}\int_0^s dS$$

得
$$\frac{1}{K}\ln\frac{\Delta t_2}{\Delta t_1}=\frac{\Delta t_2-\Delta t_1}{Q}S$$

整理上式，则：

$$Q=KS\frac{\Delta t_2-\Delta t_1}{\ln\dfrac{\Delta t_2}{\Delta t_1}}=KS\Delta t_m$$

由该式可知平均温度差 Δt_m 等于换热器两端温度差的对数平均值，称为对数平均温度差，即：

$$\Delta t_m=\frac{\Delta t_2-\Delta t_1}{\ln\frac{\Delta t_2}{\Delta t_1}} \tag{4-78}$$

同理，在工程计算中，当$\frac{\Delta t_2}{\Delta t_1}\leqslant 2$时，可用算术平均温度差代替对数平均温度差，其误差不大。

应指出，若换热器中两流体做并流流动，同样可以导出与式(4-78) 完全相同的结果，因此该式是计算逆流和并流时平均温度差 Δt_m 的通式。

【例 4-7】 在一套管式换热器中，用温度为 90℃的热流体将冷流体由 20℃加热到 60℃，热流体则冷却至 65℃。试求冷热两种流体分别做逆流和并流时的对数平均温度差。

解：(1) 逆流时的对数平均温度差 Δt_m

热流体 T	90℃→65℃
冷流体 t	60℃←20℃
Δt	30℃←45℃

$$\Delta t_m=\frac{\Delta t_1-\Delta t_2}{\ln\frac{\Delta t_1}{\Delta t_2}}=\frac{45-30}{\ln\frac{45}{30}}=37.0(℃)$$

又因$\frac{\Delta t_1}{\Delta t_2}=\frac{45}{30}=1.5<2$，故：

$$\Delta t_m=\frac{\Delta t_1+\Delta t_2}{2}=\frac{45+30}{2}=37.5(℃)$$

误差仅为$\frac{37.5-37.0}{37.0}\times 100\%=1.35\%$。

(2) 并流时的对数平均温度差 Δt_m

热流体 T	90℃→65℃
冷流体 t	20℃→60℃
Δt	70℃←5℃

故

$$\Delta t_m=\frac{70-5}{\ln\frac{70}{5}}=24.6(℃)$$

由上可见，在冷、热流体的初、终温度各自相同的条件下，逆流时的 Δt_m 较并流时的 Δt_m 为大。

(2) 错流和折流时的平均温度差　在大多数列管式换热器中，两流体并非单纯的并流和逆流，常常是复杂的多程流动，或是互相垂直的交叉流动，如图 4-22 所示。

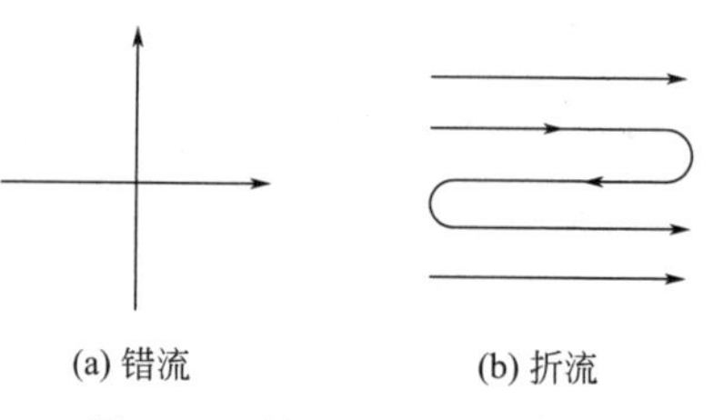

(a) 错流　　(b) 折流

图 4-22　错流和折流示意图

其中，两流体互相垂直流动，称为错流；若一流体只沿一个方向流动，而另一流体反复折流，则称为简单折流，如图 4-22（b）所示。若两流体均做折流，或既有折流又有错流，则称为复杂折流。

对于错流和折流，安德伍德和鲍曼基于以下 5 条假设提出了确定平均温度差的图算法。

① 壳程任一截面上流体温度均匀一致。

② 管方各程传热面积相等。

③ 总传热系数 K 和流体比热容 c_p 为常数。

④ 流体无相变化。

⑤ 换热器的热损失可忽略不计。

该图算法，是先按逆流计算对数平均温度差，再乘以考虑流动方向影响的校正系数，即：

$$\Delta t_m = \varphi_{\Delta t} \Delta t'_m \tag{4-79}$$

式中　$\Delta t'_m$——按逆流计算的对数平均温度差，℃；

$\varphi_{\Delta t}$——温度差校正系数，无量纲。

温度差校正系数 $\varphi_{\Delta t}$ 与冷、热流体的温度变化有关，是 P 和 R 两因数的函数，即：

$$\varphi_{\Delta t} = f(P, R)$$

式中：

$$P = \frac{t_2 - t_1}{T_1 - t_1} = \frac{\text{冷流体的温升}}{\text{两流体的最初温度差}}$$

$$R = \frac{T_1 - T_2}{t_2 - t_1} = \frac{\text{热流体的温降}}{\text{冷流体的温升}}$$

根据 P 和 R 两因数，可从有关手册或传热书籍中的图表查得温度校正系数 $\varphi_{\Delta t}$。本书附录摘录了部分图表，供做习题使用。

由附录图表可知，$\varphi_{\Delta t}$ 值恒小于 1，这是由于各种复杂流动中同时存在逆流和并流的缘故。因此它们的 Δt_m 比纯逆流的小。此外还需注意，上述内容均是指冷、热两流体的温度均随管长发生变化时的情况。而对于换热器间壁的一侧流体恒温（即相变过程），另一侧流体变温的传热过程，则流体间的相互流向对平均温度差无影响。

【例 4-8】 在一单壳程、四管程的管壳式换热器中，冷、热流体进行热交换。两流体的进、出口温度与例 4-7 的相同，试求此时的对数平均温度差。

解： 先按逆流平均温度差，由例 4-7 可知 $\Delta t'_m = 37.0$℃。

折流时的对数平均温度差为：

$$\Delta t_m = \varphi_{\Delta t} \Delta t'_m$$

其中：

$$\varphi_{\Delta t} = f(P, R)$$

$$P = \frac{t_2 - t_1}{T_1 - t_1} = \frac{60 - 20}{90 - 20} = 0.57$$

$$R = \frac{T_1 - T_2}{t_2 - t_1} = \frac{90 - 65}{60 - 20} = 0.63$$

由附录查得 $\phi_{\Delta t} = 0.87$，故：

$$\Delta t_m = 0.87 \times 37.0 = 32.2(℃)$$

（3）流向的选择　由例4-7和例4-8可知，对于换热器间壁两侧流体的温度均沿管长而变的变温传热，若两流体的进、出口温度各自相同，则逆流时的平均温度差最大，并流时的平均温度差最小，其他流向的平均温度差介于逆流和并流两者之间，因此就传热推动力而言，逆流优于并流和其他流动形式。由此可见，当换热器的传热量 Q 及总传热系数 K 一定时，采用逆流操作，所需的换热器传热面积较小。

逆流的另一优点是可节省加热介质或冷却介质的用量。这是因为当逆流操作时，热流体的出口温度 T_2 可降至接近冷流体的进口温度 t_1，而采用并流操作时，T_2 只能降低至接近冷流体的出口温度 t_2，即逆流时热流体的温降较并流时的温降为大，因此逆流时加热介质用量较少。同理，逆流时冷流体的温升较并流时的温升为大，故冷却介质用量可少些。

由以上分析可知，换热器应尽可能采用逆流操作。但是某些生产工艺对流体的温度有所限制，如冷流体被加热时不得超过某一温度，或热流体被冷却时不得低于某一温度，此时则宜采用并流操作。

相比并流操作，采用折流或其他流动形式时，除可满足换热器的结构要求外，还有利于提高总传热系数。但是平均温度差较逆流时的为低。在选择流向时应综合考虑，$\varphi_{\Delta t}$ 值不宜过低，一般在换热器设计时应取 $\varphi_{\Delta t}$ 大于0.9，至少不能低于0.8，否则可通过增加壳方程数，或将多台换热器串联使用，使传热过程更接近于逆流。

【例4-9】 冷热两流体通过一内管为 ϕ54mm×2mm、外管为 ϕ116mm×4mm 的套管式换热器进行热交换。其中，苯以0.64m/s的速度流经内管，由48℃被加热至80℃，套管内苯的对流传热系数为933W/(m^2·℃)；套管环隙为120℃的饱和水蒸气冷凝，冷凝传热系数为1.1×10^{4}W/(m^2·℃)，管壁热阻及污垢热阻均可忽略不计。苯在定性温度下的物性为：c_p=1.86kJ/(kg·℃)，ρ=880kg/m^3。试求：（1）换热器的热负荷；（2）完成上述换热任务所需的套管的有效长度。

解：（1）首先求解热负荷　忽略热损失时，冷流体吸收的热量=热流体放出的热量。

$$Q=q_m c_{pc}(t_2-t_1)=\frac{\pi d^2}{4}u\rho c_{pc}(t_2-t_1)$$
$$=\frac{3.14\times0.05^2}{4}\times0.64\times880\times1.86\times(80-48)$$
$$=65.8(\text{kW})$$

（2）求解套管的有效长度　管壁热阻及污垢热阻忽略，则：

$$\frac{1}{K_0}=\frac{d_0}{\alpha_i d_i}+\frac{1}{\alpha_0}=\frac{54}{50\times933}+\frac{1}{11000}=0.001248$$

于是基于管外表面的总传热系数为：

$$K_0=801\text{W}/(\text{m}^2\cdot℃)$$

平均温度差为：

$$\Delta t_m=\frac{\Delta t_1-\Delta t_2}{\ln\dfrac{\Delta t_1}{\Delta t_2}}=\frac{(120-48)-(120-80)}{\ln\dfrac{120-48}{120-80}}=54.4(℃)$$

换热管长度为：

$$Q=K_0S_0\Delta t_m=K_0\times(\pi d_0 L)\times\Delta t_m$$

得

$$L=\frac{Q}{K_0\times(\pi d_0)\times\Delta t_m}=\frac{65800}{801\times3.14\times0.054\times54.4}=8.9(\text{m})$$

【例 4-10】 在一传热外表面积 S_0 为 300m² 的单程列管换热器中，300℃的某种气体流过壳方并被加热到 430℃，另一种 560℃的气体作为加热介质，两气体逆流流动，流量均为 1×10^4kg/h，平均比热容均为 1.05kJ/(kg·℃)，试求总传热系数。假设换热器的热损失为壳方气体传热量的 10%。

解： 对给定的换热器，其总传热系数可由总传热速率方程求得，即：

$$K_0=\frac{Q}{S_0\Delta t_m}$$

换热器的传热量为：

$$\begin{aligned}Q&=W_c c_{pc}(t_2-t_1)+Q_L=1.1[W_c c_{pc}(t_2-t_1)]\\&=1.1\left[\frac{1\times10^4}{3600}\times1.05\times10^3\times(430-300)\right]\\&=4.17\times10^5(\mathrm{W})\end{aligned}$$

热气体的出口温度由热量衡算求得，即：

$$Q=W_h c_{ph}(T_1-T_2)$$

$$4.17\times10^5=\frac{1\times10^4}{3600}\times1.05\times10^3(560-T_2)$$

解得 $T_2=417℃$

流体的对数平均温度差，因：

$$\frac{\Delta t_2}{\Delta t_1}=\frac{560-430}{417-300}=1.11<2$$

所以 $$\Delta t_m=\frac{\Delta t_1+\Delta t_2}{2}=\frac{(560-430)+(417-300)}{2}=123.5(℃)$$

故 $$K_0=\frac{4.17\times10^5}{300\times123.5}=11.3[\mathrm{W/(m^2\cdot℃)}]$$

【例 4-11】 现有一单程列管式换热器，装有 ϕ25mm×2.5mm 无缝钢管 200 根，长 2m。生产预用该换热器将质量流量为 7000kg/h 的常压空气由 20℃加热到 85℃，选用 108℃的饱和蒸汽作加热介质。操作时空气走管程，饱和蒸汽走壳程。已知空气在平均温度下的比热容为 1kJ/(kg·K)，水蒸气和空气的对流传热系数分别为 1×10^4W/(m²·K) 和 112.1W/(m²·K)。试计算此换热器能否完成上述传热任务？

解： 生产所需的换热负荷为：

$$Q=q_m c_{pc}(t_2-t_1)=\frac{7000}{3600}\times1000\times(85-20)=126389(\mathrm{W})$$

平均温度差为：

$$\Delta t_m=\frac{(108-20)-(108-85)}{\ln\dfrac{108-20}{108-85}}=48.44(℃)$$

传热系数为：

$$\begin{aligned}\frac{1}{K_0}&=\frac{d_0}{\alpha_i d_i}+\frac{bd_0}{\lambda d_m}+\frac{1}{\alpha_0}\approx\frac{d_0}{\alpha_i d_i}+\frac{1}{\alpha_0}\\&=\frac{25}{112.1\times20}+\frac{1}{1\times10^4}=0.0113\end{aligned}$$

$$K_0=88.5\text{W}/(\text{m}^2\cdot\text{K})$$

由总传热速率方程式 $Q=K_0S_0\Delta t_m$，可得：

$$S_{需}=\frac{Q}{K_0\Delta t_m}=\frac{126389}{88.5\times48.44}=29.5(\text{m}^2)$$

$$S_{实}=n\pi d_0L=200\times3.14\times0.025\times2=31.4(\text{m}^2)>S_{需}$$

所以能完成上述传热任务。

4.4.4 壁温估算

对于某些对流传热系数关联式，需知壁温才能确定流体物性，进而计算对流传热系数。此外，在选择换热器的类型和管子的材料时也需知道壁温。但在设计换热器时，一般只知道管内、外流体的平均温度 t_i 和 t_0，这时可用试算法估算壁温。

首先在 t_i 和 t_0 之间假设壁温 t_w 值（由于管壁热阻一般可忽略，故管内、外壁温度可视为相同），用以计算两流体的对流传热系数 α_i 和 α_0；然后根据算出的 α_i、α_0 及污垢热阻，用下列近似关系核算所假设的 t_w 是否正确，即：

$$\frac{|t_0-t_w|}{\dfrac{1}{\alpha_0}+R_{s0}}=\frac{|t_w-t_i|}{\dfrac{1}{\alpha_i}+R_{si}} \tag{4-80}$$

由上式求得的 t_w 值应与原来假设的 t_w 值相符，否则应重设壁温，重复上述计算步骤，直至基本相符为止。

应予指出，为减少计算工作量，试差开始时可根据冷、热流体的对流传热情况粗略地估计 α 值，使假设的 t_w 接近于 α 值大的流体温度，且 α 相差愈大，壁温愈接近于 α 大的流体温度。

上面所述的 t_i、t_0 和 t_w 都是指管内流体、管外流体及管壁的平均温度。

【例 4-12】 在管壳式换热器中，两流体进行换热。若已知管内、外流体的平均温度分别为 170℃和 135℃；管内、外流体的对流传热系数分别为 12000W/(m² · ℃) 及 1100W/(m² · ℃)，管内、外侧污垢热阻分别为 0.0002m² · ℃/W 及 0.0005m² · ℃/W，试估算管壁平均温度。假设管壁热传导热阻可忽略。

解：管壁的平均温度可由式(4-80) 进行计算，即：

$$\frac{|t_0-t_w|}{\dfrac{1}{\alpha_0}+R_{s0}}=\frac{|t_w-t_i|}{\dfrac{1}{\alpha_i}+R_{si}}$$

$$\frac{135-t_w}{\dfrac{1}{1100}+0.0005}=\frac{t_w-170}{\dfrac{1}{12000}+0.0002}$$

或

$$\frac{135-t_w}{0.00141}=\frac{t_w-170}{0.000283}$$

解得

$$t_w\approx164℃$$

计算结果表明，管壁温度接近于热阻小的那一侧流体的温度。

4.5 换热器

换热器是广泛用于石油、化工及环境等工程领域的典型单元设备。换热器种类繁多，结构形式多样。工程上对换热器的分类有多种方式，按照换热器的用途可分为加热器、预热器、过热器、蒸发器、再沸器、冷却器和冷凝器等。加热器用于将流体加热到所需温度，被加热流体在加热过程中不发生相变，如热水供应系统的水加热器。预热器用于流体的预热，以提高工艺单元的效率。过热器用于加热饱和蒸汽，使其达到过热状态。蒸发器用于加热液体，使之蒸发汽化。再沸器为蒸馏过程的专用设备，用于加热被冷凝的液体，使之再次受热汽化。冷却器用于冷却流体，使之达到所需要的温度。冷凝器用于冷却凝结饱和蒸汽，使之放出潜热而凝结液化。

本章概述中也曾述及，根据热交换的冷热流体间的接触情况不同，工业上的传热设备又可分为直接接触式、蓄热式和间壁式三大类，并以间壁式换热器的应用最为普遍，因此本节仅对间壁式换热器的类型及结构特点等进行介绍。对于间壁式换热器，根据换热面的形式不同，可将其分为管式换热器、板式换热器和热管换热器。

4.5.1 管式换热器

管式换热器主要有蛇管式换热器、套管式换热器和列管式换热器。

4.5.1.1 蛇管式换热器

蛇管式换热器是将金属或非金属管子按需要弯曲成所需的形状作为传热元件的换热器，弯曲成的盘管多为蛇形，因此称为蛇管。操作时，两种流体分别在蛇管内外两侧，通过管壁进行热交换。蛇管式换热器是管式换热器中结构最简单、操作最方便的一种换热设备。按换热方式的不同，通常将蛇管式换热器分为沉浸式和喷淋式两类。

(1) 沉浸式蛇管换热器　图 4-23 所示为常见的沉浸式蛇管，这种蛇管大多用金属管子弯绕而成，或由弯头、管件和直管连接组成，也可制成适合不同设备形状要求的蛇管。使用时将蛇管沉浸在盛有被加热或被冷却液体的容器中，两种流体分别在管内、外进行换热。其主要优点是结构简单，价格低廉，管子能承受高压，可用耐腐蚀材料制造。其缺点是管外液体湍动程度低，因而对流传热系数小，传热效率低，需要的传热面积大。为提高传热系数，可在容器中安装搅拌器，以提高液体的湍动程度。沉浸式蛇管换热器常用于高压流体的冷却，以及反应器的传热元件。

(2) 喷淋式蛇管换热器　喷淋式蛇管换热器如图 4-24 所示，多用于冷却在管内流动的热流体。这种换热器是将蛇管排列在同一垂直面并固定在钢架上，热流体自下部的管进入，由上面的管子流出。冷水则由管上方的喷淋装置均匀地喷洒在上层蛇管上，并沿着管外表面淋沥而下，逐排流经下面的管外表面，最后进入下部水槽中。冷水在流过管表面时，与管内流体进行热交换。对于这种换热器，液体会在管外形成一层湍动程度较高的液膜，因此管外对流传热系数较大。另外，喷淋式蛇管换热器常置于室外空气流通处，冷却水在空气中汽化时带走一部分热量，可提高冷却效果。因此，与沉浸式蛇管换热器相比，其传热效果要好很多。

4.5.1.2 套管式换热器

套管式换热器是由直径不同的两种直管套在一起制成同心套管，其内管由 U 形肘管顺次连接，外管与外管相互连接，如图 4-25 所示。换热时一种流体在内管流动，另一种流体

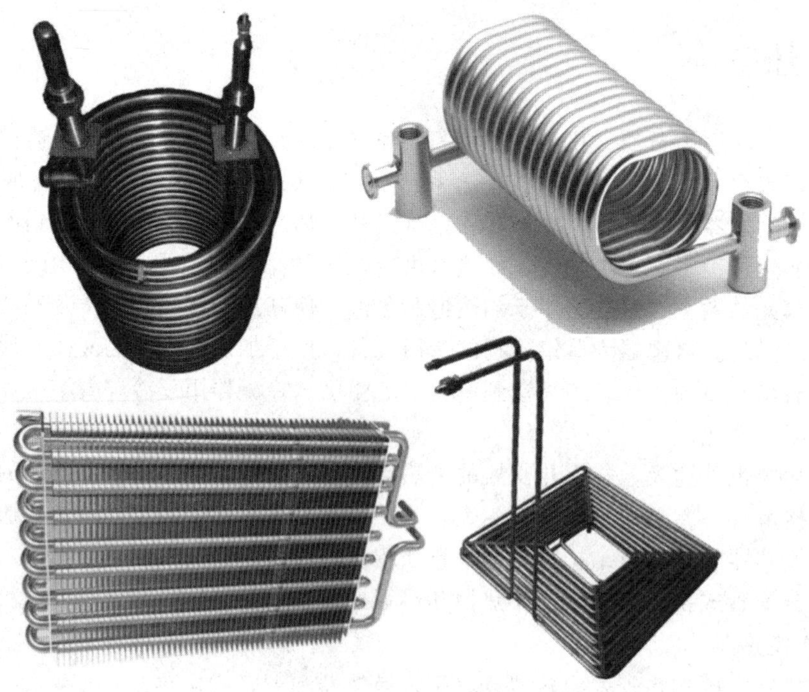

图 4-23 沉浸式蛇管

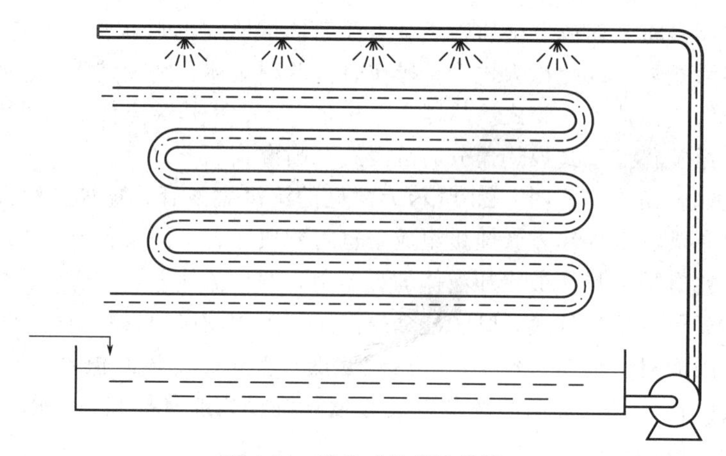

图 4-24 喷淋式蛇管换热器

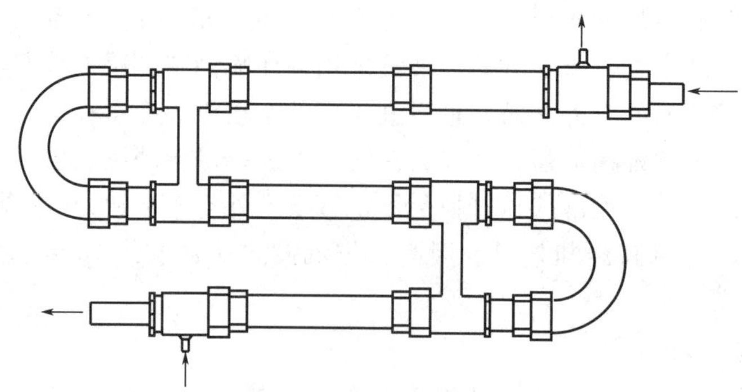

图 4-25 套管式换热器

在套管环隙流动。每一段套管称为一程，程数可根据传热要求而增减，每程的有效长度为4～6m。

套管式换热器结构简单，耐高压，两种流体可做严格的逆流流动，传热推动力大，且传热系数也较大。其缺点是单位传热面积的金属耗量大，管接头多，易泄漏，检修不方便。该换热器适用于流量不大、所需传热面积不大而压力要求较高的情况。

4.5.1.3 列管式换热器

列管式换热器是占据主导地位的换热设备，具有单位体积的传热面积大、结构紧凑、坚固耐用、传热效果好、可用多种材料制造、适应性强等优点，尤其在高温、高压和大型装置中，多采用列管式换热器。

列管式换热器在操作时，由于冷、热流体的温度不同，致使壳体和管束的温度不同，其热膨胀程度也不同。如果两者温度差超过 50℃，热膨胀就可能引起设备变形，甚至扭弯或破裂。对此，必须从结构上考虑热膨胀的影响，采用补偿方法，如图 4-5 所示的一端管板（右侧管板）不与壳体固定连接的浮头式换热器，或采用如图 4-26 所示的 U 形管，使管进、出口安装在同一管板上，从而减小或消除热应力。

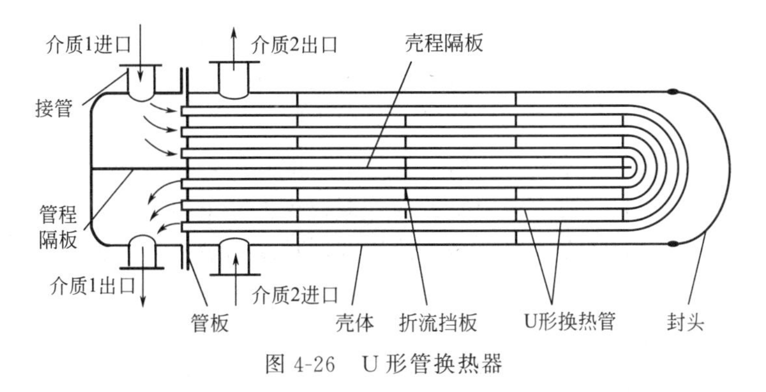

图 4-26 U 形管换热器

为了强化传热效果，可在传热面上增设翅片，这种换热器称为翅片管式换热器，如图 4-27 所示。在传热面上加装翅片，不仅可增大传热面积，而且有利于增强对流体的扰动，从而强化传热过程。常用的翅片有纵向和横向两类，图 4-28 为工业上常用的几种翅片。翅片与管表面的连接应紧密，否则连接处的接触热阻很大，影响传热效果。

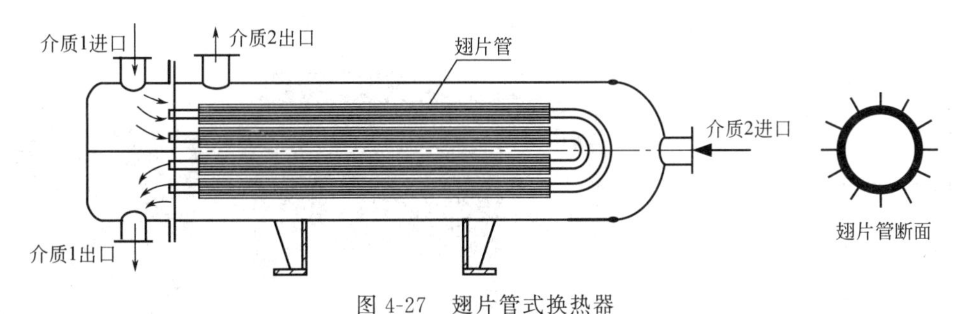

图 4-27 翅片管式换热器

当两种流体的对流传热系数相差较大时，应在传热系数较小的一侧加装翅片。例如，在对气体加热或冷却的过程中，由于气体的对流传热系数很小，当与气体换热的另一流体是水蒸气或冷却水时，气体侧热阻将成为传热的控制因素，此时在气体侧加装翅片，可以起到强化传热的作用。尽管加装翅片会使设备费提高，但当两种流体的对流传热系数之比超过

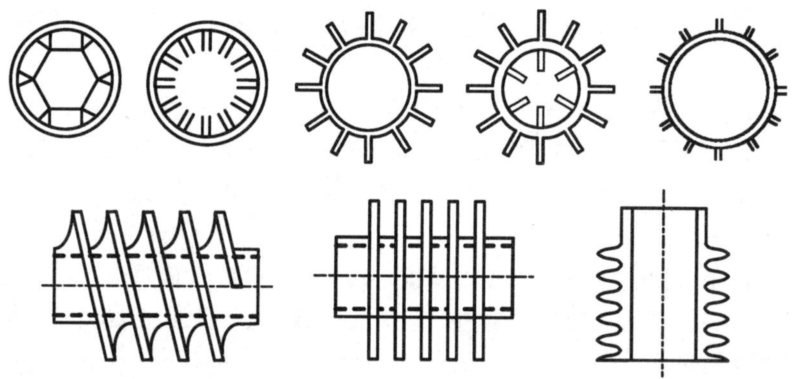

图 4-28　常用的翅片形式

3∶1时，采用翅片管式换热器在经济上是合理的。

4.5.2　板式换热器

4.5.2.1　夹套式换热器

夹套式换热器是最简单的板式换热器，如图 4-29 所示，它是在容器外壁安装夹套制成，夹套与器壁之间的空间构成了加热介质或冷却介质的流体通道。这种换热器主要用于反应器的加热或冷却。在用蒸汽进行加热时，蒸汽由上部接管进入夹套，冷凝水由下部接管流出。作为冷却器时，冷却介质由夹套下部接管进入，由上部接管流出。

夹套式换热器结构简单，但其传热面受容器壁面的限制，且传热系数不高。为提高传热系数且使釜内液体受热均匀，可在釜内安装搅拌器；当夹套中通入冷却水或无相变的加热剂时，亦可在夹套中设置螺旋隔板或其他增大流体湍动程度的措施，以提高夹套一侧的对流传热系数。

4.5.2.2　平板式换热器

平板式换热器简称板式换热器，是将一组平行排列的长方形薄金属板夹紧，并组装于支架上，如图 4-30 所示。两相邻板片的边缘衬有垫片，压紧后板间形成密封的流体通道，通道的大小可用垫片的厚度进行调节。每块板的四个角上各开一个圆孔，其中两个圆孔和板面上的流道相通，另两个圆孔则不通。它们的位置在相邻板上是错开的，以分别形成两流体的通道。冷、热流体交替流过板片两侧，通过金属板片进行换热。为使流体均匀流过板面，增加传热面积，并促使流体的湍动，常将板面冲压出凹凸的波纹。

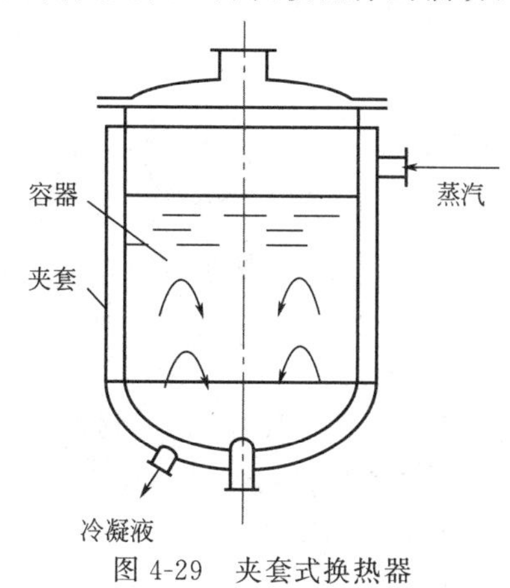

图 4-29　夹套式换热器

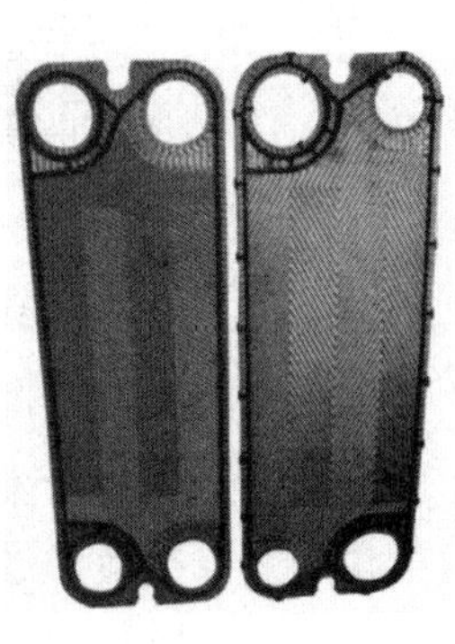

图 4-30　平板式换热器

板式换热器的优点是结构紧凑，单位体积设备所提供的换热面积大；组装灵活，可根据需要增减板数以调节传热面积；板面波纹使截面变化复杂，对流体的扰动作用强，传热效率高；拆装方便，有利于维修和清洗。其主要缺点是处理量小，操作压力和温度受密封垫片材料性能的限制而不宜过高。板式换热器适用于需经常清洗、工作压力在2.5MPa以下、温度在−35～200℃范围内的情况。

4.5.3 热管换热器

热管换热器是一种新型的换热装置，其核心部分热管是一种具有高导热性能的传热组件，它通过在全封闭真空管壳内工质的蒸发与凝结来传递热量，其结构如图4-31所示。在密闭的金属热管表面，覆盖着一层用毛细结构材料制成的芯网，热管内充以定量的某种工作液体（载热介质），凭借毛细管力，液体可渗透到芯网孔内。当热流体流过加热段时，工作液体在芯网内吸收热量并汽化，所产生的蒸气流至冷却段，遇到管外冷流体时放出潜热并凝结成液体。冷凝液在毛细管力的作用下回流至加热段再次沸腾，如此反复循环，连续不断地将热端的热量传递至冷端。

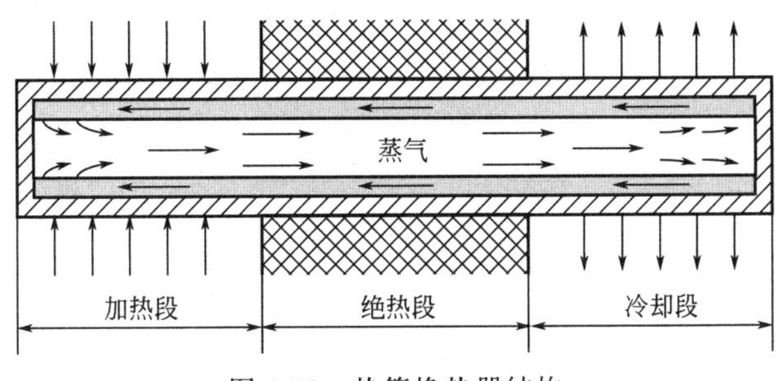

图4-31 热管换热器结构

热管可用不锈钢、铜、镍、铝等材料制造，载热介质为液氨、液氮、甲醇、水及液态金属钾、钠、水银等。温度在−200～2000℃之间均可应用。

由热管组成的热管换热器具有极高的导热性、良好的等温性、传热效率高、结构紧凑、冷热两侧的传热面积可任意改变、流体阻损小、可远距离传热、可控制温度等一系列优点，目前已广泛应用于冶金、化工、炼油、锅炉、陶瓷、交通、轻纺、机械等行业中，作为废热回收和工艺过程中热能利用的节能设备，取得了显著的经济效益。

4.5.4 传热的强化途径

强化换热器的传热过程，就是力求提高换热器的传热通量，从而增加设备容量，减小设备尺寸，节省材料，降低成本。

由总传热速率方程 $Q=KS\Delta t_{\mathrm{m}}$ 可知，增大总传热系数 K、传热面积 S 和平均温度差 Δt_{m} 均可以提高传热速率。

4.5.4.1 增大传热面积

增大传热面积不能靠增大换热器的尺寸来实现，应从设备的结构入手，提高单位体积的传热面积。工程上常常通过改进换热器传热面的结构来实现，例如采用小直径换热管、异形表面、加装翅片等措施。这些方法不仅可增大传热面，同时也可提高流体的湍动程度并改善换热器的性能。

减小管径可以使相同体积的换热器具有更大的传热面；同时，由于管径减小，致使管内湍流流体的层流底层变薄，有利于传热的强化。

采用凹凸形、波纹形、螺旋形等异形表面，使流道的形状和大小发生变化，不仅能增加传热面积，还可增强对流体的扰动，减小边界层厚度，从而强化传热过程。

加装翅片可以扩大传热面积和促进流体的湍动，如前面讨论的翅片管式换热器。

上述方法虽可提高单位体积换热器的传热面积，使传热过程得以强化；但由于流道的变化，会增加流动阻力。因此应综合比较，全面考虑。

4.5.4.2 增大平均温度差

平均温度差的大小主要取决于两流体的温度条件。提高热流体的温度或降低冷流体的温度虽可增大传热推动力，但通常会受到生产工艺的限制。当采用饱和水蒸气作为加热介质时，提高蒸汽的压强可以提高蒸汽的温度，但必须考虑技术可行性和经济合理性。

当冷、热流体的温度不能任意改变时，可采取改变两侧流体流向的方法，如采取逆流方式，或增加列管式换热器的壳程数，提高平均温度差。

4.5.4.3 提高传热系数

换热器中的传热过程是稳态的串联传热过程，其总热阻为各项分热阻之和，因此需要逐项分析各分热阻对降低总热阻的作用，设法减少对 K 值影响最大的热阻。

一般来说，对于用金属材料制成的换热器，金属壁较薄，其热导率也大，热阻较低。污垢层虽然较薄，但热导率很小，且随着换热器使用时间的加长，污垢逐渐增多，往往成为阻碍传热的主要因素。因此工程上十分重视对换热介质进行预处理以减少结垢，同时设计中应考虑便于清理污垢。

对流传热热阻经常是传热过程的主要热阻。当换热器壁面两侧对流传热系数相差较大时，应设法强化对流传热系数小的一侧的换热。减小热阻的主要方法如下。

（1）提高流体的速度　提高流速，以增强流体的湍动程度，从而减小层流底层的厚度，提高对流传热系数。例如，在列管式换热器中，增加管程数和壳程的挡板数，可分别提高管程和壳程的流速，减小热阻。

（2）增强流体的扰动　增强对流体的扰动，可有效减小层流底层的厚度，从而减小对流传热热阻。例如，在管中加设扰动元件，采用异形管或异形换热面等。当在管内插入螺旋形翅片时，可引导流体做旋流运动，既提高了流速，增加了行程，又由于离心力作用促进了流体的径向对流而强化了传热。

（3）在流体中加固体颗粒　由于固体颗粒的扰动作用和搅拌作用，流体的湍动程度得以提高，致使对流传热系数增加；同时，由于固体颗粒不断冲刷壁面，减少了污垢的形成，使污垢热阻减少。

（4）在气流中喷入液滴　当气相中液雾被固体壁面捕集时，气相换热变成液膜换热，壁面液膜蒸发传热强度很高，因此使传热得到强化。

（5）采用短管换热器　理论和实验研究表明，在管内进行对流传热时，在流体入口处，由于层流底层很薄，对流传热系数较高，利用这一特征采用短管换热器，可强化对流传热。

（6）防止结垢和及时清除污垢　为了防止结垢，可提高流体的流速，加强流体的扰动；为便于清除污垢，应采用可拆式的换热器结构，定期进行清理和检修。

4.6 案例

我国城市用水中70％～80％主要用于工业冷却，淡水的大量消耗导致淡水资源十分紧缺。解决我国沿海城市和地区淡水资源危机问题的主要方法之一就是利用海水代替淡水作为工业冷却水。用海水冷却代替淡水冷却是解决工业冷却中淡水资源紧缺的主要方式，海水冷却就是以海水去冷却工业生产中需要降温的工艺流程。海水冷却技术主要分为两种方式：一种是直流冷却技术；另一种是循环冷却技术。

直流冷却是指将海水经过海水泵提升后，经过简单的过滤，直接进入热交换设备，冷却水仅通过换热器一次，用过后就被排放掉。这种设备投资小，操作简单，但冷却水的操作费用高，且不符合节约用水的要求，这种系统在国外已经淘汰，在国内一些中小型老厂仍然在用。海水循环冷却技术的冷却介质是海水，海水通过换热设备，与工艺中需要冷却的介质在换热器中换热，然后海水经过冷却塔冷却循环使用。循环水冷却后返回系统反复使用。海水循环冷却技术是目前较为常用的海水冷却技术。

（1）板式换热器及其相关参数　在海水循环冷却技术中，通常选用板式换热器作为换热设备，管内走淡水，管间直接接触海水。

作为海水循环冷却技术中主要换热设备的板式换热器，其主要设计参数包括以下几个。

① 热负荷 Q_h　其计算式为：

$$Q_h = G_h c_{ph}(t_{hi} - t_{ho})$$

式中，G_h 为热水流量，kg/s；c_{ph} 为比热容，kJ/(kg·K)；t_{hi} 为进水温度，℃；t_{ho} 为出水温度，℃。

② 平均温差 Δt_m 及冷却水流量 G_c　其计算式为：

$$\Delta t_m = \frac{(T_1 - t_2) + (T_2 - t_1)}{2}$$

$$G_c = \frac{Q}{c_{pc}(t_{co} - t_{ci})}$$

式中，G_c 为冷却水流量，m^3/h；c_{pc} 为比热容，kJ/(kg·K)；t_{co} 为出水温度，℃；t_{ci} 为进水温度，℃；T 为热流体温度，℃；t 为冷却水温度，℃。

③ 换热面积 A_0　其计算式为：

$$A_0 = \frac{Q}{k_0 \Delta t_m}$$

（2）海水循环冷却工艺　海水循环冷却工艺流程简图如图 4-32 所示。经过预处理的海水通过海水泵进入板式换热器与来自生产装置中的循环水换热，来自换热系统的循环水为密闭循环，循环水经板式换热器与海水换热后，经循环水泵升压后送回换热装置。循环水罐保持一定的压力，循环水泵只需要提供装置中各换热器的压降即可，因此电耗较低，且正常运行基本上不需要补充水。离开板式换热器的海水排到海里。

在海水循环冷却工艺中采用板式换热器作为换热设备的原因在于以下几方面。

① 换热效率高，采用人字形波纹在水水交换下传热系数可达 6000W/(m^2·K)，一般情况下也可达到 2000～3000W/(m^2·K)。

② 针对性强，对不同的工况和介质有多种材料及波纹形式可供选择。能实现多种介质换热，管壳式换热器无法实现多种介质换热。

③ 结构紧凑，与传统的换热器相比，占地面积仅为传统列管式换热器的十分之一。管壳式换热器的传热管厚度为 2.0～2.5mm，板式换热器的板片厚度仅 0.3～0.8mm。

④ 热损失小，板式换热器比其他换热器换热损失小，主要因为板式换热器是全封闭的

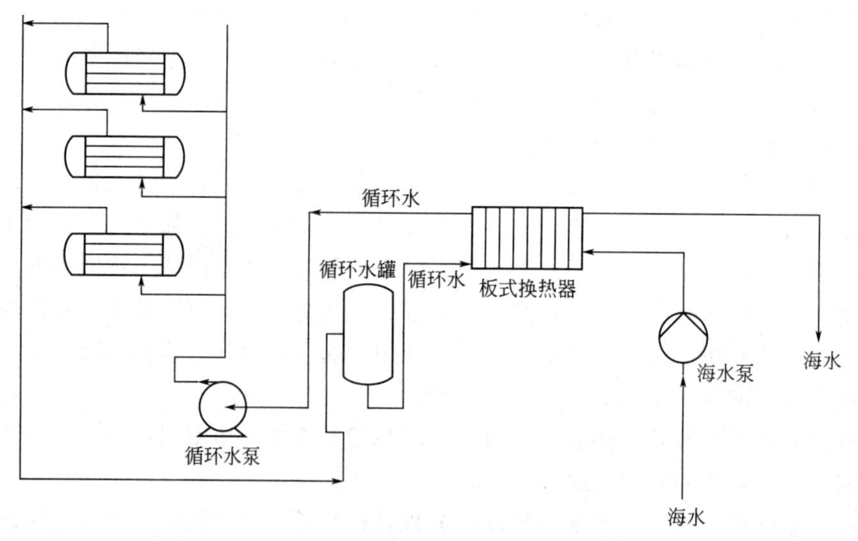

图 4-32　海水循环冷却工艺流程简图

设备，热能能够完全被利用，不会产生热量散失在空气中的情况，所以热损失较小。

⑤ 拆装维修方便，通过起吊口安装，底脚三点固定安装，安装空间固定后在拆卸时不需要额外空间，板块可以卸下清洗，密封垫圈更换也很方便。

习　题

4-1　在两个厚度相等、面积相等的双层平壁稳定热传导中，其温度差分别为 Δt_1 和 Δt_2，热导率分别为 λ_1 和 λ_2，且 $\lambda_1 > \lambda_2$，则一定有 $\Delta t_2 < \Delta t_1$，该结论是否正确？为什么？

4-2　某燃烧炉的平壁由耐火砖、绝热砖和普通砖砌成，它们的热导率依次为 1.1W/(m·℃)、0.15W/(m·℃)和 0.81W/(m·℃)，耐火砖和绝热砖厚度均为 0.45m，普通砖厚度为 0.25m。已知炉内壁温为 1100℃，外壁温度为 50℃，试求：

(1) 每平方米炉壁的散热速率及层与层之间的温度；

(2) 若耐火砖与绝热砖之间有一 2mm 的空气层，其热导率为 0.0459W/(m·℃)，内外壁温度仍不变，此时单位面积炉壁的热损失为多少？

4-3　在一 ϕ89mm×4.5mm 的钢管外包两层厚度均为 40mm 的绝热材料，里层和外层绝热材料的平均热导率分别为 0.07W/(m·℃)和 0.157W/(m·℃)，管壁的热导率为 45W/(m·℃)。经测得知，管内壁温度为 450℃，最外层表面温度为 50℃。试求：每米管长的热损失及两保温层界面的温度。

4-4　某一 ϕ60mm×3mm 的铝复合管，其热导率为 45W/(m·K)，预在其外分别包覆一层厚 30mm 的石棉和一层厚为 30mm 的软木。石棉和软木的热导率分别为 0.15W/(m·K)和 0.04W/(m·K)。已知管内壁温度为－105℃，包覆层最外侧的温度为 5℃，问：

(1) 哪种材料应包于里层？

(2) 每米管长的冷损失量为多少？

4-5　某加热炉为一厚度为 10mm 的钢制圆筒，内衬厚度为 250mm 的耐火砖，外包一层厚度为 250mm 的保温材料，耐火砖、钢板和保温材料的热导率分别为 0.38W/(m·K)、45W/(m·K)和 0.10W/(m·K)。钢板的允许工作温度为 400℃。已知外界大气温度为 35℃，大气一侧的对流传热系数为 10W/(m^2·K)；炉内热气体温度为 600℃，内侧对流传热系数为 100W/(m^2·K)。试通过计算确定炉体设计是否合理；若不合理，提出改进措施并说明理由。钢制圆筒外径为 2.0m。

4-6　采用单程列管式换热器对某流体进行冷却，管束由 120 根长 3m 的 ϕ25mm×2.5mm 无缝钢管组成。选用 15℃清水作冷却剂，用量为 150m^3/h，其流经管束后被加热至 40℃。试求水与管壁之间的对流传热系数。

4-7 温度为90℃的甲苯以1500kg/h的流量通过蛇管而被冷却至30℃。蛇管的直径为ϕ57mm×3.5mm，弯曲半径为0.5m，试求甲苯对蛇管的对流传热系数。

4-8 换热器中采用120kPa（绝压）的饱和水蒸气加热苯，苯的流量为4500kg/h，从20℃加热到65℃，苯的比热容为1.73kJ/(kg·℃)。若设备的热损失估计为所需加热量的6%，蒸汽凝液在饱和温度下排除，试求热负荷及蒸汽用量。

4-9 在换热器中用冷水冷却煤油。水在直径为ϕ19mm×2mm的钢管内流动，水的对流传热系数为3490W/(m^2·K)，煤油的对流传热系数为458W/(m^2·K)。换热器使用一段时间后，管壁两侧均产生污垢，煤油侧和水侧的污垢热阻分别为0.000176m^2·K/W和0.00026m^2·K/W，管壁的热导率为45W/(m·K)。试求：

(1) 基于管外表面积的总传热系数；

(2) 产生污垢后热阻增加的百分数。

4-10 某列管换热器，用饱和水蒸气加热某溶液，溶液在管内呈湍流。已知蒸汽冷凝传热系数为1.1×10^4W/(m^2·K)，单管程溶液对流传热系数为320W/(m^2·K)，管壁导热热阻及污垢热阻忽略不计，试求总传热系数。若把单管程换成双管程，其他条件不变，此时总传热系数又为多少？

4-11 以15℃水为冷却剂，采用单程列管换热器将苯从80℃冷却至50℃，管子规格为ϕ25mm×2.5mm。苯走管程，流量为5000kg/h；冷却水走壳程，出口温度不超过35℃。测算得知，苯的对流传热系数α_i=230W/(m^2·K)，水的对流传热系数α_0=290W/(m^2·K)。忽略污垢热阻和管壁热阻。试求：(1) 冷却水消耗量；(2) 计算逆流操作时所需传热面积；(3) 若改为并流，其他条件相同，则此时传热面积又为多少？已知：65℃时苯的c_{ph}=1.86×10^3J/(kg·K)，25℃时水的c_{pc}=4.179×10^3J/(kg·K)。

4-12 列管式换热器由19根ϕ19mm×2mm、长为1.2m的钢管组成，拟用冷水将质量流量为350kg/h、温度为100℃的饱和水蒸气冷凝为饱和液体，要求冷水的进、出口温度分别为15℃和35℃。已知基于管外表面的总传热系数为700W/(m^2·K)，试计算该换热器能否满足要求。

4-13 采用列管式换热器将流量为36000kg/h的溶液由20℃加热到80℃，管子规格为ϕ25mm×2.5mm，管长$L \geqslant$2m。溶液走管程，平均流速为1.2m/s，管外用110℃饱和水蒸气加热。已知110℃饱和水蒸气的冷凝潜热为2232kJ/kg，水蒸气冷凝传热系数为1×10^4W/(m^2·℃)；在定性温度下，溶液的物性为：比热容c_p=4.18kJ/(kg·℃)，黏度μ=1×10^{-3}Pa·s，密度ρ=1000kg/m^3，热导率λ=0.2W/(m·℃)。设换热器热损失、管壁热阻和两侧污垢热阻均可略去。试求：

(1) 饱和蒸汽消耗量；

(2) 换热器的传热面积。

第 5 章　传质基础

衣服洗完之后我们要挂起来晾干，即使在没有太阳没有风的天气，衣服也能被晾干，这是因为湿的衣服和空气存在水汽分压差，在水汽分压差的作用下促使湿衣服的水分源源不断地向静止的空气中蒸发，这个过程就是传质过程。传质过程与我们日常生活息息相关，如冰糖溶解于水中、樟脑丸在空气中挥发、肉类的腌制等，只要用心理解传质原理，细心留意日常点滴，我们就能认识和发现生活中更多的传质过程。

5.1　概述

在一个含有两种或两种以上组分的体系中，如某组分浓度分布不均，则该组分将由浓度高区域向浓度低区域转移，即发生物质传递。这种现象称为质量传递过程，简称传质过程。质量传递是自然界、工程技术（涵盖环境工程）领域普遍存在现象，与动量传递、热量传递一起被称为三传过程。在环境工程中，往往采用措施加强反应物质的传递，而在环境修复中，部分情况下，需采用措施对污染物的传递进行控制。

传质是物质在介质中因化学势差作用发生由化学势高的部位向化学势低的部位迁移的过程；质量传递可在同一相内进行也可能在相际进行。化学势差可由浓度、温度、压力或外加电场所引起。质量传递不仅是均相混合物分离的物理基础，而且也是反应过程中几种反应物互相接触以及反应产物分离的主要机理。根据物理化学原理，传质过程分为平衡分离与速度分离两种。

5.1.1　平衡分离过程

平衡分离过程是借助分离媒介（如热能、溶剂、吸附剂等）使均相混合物系统变为两相体系，再以混合物中各组分在处于平衡的两相中分配关系的差异为依据而实现分离。平衡分离属于相际传质。

（1）气液传质　物质在气、液两相间的转移，包括气体吸收（或脱吸）、气体增湿（或减湿）、液体蒸馏（或精馏）等单元操作过程。

（2）液液传质过程　物质在两个互不溶的液相间的转移，如液体萃取等单元操作过程。

（3）液固传质过程　物质在液、固两相间的转移，主要包括结晶（或溶解）、液体吸附（或脱附）、浸取等单元操作。

（4）气固传质过程　物质在气、固两相间的转移，包括气体吸附（或脱附）、固体干燥等。

在平衡分离过程中，i 组分在互成平衡的两相中的组成关系常用相平衡常数（又称分配系数）K_i 来表示，即：

$$K_i=\frac{y_i}{x_i} \tag{5-1}$$

式中　y_i，x_i——i 组分在汽（气）相和液相中的组成。

K_i 描述了汽（气）液两相平衡时，i 组分在两相中的组成关系；K_i 的值取决于物系特性及操作条件（如温度和压力等）。

i 和 j 组分的分配系数之比可称为分离因子 α_{ij}，即：

$$\alpha_{ij}=\frac{K_i}{K_j} \tag{5-2}$$

当 α_{ij} 偏离 1 时，便可采用平衡分离过程使均相混合物得以分离，α_{ij} 越大越容易分离。分离因子在蒸馏中被称为相对挥发度，在萃取中被称为选择性系数。

相间传质过程以达到相平衡为极限，但两相的平衡需要经过长时间的接触后才能成立。实际操作中，相际的接触时间一般是有限的，由一相迁移到另一相物质的量决定于传质过程的速率。所以，研究传质过程所涉及的两个主要问题分别是相平衡和传递速率。

（1）相平衡　其决定物质传递过程进行的极限，并为选择合适的分离方法提供依据。

（2）传递速率　决定在一定接触时间内传递物质的量，并为传质设备的设计提供依据。

5.1.2　速率分离过程

其为借助某种推动力（如压力差、温度差、电位差等）的作用，利用各组分扩散速度的差异而实现混合物分离的单元操作过程。

5.2　环境工程中的传质过程

在环境工程中，常见的传质措施有吸收、吸附、萃取、膜分离等过程。此外，在化学反应和生物反应中，也常伴随着传质过程。例如，在好氧生物膜系统中，曝气过程包括氧气在空气和水之间的传质；在生物氧化过程中，包括氧气、营养物及反应产物在生物膜内的传递。传质过程不仅影响反应的进行，有时甚至成为反应速率的控制因素，例如酸碱中和反应的速率往往受到物质传递速度的影响。可见，环境工程中污染控制技术多以质量传递为基础，了解传质过程具有重要意义。下面介绍环境工程中常见的传质过程。

（1）吸附　当某种固体与气体或液体混合物接触时，气体或液体中的某一或某些组分能以扩散的方式从气相或液相进入固相，称为吸附。根据气体或液体混合物中各组分在固体上被吸附的程度不同，可使某些组分得到分离。该方法常用于气体和液体中污染物的去除，如在水深度处理中，常用活性炭吸附水中的微量有机污染物。吸附是环境工程领域中长久不衰的话题，同时在环境科学中也扮演非常重要的角色，如土壤等对有机污染物及重金属的吸附等。

（2）吸收与吹脱（汽提）　吸收是指根据气体混合物中各组分在同一溶剂中的溶解度不同，使气体与溶剂充分接触，其中易溶的组分溶于溶剂进入液相，而与非溶解的气体组分分离。吸收是分离气体混合物的重要方法之一，在废气治理中有广泛的应用。如废气中含有氨，通过与水接触，可使氨溶于水中，从而与废气分离；又如锅炉尾气中含有 SO_2，采用石灰/石灰石洗涤，使 SO_2 溶于水，并与洗涤液中的 $CaCO_3$ 和 CaO 反应，转化为 $CaSO_3 \cdot 2H_2O$，可使烟气得到净化，这是目前应用最为广泛的烟气脱硫技术。

化学工程中被吸收的气体组分从吸收剂中脱出的过程称为解吸。在环境工程中，解吸过程常用于从水中去除挥发性的污染物，当利用空气作为解吸剂时，称为吹脱；利用蒸汽作为解吸剂时，称为汽提。如某地受石油烃污染的地下水，污染物中挥发性组分占 45%左右，可以采用水中通入空气的方法，使挥发性有机物进入气相，从而与水分离。

（3）萃取　萃取是利用液体混合物中各组分在不同溶剂中溶解度的差异分离液体混合物

的方法。向液体混合物中加入另一种液体溶剂，即萃取剂，使之形成液-液两相，混合液中的某一组分从混合液转移到萃取剂相。由于萃取剂中易溶组分与难溶组分的浓度比远大于它们在原混合物中的浓度比，该过程可使易溶组分从混合液中分离。例如，以萃取-反萃取工艺处理萘系染料活性艳红 K-2BP 生产废水，萃取剂采用 N235，使活性艳红 K-2BP 从水中分离出来，废水得到净化处理，再经后续处理可达到排放标准；进入萃取剂中的活性艳红 K-2BP 通过反萃取可以回收利用，反萃取剂采用氢氧化钠水溶液，可以直接回收活性艳红。该方法不仅能够减少污染，还使有用物质得到回收和利用。

（4）离子交换　离子交换是依靠阴、阳离子交换树脂中的可交换离子与水中带同种电荷的阴、阳离子进行交换，从而使离子从水中去除。离子交换常用于制取软化水、纯水。

（5）膜分离　膜分离是以天然或人工合成的高分子薄膜为分离介质，当膜的两侧存在某种推动力（如压力差、浓度差、电位差）时，混合物中的某一组分或某些组分可选择性地透过膜，从而与混合物中的其他组分分离。膜分离技术包括反渗透、电渗析、超滤、纳滤等，已经广泛应用于给水和污水处理中，如高纯水的制备、膜生物反应器等。

5.3　传质过程机理

与热量传递中的导热和对流传热类似，质量传递的方式有分子传质（分子扩散）和对流传质（对流扩散）两类。

5.3.1　分子扩散

分子扩散发生在静止的流体、层流流动的流体以及某些固体的传质过程中。本节讨论在静止流体介质中，由于分子扩散所产生的质量传递问题，目的在于求解以分子扩散方式传质的速率。

当流体内部某一组分存在浓度差时，则分子的无规则热运动会使该组分从高浓度处向低浓度处转移，直至流体内部达到浓度均匀为止。分子传质是微观分子热运动的宏观结果，其在固体、液体和气体中均能发生；在静止流体内的传质，或是在做层流流动的流体中与其流向垂直方向上的传质均属分子扩散。

当静止流体与相界面接触时，若流体中组分 A 的浓度与相界面处不同，则物质将通过流体主体向相界面扩散。在这一过程中，组分 A 沿扩散方向将具有一定的浓度分布。对于稳态过程，浓度分布不随时间变化，组分的扩散速率也为定值。

5.3.2　费克定律

分子扩散速率可用扩散通量表示，其为单位时间内通过单位截面积扩散的物质的量，通常用 $N_{A,0}$ 表示，其单位为 mol/(m^2 · s)。

分子扩散速率与物质性质、传质面积、浓度差和扩散距离等因素有关。在恒温恒压条件下，当流体内组分 A 相对组分 B 做定常态分子扩散时，分子扩散速率可用费克（Fick）定律描述，即在二元混合物的分子扩散中，某组分的扩散通量与其浓度梯度成正比：

$$N_{A,0}=-D_{AB}\frac{dc_A}{dz},\quad N_{B,0}=-D_{BA}\frac{dc_B}{dz} \tag{5-3}$$

式中　$N_{A,0}$，$N_{B,0}$——组分 A、B 的扩散通量，mol/(m^2 · s)；

z——沿扩散方向上的距离，m；

$\frac{dc_A}{dz}$，$\frac{dc_B}{dz}$——组分 A、B 在扩散方向上的浓度梯度，mol/m^4；

$D_{AB}(D_{BA})$ ——组分 A(B) 在组分 B(A) 中的扩散系数，m^2/s，是物质分子扩散属性。

式中的负号表示扩散的方向与浓度梯度方向相反，即分子扩散沿浓度降低的方向进行。

费克定律的形式与傅里叶热传导定律相类似。费克定律表明只要混合物中存在浓度梯度，必产生物质扩散流。对于气体混合物，费克定律也常用分压梯度来表示：

$$c_A=\frac{n_A}{V}=\frac{p_A}{RT} \tag{5-4}$$

故式 (5-3) 可表示为：

$$N_A=-\frac{D_{AB}}{RT}\frac{dp_A}{dz} \tag{5-5}$$

式中 p_A——组分 A 的分压，Pa；

T——气体的热力学温度，K；

R——气体常数，8314 J/(kmol·K)。

由 A、B 两组分组成的理想气体，宏观静态，系统各处温度、压力相同，设其中存在浓度差，则 A、B 两组分将产生分子扩散。而气体中各处的物质总浓度为常数，即：

$$c_{总}=c_A+c_B \tag{5-6}$$

$$\frac{dc_A}{dz}=-\frac{dc_B}{dz} \tag{5-7}$$

由于气体处于静止状态，没有整体流动：

$$N_{A,0}=-N_{B,0} \tag{5-8}$$

推出

$$D_{AB}=D_{BA} \tag{5-9}$$

可见对于两组分的气体混合物，组分 A 与组分 B 相互扩散系数相等。对于液体混合物，由于总浓度不是常数，所以组分的扩散系数不存在与以上类似的关系。

5.3.3 扩散系数

分子扩散系数简称扩散系数，是表示物质分子扩散速度大小的物质特性常数。分子扩散系数是扩散物质在单位浓度梯度下的扩散速率，表征物质的分子扩散能力，扩散系数大，则表示分子扩散快，其单位是 m^2/s。

分子扩散系数是很重要的物理常数，其数值受体系温度、压力和混合物浓度等因素的影响。物质在不同条件下的扩散系数一般需要通过实验测定，或者采用半经验公式或经验公式估算。实验测定的扩散系数，使用时应注意条件。液体的密度、黏度均比气体高得多，因此物质在液体中的扩散系数远比在气体中的小，在固体中的扩散系数更小，随浓度而异，且在不同方向上可能有不同的数值。物质在气体、液体、固体中的扩散系数的数量级分别为 $10^{-5}\sim10^{-4}m^2/s$、$10^{-10}\sim10^{-9}m^2/s$、$10^{-14}\sim10^{-9}m^2/s$。气体中溶质的扩散系数一般在 $1\times10^{-5}\sim1\times10^{-4}m^2/s$，液体中溶质的扩散系数一般在 $1\times10^{-10}\sim1\times10^{-9}m^2/s$。对于理想气体及稀溶液，在一定温度、压力下，浓度变化对 D_{AB} 的影响不大。对于非理想气体及浓溶液，D_{AB} 则是浓度函数。

低密度气体、液体和固体的扩散系数随温度的升高而增大，随压力的增加而减小。一般地，扩散系数与系统的温度、压力、浓度以及物质的性质有关。对于双组分气体混合物，组分的扩散系数在低压下与浓度无关，只是温度及压力的函数，其与总压成反比，与热力学温度的 1.75 次方成正比：

$$D=D_0\frac{p_0}{p}\left(\frac{T}{T_0}\right)^{1.75} \tag{5-10}$$

依据上式可从已知温度 T_0 和压力 p_0 时的气体物系的扩散系数 D_0，来推算出温度 T 和压力 p 时的该物系的扩散系数。

5.3.4　扩散通量及浓度分布

单位时间通过垂直于传质方向上单位面积的物质的量，称为传质通量。传质通量等于传质速度与浓度的乘积。静止流体中的质量传递有两种典型情况，即单向扩散和等分子反向扩散。

5.3.4.1　单向扩散

静止流体与相界面接触时的物质传递完全依靠分子扩散，其扩散规律可以用费克定律描述。

在某些传质过程中，分子扩散往往伴随着流体整体流动，从而促使组分的扩散通量增大。例如，当空气与氨的混合气体与水接触时，氨被水吸收。假设水的汽化可忽略，则只有气体组分氨从气相向液相传递，而没有物质从液相向气相做相反方向的传递，这种现象可视为单向扩散。在气、液两相界面上，由于氨溶解于水中而使得氨的含量减少，氨分压降低，导致相界面处的气相总压降低，使气相主体与相界面之间形成总压梯度。在此梯度推动下，混合气体自气相主体向相界面处流动，使流体的所有组分（氨和空气）一起向相界面流动，从而使氨扩散量增加。

由于混合气体向相界面的流动，使相界面上空气浓度增加，因此空气从相界面向气相主体做反方向扩散。在稳态情况下，流动带入相界面的空气量，恰好补偿空气自相界面向主体反向扩散的量，使得相界面处空气的浓度（或分压）恒定，因此可认为空气处于没有流动的静止状态。

设相界面与气相主体之间的距离为 L，则在相界面附近的气相内将形成氨分压的分布，如图 5-1 所示，$p_{A,0}$、$p_{B,0}$ 分别为气相主体中氨和空气的分压，$p_{A,1}$、$p_{B,1}$ 分别为相界面处氨和空气的分压。

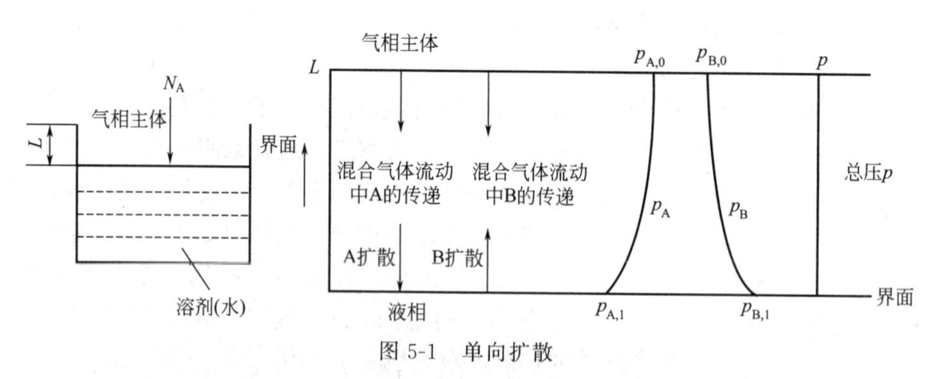

图 5-1　单向扩散

以上分析表明，在单相扩散中，扩散组分的总通量由两部分组成，即流动所造成的传质通量和叠加于流动之上的由浓度梯度引起的分子扩散通量。分子扩散是由物质浓度（或分压）差而引起，而流动是因为系统内流体主体与相界面之间存在压差，其起因还是分子扩散。所以流动是一种分子扩散伴生宏观现象。

(1) 扩散通量 由组分A、B组成的双组分混合气体，假设组分A为溶质，组分B为惰性组分，组分A向液体界面扩散并溶于液体，则组分A从气相主体到相界面的传质通量为分子扩散通量与流动中组分A的传质通量之和。

由于传质时流体混合物内各组分的运动速率是不同的，为表达混合物总体流动的情况，引入平均速率的概念。若组分浓度用物质的量浓度表示，则平均速率 u_M 为：

$$u_M=\frac{c_A u_A+c_B u_B}{c} \tag{5-11}$$

式中 u_A，u_B——组分A和组分B的宏观运动速率，m/s；

c，c_A，c_B——混合气体物质的量浓度及组分A和组分B在混合气体中的物质的量浓度，mol/m^3。

u_A 和 u_B 可以由压差引起，也可由扩散引起。因此，流体混合物的流动是以各组分的运动速度取平均值的流动，也称为总体流动。以上速度是相对于固定坐标系的绝对速度。相对于运动坐标系 u_M，可得到相对速度 $u_{A,D}$ 和 $u_{B,D}$，即：

$$u_{A,D}=u_A-u_M \tag{5-12}$$

$$u_{B,D}=u_B-u_M \tag{5-13}$$

相对速度 $u_{A,D}$ 和 $u_{B,D}$ 即为扩散速度，表明组分因分子扩散引起的运动速度。由通量的定义，可得：

$$N_A=c_A u_A \tag{5-14}$$

$$N_B=c_B u_B \tag{5-15}$$

$$N_M=c u_M=N_A+N_B \tag{5-16}$$

式中 N_A，N_B，N_M——组分A、组分B和流体混合物的扩散通量，$mol/(m^2 \cdot s)$。

而相对于平均速度的组分A的通量即为分子扩散通量，即：

$$N_{A,D}=c_A u_{A,D} \tag{5-17}$$

式中 $N_{A,D}$——组分A的分子扩散通量，$mol/(m^2 \cdot s)$。

将式(5-12)、式(5-14) 和式(5-16) 代入式(5-17)，整理得：

$$N_{A,D}=N_A-\frac{c_A}{c}(N_A+N_B) \tag{5-18}$$

将分子扩散通量 $N_{A,D}$ 用费克定律表示，上式得：

$$N_A=-D_{AB}\frac{dc_A}{dz}+\frac{c_A}{c}(N_A+N_B) \tag{5-19}$$

式(5-19) 为费克定律的普通表达形式，即：

组分A的总传质通量=分子扩散通量+总体流动所带动的传质通量

其表示在伴有混合物总体流动的组分A的实际传质通量，为通过截面的组分A的分子扩散通量与流体整体流动而引起的组分A的通量之和。

对于单向扩散，$N_B=0$，故式(5-19) 可以写成：

$$N_A=-\frac{c}{c-c_A}D_{AB}\frac{dc_A}{dz} \tag{5-20}$$

$N_B=0$，表示组分 B 在单向扩散中没有净流动，所以单向扩散也称为停滞介质中的扩散。

在稳态情况下，N_A 为定值。将式(5-20) 在相界面与气相主体之间积分，组分 A 的浓度分别为 $c_{A,i}$ 和 $c_{A,0}$，即：

$$z=0, c_A=c_{A,i} \tag{5-21}$$

$$z=L, c_A=c_{A,0} \tag{5-22}$$

积分得：

$$N_A\int_0^L dz=\int_{c_{A,i}}^{c_{A,0}}\frac{D_{AB}c}{c-c_A}dc_A \tag{5-23}$$

在等温、等压条件下，上式中 D_{AB}、c 为常数，所以：

$$N_A=\frac{D_{AB}c}{L}\ln\frac{c-c_{A,0}}{c-c_{A,i}} \tag{5-24}$$

因为 $c-c_{A,0}=c_{B,0}$，$c-c_{A,i}=c_{B,i}$，$c_{A,0}-c_{A,i}=c_{B,i}-c_{B,0}$，所以：

$$N_A=\frac{D_{AB}c}{L}\frac{c_{A,i}-c_{A,0}}{c_{B,0}-c_{B,i}}\ln\frac{c_{B,0}}{c_{B,i}} \tag{5-25}$$

令 $c_{B,m}$ 为惰性组分在相界面和气相主体间的对数平均浓度：

$$c_{B,m}=\frac{c_{B,0}-c_{B,i}}{\ln\frac{c_{B,0}}{c_{B,i}}} \tag{5-26}$$

则

$$N_A=\frac{D_{AB}c}{Lc_{B,m}}(c_{A,i}-c_{A,0}) \tag{5-27}$$

则根据理想气体状态方程 $p=cRT$（设静止流体为理想气体），式(5-27) 可写为：

$$N_A=\frac{D_{AB}p}{RTLp_{B,m}}(p_{A,i}-p_{A,0}) \tag{5-28}$$

式中 p——总压强；

$p_{B,m}$——惰性组分在相界面和气相主体间的对数平均分压；

$p_{A,i}$，$p_{A,0}$——组分 A 在相界面和气相主体的分压。

$$p_{B,m}=\frac{p_{B,0}-p_{B,i}}{\ln\frac{p_{B,0}}{p_{B,i}}} \tag{5-29}$$

(2) 浓度分布　对于稳态扩散过程，N_A 为常数，即：

$$\frac{dN_A}{dz}=0 \tag{5-30}$$

对于气体组分 A，可将式(5-20) 中的浓度用摩尔分数 y_A 表示，即：

$$N_A=-\frac{D_{AB}c}{1-y_A}\frac{dy_A}{dz} \tag{5-31}$$

将式(5-31) 代入式(5-30) 中，得：

$$\frac{d}{dz}\left(-\frac{D_{AB}c}{1-y_A}\frac{dy_A}{dz}\right)=0 \tag{5-32}$$

在等温、等压条件下，D_{AB}、c 均为常数，于是上式化简为：

$$\frac{d}{dz}\left(\frac{1}{1-y_A}\frac{dy_A}{dz}\right)=0 \tag{5-33}$$

上式经两次积分，得：

$$-\ln(1-y_A)=C_1z+C_2 \tag{5-34}$$

式中　C_1，C_2——积分常数，可由以下边界条件定出：

$$z=0,\ y_A=y_{A,i}=\frac{p_{A,i}}{p} \tag{5-35}$$

$$z=L,\ y_A=y_{A,0}=\frac{p_{A,0}}{p} \tag{5-36}$$

将上述边界条件代入式(5-34)，得：

$$C_1=-\frac{1}{L}\ln\frac{1-y_{A,0}}{1-y_{A,i}} \tag{5-37}$$

$$C_2=-\ln(1-y_{A,i}) \tag{5-38}$$

将 C_1、C_2 代入式(5-34)，得出浓度分布方程，即：

$$\frac{1-y_A}{1-y_{A,i}}=\left(\frac{1-y_{A,0}}{1-y_{A,i}}\right)^{\frac{z}{L}} \tag{5-39}$$

或写成：

$$\frac{y_B}{y_{B,i}}=\left(\frac{y_{B,0}}{y_{B,i}}\right)^{\frac{z}{L}} \tag{5-40}$$

组分 A 通过停滞组分 B 扩散时，浓度分布曲线为对数型，如图 5-1 所示。

以上讨论的单向扩散为气体中的分子扩散。对于双组分气体混合物，组分的扩散系数在低压下与浓度无关。在稳态扩散时，气体的扩散系数 D_{AB} 及总浓度 c 均为常数。

但对于液体中的分子扩散，组分 A 的扩散系数随浓度而变，且总浓度在整个液相中也并非到处保持一致。目前，液体中的扩散理论还不成熟，可仍采用式(5-20) 求解，但在使用时，扩散系数需要采用平均扩散系数，总浓度采用平均总浓度。

【例 5-1】 用温克尔曼方法测定气体在空气中的扩散系数，测定装置如图 5-2 所示。在 1.013×10^5 Pa 下，将此装置放在 328K 的恒温箱内，立管中盛水，最初水面离上端管口的距离为 0.125m。迅速向上部横管中通入干燥的空气，使被测气体在管口的分压接近于零。实验测得经 1.044×10^6 s 后，管中的水面离上端管口距离为 0.15m。求水蒸气在空气中的扩散系数。

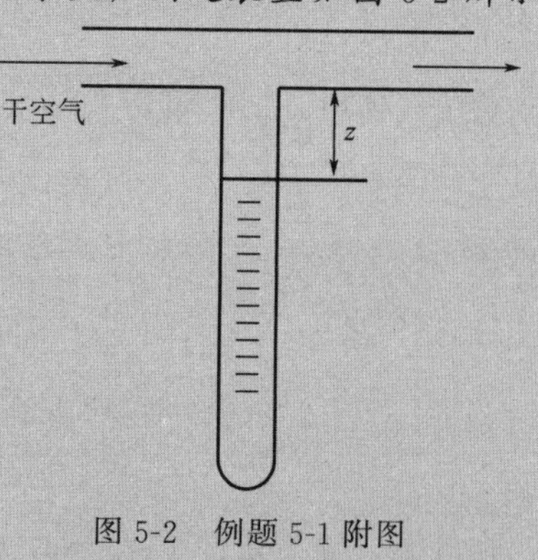

图 5-2　例题 5-1 附图

解： 立管中水面下降是由于水蒸发并依靠分子扩散通过立管上部传递到流动的空气中引起的。该扩散过程可视为单向扩散。当水面与上端管口距离为 z 时，水蒸气扩散的传质通量为：

$$N_A = \frac{D_{AB} p}{RTz p_{B,m}} (p_{A,i} - p_{A,0})$$

水在空气中分子扩散的传质通量可用管中水面下降的速率表示，即：

$$N_A = \frac{c_A \mathrm{d}z}{\mathrm{d}t}$$

所以，有：

$$\frac{c_A \mathrm{d}z}{\mathrm{d}t} = \frac{D_{AB} p}{RTz p_{B,m}} (p_{A,i} - p_{A,0})$$

$$z\mathrm{d}z = \frac{D_{AB} p}{c_A RT p_{B,m}} (p_{A,i} - p_{A,0}) \mathrm{d}t \tag{1}$$

其中，$p_{A,i} = 15.73$kPa(328K 下水的饱和蒸气压)。

$$p_{A,0} = 0$$

$$p_{B,m} = \frac{p_{B,0} - p_{B,i}}{\ln \dfrac{p_{B,0}}{p_{B,i}}} = \frac{101.3 - (101.3 - 15.73)}{\ln \dfrac{101.3}{101.3 - 15.73}} = 93.2(\mathrm{kPa})$$

328K 下，水的密度为 985.6kg/m^3，故：

$$c_A = \frac{985.6}{18} = 54.8(\mathrm{kmol/m^3})$$

边界条件：

$$t = 0, z = 0.125\mathrm{m}$$

$$t = 1.044 \times 10^5 \mathrm{s}, z = 0.150\mathrm{m}$$

将式(1) 积分，得：

$$\int_{0.125}^{0.15} z\mathrm{d}z = \frac{D_{AB} p}{c_A RT p_{B,m}} p_{A,i} \int_0^{1.044 \times 10^6} \mathrm{d}t$$

$$\frac{0.15^2 - 0.125^2}{2} = \frac{D_{AB} \times 101.3 \times 15.73 \times 1.044 \times 10^6}{54.8 \times 8.314 \times 328 \times 93.2}$$

解得：$D_{AB} = 2.88 \times 10^{-5} \mathrm{m^2/s}$。

5.3.4.2 等分子反向扩散

在一些双组分混合体系的传质过程中，当体系总浓度保持均匀不变时，组分 A 在分子扩散的同时伴有组分 B 向相反方向的分子扩散，且组分 B 扩散的量与组分 A 相等，这种传质过程称为等分子反向扩散。

（1）扩散通量 由于等分子反向扩散过程中没有流体的总体流动，因此 $N=N_A+N_B=0$ 及 $N_A=-N_B$，故式(5-19) 可以写成：

$$N_A=N_{A,0}=-D_{AB}\frac{dc_A}{dz} \tag{5-41}$$

在稳态情况下，N_A 为定值，上式的积分边界条件为 $z=z_1$，$c_A=c_{A1}$ 和 $z=z_2$，$c_A=c_{A2}$。在恒温、恒压条件下，D_{AB} 为常数，所以：

$$N_A=N_{A,0}=\frac{D_{AB}}{\Delta z}(c_{A1}-c_{A2}) \tag{5-42}$$

对于气体混合物，代入 $c_A=\frac{n_A}{V}=\frac{p_A}{RT}$，可得：

$$N_A=N_{A,0}=\frac{D_{AB}}{RT\Delta z}(p_{A1}-p_{A2}) \tag{5-43}$$

（2）浓度分布 对于稳态扩散过程，N_A 为常数，即：

$$\frac{dN_A}{dz}=0$$

将式(5-41) 代入上式，得：

$$\frac{d^2c_A}{dz^2}=0 \tag{5-44}$$

式(5-44) 经两次积分，得：

$$c_A=C_1z+C_2 \tag{5-45}$$

式中 C_1，C_2——积分常数，可由以下边界条件定出：

$$z=0,\ c_A=c_{A,i} \tag{5-46}$$

$$z=L,\ c_A=c_{A,0} \tag{5-47}$$

由边界条件求出积分常数，代入式(5-45)，得出浓度分布方程为：

$$c_A=\frac{c_{A,0}-c_{A,i}}{L}z+c_{A,i} \tag{5-48}$$

可见组分 A 的物质的量浓度分布为直线，同样可得组分 B 的物质的量浓度分布也为直线，如图 5-3 所示。

将式(5-42) 与式(5-27) 比较，可知组分 A 单向扩散时的传质通量比等分子反向扩散时要大。式(5-27) 中，$\frac{c}{c_{B,m}}$项表示分子单方向扩散时，因总体流动而使组分 A 传质通量增大的因子，称为漂移因子。漂移因子的大小直接反映了总体流动对传质速率的影响。当组分 A

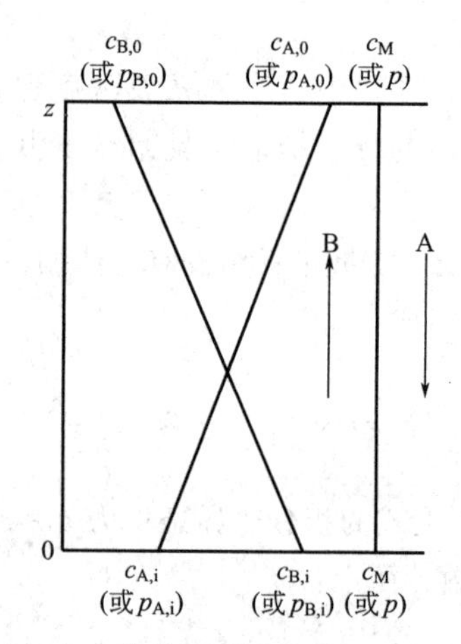

图 5-3　等分子反向扩散速度分布

的浓度较低时，$c \approx c_B$，则漂移因子接近于 1，此时单向扩散时的传质通量表达式与等分子反向扩散时一致。

5.4　对流传质

5.4.1　对流传质机理

对流传质是指运动着的流体与相界面之间发生的传质过程，也称为对流扩散。运动流体与固体壁面之间或不互溶的两种运动流体之间发生的质量传递过程都是对流传质过程。

对流传质可以在单相中发生，也可以在两相间发生。流体流过可溶性固体表面时，溶质在流体中的溶解过程以及在催化剂表面进行的气-固相催化反应等，均为单一相中的对流传质；而当互不相溶的两种流体相互流动，或流体沿固定界面流动时，组分首先由一相的主体向相界面传递，然后通过相界面向另一相中传递，这一过程为两相间的对流传质。环境工程中常遇到两相间的传质过程，如气体的吸收是在气相与液相之间进行的传质，萃取是在液-液两相之间进行的传质，吸附、膜分离等过程与流体和固体的相际传质过程密切相关。本节只介绍单相中的对流传质。

对流传质中，组分的传质不仅依靠分子扩散，而且依靠流体各部分之间的宏观位移。这时，传质过程将受到流体性质、流动状态（层流还是湍流）以及流场几何特性的影响。但是，无论流动状态是层流还是湍流，扩散速率都会因为流动而增大。与动量传递和热量传递类似，在湍流流动流体中，物质的传递也包括两部分，分子扩散传递和涡流扩散传递。前者由于分子运动而产生，后者则是由于流体质点运动而产生。这种凭借流体质点的运动来传递物质的现象，称为涡流扩散。对于涡流扩散，其扩散通量表达式为：

$$N'_A = -\varepsilon_D \frac{dc_A}{dz} \tag{5-49}$$

式中　ε_D——涡流扩散系数，表示涡流扩散能力的大小。

湍流流体中，涡流扩散与分子扩散同时存在，总扩散通量为：

$$N_A = -(D + \varepsilon_D)\frac{dc_A}{dz} \tag{5-50}$$

在湍流流体中，虽然有强烈的涡流扩散，但分子扩散是时刻存在的，涡流扩散的通量远大于分子扩散的通量，一般可忽略分子扩散的影响。

5.4.2 对流传质边界层

5.4.2.1 无限大平固体壁面对流传质的机理

下面以流体流过固体壁面的传质过程为例，研究对流传质过程机理及传质速率的计算。有一个无限大平固体壁面，含组分 A 的流体以速度 u_0 沿壁面流动，最终形成流动边界层，边界层厚度为 δ。若流体主流中组分 A 浓度 $c_{A,0}$ 比壁面上的浓度 $c_{A,i}$ 高，则流体与壁面之间发生质量传递，壁面附近形成浓度梯度。因边界层中流体的流动状态各不相同，所以传质的机理也不同。

在层流流动中，相邻层间流体互不掺混，所以在垂直于流动的方向上，只存在由浓度梯度引起的分子扩散。此时，界面与流体间的扩散通量仍符合费克定律，但其扩散通量明显大于静止时的传质。这是因为流动加大了壁面附近的浓度梯度，使传质推动力增大。

在湍流流动中，流体质点在沿主流方向流动的同时，还存在其他方向上的随机脉动，从而造成流体在垂直于主流方向上的强烈混合。因此湍流流动中，在垂直于主流方向上除了分子扩散外，更重要的是涡流扩散。

湍流边界层包括层流底层、湍流核心区及过渡区。在层流底层中，由于垂直于界面方向上没有流体质点的扰动，物质仅依靠分子扩散传递，浓度梯度较大。在此区域内，传质速率可用费克定律描述，扩散速率取决于浓度梯度和分子扩散系数，因此其浓度分布曲线近似为直线。在湍流核心区，因有大量的旋涡存在，$\varepsilon_D \gg D_A$，物质的传递主要依靠涡流扩散，分子扩散的影响可以忽略不计。此时，由于质点的强烈掺混，浓度梯度几乎消失，组分在该区域内的浓度基本均匀，其分布曲线近似为一垂直直线。在过渡区内，分子扩散和涡流扩散同时存在，浓度梯度比层流底层中要小得多。稳态情况下，壁面附近形成如图 5-4 所示的浓度分布，组分 A 的浓度由流体主流的浓度 $c_{A,0}$ 连续降至界面处的 $c_{A,i}$。

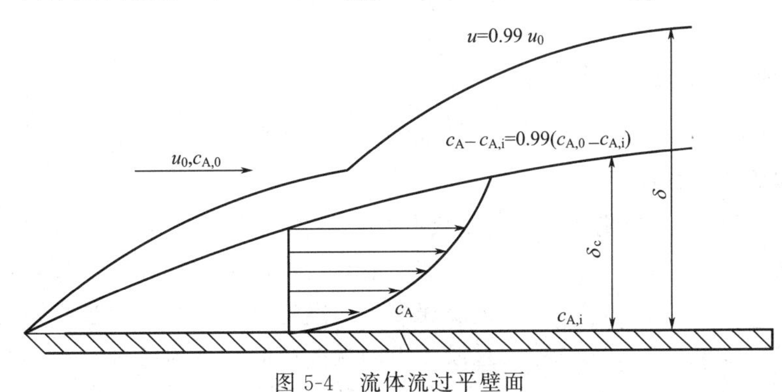

图 5-4 流体流过平壁面

5.4.2.2 传质边界层

具有浓度梯度的流体层称为传质边界层。可以认为，质量传递的全部阻力都集中在边界层内。与流动边界层相似，对于平板壁面，将传质边界层的名义厚度 δ_c 定义为：

$$c_A - c_{A,i} = 0.99(c_{A,0} - c_{A,i}) \tag{5-51}$$

传质边界层厚度 δ_c 与流动边界层厚度 δ 一般并不相等，它们的关系取决于施密特数 Sc，即：

$$\frac{\delta}{\delta_c}=Sc^{\frac{1}{3}} \tag{5-52}$$

$$Sc=\frac{u}{D_{AB}} \tag{5-53}$$

施密特数 Sc 是分子动量传递能力和分子扩散能力的比值，表示物性对传质的影响，代表了壁面附近速度分布与浓度分布的关系。当 $u=D_{AB}$，即 $Sc=1$ 时，$\delta=\delta_c$，即流动边界层厚度与传质边界层厚度相等。

当浓度为 $c_{A,0}$ 的流体以速度 u_0 流过圆管进行传质时，也形成流动边界层和传质边界层，厚度分别为 δ 和 δ_c，如图 5-5 所示。当流体以均匀的浓度和速度进入管内时，由于流体中组分 A 的浓度 $c_{A,0}$ 与管壁浓度 $c_{A,i}$ 不同而发生传质，传质边界层的厚度由管前缘处的零逐渐增厚，经过一段时间后，在管中心汇合，此后传质边界层的厚度即等于管的半径并维持不变。由管进口前缘至汇合点之间沿管轴线的距离称为传质进口段长度 L_D。一般层流流动的传质进口段长度为：

$$L_D=0.05dReSc \tag{5-54}$$

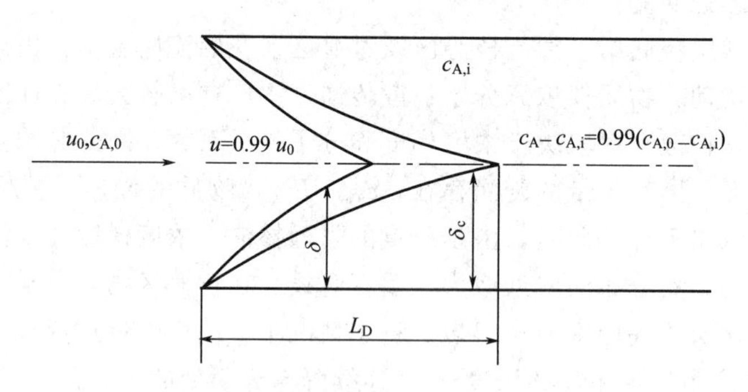

图 5-5 圆管内的传质边界层

湍流流动时，传质进口段长度为：

$$L_D=50d \tag{5-55}$$

5.4.3 对流传质速率方程

在对流传质过程中，当流动处于湍流状态时，物质的传递包括了分子扩散和涡流扩散。因涡流扩散系数难以测定和计算，为确定对流传质的传质速率，通常将对流传质过程进行简化处理，即将过渡区内的涡流扩散折合为通过某一定厚度的层流膜层的分子扩散。

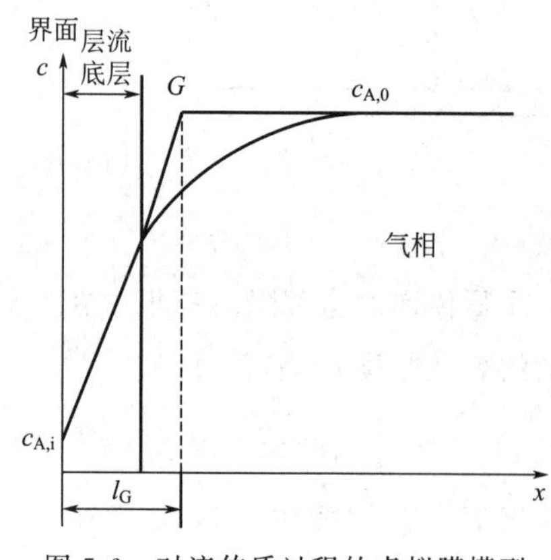

图 5-6 对流传质过程的虚拟膜模型

如图 5-6 所示，流体主体中组分 A 的平均浓度为 $c_{A,0}$，将层流底层内的浓度梯度线段延长，并与湍流核心区的浓度梯度线相交于 G 点，G 点与界面的垂直距离 l_G 称为有效膜层，也称为虚拟膜层。这样，就可以认为由流体主体到界面的扩散相当于通过厚度为 l_G 的有效膜层的分子扩散，整个有效膜层的传质推动力为 $c_{A,0}-c_{A,i}$，把全部传质阻力看成集中在有效膜层中，于是可采用分子扩散速率方程去描述对流扩散速率。

对于等物质的量的反向扩散，在气相中，常采用分压表示组分的含量，故气相中的对流传质通量 N_A 为：

$$N_A=\frac{D_{AB}}{RTl_G}(p_{A,0}-p_{A,i}) \tag{5-56}$$

在液相中，常采用物质的量浓度表示组分的含量，则液相中的对流传质通量 N_A 为：

$$N_A=\frac{D_{AB}}{l_L}(c_{A,i}-c_{A,0}) \tag{5-57}$$

由界面至流体主体的对流传质速率为：

$$N_A=k_c(c_{A,i}-c_{A,0}) \tag{5-58}$$

式中 N_A——组分 A 的对流传质速率，kmol/(m^2 · s)；

$c_{A,0}$——流体主体中组分 A 的浓度，kmol/m^3；

$c_{A,i}$——界面上组分 A 的浓度，kmol/m^3；

k_c——对流传质系数，也称传质分系数，下标“c”表示组分浓度以物质的量浓度表示，m/s。

式(5-58) 为对流传质速率方程。该方程表明传质速率与浓度差成正比，从而将传递问题归结为求取传质系数。该公式既适用于流体的层流运动，也适用于流体湍流运动的情况。

当采用其他单位表示浓度时，可以得到相应的多种形式的对流传质速率方程和对流传质系数。对于气体与界面的传质，组分浓度常用分压表示，则对流传质速率方程可写为：

$$N_A=k_G(p_{A,i}-p_{A,0}) \tag{5-59}$$

对于液体与界面的传质，则可写为：

$$N_A=k_L(c_{A,i}-c_{A,0}) \tag{5-60}$$

式中 $p_{A,i}$，$p_{A,0}$——界面上和气相主体中组分 A 的分压，Pa；

k_G——气相传质分系数，kmol/(m^2 · s · Pa)；

k_L——液相传质分系数，m/s。

若组分浓度用摩尔分数表示，对于气相中的传质，摩尔分数为 y，则：

$$N_A=k_y(y_{A,i}-y_{A,0}) \tag{5-61}$$

式中 k_y——用组分 A 的摩尔分数差表示推动力的气相传质分系数，kmol/(m^2 · s)。

因为 $y_A=\frac{p_A}{p}$，所以：

$$k_y=k_Gp \tag{5-62}$$

对于液相中的传质，若摩尔分数为 x，则：

$$N_A=k_x(x_{A,i}-x_{A,0}) \tag{5-63}$$

式中 k_x——用组分 A 的摩尔分数差表示推动力的液相传质分系数，kmol/(m^2 · s)。

因为 $x_A=\frac{c_A}{c}$，所以：

$$k_x=k_L c \tag{5-64}$$

5.5 两相间的传质

实际传质过程往往发生在相际之间，如气体的吸收是在气相与液相之间进行的传质，溶质先从气相主体扩散到气液相界面，然后再从气液相界面扩散到液相主体。这种相际间传质过程的机理很复杂。为了从理论上说明这一过程的机理，先后出现诸如“双膜理论”“溶质渗透理论”“表面更新理论”等理论。刘易斯（W. K. Lewis）和惠特曼（W. G. Whitman）于20世纪20年代提出的“双膜理论”（又称“双阻力理论”）一直占有很重要的地位。它不仅适用于物理吸收，也适用于伴有化学反应的化学吸收过程。图 5-7 所示为双膜理论示意图。

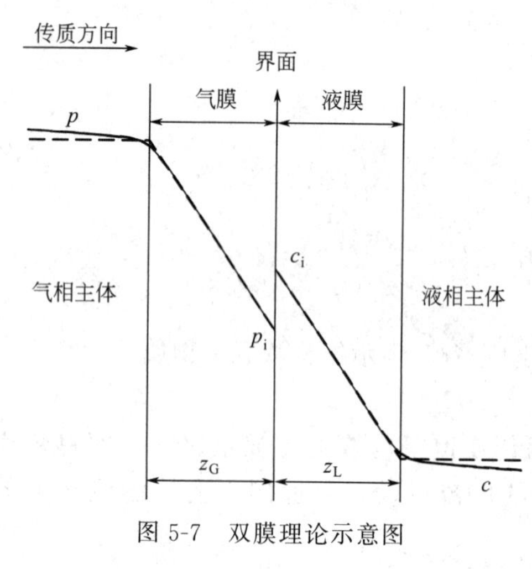

图 5-7　双膜理论示意图

在图 5-7 中，直线表示双膜理论模型两相中浓度分布；虚线表示扩散边界层理论模型两相中浓度分布，p 表示吸收质在气相主体中的分压，p_i 表示在相界面上与液相浓度成平衡的分压，c 表示吸收质在液相主体中的浓度；c_i 表示相界面上吸收质在液相中与 p_i 相平衡的浓度；z_G 和 z_L 分别表示气膜和液膜的厚度。双膜理论的基本论点如下。

① 相互接触的气液两流体间存在着稳定的相界面，在界面上，气液两相呈平衡态，即液相的界面浓度和界面处的气相组成呈平衡的饱和状态，相界面上无扩散阻力，处于平衡状态，即 p_i 与 c_i 符合平衡关系。

② 在相界面附近两侧分别存在一层稳定的不发生对流作用的膜层，称为气膜和液膜。可以认为：气膜和液膜集中了吸收的全部阻力。膜的厚度随各相主体的流速和湍流状态而变，流速越大，膜厚度越薄，阻力越小。吸收质通过气液相的质量传递过程是：

吸收质从气相主体 $\xleftrightarrow{\text{湍流扩散}}$ 气膜表面 $\xleftrightarrow{\text{分子通过气膜扩散}}$ 相界面 $\xleftrightarrow{\text{分子通过液膜扩散}}$ 液膜表面 $\xleftrightarrow{\text{湍流扩散}}$ 液相主体

此传递过程将一直进行直至达到动态平衡为止。

③ 在两相主体中吸收质的组成均匀不变，因而不存在传质阻力，仅在薄膜中发生组成变化；存在分子扩散阻力，两相薄膜中的组成差异等于膜外的气液两相的平均组成差异。

④ 吸收质通过气相主体以分压差 $p-p_i$ 为推动力克服气膜 z_G 的阻力，从气相主体以分子扩散的方式到达气膜相界面上，相界面上吸收质在液相中与 p_i 相平衡的浓度为 c_i，吸收质又以浓度差 c_i-c 为推动力克服液膜 z_L 的阻力，以分子扩散的方式通过液膜，从相界面扩散到液相主体中去，完成整个吸收过程。

通过上述分析可以看出，传质的推动力来自吸收质组分的分压差和在溶液中该组分的浓度差，而传质阻力主要来自气膜和液膜。

5.6　气液传质设备

本节讨论实现传质过程的主要设备。吸收和精馏同属于气（汽）液相传质过程，所用设备皆应提供充分的气液接触，因而有着很大的共同性。本章统一介绍气液传质设备，所述内容对吸收和精馏同样适用。本章提到的“气”泛指气体和汽体。

气液传质设备种类繁多，但基本上可以分为两大类：逐级接触式和微分接触式。本章以板式塔作为逐级接触式的代表，以填料塔作为微分接触式的代表，分别予以介绍。

5.6.1　板式塔

板式塔是一种应用极为广泛的气液传质设备，它由一个通常呈圆柱形的壳体及其中按一定间距水平设置的若干块塔板所组成。如图 5-8 所示，板式塔正常工作时，液体在重力作用下自上而下通过各层塔板后由塔底排出；气体在压差推动下，经均布在塔板上的开孔由下而上穿过各层塔板后由塔顶排出，在每块塔板上皆储有一定的液体，气体穿过板上液层时，两相接触进行传质。

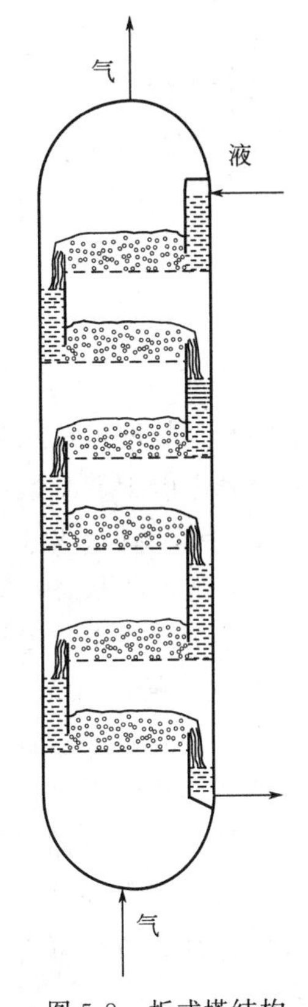

图 5-8　板式塔结构

为有效地实现气液两相之间的传质，板式塔应具有以下两方面的功能。

① 在每块塔板上气液两相必须保持密切而充分的接触，为传质过程提供足够大而且不断更新的相际接触表面，减小传质阻力。

② 在塔内应尽量使气液两相呈逆流流动，以提供最大的传质推动力。

当气液两相进、出塔设备的浓度一定时，两相逆流接触时的平均传质推动力最大。在板式塔内，各块塔板正是按两相逆流的原则组合起来的。

但是，在每块塔板上，由于气液两相的剧烈搅动，是不可能达到充分的逆流流动的。为获得尽可能大的传质推动力，目前在塔板设计中只能采用错流流动的方式，即液体横向流过塔板，而气体垂直穿过液层。

由此可见，除保证气液两相在塔板上有充分的接触之外，板式塔的设计意图是，在塔内造成一个对传质过程最有利的理想流动条件，即在总体上使两相呈逆流流动，而在每一块塔板上两相呈均匀的错流接触。

板式塔的主要构件是塔板。为实现上述设计意图，塔板必须具有相应的结构。各种塔板的结构大同小异，塔板的主要构造包括如下部分。

（1）塔板上的气体通道——筛孔　为保证气液两相在塔板上能够充分接触并在总体上实现两相逆流，塔板上均匀地开有一定数量的供气体自下而上流动的通道。气体通道的形式很多，对塔板性能的影响极大，各种塔板的主要区别就在于气体通道的形式不同。

筛孔塔板的气体通道最为简单，它是在塔板上均匀地冲出或钻出许多圆形小孔供气体上升之用。这些圆形小孔称为筛孔。上升的气体经筛孔分散后穿过板上液层，造成两相间的密切接触与传质。筛孔的直径通常是3～8mm，但直径为12～25mm的大孔径筛板也应用得相当普遍。

（2）溢流堰　为保证气液两相在塔板上有足够接触表面，塔板上必须储有一定量的液体。为此，在塔板的出口端设有溢流堰。塔板上的液层高度或滞液量在很大程度上由堰高决定。

（3）降液管　作为液体自上层塔板流至下层塔板的通道，每块塔板通常附有一个降液管。板式塔在正常工作时，液体从上层塔板的降液管流出，横向流过开有筛孔的塔板，翻越溢流堰，进入该层塔板的降液管，流向下层塔板。通常一块塔板只有一个降液管，称为单流型塔板。当塔径或液体流量很大时，降液管的数目将不止一个。

实验观察发现，气体通过筛孔的速度不同，两相在塔板上的接触状态亦不同。如图5-9所示，气液两相在塔板上的接触情况可大致分为三种状态。

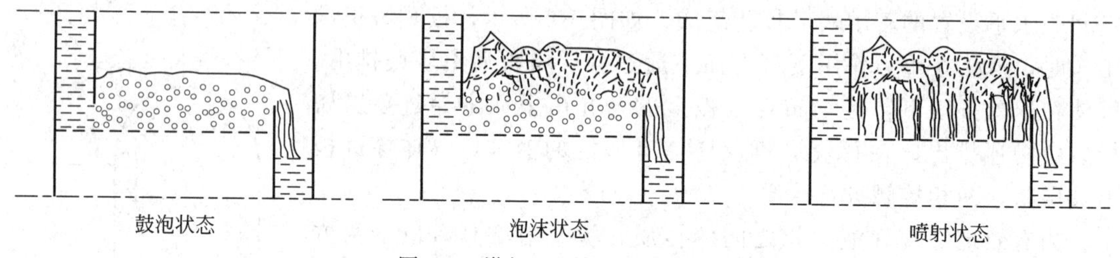

图5-9　塔板上的气液接触状态

① 鼓泡接触状态。当气速很低时，通过筛孔的气流断裂成气泡在板上液层中浮升，塔板上两相呈鼓泡接触状态。此时，塔板上存在着大量的清液，气泡数量不多，板上液层表面十分清晰。由于气泡数量较少，在液层内部气泡之间很少相互合并，只有在液层表面附近气泡才相互合并成较大气泡并随之破裂。

在鼓泡接触状态，两相接触面为气泡表面。由于气泡数量较少，气泡表面的湍动程度亦低，鼓泡接触状态的传质阻力较大。

② 泡沫接触状态。随着气速的增加，气泡数量急剧增加，气泡表面连成一片并且不断发生合并与破裂。此时，板上液体大部分是以液膜的形式存在于气泡之间，仅在靠近塔板表面处才能看到少许清液。这种接触状况称为泡沫接触状态。和鼓泡接触状态不同，泡沫接触状态下的两相传质表面不是为数不多的气泡表面，而是面积很大的液膜。这种液膜不同于因表面活性剂的存在而形成的稳定泡沫，它高度湍动而且不断合并和破裂，为两相传质创造良好的流体力学条件。在泡沫接触状态，液体仍为连续相，而气体仍为分散相。

③ 喷射接触状态。当气速继续增加，动能很大的气体从筛孔以射流形式穿过液层，将板上的液体破碎成许多大小不等的液滴而抛于塔板上方空间。被喷射出去的液滴落下以后，在塔板上汇聚成很薄的液层并再次被破碎成液滴抛出。气液两相的这种接触状况称为喷射接触状态。在喷射状态下，两相传质面是液滴的外表面。液滴的多次形成与合并使传质表面不断更新，也为两相传质创造了良好的流体力学条件。

在喷射接触状态，液体为分散相而气体为连续相，这是喷射状态与泡沫状态的根本区别。由泡沫状态转为喷射状态的临界点称为转相点。转相点气速与筛孔直径、塔板开孔率以及板上滞液量等许多因素有关。实验发现，筛孔直径和开孔率越大，转相点气速越低。

在工业上实际应用的筛板塔中，两相接触不是泡沫状态就是喷射状态，很少有采用鼓泡接触状态的。

综上所述可知，工业上经常见到的两种接触状态，其特征分别是不断更新的液膜表面和不断更新的液滴表面。工业生产对塔板的要求不只限于高效率，通常按以下五项标准进行综合评价。

a. 通过能力大，即单位塔截面能够处理的气液负荷高。

b. 塔板效率高。

c. 塔板压降低。

d. 操作弹性大。

e. 结构简单，制造成本低。

近二三十年来，人们在塔板结构方面进行了大量的研究，开发了不少新型塔板，主要有以下几种：泡罩塔板、浮阀塔板、舌形塔板、网孔塔板、垂直筛板、多降液管塔板、林德筛板、无溢流塔板等。

5.6.2　填料塔

填料塔也是一种应用很广泛的气液传质设备，它具有结构简单、压降低、填料易用耐腐蚀材料制造等优点。早期的填料塔主要应用于实验室和小型工厂，由于研究和开发取得了很大的进展，现代填料塔直径可达数米乃至十几米。

5.6.2.1　填料塔的结构

典型填料塔的结构如图 5-10 所示。塔体为一圆筒，筒内堆放一定高度的填料。操作时，液体自塔上部进入，通过液体分布器均匀喷洒于塔截面上，在填料表面呈膜状流下。填充高度较高的填料塔可将填料分层，各层填料之间设置液体再分布器，收集上层流下的液体，并将液体重新均布于塔截面。气体自塔下部进入，通过填料层中的空隙由塔顶排出。离开填料层的气体可能挟带少量液沫，必要时可在塔顶安装除沫器。

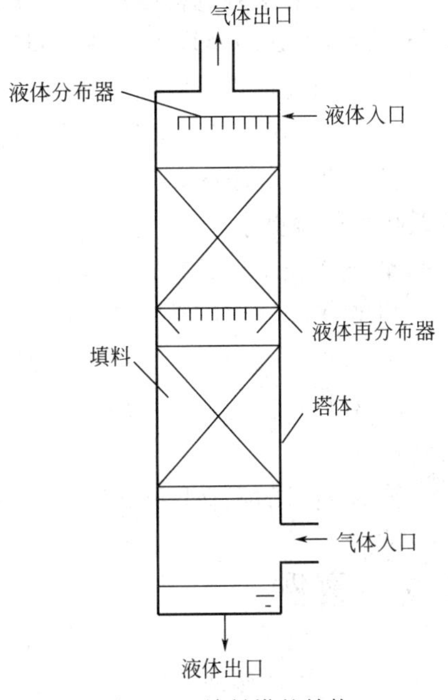

图 5-10　填料塔的结构

气液两相在填料表面进行逆流接触，填料不仅提供了气液两相接触的传质表面，而且促使气液两相分散，并使液膜不断更新。填料性能可由下列三方面予以评价。

(1) 比表面积 a　填料应具有尽可能多的表面积以提供液体铺展，形成较多的气液接触界面。单位填充体积所具有的填料表面称为比表面积 a，单位为 m^2/m^3。对同种填料，小尺寸填料具有较大的比表面积，但填料过小不但造价高而且气体流动的阻力大。

(2) 填料的几何形状　虽然填料形状目前尚难以定量表达，但比表面积、空隙率大致接近而形状不同的两种填料在流体力学与传质性能上可有显著区别。形状理想的填料为气液两相提供了合适的通道，气体流动的压降低，通量大，且液流易于铺展成液膜，液膜的表面更新迅速。因此，新型填料的开发主要是改进填料的形状。

(3) 空隙率 ε　在填料塔内气体是从填料间的空隙通过的。流体通过颗粒层的阻力与空隙率 ε 密切相关。为减少气体的流动阻力，提高填料塔的允许气速（处理能力），填料层应有尽可能大的空隙率。对于各向同性的填料层，空隙率等于填料塔的自由截面百分率。

此外，理想的填料还需兼顾便于制造，价格低廉，有一定强度和耐热、耐腐蚀性能，表面材质与液体的润湿性好等要求。

常用的填料有散装填料和规整填料两大类，前者可以在塔内乱堆，也可以整砌。主要的填料有拉西环、鲍尔环、矩鞍形填料、阶梯环填料、金属英特洛克斯填料、网体填料、规整填料等。

5.6.2.2　填料塔的附属结构

填料塔的附属结构主要有支承结构、液体分布器、槽式分布器、孔板型分布器、液体再分布器、除沫器等。

5.6.2.3　填料塔与板式塔的比较

对于许多逆流气液接触过程，填料塔和板式塔都是可以适用的，设计者必须根据具体情况进行选用。填料塔和板式塔有许多不同点，了解这些不同点对于合理选用塔设备是有帮助的。

① 填料塔操作范围较小，特别是对于液体负荷的变化更为敏感。当液体负荷较小时，填料表面不能很好地润湿，传质效果急剧下降；当液体负荷过大时，则容易产生泛液。

② 填料塔不宜处理易聚合或含有固体悬浮物的物料，而某些类型的板式塔（如大孔径筛板、泡罩塔等）则可以有效地处理这种物系。另外，板式塔的清洗亦比填料塔方便。

③ 当气液接触过程中需要冷却以移除反应热或溶解热时，板式塔可方便地在塔板上安装冷却盘管，比填料塔更容易。同理，当有侧线出料时，填料塔也不如板式塔方便。

④ 以前乱堆填料塔直径很少大于 0.5m，后来又认为不宜超过 1.5m，根据近 10 年来填料塔的发展状况，这一限制似乎不再成立。板式塔直径一般不小于 0.6m。

⑤ 关于板式塔的设计资料更容易得到而且更为可靠，因此板式塔的设计比较准确，安全系数可取得更小。

⑥ 当塔径不很大时，填料塔因结构简单而造价便宜。

⑦ 对于易起泡物系，填料塔更适合，因填料对泡沫有限制和破碎的作用。

⑧ 对于腐蚀性物系，填料塔更适合，因可采用瓷质填料。

⑨ 对热敏性物系宜采用填料塔，因为填料塔内的滞液量比板式塔少，料在塔内的停留时间短。

⑩ 填料塔的压降比板式塔小，因而对真空操作更为适宜。

5.7　案例

H_2S 是经常遇到的恶臭气体之一，具有刺激性，是恶臭的代表物，在油田储油罐区常常有大量逸出。对人体毒性极大，少量的 H_2S 就会对环境造成很大的污染，危害人体健康。目前，国内外主要的 H_2S 臭气治理技术有吸收法、吸附法及生物脱臭法。其中吸附是一种有效的分离方法。活性炭是工业生产中常用的吸附剂，且价格低廉，吸附后的生成物为无污染的单质硫。添加适当的改性剂可以显著增强活性炭的催化活性，提高硫容量和脱硫效果。因而近年采用改性活性炭作为吸附剂分离和净化液体与气体混合物的研究受到了广泛重视。

因此，活性炭吸附剂脱除硫化氢气体的研究具有重要意义。

含 H_2S 原料气进入活性炭吸附床层后，床层气相中 H_2S 与脱硫剂颗粒存在浓度差异，H_2S 从气相主体经过床层气相扩散到颗粒外表面，然后 H_2S 通过孔扩散从颗粒外表面传递到微孔结构的内表面，经过载体表面扩散等传质过程完成 H_2S 的脱除。假设吸附床为一个均相，吸附质分子以恒定的扩散系数在床内扩散的模型。该模型与平衡模型一样以气相吸附质和固相吸附剂为控制对象，考虑传质阻力的存在，忽略径向质量传递，考虑轴向扩散的存在。

(1) 床层轴向微分物料衡算方程　图 5-11 为固定床吸附塔示意图。对床层的某一截面，取 A 组分输入的速率减去输出的速率等于 A 组分在床层微元区间歇中固体颗粒内积累的速率。可得到床层轴向微分物料衡算方程为：

$$\frac{\partial \omega}{\partial t}=D_{\mathrm{L}}\frac{\partial^2 \omega}{\partial z^2}-u\frac{\partial \omega}{\partial z}-\frac{1-\varepsilon_{\mathrm{b}}}{\varepsilon_{\mathrm{b}}}\frac{\partial \overline{q}}{\partial t} \tag{5-65}$$

式中，D_{L} 为轴向扩散系数；u 为空速；ε_{b} 为床层孔隙率；ω 为脱硫剂距离床层入口 z 处床层内气相主体中 H_2S 质量比；q 为平均单位体积颗粒内吸附 H_2S 总量。考虑了由于内部传质阻力所造成的吸附剂颗粒不同部位 q 的变化：

$$q=\frac{3}{R_{\mathrm{P}}^3}\int_0^{R_{\mathrm{P}}} qR^2\mathrm{d}R \tag{5-66}$$

式中，R_{P} 为吸附剂颗粒的半径；R 为球形颗粒径向距离。

初始条件：

$$W_{t=0}=0 \tag{5-67}$$

边界条件：

$$D_{\mathrm{L}}\left(\frac{\partial \omega}{\partial z}\right)_{z=0}=u(\omega_{z=0}-\omega_0) \tag{5-68}$$

$$\frac{\partial \omega}{\partial x}_{z=L}=0 \tag{5-69}$$

式中，ω_0 为固定床进口 H_2S 质量比；L 为床层高度。

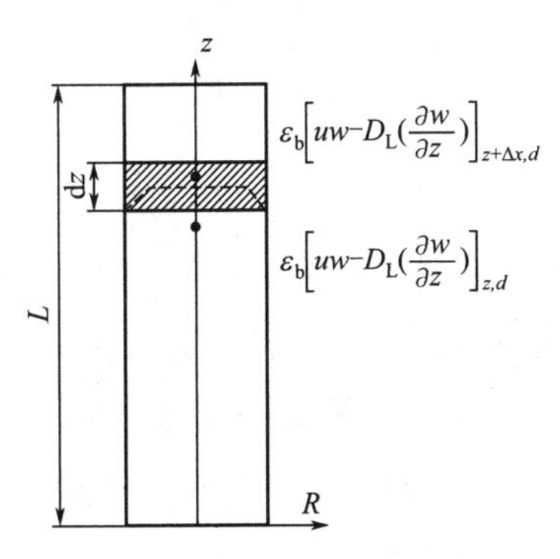

图 5-11　固定床吸附塔示意图

(2) 相间传质方程　在实际吸附过程中，流动相以一定的流速或流速分布通过固定相颗粒床层，流体的流动状态（如成层流、湍流或涡流流动）将影响吸附剂颗粒外的边界层厚度以及扩散的方式。因此，物质传递过程有各种不同的推动力的浓度差的表达式。本书采用双膜理论来解释相间传质过程。根据传质速率表达式的不同，用线性推动力模型来描述吸附过程。而且由于 H_2S 分压比较低，假设其满足理想气体定律，则气相 H_2S 分压可根据床层气相浓度估算求得。

通过以上假设及简化，相间传质方程可表示为：

$$\frac{\partial q}{\partial t} = K(\alpha\theta\omega - q) \tag{5-70}$$

式中，K 为总传质系数；α 为吸附参数；θ 为热力学温度。

初始条件：

$$q_{t=0}=0 \tag{5-71}$$

边界条件：

$$\left(\frac{\partial q}{\partial z}\right)_{z=0}=0 \tag{5-72}$$

式中，参数 u、ε_b、R_P、L、ω_0、θ 由所模拟实验条件决定；K、α、D_L 由经验公式求出。

(3) 无因次化方程　为了便于讨论，使模型方程量纲化，引入下列无因次变量：

$$X=\frac{\omega}{\omega_0},\ Q=\frac{q}{q_0},\ Z=\frac{z}{L},$$

$$\phi=\frac{R}{R_P},\ \tau=\frac{ut}{L},$$

$$P_e=\frac{uL}{D_L},\ \delta=\frac{1-\varepsilon_b}{\varepsilon_b}\frac{q_0}{\omega_0},$$

$$k=\frac{L}{u}K,\ \beta=\alpha\theta\frac{\omega_0}{q_0}$$

式(5-65)、式(5-66) 和式(5-70) 化简为：

$$\frac{\partial \omega}{\partial z}=\frac{1}{P_e}\frac{\partial^2 X}{\partial Z^2}-\frac{\partial X}{\partial Z}-\delta\frac{\partial \overline{Q}}{\partial \tau} \tag{5-73}$$

$$\overline{Q}=\frac{3}{R_P^3}\int_0^{R_P} qR^2\,\mathrm{d}R \tag{5-74}$$

$$\frac{\partial q}{\partial t} = k(\beta X - Q) \tag{5-75}$$

无因次初始条件及边界条件为：

$$X_{t=0}=0 \tag{5-76}$$

$$\frac{1}{P_e}\left(\frac{\partial X}{\partial Z}\right)_{Z=0}=X_{Z=0}-1 \tag{5-77}$$

$$\left(\frac{\partial X}{\partial Z}\right)_{Z=1}=0 \tag{5-78}$$

$$Q_{t=0}=0 \tag{5-79}$$

$$\left(\frac{\partial Q}{\partial Z}\right)_{Z=0}=0 \tag{5-80}$$

(4) 模型的求解　固定床吸附脱硫反应器模型由式(5～73)～式(5～75)，以及其初始条件和边界条件方程式(5-76)～式(5～80) 组成。可采用COMSOL Multiphysics软件计算上述偏微分方程组。

习　题

5-1 空气（A）通过静止的二氧化硫气体（B）进行稳定扩散。操作总压力为101.3kPa，温度为0℃，静止气体的厚度为0.5cm，在此静止气体厚度两边的空气分压各为13.33kPa及6.665kPa，$D_{AB}=0.122\times10^{-4}m^2/s$。计算空气通过该厚度的扩散流量。

5-2 在压力为101.3kPa、温度为25℃的系统中，H_2 和 O_2 的混合气体发生定常态扩散过程。已知相距5.00×10^{-3}m的两界面上，氧气的分压分别为1.25×10^4Pa和7.5×10^3Pa；0℃时氧气在氢气中的扩散系数为$6.97\times10^{-5}m^2/s$。求等物质的量反向扩散时：

(1) 氧气的扩散通量；

(2) 氢气的扩散通量；

(3) 与分压为1.25×10^4Pa的界面相距2.50×10^{-3}m处的氧气分压。

5-3 在定常态下，N_2 和 O_2 的混合气体发生扩散过程。系统总压力为101.3kPa，温度为0℃，扩散系数为$1.81\times10^{-2}m^2/s$。已知相距为0.02m的两界面上，N_2 的分压分别为1.52×10^4Pa和4.8×10^3Pa。试求：

(1) N_2 和 O_2 做等物质的量反向扩散时的传质通量；

(2) O_2 为停滞组分时，N_2 的传质通量，并比较等物质的量反向扩散与单向扩散的传质通量大小。

5-4 在一细管中，底部水在恒定温度298K干空气中蒸发。干空气压力为0.1×10^6Pa，温度亦为298K。水蒸气在管内的扩散距离（由液面到管顶部）$\Delta z=20$cm。在0.1×10^6Pa、298K的条件下，水蒸气在空气中的扩散系数为$D_{AB}=2.5\times10^{-5}m^2/s$。试求稳态扩散时水蒸气的传质通量、传质系数及浓度分布。

5-5 在总压为2.026×10^5Pa、温度为298K的条件下，组分A和B进行等分子反向扩散。当组分A在两端点处的分压分别为$p_{A,1}=0.4\times10^5$Pa和$p_{A,2}=0.1\times10^5$Pa时，由实验测得$k_G^0=1.26\times10^{-8}$kmol/($m^2\cdot s\cdot Pa$)，试估算在同样的条件下，组分A通过停滞组分B的传质系数k_G以及传质通量N_A。

5-6 浅盘中装有清水，其深度为5mm，水的分子依靠分子扩散方式逐渐蒸发到大气中，试求盘中水完全蒸干所需要的时间。假设扩散时水的分子通过一层厚4mm、温度为30℃的静止空气层，空气层以外的空气水蒸气的分压为零。分子扩散系数$D_{AB}=0.11m^2/h$。水温可视为与空气相同，当地大气压力为1.01×10^5Pa。

5-7 内径为30mm的量筒中装有水，水温为298K，周围空气温度为30℃，压力为1.01×10^5Pa，空气中水蒸气含量很低，可忽略不计。量筒中水面到上沿的距离为10mm，假设在此空间中空气静止，在量筒口上空气流动，可以把蒸发出的水蒸气很快带走。试问经过2d后，量筒中的水面降低多少？查表得298K时水在空气中的分子扩散系数为$0.26\times10^{-4}m^2/s$。

5-8 一填料塔在大气压1.0×10^5Pa和295K下，用清水吸收氨-空气混合物中的氨。传质阻力可以认为集中在1mm厚的静止气膜中。在塔内某一点上，氨的分压为6.6kPa。水面上氨的平衡分压可以忽略不计。已知氨在空气中的扩散系数为$0.236\times10^{-4}m^2/s$。试求该点上氨的传质速率。

5-9 一直径为2m的贮槽中装有质量分数为0.1的氨水，因疏忽没有加盖，则氨以分子扩散形式挥发。假定扩散通过一层厚度为5mm的静止空气层。在1.0×10^5Pa和295K下，氨的分子扩散系数为$1.8\times10^{-5}m^2/s$，试计算12h中氨的挥发损失量。计算中不考虑氨水浓度的变化，氨在20℃时的相平衡关系为$p=2.69\times10^5x$Pa，x为摩尔分数。

5-10 在温度为25℃、压力为1.013×10^5Pa下，一个原始直径为0.1cm的氧气泡浸没于搅动着的纯水中，7min后，气泡直径减小为0.054cm，试求系统的传质系数。水中氧气的饱和浓度为1.5×10^{-3}mol/L。

5-11　溴粒在搅拌下迅速溶解于水，3min 后，测得溶液浓度为 50％饱和度，试求系统的传质系数。假设液相主体浓度均匀，单位溶液体积的溴粒表面积为 a，初始水中溴含量为 0，溴粒表面处饱和浓度为 $c_{A,s}$。

5-12　在稳态下气体 A 和 B 混合物进行稳态扩散，总压力为 1.013×10^5 Pa，温度为 278K。气相主体与扩散界面之间的垂直距离为 0.1m，两平面上的分压分别为 $p_{A,1}=1.34\times10^4$ Pa 和 $p_{A,2}=0.67\times10^4$ Pa。混合物的扩散系数为 1.85×10^{-5} m²/s。试计算该条件下组分 A 和 B 的传质通量，并对所得的结果加以分析。

第6章　气体吸收

中学里学过，氨气是一种极易溶于水的气体，在实验室中一般用水吸收氨气尾气，这主要是根据氨气和空气在水中的溶解度差异，使得氨气从气相扩散到液相，从而实现氨气尾气的收集。在工业上，一般是通过设计填料吸收塔对氨气进行收集处理，这就必须根据吸收传质机理确定吸收剂用量、塔径、填料层高度等参数，保证较高的吸收效率同时控制成本，实现环境净化和回收双重目的。

6.1　概述

6.1.1　气体吸收及其应用

6.1.1.1　吸收的基本概念

利用气体混合物中各种组分在同一液体（溶剂）中溶解度的差异，有选择地吸收分离气态混合物的过程称为吸收。混合气体中能够显著溶解的组分称为吸收质，混合气体中几乎不被溶解的组分称为惰性气体，吸收操作所用的液体溶剂称为吸收剂。

气体吸收是净化气态污染物、控制大气污染的方法之一。它是利用液体处理气体中的污染物，使其中一种或多种有害成分以扩散方式通过气液两相的相界面而溶于液体或者与液体组分发生有选择性的化学反应，从而将污染物从气流中分离出来的操作过程。当气相中溶质的实际分压低于与液相成平衡的溶质的分压时，所发生的溶质由液相向气相转移的过程，即吸收的逆过程，称为解吸。气体吸收的必要条件是废气中的污染物在吸收液中有一定的溶解度。

6.1.1.2　吸收在环境治理中的应用

吸收可以回收或捕获气体混合物中的有用物质，以制取产品；也可除去工艺气体中的有害成分，使气体净化，以便进一步加工处理，如有害气体会使催化剂中毒，必须除去；或除去工业放空尾气中的有害物，以免污染大气；也可用于制备气体溶液。例如用15%～20%的二乙醇胺吸收石油尾气中的硫化氢，可以再制取硫黄。因此吸收被广泛地应用于气态污染物的净化。又如回收产品，用洗油（焦化厂副产品，数十种碳氢化合物的混合物）吸收焦炉煤气中的苯、甲苯、二甲苯。含有氮氧化物、硫氧化物、碳氢化合物、硫氢化合物等气态污染物的废气都可以通过吸收法除去有害成分。一般来说，化学反应的存在能提高吸收速率，并使吸收程度更趋于完全，相比之下物理吸收的吸收速率较低，并且吸收程度也不完全，因此在气态污染物净化中多采用化学吸收。

6.1.2　气体吸收的分类

吸收操作通常有以下几种分类方法。

6.1.2.1　物理吸收与化学吸收

吸收按溶剂、溶质是否发生化学反应可分为物理吸收与化学吸收。物理吸收可看成气体单纯地溶解于液相的过程。物理吸收操作的极限取决于当时条件下吸收质在吸收剂中的溶解度，吸收速率取决于气、液两相中吸收质的浓度差以及吸收质从气相传递到液相中的扩散速率。加压和降温可以增大吸收质的溶解度，有利于物理吸收。物理吸收是可逆的，热效应小。

化学吸收是在吸收过程中吸收质与吸收剂之间发生化学反应，例如用氢氧化钠溶液吸收 SO_2；如 CO_2 在水中的溶解度甚低，但若用 K_2CO_3 水溶液吸收 CO_2，则在液相中发生下列反应：

$$K_2CO_3 + CO_2 + H_2O = 2KHCO_3$$

化学吸收操作的极限主要取决于当时条件下的反应平衡常数。吸收速率则取决于吸收质的扩散速率或化学反应速率。化学吸收也是可逆的，但伴有较高热效应，需及时移走反应热。

物理吸收和化学吸收的异同点：两类吸收所依据的基本原理以及所采用的吸收设备大致相同。一般来说，化学反应的存在能提高反应速率，并使吸收的程度更趋于完全。考虑到大气污染治理工程中所需净化治理的废气多具有气量大、污染物浓度低等特点，实际中多采用化学吸收法。

吸收法净化气态污染物就是利用混合气体中的各种组分在吸收剂中溶解度的不同，或与吸收剂中的组分发生选择性化学反应，从而将有害组分从气流中分离出来。由于化学反应增大了吸收的传质系数和吸收的推动力，增大了吸收速率，因此对于流量大、成分复杂的废气，大多采用化学吸收。

6.1.2.2 单组分吸收与多组分吸收

吸收过程按被吸收组分数目的不同，可分为单组分吸收和多组分吸收。若混合气体中只有一种组分进入液相，其余组分可认为不溶于吸收剂，这种吸收过程称为单组分吸收，如用水吸收 HCl 气体制取盐酸，用碳酸丙烯酯吸收合成气（含有 N_2、H_2、CO、CO_2 等）中的 CO_2 等。吸收过程中混合气中进入液相气体吸收质不止一种的称为多组分吸收，如用洗油处理焦炉气时，气体中苯、甲苯、二甲苯等几种组分在洗油中都有显著溶解，属于多组分吸收。

6.1.2.3 等温吸收与非等温吸收

被吸收气体溶解于液体时，常常伴随有热效应，当发生化学反应时还会有反应热，其结果是使液相的温度逐渐升高，这样的吸收称为非等温吸收。若吸收过程的热效应很小，或被吸收的组分在气相中的组成很低而吸收剂用量又相对较大，或虽然热效应较大，但吸收设备的散热效果很好，能及时移出吸收过程所产生的热量，此时液相的温度变化并不显著，这种吸收称为等温吸收。

由于工业生产中的吸收过程以单组分吸收为主，本章重点讨论单组分低组成等温物理吸收，对其他吸收过程将做简要介绍。

6.1.3 吸收剂的选择

6.1.3.1 吸收剂的选择原则

吸收剂性能的优劣是决定吸收操作效果的关键之一，理想的吸收剂需要满足如下条件。

① 溶解度。对溶质组分的溶解度越大，则传质推动力越大，吸收速率越快，吸收剂的耗用量越少。

② 选择性。对混合气体溶质组分的溶解度大，对其他组分溶解度甚微。

③ 挥发度。吸收剂蒸气压低，即挥发度小，吸收剂损失量少。

④ 黏度。黏度低，流动阻力小，扩散系数大，利于传质速率提高。

⑤ 溶质在溶剂中的溶解度应对温度的变化比较敏感，即在低温下溶解度要大；随着温度升高，溶解度应迅速下降。

⑥ 不易发泡，以实现吸收塔内良好的气液接触和塔顶的气液分离。

⑦ 价廉，易得，无毒，不易燃，冰点低，具有化学稳定性等经济和安全条件。

6.1.3.2 吸收剂的类型

水常用于净化煤气中的 CO_2 和废气中的 SO_2、HF、SiF_4 以及 NH_3 和 HCl 等。水价廉易得，流程、设备简单；但其缺点是净化效率低，设备庞大，动力消耗大。

碱金属钠、钾或碱土金属钙、镁等的化合物是很有效的吸收剂，能与气态污染物 SO_2、HCl、HF、NO_x 等发生化学反应，因而吸收能力大大增加。

酸性气体在碱性溶液中的溶解度比在水中要大得多，碱性越强溶解度越大。但化学吸收流程较长、设备较多、操作较复杂，吸收剂价格也较贵。其吸收能力强，吸收剂不易再生，因此在选择时要多方面权衡。

工业净化废气时常用的吸收剂见表 6-1。

表 6-1 工业净化废气时常用的吸收剂

有害气体	吸收过程中所用的吸收剂	有害气体	吸收过程中所用的吸收剂
SO_2	H_2O,NH_3,NaOH,Na_2CO_3,Na_2SO_4,$Ca(OH)_2$,$CaCO_3$,CaO,MgO,ZnO,MnO	HF	H_2O,NH_3,Na_2CO_3
		HCl	H_2O,NaOH,Na_2CO_3
		Cl_2	NaOH,Na_2CO_3,$Ca(OH)_2$
		H_2S	NH_3,Na_2CO_3,二乙醇胺
NO_x	H_2O,NH_3,NaOH,Na_2SO_3,$(NH_4)_2SO_3$	含 Pb 废气	CH_3COOH,NaOH
		含 Hg 废气	$KMnO_4$,NaClO,浓硫酸

6.2 吸收过程的气液相平衡

6.2.1 气体在液体中的溶解度

恒定温度和压力下，气、液两相发生接触后，吸收质由气相向液相转移，随着液体中吸收质浓度逐渐增高，吸收速率逐渐减小，解吸速率逐渐增大。经过相当长时间的接触后，吸收速率与解吸速率相等，即吸收质在气相中的分压及在液相中的浓度不再发生变化，此时气、液两相达到平衡状态，简称相平衡。

在平衡状态下，被吸收气体在溶液上方的分压称为平衡分压，可溶气体在溶液中的浓度称为平衡浓度或称为溶解度。溶解度表明在一定条件下吸收过程可能达到的极限程度，习惯上用单位质量（或体积）的液体中所含吸收质的质量来表示。

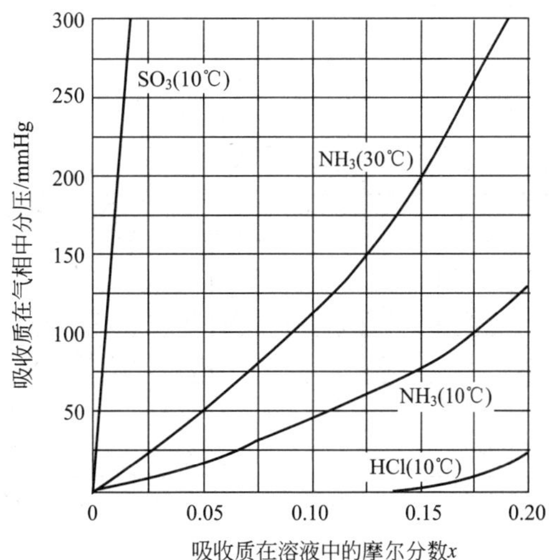

图 6-1 几种气体在水中的溶解度

溶解度不仅与气体和液体性质有关，而且与吸收体系温度、总压和气相组成有关。在总压为几百千帕范围内，它对溶解度的影响可以忽略，而温度的影响则比较显著，图 6-1 为几种常见气体在水中的溶解度。

由图 6-1 可知，SO_2、NH_3 和 HCl 几种常见气体，在不同温度下在水中的平衡溶解度有以下特点。

① 不同性质的气体在同一温度和分压条件下溶解度各不相同。

② 气体的溶解度与温度有关，一般地，对一定的系统（吸收质、吸收剂一定），在总压恒定的条件下，温度升高，溶解度下降。

③ 温度一定时，溶解度随吸收质分压升高而增大，在吸收系统中，增大气相总压，组分的分压会升高，溶解度也随之加大。

④ 当总压不高时（<5 atm），气体混合物可视为理想气体，用分压表示溶质浓度的平衡曲线，与总压无关；当气相浓度用除分压外的形式表达时，总压的影响较大。

6.2.2 亨利定律

气体在液体中的溶解度曲线也称平衡曲线。由图 6-1 可以看出，当稀溶液压力较低（$<5\times10^5$ Pa）时，当温度一定时，稀溶液中吸收质的溶解度与气相中吸收质的平衡分压成正比，这就是亨利定律的内容，它的表示形式有如下几种情况。

6.2.2.1 以分压 p_e 及摩尔分数 x 表示的平衡关系

当液相组成用摩尔分数 x 表示时，则液相上方气体中吸收质分压与其在液相中的摩尔分数之间存在如下关系，即：

$$p_e = Ex \tag{6-1}$$

式中 p_e——吸收质在气相中的平衡分压，kPa；

x——平衡状态下，吸收质在溶液中的摩尔分数；

E——亨利系数，单位与 p_e 相同，其数值随物系特性及温度而变，由实验测定。

难溶气体 E 值很大，易溶气体 E 值很小（表 6-2）。

对于理想溶液，在压力不高及温度恒定的条件下，p_e-x 关系在整个浓度范围内都符合亨利定律，而亨利系数即为该温度下纯溶质的饱和蒸气压，此时亨利定律与拉乌尔定律是一致的。

对于非理想溶液，亨利系数不等于纯溶质饱和蒸气压，且只有液相溶质浓度很低时才是常数；同一种溶剂，不同气体使 E 为恒定的浓度范围不同。E 受温度影响，当气体和溶剂一定时，温度上升，E 上升；在同一溶剂中，难溶气体的 E 大，易溶气体的 E 很小。

表 6-2 部分气体水溶液亨利系数

气体	温度/℃														
	0	5	10	15	20	25	30	35	40	50	60	70	80	90	100
	$E/10^6$ kPa														
H_2	5.87	6.16	6.44	6.69	6.92	7.16	7.39	7.52	7.61	7.25	7.75	7.71	7.65	7.61	7.55
N_2	5.36	6.05	6.77	7.48	8.15	8.76	9.36	9.98	10.56	11.44	12.12	12.66	12.79	12.76	12.72
空气	4.73	4.95	5.56	6.15	6.72	7.29	7.81	8.34	8.81	9.58	10.2	10.63	10.84	10.94	10.88
CO	3.56	4.01	4.48	4.96	5.43	5.87	6.28	6.68	7.05	7.70	8.32	8.56	8.56	8.57	8.57
O_2	2.57	2.95	3.31	3.69	4.05	4.44	4.81	5.14	5.42	5.96	6.37	6.72	6.96	7.08	7.11
CH_4	2.27	2.63	3.01	3.41	3.80	4.19	4.55	4.92	5.27	5.85	6.35	6.75	6.91	7.01	7.11
NO	1.71	1.96	2.21	2.45	2.69	2.91	3.14	3.35	3.57	3.95	4.24	4.44	4.54	4.58	4.6
C_2H_6	1.27	1.57	1.92	2.29	2.67	3.07	3.47	3.88	4.29	5.07	5.72	6.31	6.69	6.96	7.01
CO_2	0.073	0.0888	0.106	0.124	0.144	0.165	0.188	0.212	0.236	0.287	0.345	—	—	—	—
H_2S	0.027	0.0319	0.0371	0.0428	0.0489	0.0552	0.0617	0.0688	0.0755	0.0895	0.1043	0.125	0.137	0.146	0.149

6.2.2.2 以摩尔分数 y 及 x 表示平衡关系

若吸收质在气相与液相中的组成分别用摩尔分数 y 及 x 表示，则亨利定律可写成如下形式，即：

$$y_e = mx \tag{6-2}$$

式中 y_e——与 x 相平衡的气相中吸收质的摩尔分数；

m——相平衡常数，无量纲。

相平衡常数 m 可通过实验测定，其值的大小可以判断不同气体的溶解度大小，m 值越小，表明该气体的溶解度越大。对一定的物系，m 值是温度和压力的函数。

6.2.2.3 以 p_e 及 c 表示的平衡关系

若用物质的量浓度 c 表示吸收质在液相中的组成，亨利定律可写成如下形式：

$$p_e = \frac{c}{H} \tag{6-3}$$

式中 c——单位体积溶液中吸收质的物质的量，$kmol/m^3$；

H——溶解度系数，$kmol/(m^3 \cdot kPa)$。

6.2.2.4 以 Y 及 X 表示的平衡关系

在吸收计算中，为方便起见，常采用摩尔比 Y 及 X 分别表示气、液两相的组成。摩尔比的定义是：

$$X = \frac{\text{液相中吸收质的物质的量}}{\text{液相中吸收剂的物质的量}} = \frac{x}{1-x} \tag{6-4}$$

$$Y = \frac{\text{气相中吸收质的物质的量}}{\text{气相中惰性气体的物质的量}} = \frac{y}{1-y} \tag{6-5}$$

对于难溶气体形成的稀溶液，平衡关系可近似表示为：

$$Y_e = mX \tag{6-6}$$

【例 6-1】 用水来吸收含有30%（摩尔分数）CO_2 的某混合气体。吸收温度为30℃，总压为 1.013×10^5 Pa，试求 CO_2 在水中的最大浓度（用摩尔分数表示）。

解： 已知 CO_2 的分压为：

$$p_{CO_2} = py = 1.013\times10^5\times30\% = 30.39(kPa)$$

在达到气、液两相平衡时，CO_2 在气相中的平衡分压为 p_e，依据亨利定律，液相中 CO_2 浓度为：

$$x = \frac{p_e}{E}$$

由表6-2查得，30℃时 CO_2 在水中的亨利系数 $E=0.188\times10^6$ kPa，则：

$$x = \frac{30.39}{188000} = 1.62\times10^{-4}$$

6.2.3 相平衡关系在吸收过程中的应用

6.2.3.1 吸收传质过程的判断

根据相平衡，可以判断气液接触时吸收质的传质方向，即吸收质是由气相传到液相（被吸收），还是从液相传到气相（被解吸）。

现以一传质设备来说明传质过程，如图 6-2 所示。

用 y_1、y_2 分别表示进、出口气相中吸收质的摩尔分数；x_1、x_2 分别表示出、进口液相中吸收质的摩尔分数；x_e、y_e 分别表示出口液、气相中吸收质的平衡摩尔分数。

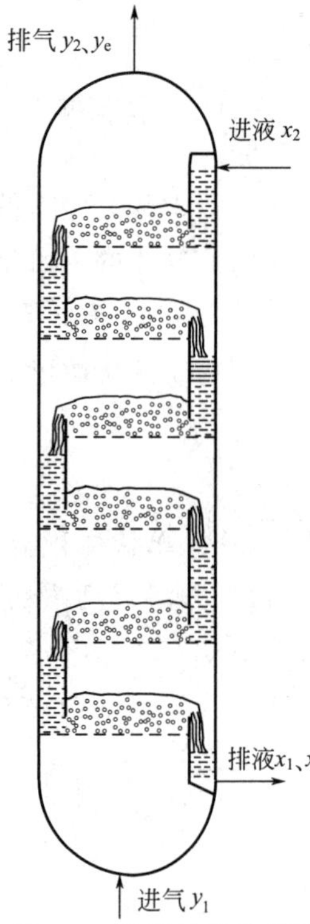

气液两相在传质设备中相接触，发生物质的传递，系统会自发地向平衡状态变化。若测得 $y>y_e$，该组分将被溶液吸收；若测得 $y<y_e$，则该组分将从溶液中解吸出来；同理，$x<x_e$ 是吸收过程，而 $x>x_e$ 是脱吸过程。

图 6-2 传质过程示意图

6.2.3.2 计算过程推动力

平衡是过程极限，不平衡的两相互相接触才会发生气体的吸收或解吸。实际浓度偏离平衡浓度越远，过程的推动力越大，过程的速率也越快。在吸收过程中，通常以实际浓度与平衡浓度的偏离程度来表示吸收的推动力。

以吸收塔的某一截面为研究对象，该处气相中吸收质摩尔分数为 y，液相中吸收质摩尔分数为 x。在相平衡曲线图上，该截面的两相实际浓度如点 A_1、A_2 所示（图 6-3）。

由于相平衡关系的存在，气液两相间的吸收推动力并非 $y-x$，而可以分别用 $y-y_e$ 或 x_e-x 表示。$y-y_e$ 称为以气相摩尔分数差表示吸收推动力，x_e-x 则称为以液相摩尔分数差表示吸收推动力。其中，x_{e1}、x_{e2} 为相应液相中的平衡浓度。

6.2.3.3 吸收过程极限

相平衡是吸收过程极限，用相平衡方程式能确定吸收（或解吸）过程，从而提出合理的工艺设计要求。根据相平衡方程式有：

$$x_e=\frac{y}{m} 或 y_e=mx$$

因此可以判定无论塔的效率多高或塔身多长，其所得吸收液中该组分的组成 x_1 不可能超过 x_{e1}，即：$x_1 \leqslant x_{e1}=\frac{y_1}{m}$。

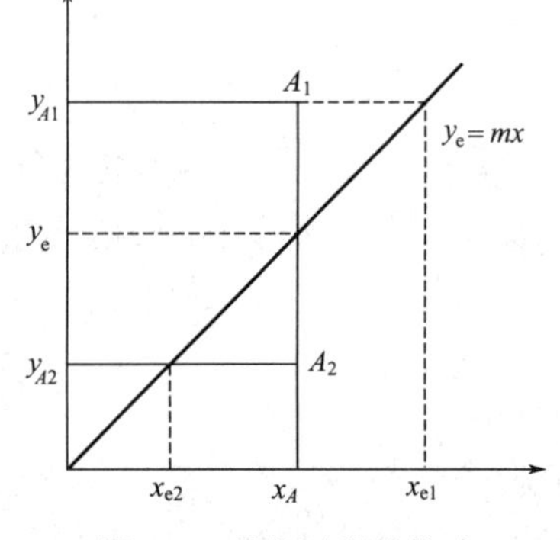

图 6-3 吸收过程的推动

同理，处理后排气中 y_2 也不可能低于 y_{e2}，即：$y_2 \geqslant y_{e2}=mx_2$。依据进气组成和进液组成，利用相平衡方程式可计算吸收剂出口的最终组成和最终排放废气出口的极限组成。相平衡关系限制了吸收剂离塔时的最高含量和气体混合物离塔时的最低含量。

6.2.3.4 化学吸收的气液平衡

亨利定律只适用常压或低压下的稀溶液，而且吸收质（被吸收组分）在气相与吸收剂中的分子状态应相同；若被溶解气体分子在溶液中发生化学反应，则此时亨利定律只适用于溶液中不发生化学反应的那部分吸收质分子的浓度，而该浓度决定于液相化学反应平衡条件。

气体溶于液体发生化学反应，则被吸收组分的气液平衡关系既服从相平衡关系，又应服从化学平衡关系。

$$c_A=[A]_{物理平衡}+[A]_{化学平衡} \tag{6-7}$$

设被吸收组分 A 与溶液中所含的组分 B 发生相互反应生成产物 C 和 D，同时满足相平衡与化学平衡关系，所以：

$$\begin{array}{c} aA_G \\ \updownarrow \\ aA_L+bB\longrightarrow cC+dD \end{array}$$

化学平衡关系可以写成：

$$K=\frac{[C]^c[D]^d}{[A]^a[B]^b}$$

式中　[C]，[D]，[A]，[B]——生成物与反应物中各组分的浓度；

K——化学平衡常数。

由上式可以得到：

$$[A]=\left\{\frac{[C]^c[D]^d}{[B]^bK}\right\}^{\frac{1}{a}}$$

代入亨利定律可得：

$$p_e=\frac{1}{H_A}\left\{\frac{[C]^c[D]^d}{[B]^bK}\right\}^{\frac{1}{a}} \tag{6-8}$$

在化学吸收中，组分 A 在溶液中的总浓度等于与组分 B 反应生成组分 C 所消耗的量与保持相平衡而溶解量之和，因此化学吸收过程的传质量比物理吸收要大。

6.3　吸收速率方程

吸收速率是指单位时间内单位相际传质面积上吸收的吸收质的量。表明吸收速率与吸收推动力之间关系的数学表达式称为吸收速率方程式。根据双膜理论，在稳定吸收操作中，从气相主体传递到界面的吸收质的通量等于从界面传递到液相主体的吸收质的通量，即：

吸收质通过气膜的吸收速率≈吸收质通过液膜的吸收速率

吸收速率=吸收系数 ×吸收推动力

或

$$吸收速率=\frac{吸收推动力}{吸收阻力}$$

在对吸收设备进行设计计算，或核算混合气体通过指定设备所能达到的吸收程度时，需要确定吸收速率。由于吸收系数及其相应的推动力的表达方式及范围不同，出现了多种形式的吸收速率方程式。但在稳定的吸收操作中，吸收设备内的任一部位上，相界面上两侧的传质速率应是相等的，因此其中任何一侧的对流扩散速率都能代表该部位上的吸收速率。

6.3.1 相际传质速率

吸收过程中的相际传质是由气相与界面的对流传质、界面上溶质组分的溶解、液相与界面的对流传质三个过程串联而成，见图 5-7。传质速率虽可计算，但必须获得传质分系数 k_x、k_y 的实验值并求出界面浓度；而界面浓度是难以得到的。工程上为方便起见，可借用两流体换热过程的处理方法，引入总传质系数，使相际传质速率的计算能够避开气液两相的传质系数。

气相传质速率方程式、液相传质速率方程式为：

$$N_A = k_y (y - y_i) \tag{6-9}$$

$$N_A = k_x (x_i - x) \tag{6-10}$$

x_i、y_i 分别为界面处的液、气相溶质的摩尔分数。界面上气体溶解没有阻力，即界面上气液两相组成服从相平衡方程：

$$y_i = f(x_i) \tag{6-11}$$

对稀溶液，物系服从亨利定律：

$$y_i = m x_i \tag{6-12}$$

或在计算范围内，平衡线可近似做直线处理，即：

$$y_i = m x_i + a \tag{6-13}$$

传质速率可写成推动力与阻力之比，对定态过程，式(6-9)、式(6-10) 可改写为：

$$N_A = \frac{y - y_i}{\frac{1}{k_y}} = \frac{x_i - x}{\frac{1}{k_x}} \tag{6-14}$$

为消去界面含量，将式(6-14) 的最右端分子、分母均乘以 m，将推动力加和以及阻力加和即得：

$$N_A = \frac{y - y_i + (x_i - x) m}{\frac{1}{k_y} + \frac{m}{k_x}} \tag{6-15}$$

如图 6-4 所示，平衡线斜率为 m，则 $m(x_i - x) = y_i - y_e$，或 $\frac{y - y_i}{m} = x_e - x_i$，则式(6-15) 成为：

$$N_A = \frac{y - y_e}{\frac{1}{k_y} + \frac{m}{k_x}} \tag{6-16}$$

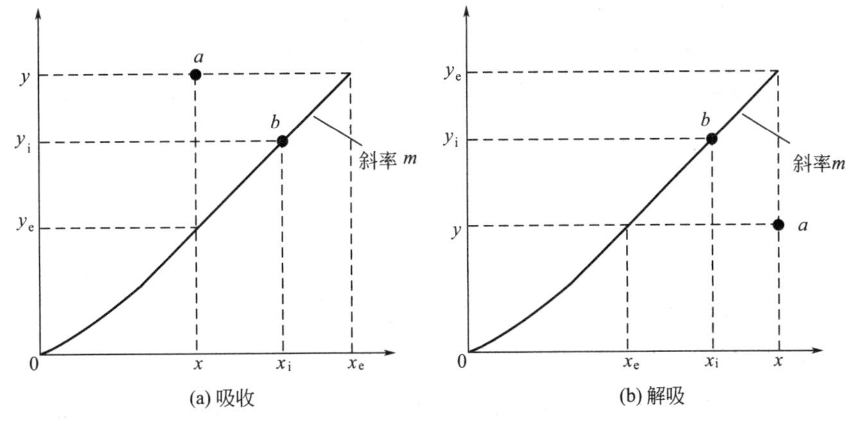

图 6-4 主体含量与界面含量图示

于是相际传质速率方程式可表示为：

$$N_A = K_y(y - y_e) \tag{6-17}$$

式中

$$K_y = \frac{1}{\frac{1}{k_y} + \frac{m}{k_x}} \tag{6-18}$$

式(6-18) 称为以气相摩尔分数差（$y-y_e$）为推动力的总传质系数，kmol/(m^2 · s)。也可将式(6-15) 等号右边的分子、分母均除以 m，并同样根据加和原则得到：

$$N_A = \frac{\frac{y-y_i}{m} + (x_i - x)}{\frac{1}{k_y m} + \frac{1}{k_x}} = \frac{x_e - x}{\frac{1}{k_y m} + \frac{1}{k_x}} \tag{6-19}$$

故相际传质速率方程也可写成：

$$N_A = K_x(x_e - x) \tag{6-20}$$

式中

$$K_x = \frac{1}{\frac{1}{k_y m} + \frac{1}{k_x}} \tag{6-21}$$

式(6-21) 为以液相摩尔分数差（x_e-x）为推动力的总传质系数，kmol/(m^2 · s)。

比较式(6-18) 和式(6-21)，可知：

$$mK_y = K_x \tag{6-22}$$

不难导出解吸速率方程为：

$$N_A = K_x(x - x_e) \quad 或 \quad N_A = K_y(y_e - y) \tag{6-23}$$

式中的 K_x、K_y 与式(6-18)、式(6-21) 相同，但吸收与解吸过程的推动力表达形式刚好相反。传质速率方程可用总传质系数或某一相的传质系数两种方法表示，相应的推动力也不同。当气相和液相中溶质的浓度采用分压 p 与物质的量浓度 c 表示时，速率式中的传质系数与推动力自然也不同。不同的推动力对应于不同的传质系数，此点在计算及引用文献数据时应特别注意。

6.3.2 膜吸收速率方程及总吸收速率方程

6.3.2.1 气膜吸收速率方程

根据双膜理论及相际传质速率方程，写出吸收质通过气膜时吸收速率方程：

$$N_A=k_y(y-y_i)=\frac{y-y_i}{\frac{1}{k_y}} \tag{6-24}$$

$$N_A=k_G(p-p_i)=\frac{p_G-p_i}{\frac{1}{k_G}} \tag{6-25}$$

式中 N_A——单位时间内组分A扩散通过单位面积的物质的量，即传质速率，$kmol/(m^2 \cdot s)$；

p_G，p_i——吸收质A在气相主体和相界面处的分压，kPa；

y，y_i——吸收质A在气相主体和相界面处的摩尔分数；

k_G——以分压差（$p-p_i$）表示推动力的气相传质系数，$kmol/(m^2 \cdot s \cdot kPa)$；

k_y——以摩尔分数差（$y-y_i$）表示推动力的气相传质系数，$kmol/(m^2 \cdot s)$。

6.3.2.2 液膜吸收速率方程

根据双膜理论，写出吸收质通过液膜时吸收速率方程：

$$N_A=k_x(x_i-x)=\frac{x_i-x}{\frac{1}{k_x}} \tag{6-26}$$

$$N_A=k_L(c_i-c)=\frac{c_i-c}{\frac{1}{k_L}} \tag{6-27}$$

式中 c，c_i——吸收质A在液相主体和相界面的浓度，$kmol/m^3$；

x，x_i——吸收质A在液相主体和相界面处的摩尔分数；

k_L——以浓度差（c_i-c）表示推动力的液相传质系数，m/s；

k_x——以摩尔分数差（x_i-x）表示推动力的液相传质系数，$kmol/(m^2 \cdot s)$。

6.3.2.3 总吸收速率方程

（1）以 $p-p_e$ 表示总推动力的总吸收速率方程

$$N_A=K_G(p-p_e) \tag{6-28}$$

则
$$\frac{1}{K_G}=\frac{1}{Hk_L}+\frac{1}{k_G} \tag{6-29}$$

（2）以 $y-y_e$ 表示总推动力的总吸收速率方程

$$N_A=K_y(y-y_e) \tag{6-30}$$

则
$$\frac{1}{K_y}=\frac{m}{k_x}+\frac{1}{k_y} \tag{6-31}$$

（3）以 c_e-c 表示总推动力的总吸收速率方程

$$N_A=K_L(c_e-c) \tag{6-32}$$

则
$$\frac{1}{K_L}=\frac{H}{k_G}+\frac{1}{k_L} \tag{6-33}$$

（4）以 x_e-x 表示总推动力的总吸收速率方程

$$N_A=K_x(x_e-x) \tag{6-34}$$

则
$$\frac{1}{K_x}=\frac{1}{mk_y}+\frac{1}{k_x} \tag{6-35}$$

式中　K_G——以分压差表示总推动力的气相总传质系数，kmol/(m^2·s·kPa)；

K_y——以摩尔分数差表示总推动力的气相总传质系数，kmol/(m^2·s)；

K_L——以浓度差表示总推动力的液相总传质系数，m/s；

K_x——以摩尔分数差表示总推动力的液相总传质系数，kmol/(m^2·s)。

以上吸收速率方程说明，吸收过程总阻力等于气膜阻力和液膜阻力之和，传质系数与传质推动力相对应。

6.3.3　总传质系数与膜传质系数

总传质速率方程表明，传质速率与传质推动力成正比，与传质阻力成反比。因此，对吸收操作来说，增加溶质气相分压或者减小液相浓度，都可以增加传质推动力，从而提高传质速率。当传质推动力一定时，则需要减小传质阻力来提高传质速率，因此有必要对传质阻力进行分析。

前已述及，传质总阻力包括气膜阻力和液膜阻力两部分，即：

$$\frac{1}{K_G}=\frac{1}{k_G}+\frac{1}{Hk_L} \quad 或 \quad \frac{1}{K_L}=\frac{H}{k_G}+\frac{1}{k_L} \tag{6-36}$$

在通常的吸收操作条件下，k_G 和 k_L 的数值大致相当，而且变化也不大，而不同溶质的亨利系数却相差很大，因此对具体的吸收过程应具体分析，确定控制传质阻力的主要因素。

表 6-3 列出了吸收速率方程式一览表，表 6-4 所列为传质系数的表达式及传质系数的换算关系式。

表 6-3　吸收速率方程式一览表

类型	吸收速率方程式	推动力		传质系数	
		表达式	单位	符号	单位
气膜和液膜的吸收速率方程	$N_A=k_G(p-p_i)$	$(p-p_i)$	kPa kmol/m^3	k_G	kmol/(m^2·s·kPa)
	$N_A=k_L(c_i-c)$	(c_i-c)		k_L	m/s
	$N_A=k_x(x_i-x)$	(x_i-x)		k_x	kmol/(m^2·s)
	$N_A=k_y(y-y_i)$	$(y-y_i)$		k_y	kmol/(m^2·s)
总吸收速率方程	$N_A=K_L(c_e-c)$	(c_e-c)	kmol/m^3 kPa	K_L	m/s
	$N_A=K_G(p-p_e)$	$(p-p_e)$		K_G	kmol/(m^2·s·kPa)
	$N_A=K_x(x_e-x)$	(x_e-x)		K_x	kmol/(m^2·s)
	$N_A=K_y(y-y_e)$	$(y-y_e)$		K_y	kmol/(m^2·s)
	$N_A=K_X(X_e-X)$	(X_e-X)		K_X	kmol/(m^2·s)
	$N_A=K_Y(Y-Y_e)$	$(Y-Y_e)$		K_Y	kmol/(m^2·s)

表 6-4　传质系数的表达式及传质系数的换算关系式

总传质系数表达式	$\frac{1}{K_G}=\frac{1}{Hk_L}+\frac{1}{k_G}$	$\frac{1}{K_x}=\frac{1}{mk_y}+\frac{1}{k_x}$	$\frac{1}{K_y}=\frac{m}{k_x}+\frac{1}{k_y}$	$\frac{1}{K_L}=\frac{H}{k_G}+\frac{1}{k_L}$
传质系数换算式	$k_x=ck_L \quad k_y=pk_G$			
总传质系数的换算	$K_y=pK_G \quad K_x=mK_y \quad K_x=cK_L \quad K_G=HK_L$			

对于易溶气体，由于溶解度系数 H 较大，吸收速率主要取决于气膜阻力，液膜阻力可以忽略，此时：

$$\frac{1}{K_G}\approx\frac{1}{k_G}$$

即 $K_G\approx k_G$，吸收速率主要受气膜一方的吸收阻力所控制，这种吸收过程称为气膜控制，例如用水吸收氨气或氯化氢气体等。对于气膜控制的吸收过程，如要提高其速率，在选择设备形式和操作条件时，应注意减小气膜的阻力。对于难溶性气体，溶解度系数 H 较小，则可以忽略气膜阻力，而只考虑液膜阻力，此时：

$$\frac{1}{K_L}\approx\frac{1}{k_L}$$

即 $K_L\approx k_L$，吸收速率主要受液膜一方的吸收阻力所控制，这种吸收过程称为液膜控制，例如用水吸收二氧化碳或氧气等。对于液膜控制的吸收过程，如要提高其速率，在选择设备形式和操作条件时，应注意减小液膜的阻力。

传质过程中两相阻力分配的情况与换热过程极为相似。所不同的是，对于吸收过程，气液平衡关系对各传质步骤阻力的大小及传质总推动力的分配有着极大的影响。易溶气体溶解度大，平衡线斜率 m 小，其吸收过程通常为气相阻力控制，例如用水吸收 NH_3、HCl 等气体属此类情况；难溶气体溶解度小，平衡线斜率 m 大，其吸收过程多为液相阻力控制，例如用水吸收 CO_2、O_2 等气体基本上是液相阻力控制的吸收过程。

实际吸收过程的阻力在气相和液相中各占一定的比例。但是，以气相阻力为主的吸收操作，增加气体流率，可降低气相阻力而有效地加快吸收过程；而增加液体流率则不会对吸收速率有明显的影响。反之，当实验发现吸收过程的总传质系数主要受气体流率的影响，则该过程必为气相阻力控制，其主要阻力必在气相。

对于介于易溶与难溶之间的气体吸收过程，吸收过程受气膜和液膜的双膜控制，气膜和液膜阻力都要同时考虑，表 6-5 列出了常见吸收过程的控制因素。

表 6-5　常见吸收过程的控制因素举例

气膜控制	液膜控制	双膜控制
H_2O 吸收 NH_3	H_2O 或弱碱吸收 CO_2	H_2O 吸收 SO_2
H_2O 吸收 HCl	H_2O 吸收 Cl_2	H_2O 吸收丙酮
碱液或氨水吸收 SO_2	H_2O 吸收 O_2	浓硫酸吸收 NO_2
弱碱吸收 H_2S	H_2O 吸收 H_2	

吸收速率是计算吸收设备的重要参数，吸收速率高，吸收设备单位时间内吸收的量也随之提高，根据前面的分析，可以采取以下措施来提高吸收效果。

① 提升气液两相相对运动速度，降低气膜、液膜的厚度以减小阻力。

② 选用对吸收质溶解度大的液体作吸收剂。

③ 适当提高供液量，降低液相主体中吸收质浓度以增大吸收推动力。

④ 增大气液相接触面积。

【例 6-2】 在 110kPa 的总压下，用浓度为 1kmol/m^3 的氨水在填料吸收塔内吸收混于空气中的氨气，混合气体中含氨 3%（体积分数）。若气膜传质系数 $k_G=5\times10^{-6}\text{kmol/(m}^2\cdot\text{s}\cdot\text{kPa)}$，液膜传质系数 $k_L=1.5\times10^{-4}\text{m/s}$，操作条件下平衡关系服从亨利定律，溶解度系数 $H=0.728\text{kmol/(m}^3\cdot\text{kPa)}$。试计算：

(1) 以分压差和浓度差表示的传质总推动力及相应的总传质系数和传质速率；

(2) 气相、液相传质阻力；

(3) 分析吸收过程的控制因素。

解：(1) 总推动力及对应的总传质系数和传质速率　气相主体中氨的分压为：

$$p=110\times0.03=3.3(\text{kPa})$$

以气相分压差表示的总推动力为：

$$p-p_e=3.3-\frac{c}{H}=3.3-\frac{1}{0.728}=1.93(\text{kPa})$$

以液相浓度差表示的总推动力为：

$$c_e-c=pH-c=3.3\times0.728-1=1.40(\text{kmol/m}^3)$$

对应的总传质系数为：

$$\frac{1}{K_G}=\frac{1}{Hk_L}+\frac{1}{k_G}=\frac{1}{0.728\times1.5\times10^{-4}}+\frac{1}{5\times10^{-6}}=2.09\times10^5(\text{m}^2\cdot\text{s}\cdot\text{kPa/kmol})$$

$$K_G=4.78\times10^{-6}\text{kmol/(m}^2\cdot\text{s}\cdot\text{kPa)}$$

由于：

$$K_L=\frac{K_G}{H}=\frac{4.78\times10^{-6}}{0.728}=6.57\times10^{-6}(\text{m/s})$$

传质速率为：

$$N_A=K_G(p-p_e)=4.78\times10^{-6}\times1.93=9.23\times10^{-6}[\text{kmol/(m}^2\cdot\text{s)}]$$

或

$$N_A=K_L(c_e-c)=6.57\times10^{-6}\times1.40=9.198\times10^{-6}[\text{kmol/(m}^2\cdot\text{s)}]$$

(2) 气相、液相传质阻力　由计算过程可知，吸收过程的总阻力为：

$$\frac{1}{K_G}=2.09\times10^5\text{m}^2\cdot\text{s}\cdot\text{kPa/kmol}$$

其中气膜阻力为：

$$\frac{1}{k_G}=2\times10^5\text{m}^2\cdot\text{s}\cdot\text{kPa/kmol}$$

液膜阻力为：

$$\frac{1}{Hk_L}=9.16\times10^3\text{m}^2\cdot\text{s}\cdot\text{kPa/kmol}$$

(3) 吸收控制因素分析　气膜阻力占总阻力的比例为：$\frac{2\times10^5}{2.09\times10^5}=0.957$。

由此可以看出，该吸收过程气膜阻力占总阻力的绝大部分，该吸收过程为气膜控制。

6.4 吸收塔的计算

在工业生产中吸收操作常采用逐级接触的板式塔和连续接触的填料塔，本节对吸收操作的分析和计算将主要结合填料塔进行。

在填料塔内，气液两相既可逆流，也可并流。在同等条件下，逆流操作可获较大的平均推动力，从而有利于提高吸收速率。从另一方面看，逆流时，流至塔底的吸收液恰与刚刚进入塔的高浓度混合气体接触，有利于提高出塔吸收液的浓度，从而可减少吸收剂的用量，获得最大的分离效果。因此，吸收塔通常都采用逆流操作。对于填料塔的工艺计算主要包括如下项目。

① 根据生产任务，选择合适的吸收剂，确定吸收剂的用量。

② 确定吸收塔的主要结构尺寸，包括塔径和塔的有效高度。

③ 填料的选择，填料层高度的计算。

④ 塔流体力学性能（$\Delta p/z$）计算。

6.4.1 吸收塔的物料衡算与操作线方程

为了确定吸收剂的用量，首先对整个吸收塔进行物料衡算。吸收操作计算的依据是物料衡算，气液平衡关系及速率关系。

下面讨论的吸收塔物料衡算限于如下假设条件。

① 吸收为低浓度等温物理吸收，总吸收系数为常数。

② 惰性组分B在吸收剂中完全不溶解，吸收剂在操作条件下完全不挥发，惰性气体和吸收剂在整个吸收塔中均为常量。

6.4.1.1 全塔物料衡算

如图6-5所示是一稳定操作逆流接触的吸收塔物料衡算示意图，下标“1”代表浓端，下标“2”代表稀端。图中各符号的意义如下：

V——混合气体中惰性气体的摩尔流量，kmol/h；

L_S——纯吸收剂的摩尔流量，kmol/h；

Y_1，Y_2——在塔底和塔顶的气相组成，以摩尔比表示，kmol/kmol；

X_1，X_2——在塔底和塔顶的液相组成，以摩尔比表示，kmol/kmol。

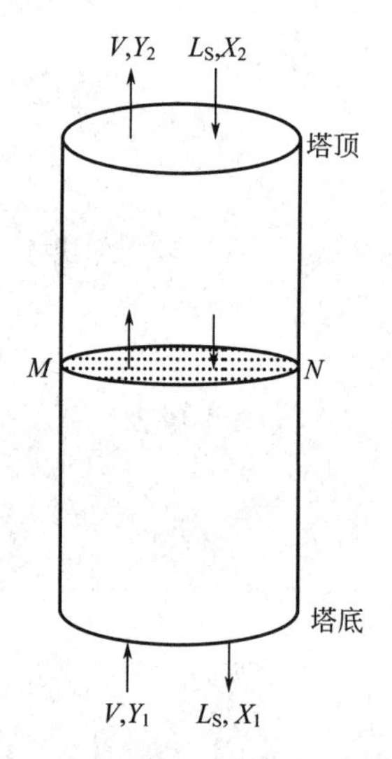

图6-5 吸收塔的物料衡算

在吸收塔稳定操作的情况下，对单位时间内进出吸收塔的吸收质做物料衡算。

$$VY_1+L_SX_2=VY_2+L_SX_1 \tag{6-37}$$

整理后得：

$$V(Y_1-Y_2)=L_S(X_1-X_2) \tag{6-38}$$

该式为吸收塔的全塔物料衡算式。它的意义在于单位时间内混合气体中吸收质的减少量等于液相中吸收质的增加量。

一般情况下，进塔混合气体的流量和组成是由生产任务所规定的，而吸收剂的初始组成与流量根据生产工艺要求确定，故V、

Y_1、L_S 及 X_2 均为已知数，而净化后混合气体中吸收质的含量由吸收任务规定的吸收质吸收率 φ 来决定。

吸收质吸收率又称回收率，它表示混合气体中吸收质被吸收的百分率，即：

$$\varphi=\frac{\text{被吸收的量}}{\text{原混合气体中吸收质的量}}=\frac{V(Y_1-Y_2)}{VY_1}$$

则

$$Y_2=Y_1(1-\varphi) \tag{6-39}$$

由此，通过全塔物料衡算式便可以求得塔底排出吸收液浓度 X_1。

6.4.1.2　吸收塔的操作线方程与操作线

在稳定的逆流操作的吸收塔内，以任一截面 MN 与塔的一个端面之间为衡算范围，以吸收质为衡算对象，有：

$$V(Y_1-Y)=L_S(X_1-X) \tag{6-40}$$

$$Y=\frac{L_S}{V}X+\left(Y_1-\frac{L_S}{V}X_1\right) \tag{6-41}$$

式(6-41) 称为逆流吸收塔的操作线方程式，它表明塔内任一横截面上的气相浓度 Y 与液相浓度 X 之间成直线关系，如图 6-6 所示。图中直线 BT 即为逆流吸收塔的操作线，端点 B 代表吸收塔底的情况，此处具有最大的气、液浓度，故称为“浓端”；端点 T 代表塔顶的情况。直线斜率为$\frac{L_S}{V}$，截距为 $Y_1-\frac{L_S}{V}X_1$，直线的两端分别反映了塔底（Y_1，X_1）和塔顶（Y_2，X_2）的气液两相组成。

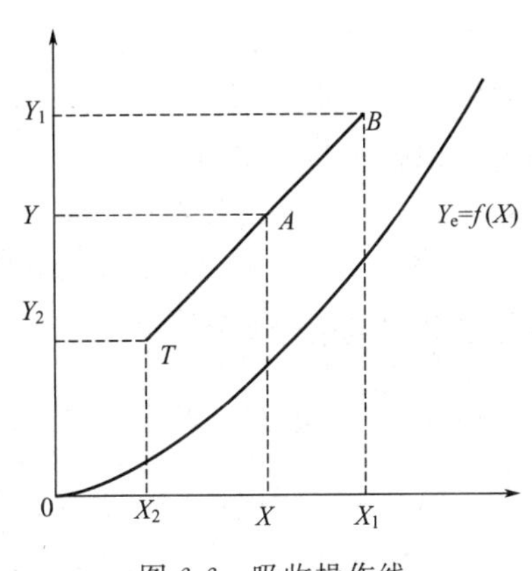

图 6-6　吸收操作线

此直线上任一点的 Y、X 都对应着吸收塔中某一截面处的气液相组成。吸收操作线斜率$\frac{L_S}{V}$称为吸收操作的液气比。操作线上任一点 A，代表着塔内相应截面上的液、气浓度 X、Y。

操作线方程式的作用在于说明塔内气液浓度变化情况，通过气液情况与平衡关系的对比确定吸收推动力，进行吸收速率计算，并可确定吸收剂的最小用量，计算出吸收剂的操作用量。

6.4.1.3　吸收操作线与平衡线间的关系

（1）在 Y-X 图上，吸收操作线必须处于平衡线上　当进行吸收操作时，在塔内任一截面上，吸收质在气相中的实际浓度总是高于与其接触的液相平衡浓度，所以吸收操作线必位于平衡线上方。反之，若操作线位于平衡线下方，则进行解吸（脱吸）过程。

（2）操作线与平衡线之间的距离反映了吸收推动力的大小　如对操作线上任一点 M，截交操作线和平衡线的垂直线段就等于推动力（$Y-Y_e$），而截交此同一点的水平线段等于推动力（X_e-X），这就是说，在塔的任一截面上，气相中可溶组分的含量比与液相平衡含量相对应的气相平衡含量大得越多，则吸收推动力越大。

（3）平衡线与操作线不能相交或相切　假如两者相交，就意味着在塔的某一截面处吸收推动力等于零，因此为达到一定的浓度变化，需两相的接触时间为无限长，因而需要的填料层高度为无限大，这种操作情况是不可能实现的。

需要指出，操作线方程式及操作线都是由物料衡算得来的，与系统的平衡关系、操作温度和压力以及塔的结构形式都无关。

6.4.2 吸收剂用量的确定

将全塔物料衡算式(6-40) 改写为：

$$\frac{L_S}{V}=\frac{Y_1-Y_2}{X_1-X_2} \tag{6-42}$$

$\frac{L_S}{V}$称为吸收剂单位耗用量或液气比。它表示单位惰性气体所需的吸收剂量。

6.4.2.1 最小液气比

如图 6-7（a）所示，由于 X_2、Y_2 已知，即操作线起点 A（X_2，Y_2）位置一定，对于 B 点，则随吸收剂用量的不同而变化，即随操作线斜率$\frac{L_S}{V}$不同而不同。由于初始浓度 Y_1 是给定的，当操作线斜率变化时，终点 B 将在平行于 X 轴的直线 Y_1D 上移动。B 点位置的变化使溶液出口浓度 X_1 也发生变化。减少吸收剂用量，将使操作线斜率变小，出口溶液 X_1 加大；但吸收的推动力相应减小，吸收将变得困难。为达到同样的吸收效果，减少吸收剂用量时，气、液两相的接触时间必须延长，吸收塔必须加高。吸收剂流量 L_S 越小，操作线与平衡线越接近，其极限位置为操作线与平衡线相交，X_1 与 Y_1 成平衡，这时理论上吸收液所能达到的最高摩尔比，以 X_{1e} 表示，此操作线斜率为最小，对应的液气比称为最小液气比，以$\left(\frac{L_S}{V}\right)_{min}$表示。$X_{1e}$ 是理论上在操作条件下溶液所能达到的最高浓度，但此时推动力为零，因而所需吸收塔的高度为无限大。这一操作情况在实际上是不可能的。

最小液气比可用作图法求取，具体作法分两种情况。

① 吸收平衡线下凹时，如图 6-7（a）所示。由于 $Y=Y_1$ 水平线与平衡线相交，交点的横坐标即为 X_{1e}，若气体的溶液服从亨利定律，则 $X_{1e}=\frac{Y_1}{m}$。由全塔的物料平衡计算可得：

$$\left(\frac{L_S}{V}\right)_{min}=\frac{Y_1-Y_2}{X_{1e}-X_2} \tag{6-43}$$

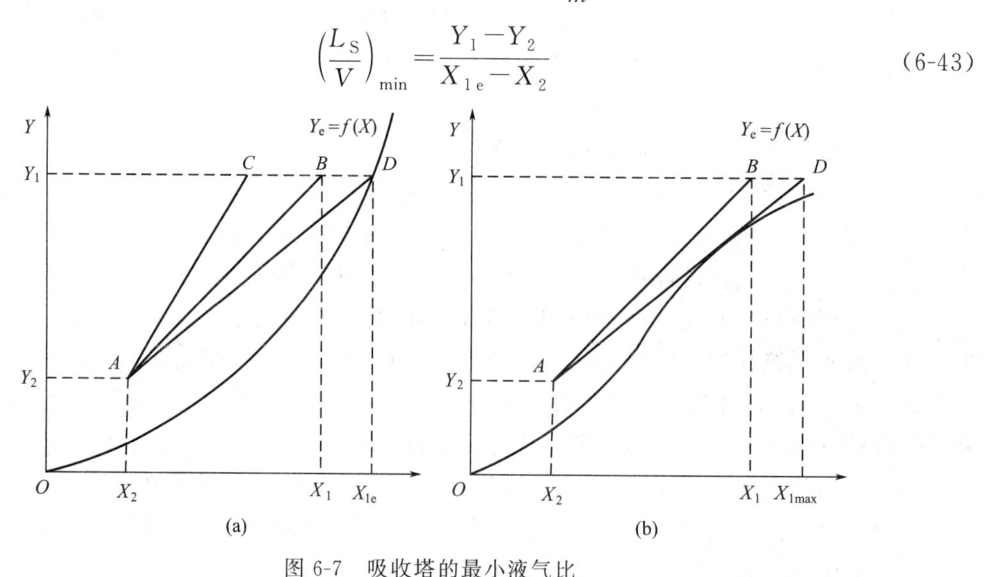

图 6-7 吸收塔的最小液气比

② 吸收平衡线上凸或平衡线为直线时，如图 6-7（b）所示。当液气比$\left(\frac{L_S}{V}\right)$减少到操作线与平衡线相切时，尽管塔底两相浓度（$X_1$，$Y_1$）未达到平衡，但在切点处达到平衡，此时的液气比即为$\left(\frac{L_S}{V}\right)_{min}$。理论上吸收液的最大浓度为该切线和 $Y=Y_1$ 水平线交点 D 的横坐标 X_{1max}，此时最小液气比计算式为：

$$\left(\frac{L_S}{V}\right)_{min}=\frac{Y_1-Y_2}{X_{1max}-X_2} \tag{6-44}$$

6.4.2.2　液气比的确定

在吸收操作中，由于吸收剂从塔顶向下流动时，有径向集壁的趋向，下流液体并不一定能把填料的所有表面都润湿。填料表面未被润湿的部分，对吸收操作中的物质传递自然不起作用。为了充分发挥填料的效能，要求喷淋密度［即单位时间单位塔截面上的液体喷淋量，单位为 $m^3/(m^2 \cdot h)$］，应大于充分润湿填料所必需的最小喷淋密度。一般喷淋密度的低限为 $5\sim12m^3/(m^2 \cdot h)$，在实际操作中的喷淋密度常常远大于该值。

液气比的经济性影响分析（指定吸收任务）：吸收剂用量越小，溶剂的消耗、输送及回收等操作费用越少；吸收过程推动力变小，所需填料层高度及塔高增大，设备费用增加；增大吸收剂用量，吸收推动力增大，填料层高度及塔高降低，设备费用减少，溶剂的消耗、输送及回收等操作费用增加。吸收剂用量的多少直接影响吸收操作的设备费用与操作费用，适宜的液气比应综合考虑设备费用与操作费用，使两种费用之和最小。在实际操作中，一般选择操作的液气比为最小液气比的 1.1～2 倍，即：

$$\frac{L_S}{V}=(1.1\sim2)\left(\frac{L_S}{V}\right)_{min} \tag{6-45}$$

必须指出，为了保证填料表面能被液体充分润湿，还应考虑到单位塔截面积上单位时间内流下的液体量不得小于某一最低允许值。如果按式(6-45）算出的吸收剂用量不能满足充分润湿填料的基本要求，则应采用更大的液气比。

【例 6-3】 用油吸收混合气体中的苯，已知 $y_1=0.04$，吸收率为 80%，平衡关系为 $Y_e=0.126X$，混合气体摩尔流量为 1000kmol/h，油用量为最小用量的 1.5 倍，问油的用量是多少？

解：由于：

$$Y_1=\frac{y_1}{1-y_1}=\frac{0.04}{1-0.04}=0.0417(\text{kmol/kmol})$$

$$Y_2=Y_1(1-\varphi)=0.0417(1-0.8)=0.00834(\text{kmol/kmol})$$

惰性气体流量为：

$$V=1000(1-y_1)=1000(1-0.04)=960(\text{kmol/h})$$

则

$$\left(\frac{L_S}{V}\right)_{min}=\frac{Y_1-Y_2}{X_{1e}-X_2}=\frac{0.0417-0.00834}{\frac{0.0417}{0.126}-0}=0.1008$$

所以

$$(L_S)_{min}=V\times0.1008=960\times0.1008=96.8(\text{kmol/h})$$

实际用油量为：

$$1.5(L_S)_{min}=1.5\times96.8=145.2(\text{kmol/h})$$

【例 6-4】 用水吸收焙烧炉中的 SO_2，已知吸收塔每小时处理焙烧炉气 $1000m^3$（标准状态），进入吸收塔的炉气中含 SO_2 9%（体积分数），其余可以看作惰性气体，要求 SO_2 的吸收率为 90%。作为吸收剂的水中不含有 SO_2，假定吸收剂的用量为最小用量的 1.2 倍，相平衡常数 $m=30.9$，求吸收剂的用量和溶液出口的浓度。

解：根据题意进行组成换算：

$$Y_1=\frac{y_1}{1-y_1}=\frac{9}{100-9}=0.099$$

$$Y_2=Y_1(1-\varphi)=0.099(1-0.9)=0.0099$$

惰性气体的流量为：

$$V=\frac{1000}{22.4}(1-y_1)=44.6(1-0.09)=40.6(\text{kmol/h})$$

$$(L_S)_{\min}=V\times\frac{Y_1-Y_2}{\dfrac{Y_1}{m}-X_2}=40.6\times\frac{0.099-0.0099}{\dfrac{0.099}{30.9}-0}=1129(\text{kmol/h})$$

实际吸收剂用量为：

$$1.2(L_S)_{\min}=1.2\times1129=1354.8(\text{kmol/h})$$

在实际吸收剂用量下，溶液出口浓度可由全塔物料衡算求得：

$$X_1=\frac{V(Y_1-Y_2)}{L_S}+X_2=\frac{40.6(0.099-0.0099)}{1354.8}=0.003$$

对于一个吸收操作，当生产任务确定了混合气体的流量和组成后，如何提高吸收过程的吸收率 φ（即降低气相的出口摩尔比 Y_2）则是吸收操作的控制目标。

影响吸收质吸收率 φ 的因素主要有物系本身的性质、设备的情况（结构、传质面积等）及操作条件（温度、压力、液相流量及吸收剂入口浓度）。因为气相入口条件是由生产任务确定的，不能随意改变，塔设备又固定，所以吸收塔在操作过程中可调节的因素只能是改变吸收剂入口的条件，例如吸收剂的流量 L_S、温度 T、摩尔比 X_2。

① 增大吸收剂用量，操作线斜率增大，出口气体含量下降，平均推动力增大。

② 降低吸收剂温度，气体溶解度增大，平衡常数减小，平衡线下移，平衡推动力增大。

③ 降低吸收剂入口含量，液相入口处推动力增大，全塔平衡推动力亦随之增大。

适当调节上述三个变量可强化传质过程，从而提高吸收效果。当吸收和再生操作联合进行时，吸收剂的进口条件受再生操作的制约。如果再生不良，吸收剂进塔含量将上升；如果再生后吸收剂冷却不足，吸收剂温度将升高。再生操作中可能出现的这些情况，都会给吸收操作带来不良影响。

提高吸收剂流量固然能增大吸收推动力，但应同时考虑再生设备的能力。如果吸收剂循环量加大使解吸操作恶化，则吸收塔的液相进口含量将上升，甚至得不偿失。采用增大吸收剂循环量的方法调节气体出口含量是有一定限度的。设有足够高的吸收塔，操作时必在塔底或塔顶达到平衡（图 6-8）。

当气、液两相在塔底达到平衡时，$\dfrac{L_S}{V}<m$，增大吸收剂用量可有效降低 Y_2；当气、液两相在塔顶达到平衡时，$\dfrac{L_S}{V}>m$，增大吸收剂用量则不能有效地降低 Y_2，只有降低吸收剂

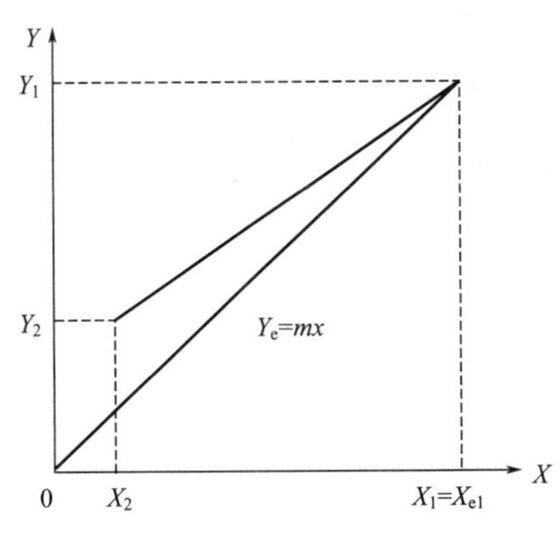

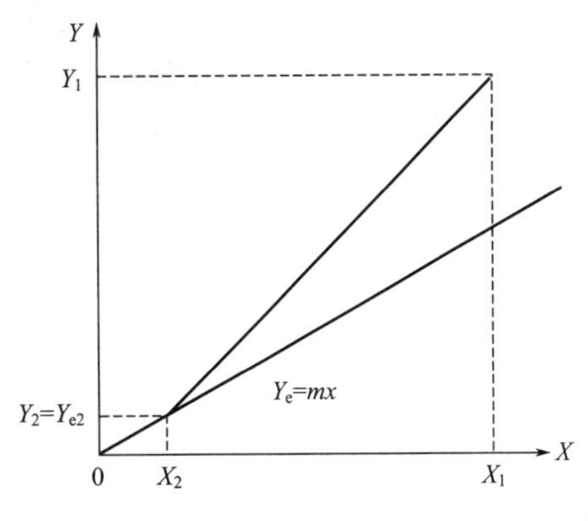

图 6-8　吸收塔操作调节

入口含量或入口温度才能使 Y_2 下降。采用化学吸收对提高吸收率是非常有效的，如用碳酸氢钠水溶液吸收 CO_2，可使净化后混合气体中 CO_2 的含量接近于零。

6.4.3　吸收塔塔径计算

吸收塔直径可根据圆形管道内的流量与流速关系计算，即：

$$V_S=\frac{\pi}{4}D^2u$$

$$D=\sqrt{\frac{4V_S}{\pi u}} \tag{6-46}$$

式中　D——吸收塔直径，m；

V_S——操作条件下混合气体的体积流量，m^3/s；

u——空塔气速，即按空塔截面计算的混合气体的线速度，m/s。

应注意以下几点。

① 吸收过程中，因溶质不断进入液相，故混合气体流量由塔底至塔顶逐渐减小。计算时气量通常取全塔中气量最大值，计算塔径时，一般应以塔底的气量为依据。

② 计算塔径关键是确定适宜的空塔气速。

③ 按式(6-46) 计算出的塔径，还应根据国家压力容器公称直径的标准进行圆整。

6.4.4　吸收塔填料层高度的计算

计算填料塔的塔高，首先必须计算填料层的高度。填料层高度的计算方法主要有对数平均推动力法、传质单元高度法、图解法。

6.4.4.1　填料层高度计算基本公式

$$Z=\frac{V_{填}}{\Omega}=\frac{A}{a\Omega} \tag{6-47}$$

式中　$V_{填}$——填料层体积，m^3；

A——吸收所需的两相接触面积，m^2；

Ω——塔的截面积，$\Omega=\frac{\pi}{4}D^2$，m^2；

a——单位体积填料层的有效比表面积，m^2/m^3。有效比表面积 a 的数值总小于填料的比表面积，应根据液相流量及物性、填料形式及大小，视具体情况用有关经验式校正，只有在缺乏数据的情况下，才近似取填料比表面积计算。

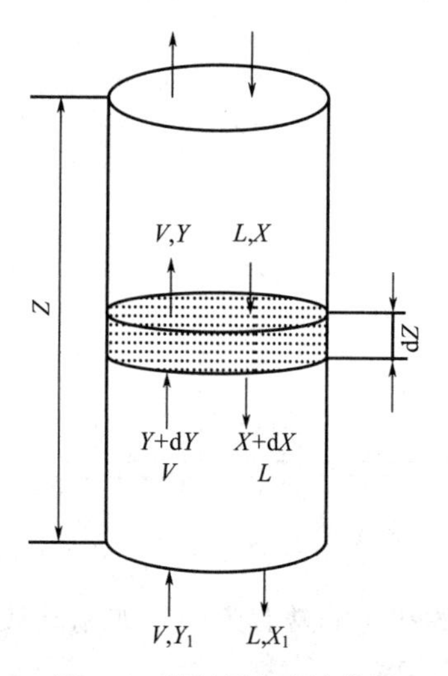

图 6-9 填料层高度计算图

在填料塔内任一截面上的气、液两相组成和吸收的推动力均沿塔高连续变化，所以不同截面上的传质速率各不相同。下面从分析填料层内某一微元 dZ 内的吸收质吸收过程入手。

在图 6-9 所示的填料层内，厚度为 dZ 微元的传质面积 $dA=a\Omega dZ$，定态吸收时，由物料衡算可知，气相中吸收质减少的量等于液相中吸收质增加的量，即单位时间内由气相转移到液相的吸收质 A 的量可用下式表达：

$$dG_A=VdY=L_S dX \tag{6-48}$$

式中 G_A——单位时间吸收的吸收质量，kmol/s。

根据吸收速率定义，dZ 段内吸收的吸收质量为：

$$dG_A=N_A dA=N_A a\Omega dZ \tag{6-49}$$

式中 N_A——微元填料层内吸收质的传质速率，kmol/(m^2 · s)。

将吸收速率方程 $N_A=K_Y(Y-Y_e)$代入上式得：

$$dG_A=K_Y(Y-Y_e)a\Omega dZ \tag{6-50}$$

将式(6-50) 与式(6-48) 联立得：

$$dZ=\frac{V}{K_Y a\Omega Y}\frac{dY}{Y-Y_e} \tag{6-51}$$

当吸收塔定态操作时，V、L_S、Ω、a 皆不随时间而变化，也不随截面位置变化。对于低浓度吸收，在全塔范围内气液相的物性变化都较小，通常 K_Y、K_X 可视为常数，将式(6-51) 积分得：

$$Z=\int_{Y_2}^{Y_1}\frac{VdY}{K_Y a\Omega(Y-Y_e)}=\frac{V}{K_Y a\Omega}\int_{Y_2}^{Y_1}\frac{dY}{Y-Y_e} \tag{6-52}$$

式(6-52) 即为定态吸收填料层高度计算基本公式。a 值与填料的类型、形状、尺寸、填充情况有关，还随流体物性、流动状况而变化。其数值不易直接测定，通常将它与传质系数的乘积作为一个物理量，称为体积传质系数。如 $K_Y a$ 为气相总体积传质系数，单位为 kmol/(m^3 · s)。

体积传质系数的物理意义为：在单位推动力下，单位时间、单位体积填料层内吸收的吸收质量。

注意：在低浓度吸收的情况下，体积传质系数在全塔范围内为常数，可取平均值。

6.4.4.2 传质单元数与传质单元高度

(1) 气相总传质单元高度定义 式(6-52) 中$\frac{V}{K_Y a\Omega}$的单位为 m，故将$\frac{V}{K_Y a\Omega}$称为气相总传质单元高度，以 H_{OG} 表示，即：

$$H_{OG}=\frac{V}{K_Y a\Omega} \tag{6-53}$$

(2) 气相总传质单元数定义 式(6-52) 中定积分$\int_{Y_2}^{Y_1}\frac{dY}{Y-Y_e}$是量纲为 1 的数值，工程

上以 N_{OG} 表示，称为气相总传质单元数，即：

$$N_{OG}=\int_{Y_2}^{Y_1}\frac{dY}{Y-Y_e} \tag{6-54}$$

因此，填料层高度：

$$Z=N_{OG}H_{OG} \tag{6-55}$$

(3) 填料层高度计算通式　根据吸收塔中关于填料层高度的定义可知：

$$Z=传质单元高度\times传质单元数$$

若式(6-52) 用液相总传质系数对应的吸收速率方程计算，可得：

$$Z=N_{OL}H_{OL} \tag{6-56}$$

式中　H_{OL}——液相总传质单元高度，$H_{OL}=\frac{L_S}{K_X a\Omega}$，m；

N_{OL}——液相总传质单元数，$N_{OL}=\int_{X_2}^{X_1}\frac{dX}{X_e-X}$。

(4) 传质单元数的意义　N_{OG}、N_{OL} 计算式中的分子为气相或液相组成变化，即分离效果（分离要求）；分母为吸收过程的推动力。若吸收要求越高，吸收的推动力越小，传质单元数就越大，所以传质单元数反映了吸收过程的难易程度。当吸收要求一定时，欲减少传质单元数，则应设法增大吸收推动力。

(5) 传质单元的意义　以 N_{OG} 为例，由积分中值定理可知：

$$N_{OG}=\int_{Y_2}^{Y_1}\frac{dY}{Y-Y_e}=\frac{Y_1-Y_2}{(Y-Y_e)_m}$$

当气体流经一段填料，其气相中吸收质组成变化（Y_1-Y_2）等于该段填料平均吸收推动力$(Y-Y_e)_m$，即 $N_{OG}=1$ 时，该段填料为一个传质单元。

(6) 传质单元高度的意义　以 H_{OG} 为例，由式(6-55) 看出，$N_{OG}=1$ 时，$Z=H_{OG}$。故传质单元高度的物理意义为完成一个传质单元分离效果所需的填料层高度。因在 $H_{OL}=\frac{V}{K_Y a\Omega}$中，体积传质系数 $K_Y a$ 与填料性能和填料润湿情况有关，故传质单元高度的数值反映了吸收设备传质效能的高低，H_{OG} 越小，吸收设备传质效能越高，完成一定分离任务所需填料层高度越小。H_{OG} 与物系性质、操作条件及传质设备结构参数有关。为减少填料层高度，应减少传质阻力，降低传质单元高度。

6.4.4.3　传质单元数的计算

根据吸收物系平衡关系的不同，以下主要讲解传质单元数对数平均推动力法和吸收因数法的求解方法。

(1) 对数平均推动力法　当气液平衡线为直线时：

$$N_{OG}=\int_{Y_2}^{Y_1}\frac{dY}{Y-Y_e}=\frac{Y_1-Y_2}{\Delta Y_m} \tag{6-57}$$

$$\Delta Y_m=\frac{\Delta Y_1-\Delta Y_2}{\ln\frac{\Delta Y_1}{\Delta Y_2}}$$

$$\Delta Y_1 = Y_1 - Y_{1e}$$

$$\Delta Y_2 = Y_2 - Y_{2e}$$

式中　Y_{1e}——与 X_1 相平衡的气相组成；

Y_{2e}——与 X_2 相平衡的气相组成；

ΔY_m——塔顶与塔底两截面上吸收推动力的对数平均值，称为对数平均推动力。

同理，液相总传质单元数的计算式：

$$N_{OL} = \frac{X_1 - X_2}{\dfrac{\Delta X_1 - \Delta X_2}{\ln \dfrac{\Delta X_1}{\Delta X_2}}} = \frac{X_1 - X_2}{\Delta X_m} \tag{6-58}$$

$$\Delta X_m = \frac{\Delta X_1 - \Delta X_2}{\ln \dfrac{\Delta X_1}{\Delta X_2}}$$

$$\Delta X_1 = X_{1e} - X_1$$

$$\Delta X_2 = X_{2e} - X_2$$

式中　X_{1e}——与 Y_1 相平衡的液相组成；

X_{2e}——与 Y_2 相平衡的液相组成。

应注意以下几点。

① 当$\dfrac{\Delta Y_1}{\Delta Y_2}<2$、$\dfrac{\Delta X_1}{\Delta X_2}<2$时，对数平均推动力可用算术平均推动力替代，产生的相对误差小于4%，这在工程上是允许的。

② 当平衡线与操作线平行，即解吸因数 $S=1$ 时，$Y-Y_e=Y_1-Y_{1e}=Y_2-Y_{2e}$，为常数，则：$N_{OG}=\dfrac{Y_1-Y_2}{Y_1-Y_{1e}}=\dfrac{Y_1-Y_2}{Y_2-Y_{2e}}$。

（2）吸收因数法　若气液平衡关系在吸收过程中服从亨利定律，即平衡线为通过原点的直线，根据传质单元数定义式(6-54) 可导出其解析式：

$$N_{OG} = \frac{1}{1-S}\ln\left[(1-S)\frac{Y_1 - mX_2}{Y_2 - mX_2} + S\right] \tag{6-59}$$

式中　S——解吸因数(脱吸因数)，$S=\dfrac{mV}{L_S}$。

由式(6-59) 可以看出，N_{OG} 的数值与解吸因数 S 有关。为方便计算，以 S 为参数，$\dfrac{Y_1-mX_2}{Y_2-mX_2}$为横坐标，$N_{OG}$ 为纵坐标，在半对数坐标上标绘式(6-59) 的函数关系，得到如图 6-10 所示的曲线。此图可方便地查出 N_{OG} 值。

讨论如下。

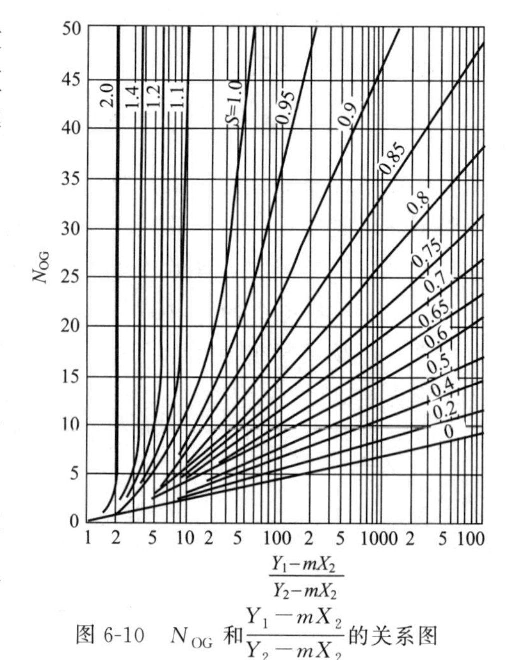

图 6-10　N_{OG} 和$\dfrac{Y_1-mX_2}{Y_2-mX_2}$的关系图

① $\dfrac{Y_1-mX_2}{Y_2-mX_2}$值的大小反映了吸收质 A 吸收率的高低。当物系及气、液两相进口浓度一定时，吸收率越高，Y_2 越小，$\dfrac{Y_1-mX_2}{Y_2-mX_2}$越大，则对应于一定的 S 的 N_{OG} 就越大，所需填料层高度越高。

② 参数 S 反映吸收过程推动力的大小，其值为平衡线斜率与吸收操作线斜率的比值。当吸收质的吸收率和气、液两相进出口浓度一定时，S 越大，吸收操作线越靠近平衡线，则吸收过程的推动力越小，N_{OG} 值增大。反之，若 S 减小，则 N_{OG} 值减小。

注意：当操作条件、物系一定时，S 的减小通常是靠增大吸收剂流量实现的，而吸收剂流量增大会使吸收操作费用及再生负荷加大，所以一般情况下，S 取 0.7～ 0.8 是经济合适的。液相总传质单元数也可用吸收因数法计算，其计算式为：

$$N_{OL}=\frac{1}{1-A}\ln\left[(1-A)\frac{Y_1-mX_2}{Y_1-mX_1}+A\right] \tag{6-60}$$

式中　A——吸收因数，$A=\dfrac{L}{mV}$。

【例 6-5】 在一塔径为 0.8m 的填料塔内，用清水逆流吸收空气中的氨，要求氨的吸收率为 99.5%。已知空气和氨的混合气质量流量为 1400kg/h，气体总压为 101.3kPa，其中氨的分压为 1.333kPa。若实际吸收剂用量为最小用量的 1.4 倍，操作温度（293K）下的气液相平衡关系为 $Y_e=0.75X$，气相总体积传质系数为 0.088kmol/(m³ · s)，试求：每小时用水量；用平均推动力法求出所需填料层高度。

解：先计算混合气体的组成。

$$y_1=\frac{1.333}{101.3}=0.0132$$

$$Y_1=\frac{y_1}{1-y_1}=\frac{0.0132}{1-0.0132}=0.0134$$

$$Y_2=Y_1(1-\varphi)=0.0134(1-0.995)=0.000067$$

$$X_2=0$$

因混合气中氨含量很少，故 $\overline{M}\approx 29$kg/kmol。

$$V=\frac{1400}{29}(1-0.0132)=47.6(\text{kmol/h})$$

$$\Omega=\frac{\pi}{4}\times 0.8^2=0.5(\text{m}^2)$$

由式(6-43) 得：

$$(L_S)_{min}=V\times\frac{Y_1-Y_2}{X_{1e}-X_2}=\frac{47.6(0.0134-0.000067)}{\dfrac{0.0134}{0.75}-0}=35.5(\text{kmol/h})$$

实际吸收剂用量为：

$$L_S=1.4(L_S)_{min}=1.4\times 35.5=49.7(\text{kmol/h})$$

则　$$X_1=X_2+\frac{V(Y_1-Y_2)}{L_S}=0+\frac{47.6(0.0134-0.000067)}{49.6}=0.0128$$

$$Y_{1e}=0.75X_1=0.75\times0.0128=0.0096$$

$$Y_{2e}=0$$

$$\Delta Y_1=Y_1-Y_{1e}=0.0134-0.0096=0.0038$$

$$\Delta Y_2=Y_2-Y_{2e}=0.000067-0=0.000067$$

$$\Delta Y_m=\frac{\Delta Y_1-\Delta Y_2}{\ln\dfrac{\Delta Y_1}{\Delta Y_2}}=\frac{0.0038-0.000067}{\ln\dfrac{0.0038}{0.000067}}=0.000924$$

$$N_{OG}=\frac{Y_1-Y_2}{\Delta Y_m}=\frac{0.0134-0.000067}{0.000924}=14.43$$

$$H_{OG}=\frac{V}{K_Ya\Omega}=\frac{\dfrac{47.6}{3600}}{0.088\times0.5}=0.30(\text{m})$$

$$Z=N_{OG}H_{OG}=14.43\times0.30=4.33(\text{m})$$

6.4.4.4 吸收塔的设计选择

吸收塔的计算包括设计型和操作型两类。设计型计算通常是在物系、操作条件一定的情况下，计算达到指定分离要求所需的吸收塔高。

当吸收的目的是除去有害物质时，一般要规定离开吸收塔混合气中吸收质的残余摩尔比 Y_2；当以回收有用物质为目的时，一般要规定吸收率 φ。

吸收塔设计的优劣与吸收流程、吸收剂进口浓度、吸收剂流量等参数密切相关。

(1) 流向的选择　逆流：气体由塔底通入，从塔顶排出，而液体则靠自重由上流下；并流：气液同向。

逆流操作与并流操作的比较如下。

在逆流与并流操作的气、液两相进、出口组成相等的条件下，逆流操作的优点为：逆流操作可获得较大的吸收推动力，从而提高吸收过程的传质速率；逆流操作吸收液从塔底流出之前与入塔气接触，则可得到浓度较高的吸收液；逆流吸收操作吸收后的气体从塔顶排出之前与刚入塔的吸收剂接触，可使出塔气体中吸收质的含量降低，提高吸收质的吸收率，所以工业上多采用逆流吸收操作。

注意：在逆流操作过程中，液体在向下流动时受到上升气体的曳力，这种曳力过大会妨碍液体顺利流下，因而限制了吸收塔的液体流量和气体流量。

(2) 吸收剂进口浓度的选择及其最高允许浓度　当气、液两相流量及吸收质吸收率一定时，若吸收剂进口浓度过高，吸收过程的推动力减小，则吸收塔的塔高将增加，使设备投资增加；若吸收剂进口浓度太低，吸收剂再生费用增加。所以吸收剂进口浓度的选择是一个总费用的优化问题，通常吸收剂进口浓度往往结合解吸过程确定。

6.4.4.5 强化吸收过程的措施

强化吸收过程即提高吸收速率。吸收速率为吸收推动力与吸收阻力之比，故强化吸收过程从以下两个方面考虑：一是提高吸收过程的推动力；二是降低吸收过程的阻力。

（1）提高吸收过程的推动力

① 采用逆流吸收操作。在逆流与并流的气、液两相进口组成相等及操作条件相同的情况下，逆流操作可获得较高的吸收液浓度及较大的吸收推动力。

② 提高吸收剂的流量。一般混合气体入口条件即气体流量 V、气体入塔组成等一定，如果吸收操作采用的吸收剂 L_S 提高，即 $\frac{L_S}{V}$ 提高，则吸收的操作线上扬，气体出口浓度下降，吸收程度加大，吸收推动力提高，因而提高了吸收速率。

③ 降低吸收剂温度。当吸收过程其他条件不变，吸收剂温度降低时，相平衡常数将增加，吸收的操作线远离平衡线，吸收推动力增加，从而导致吸收速率加快。

④ 降低吸收剂入口吸收质的浓度。当吸收剂入口浓度降低时，液相入口处吸收的推动力增加，从而使全塔的吸收推动力增加。

（2）降低吸收过程的传质阻力

① 提高流体流动的湍流程度。吸收的总阻力包括：气相与界面的对流传质阻力，吸收质组分在界面处的溶解阻力，液相与界面的对流传质阻力。通常界面处溶解阻力很小，故总吸收阻力由两相传质阻力的大小决定。若一相阻力远远大于另一相阻力，则阻力大的一相传质过程为整个吸收过程的控制步骤，只有降低控制步骤的传质阻力，才能有效地降低总阻力。

降低吸收过程传质阻力的措施分为两种情况：一是若气相传质阻力大，提高气相的湍动程度，如加大气体的流速可有效地降低吸收阻力；二是若液相传质阻力大，提高液相的湍动程度，如加大液体的流速可有效地降低吸收阻力。

② 改善填料的性能。吸收总传质阻力可用 $\frac{1}{K_Y a}$ 表示，所以通过采用新型填料、改善填料性能、提高填料的相际传质面积，也可降低吸收的总阻力。

6.4.4.6 吸收工艺流程中的其他问题

（1）富液的处理　吸收后的富液应合理处理，将其排放时，其中污染物质转入水体会造成二次污染，因而富液的处理常是吸收流程的必要组成部分。

例如，一般对于净化 SO_2 的富液，常采用浓缩的办法用 SO_2 制取硫酸，或转成亚硫酸钠副产品，其工艺流程有所不同。

（2）除尘　某些废气除含有气态污染物外，还常含有一定的烟尘，因此在吸收之前应设置专门的高效除尘器（如静电除尘器）。当然若能在吸收的同时去除烟尘是最为理想的，然而由于两者去除的机理及工艺条件不同，是很难实现的，为此常在吸收塔之前放置洗涤塔，既冷却了高温烟气，又起到了除尘作用。还有的工艺将两者合为一体，下段为预洗段，上段为吸收段，效果也不错。

（3）烟气的预冷却　由于生产过程的不同，废气温度差异很大，如锅炉燃烧排出的烟气通常温度在150～185℃，而吸收操作则要求在较低的温度下进行。因此要求废气在吸收之前需要先冷却。常用的烟气冷却方法有三种。

① 在低温节煤器中直接冷却，此法回收余热不大，而换热器体积大。冷凝酸性水对设备有腐蚀性。

② 直接增湿冷却，即直接向管道中喷水降温，此方法简单，但要考虑水对管壁的冲击、腐蚀及沉积物堵塞问题。

③ 采用预洗涤塔对烟尘增湿降温，这是目前广泛应用的方法。

不论采取哪种方法，均要具体分析。一般要把高温烟气降至60℃左右，再进行吸收。

(4) 结垢和堵塞　结垢和堵塞常成为影响某些吸收装置正常长期运行的重要因素。解决此问题要求首先搞清楚结垢和堵塞的原因和机理，然后从工艺设计和设备结构上有针对性地加以解决。当然操作控制也很重要。从工艺操作上可以控制溶液或料浆中水分的蒸发量，控制溶液的pH，控制溶液中易结晶物质不发生过饱和，严格除尘，在设备结构上可选择不易结垢和阻塞的吸收设备等。

(5) 除雾　任何湿式洗涤系统均有可能产生“雾”的问题。雾不仅是水分，而且还是一种溶有气态污染物的盐溶液，排入大气也将是一种污染。雾中液滴的直径多在10～60μm之间，因此工艺上要对吸收设备提出除雾的要求。

(6) 气体的再加热　在吸收装置的尾部常设置燃烧炉。在炉内燃烧天然气或重油，产生1000～1100℃的高温燃烧气，使之与净化后的气体混合。这种方法措施简单，且混入净化气的燃气量少，排放的净化烟气被加热到106～130℃，同时提高了烟气抬升高度，有利于减少废气对环境的污染。

6.5 案例

(1) 烟气脱硫喷淋吸收塔　湿式烟气脱硫中的石灰石法已成为我国火电厂烟气脱硫的首选工艺。在烟气脱硫系统中，吸收塔是核心装置。近年来国内外的发展趋势表明，喷淋吸收塔逐渐成为湿式烟气脱硫吸收塔的主流塔型。

在喷淋吸收塔内，吸收剂浆液喷雾形成较大的气液接触界面；烟气与液体雾粒一般为逆流，雾粒降落过程中吸收SO_2，落入下部浆池，在池中氧化成石膏后排出。烟气向上流动，经除雾装置脱除去其携带的雾粒后排出塔外。

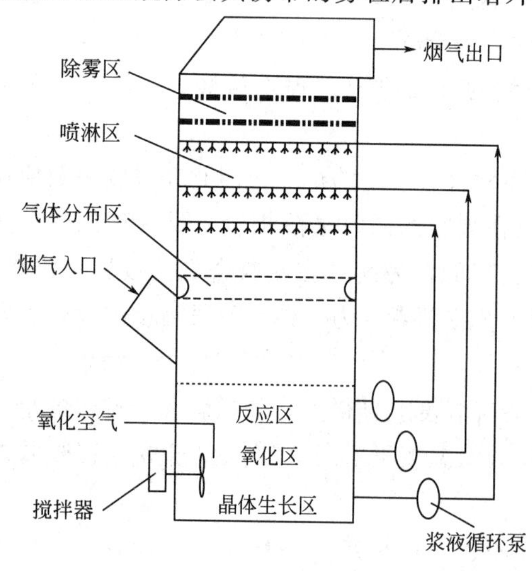

图6-11　喷淋吸收塔结构示意图

喷淋吸收塔通常采用钢制立式圆筒形塔槽一体结构，其主体结构可分为烟气入口、烟气出口、吸收塔浆池。烟气入口和烟气出口之间的区域可称为气体区域，该区域又可分为喷淋区和除雾区。烟气入口以下部分称为吸收塔浆池，石灰石浆液在吸收塔浆池中可分为反应区、氧化区及晶体生长区（图6-11）。

根据双膜传质模型推导出的吸收塔高度计算公式，传质单元高度和传质单元数决定吸收区需要的高度；液气比影响操作线与平衡线的相对位置，进而影响设计塔高或脱硫效率。根据双膜理论的一系列假设，吸收过程的传质阻力简化为气液界面处被吸收组分

(污染物）通过气膜与液膜的扩散阻力，由此控制气液两相的传质速率。喷淋的作用是造成尽可能大的气液传质界面。

① 操作线与液气比　喷淋吸收塔多为逆流操作，塔内烟气向上流动，吸收液雾滴向下降落。以污染物在液相中的摩尔分数为 x，污染物在气相中的摩尔分数为 y，则：

$$X=\frac{\text{液相中污染物的摩尔分数}}{\text{液相中吸收剂的摩尔分数}}=\frac{x}{1-x}$$

$$Y=\frac{\text{气相中污染物的摩尔分数}}{\text{气相中载气组分的摩尔分数}}=\frac{y}{1-y}$$

由物料衡算可得操作线方程：

$$Y=\frac{L_S}{V}X+Y_1-\frac{L_S}{V}X_1 \tag{6-61}$$

式中，L_S 为吸收剂流量，kmol/h；V 为载气流量，kmol/h。如图 6-11 线 AB 所示，操作线斜率 L_S/V（此处为无量纲）即液气比。操作线表示塔内任一高度上污染物的平均气相浓度 Y 和液相浓度 X。

根据操作线方程和相应的相平衡浓度 y^*、x^*，计算出各自对应的 Y^*、X^*，即得到平衡线 OC（图 6-12）。

对于给定的烟气进出口污染物浓度、浆液进口浓度，最小液气比对应的操作线为 AC，即理论上吸收液到出口能达到的最高浓度。液气比增大，操作线斜率增大，操作线上端由 C 向 B 移动，浆液出口污染物浓度降低。实际设计的液气比为最小液气比的 1.2～1.5 倍。对于给定塔高、烟气进口浓度，液气比增大，可使烟气出口污染物浓度降低，亦即脱硫率升高。

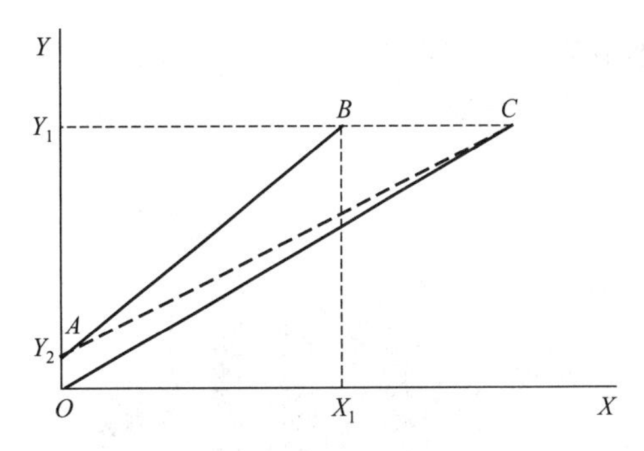

图 6-12　操作线与平衡线

② 吸收区高度　达到给定的吸收目标需要一定的塔高。烟气量增大只需相应增大塔的横截面积。通常烟气中 SO_2 浓度很低。吸收区高度的计算式理论上表达为：

$$h=H_0\times \text{NTU} \tag{6-62}$$

式中，H_0 为传质单元高度，$H_0=G_m/(k_y a)$，$k_y a$ 为体积吸收系数，其中 k_y 为以污染物气相摩尔差为推动力的总传质系数，a 为塔内单位体积中的有效传质面积，m^2/m^3，实验表明，对于低浓度废气，H_0 近似为常数；NTU 为传质单元数，近似值 $\text{NTU}=(y_1-y_2)/\Delta y_m$，即气相总的浓度变化除以平均推动力，其中 $\Delta y_m=(\Delta y_1-\Delta y_2)/\ln(\Delta y_1/\Delta y_2)$，$\Delta y_1$、$\Delta y_2$ 分别为塔底、塔顶的气相总推动力。NTU 是吸收困难程度的度量。NTU 增大，则达到吸收目标所需的塔高随之增大。根据一些烟气脱硫喷淋吸收塔的经验数据可得 NTU＝3.6～3.8。

式(6-62) 中分子部分 $G_m(y_1-y_2)$ 可近似看作需要吸收清除的污染物量，即给定目标；分母部分 $k_y a\Delta y_m$ 为吸收系数与平均推动力的乘积，可视为吸收能力。在给定烟气量、烟气进出口浓度后，设计、运行要尽可能使分母所表示的吸收能力大。吸收能力强，则设计塔高可降低，反之则增高。或者是给定吸收区高度，吸收能力强，则脱硫率提高。因此，设计、运行应追求高的体积吸收系数，以及高的平均推动力。

吸收区高度（或给定高度讨论吸收能力）的主要影响因素有液气比、烟速、浆液 pH 值等参数，以及吸收塔结构等。这些参数在技术、经济因素制约下，都存在最佳值。于是在各种因素综合作用下，塔高也被确定在一个合理范围。

液气比和烟速的影响如下：工程设计中液气比 L/G 指吸收剂循环量与烟气流量之比（L/m^3）。L/G 增大（图 6-12），将使吸收推动力增大，传质单元数减小；气液传质面积增大，使体积吸收系数增大，因而可降低塔高。如果给定吸收区高度，L/G 增大，则脱硫率提高。但另一方面，L/G 增大，液体停留时间有所减少；而且循环泵流量增大，塔内气体流动阻力增大使风机耗能增大，投资和运行费用相应增加。实际设计和运行应尽可能采用适当小的液气比。石灰石法喷淋吸收塔中的液气比一般为 15～25L/m^3。有推荐值为 16.6 L/m^3。实际中 L/G 随具体情况而变化，比如添加缓冲剂可大幅度减小液气比。

烟速提高可增大吸收系数。烟速增大，气液两相界面湍动加强，气膜厚度减薄，传质速率系数提高；烟速增大可减缓液滴下降速度，使体积有效传质面积增加，因而可使塔高降低。但是另一方面，烟速增大，烟气停留时间缩短，要求增加塔高，因此使其对塔高的降低作用削弱。实际中烟速提高还影响除雾效果。研究及实践表明，逆流喷淋吸收塔的烟气流速合适的范围是 2.6～3.4m/s，典型值为 3m/s。设计时还需考虑浆液雾化状况、烟气污染物浓度、脱硫率要求等。

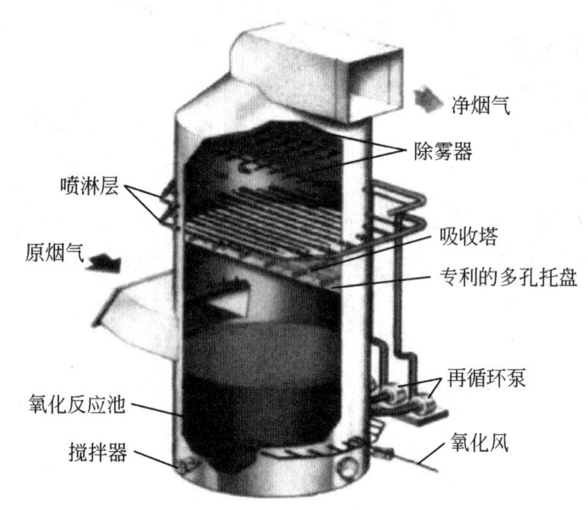

图 6-13　B&W 吸收塔

（2）实例　美国巴威（B&W）公司的脱硫技术。

① 技术情况

a. 公司的吸收塔模块以逆流设计（图 6-13）。

b. 喷淋层全部采用碳化硅的空心锥喷嘴，从喷淋层的喷嘴喷出的浆液用于洗涤逆流向上的烟气。

c. 在吸收塔内，根据 B&W 公司的专利技术，喷淋层下方布置一层多孔合金托盘（图 6-14），使烟气分布均匀，并在托盘上方形成湍液，与液滴充分接触，大大提高传质效果，获得很高的脱硫率，激烈的冲刷使托盘不会结垢，还可作为检修平台。

d. 吸收塔浆池中的浆液为了保持悬浮状态而加以搅拌，多个侧进式的搅拌器用于保证浆液的均匀混合。

② 技术特点　密集喷淋的多孔托盘塔与普通喷淋吸收塔相比，有以下优点。

a. 烟气分布均匀。托盘使气流分布均匀，吸收塔直径越大，优势越明显。

b. 浆液分布均匀。托盘上保持一层浆液，沿小孔均匀流下，使浆液均匀分布。

c. 低吸收塔。良好的传质效果可减少喷淋层，使吸收塔的高度降低。

d. 检修方便。托盘可作为喷淋层和除雾器的检修平台，无须排空浆液，无须搭脚手架，就可以直接检修。

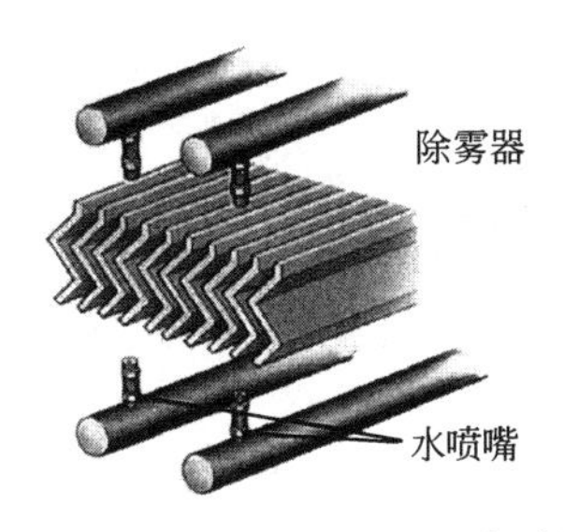

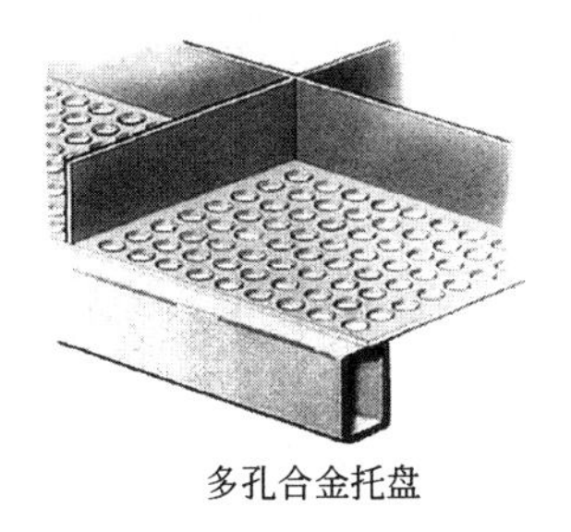

图6-14 除雾器和多孔合金托盘

e.综合成本低。低液气比还使得浆液管路阀门喷嘴数量减少，较低的吸收塔使重量减轻，防腐面积减小，吸收塔系统的投资和运行维修等综合成本低于空塔。

习 题

6-1 向盛有水的鼓泡吸收器中通入纯 CO_2 气，经充分接触后，测得水中的 CO_2 平衡浓度为 2.857×10^{-2} kmol/m^3，鼓泡器内总压为98.1kPa，水温为30℃，溶液的密度为1000kg/m^3，求亨利系数 E、溶解度系数 H 及相平衡常数 m。

6-2 含有9%乙炔的乙炔-空气混合气体，在25℃及101.33kPa下分别与乙炔浓度为 0.18×10^{-3} kg/kg 及 0.09×10^{-3} kg/kg 的乙炔水溶液接触。试分别确定开始接触瞬间的传质方向及推动力（用气、液相物质的量浓度表示）。设乙炔水溶液的平衡关系服从亨利定律。

6-3 一填料吸收塔用纯溶剂吸收混合气体中的溶质。已知纯溶剂的分子量为40，密度为1000kg/m^3，操作压力为202.7kPa，物系相应的亨利系数 E 为16.21kPa，已知 $k_G=0.04$ kmol/(m^2·s·kPa)、$k_L=8$ m/s，试求 K_Y 并分析该吸收过程的控制因素。

6-4 在内径为0.8m的常压填料吸收塔内装有5m高的填料。在20℃下每小时处理1200m^3 氨-空气混合物，其中氨的浓度为0.0132（摩尔分数），用清水作吸收剂，其用量为900kg/h，吸收率为99.5%。已知操作条件下气液平衡关系符合亨利定律，20℃的一组平衡数据为：液相氨浓度为1g/100g，气相氨分压为800Pa。试求：

(1) 以kPa为单位的亨利系数 E 以及以kmol/(m^2·kPa)为单位的溶解度系数 H；

(2) 以kmol/(m^2·s·kPa)为单位的 K_G。

6-5 在某填料吸收塔中，用清水处理含 SO_2 的混合气体，逆流操作，进塔气体含 SO_2 0.08（摩尔分数），其余为惰性气体。混合气的平均分子量取28。水的用量比最小用量大65%，要求每小时从混合气中吸收2000kg的 SO_2。操作条件下气液平衡关系为 $Y=26.7X$。计算每小时用水量为多少立方米？

6-6 要设计一个用水作吸收剂的填料塔，混合气体为低浓度气体，平衡关系服从亨利定律。因此算出填料层过高，故改用两低塔代替，提出如下图所示的4个流程。试在 X-Y 图上定性地画出各个流程的操作线与平衡线，注明流程图中相应的组成，并分析各流程的特点。

6-7 用水吸收气体中的 SO_2，气体中 SO_2 的平均组成为0.02(摩尔分数)，水中 SO_2 的平均浓度为1g/1000g。塔中操作压力为10.1kPa(表压)，现已知 $k_G=0.3\times10^{-2}$ kmol/(m^2·h·kPa)，$k_L=0.4$ m/h，操作条件下平衡关系 $Y=50X$。求总传质系数 K_Y。

6-8 吸收塔内某截面处气相组成为 $y=0.05$，液相组成为 $x=0.01$，两相的平衡关系为 $Y=2X$，如果两相的传质系数分别为 $k_y=1.25\times10^{-5}$ kmol/(m^2·s)，$k_x=1.25\times10^{-5}$ kmol/(m^2·s)，试求该截面上传质总推动力，总阻力，气、液两相的阻力和传质速率。

6-9 用吸收塔吸收废气中的 SO_2，条件为常压，30℃，相平衡常数 $m=26.7$，在塔内某一截面上，气相中 SO_2 分压为4.1kPa，液相中 SO_2 浓度为0.05kmol/m^3，气相传质系数 $k_G=1.5\times10^{-2}$ kmol/(m^2·

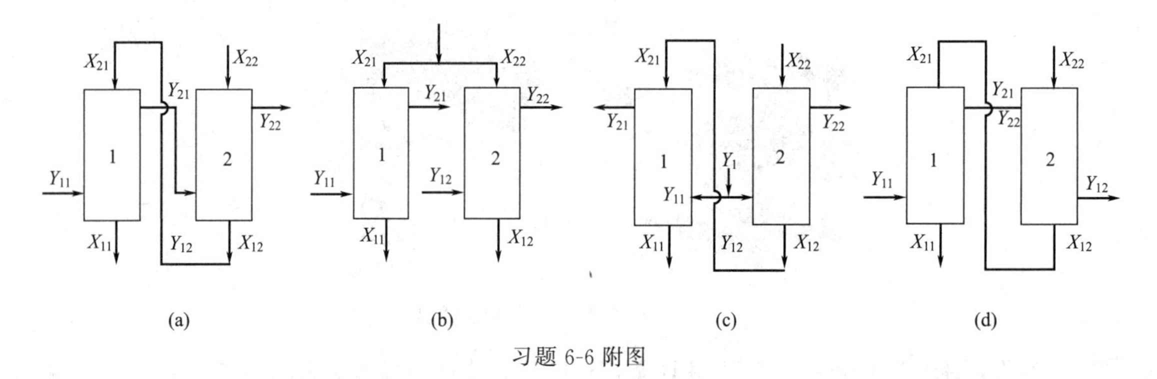

习题 6-6 附图

h · kPa)，液相传质系数 k_L=0.39m/h，吸收液密度近似为水的密度。试求：

(1) 截面上气-液相界面上的浓度和分压；

(2) 总传质系数、传质推动力和传质速率。

6-10 今有逆流操作的吸收塔，用清水吸收原料气中的甲醇。已知处理气量为 $1000m^3/h$（标准状态），原料中含甲醇 $100g/m^3$，吸收后的水中含甲醇量等于与进料气体相平衡时组成的 67%。设在标准状态下操作，吸收平衡关系为 $Y=1.15X$，甲醇的回收率为 98%，$K_y=0.5kmol/(m^2 \cdot h)$，塔内填料的有效比表面积为 $190m^2/m^3$，塔内气体的空塔流速为 0.5m/s，试求：

(1) 水的用量；

(2) 塔径；

(3) 填料层的高度。

6-11 在逆流操作的吸收塔中，用清水吸收混合废气中的组分 A，入塔气体溶质体积分数为 0.01，已知操作条件下的相平衡关系为 $Y=X$，吸收剂用量为最小用量的 1.5 倍，气相总传质单元高度为 1.2m，要求吸收率为 80%，求填料层的高度。

6-12 在 20℃和 101.33kPa 条件下用清水逆流吸收混于空气中的氨。混合气中氨分压为 1.33kPa，要求回收率为 99.5%，混合气处理流量为 1020kg/h，其平均分子量为 28.8，操作条件下的平衡关系为 $Y=0.775X$。若吸收剂用量为最小用量的 5 倍，求吸收剂用量和气相总传质单元数。

第 7 章　萃　　取

高中化学中有学过分液漏斗的操作，以溴水分离为例，溴在四氯化碳中的溶解度比在水中的溶解度大得多，因此将溴水和四氯化碳溶液从分液漏斗的上口加入，盖上玻璃塞，倾斜分液漏斗，前后振荡，静置分层，得到两层溶液——溴的四氯化碳溶液和水溶液，打开分液漏斗的玻璃塞，将上层溶液从上口倒出，使下层溶液从下口流出，从而实现溴和水的分离。这就是基础的萃取操作，萃取主要用于分离和提取已经存在于液相中的某种物质，目前已经广泛用于石油化工、生化、食品、医药、轻工等领域。

7.1　概述

7.1.1　萃取分离原理

在工农业生产及人类生活过程中要消耗大量的洁净水，排出大量成分复杂的污水，其中含有很多成分。因此必须对水污染进行控制，以减少环境污染。水污染控制过程所控制的对象是液体混合物，对于液体混合物的分离，方法有多种，除可采用蒸馏的方法外，还可采用萃取的方法。即在液体混合物（原料液）中加入一个与其基本不相混溶的液体作为溶剂，形成第二相，利用原料液中各组分在两个液相中的溶解度不同而使原料液混合物得以分离。

液-液萃取，亦称溶剂萃取，简称萃取或抽提。选用的溶剂称为萃取剂，以 S 表示；原料液中易溶于 S 的组分，称为溶质，以 A 表示；难溶于 S 的组分称为原溶剂（或稀释剂），以 B 表示。如果萃取过程中，萃取剂与原料液中的有关组分不发生化学反应，则称为物理萃取，反之则称为化学萃取。

萃取操作的基本过程如图 7-1 所示。将一定量萃取剂加入原料液中，然后加以搅拌使原料液与萃取剂充分混合，溶质通过相界面由原料液向萃取剂中扩散，所以萃取操作与精馏、吸收等过程一样，也属于两相间的传质过程。搅拌停止后，两液相因密度不同而分层：一层以溶剂 S 为主，并溶有较多的溶质 A，称为萃取相，以 E 表示；另一层以原溶剂（稀释剂）B 为主，且含有未被萃取完的溶质 A，称为萃余相，以 R 表示。若溶剂 S 和 B 为部分互溶，则萃取相中还含有少量的 B，萃余相中亦含有少量的 S。由上可知，萃取操作并没有得到纯净的组分，而是新的混合液：萃取相 E 和萃余相 R。为了得到产品 A，并回收溶剂以供循环使用，尚需对这两相分别进行分离，通常采用蒸馏或蒸发的方法，有时也可采用结晶等其他方法。脱除溶剂后的萃取相和萃余相分别称为萃取液和萃余液，以 E' 和 R' 表示。对于一种液体混合物，究竟是采用蒸馏还是萃取加以分离，主要取决于技术上的可行性和经济上的合理性。

7.1.2　萃取操作的经济性

萃取剂回收的难易直接影响萃取操作的费用，从而在很大程度上决定萃取过程的经济性。因此，要求萃取剂 S 与原料液中的组分的相对挥发度要大，不应形成恒沸物，并且最好是组成低的组分为易挥发组分。若被萃取的溶质不挥发或挥发度很低时，则要求 S 的汽化热要小，以节省能耗。

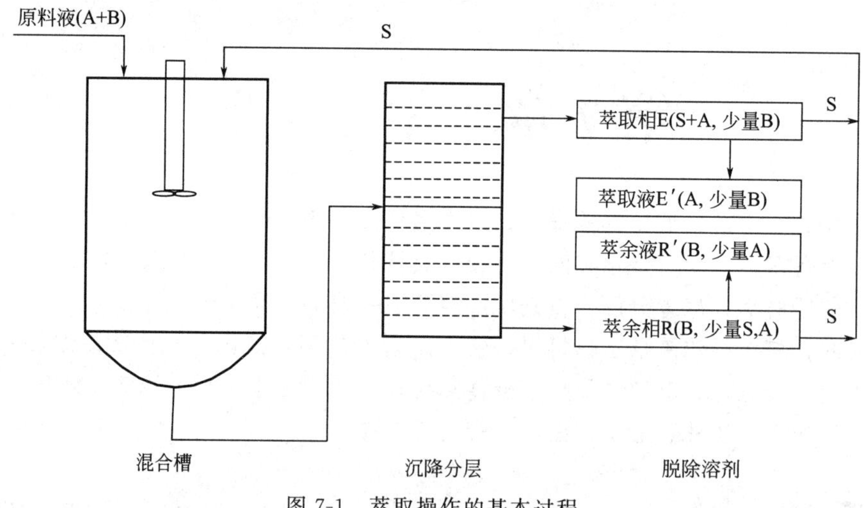

图 7-1 萃取操作的基本过程

一般在下列情况下采用萃取方法更为有利。

① 原料液中各组分间的沸点非常接近，即组分间的相对挥发度接近于1，若采用蒸馏方法很不经济。

② 原料液在蒸馏时形成恒沸物，用普通蒸馏方法不能达到所需的纯度。

③ 原料液中需分离的组分含量很低且为难挥发组分，若采用蒸馏方法必须将大量稀释剂汽化，能耗较大。

④ 原料液中需分离的组分是热敏性物质，蒸馏时易于分解、聚合或发生其他变化。

7.2 萃取过程的相平衡

7.2.1 三元体系的三角形相图

组分在液、液相之间的平衡关系是萃取过程的热力学基础，它决定萃取过程的方向、推动力和极限。

在萃取操作中至少涉及三个组分，即待分离混合液中的溶质 A、稀释剂 B 和加入的萃取剂 S。达到平衡时的两个相均为液相，即萃取相和萃余相。当萃取剂和稀释剂部分互溶时，萃取相和萃余相均含有三个组分，因此表示平衡关系时要用三角形相图。下面首先介绍三元物质的三角形相图。

在萃取操作中，三组分混合物的组成通常可以用等边三角形来表示，如图 7-2（a）所示。三角形的三个顶点 A、B、S 各代表一种纯组分，习惯上分别表示纯溶质、纯稀释剂相和纯溶剂相。

三角形的任意一条边上的任一点均代表一个二元混合物。例如，图中 AB 边上的点 E 代表 A、B 二元混合物，其中 A 组成为 40%，B 组成为 60%。

三角形内的任一点代表一个三元混合物。例如，欲求图中点 M 所代表的三元混合物的质量分数，可用点 M 至 AB 边的垂直距离代表组分 S 在混合物 M 中的质量分数 x_{mS}，用点 M 至 BS 边的垂直距离代表组分 A 在混合物 M 中的质量分数 x_{mA}，用点 M 至 AS 边的垂直距离代表组分 B 在混合物 M 中的质量分数 x_{mB}，分别为：$x_{mA}=0.4$；$x_{mB}=0.3$，$x_{mS}=$

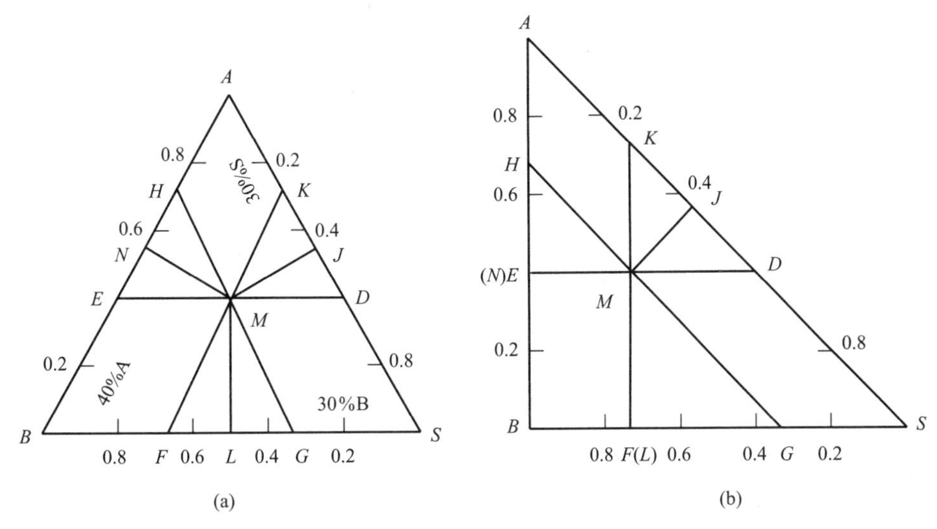

图 7-2 三元混合物的三角形相图

0.3。三个组分的质量分数之和为 1.0，即 $x_{mA}+x_{mB}+x_{mS}=0.4+0.3+0.3=1.0$。

直角三角形坐标图可以直接进行图解计算，读取数据均较等边三角形方便，故目前多采用直角三角形坐标图，图 7-2（b）为等腰直角三角形坐标图。有时也可以根据具体情况，将某一边刻度放大，采用不等腰直角三角形。

7.2.2 溶解度曲线和平衡联结线

在萃取操作中，根据组分间互溶度的不同，可分为三种情况。

① 溶质 A 可溶于稀释剂 B 和萃取剂 S 中，但稀释剂 B 和萃取剂 S 之间不互溶。

② 溶质 A 与稀释剂 B 互溶，但 B 和 S 之间部分互溶。

③ 组分 A、B 完全互溶，但 B、S 及 A、S 之间部分互溶。

通常将①和②称为第Ⅰ类物系，③称为第Ⅱ类物系。由于第Ⅰ类物系的情况在萃取操作中较为普遍，以下主要讨论第Ⅰ类物系的相平衡。

在含有溶质 A 和稀释剂 B 的原混合液中加入适量的萃取剂 S，经充分混合，达到平衡后，就会形成两个液层：萃取相 E 和萃余相 R。达到平衡时的这两个液层称为共轭液相。如果改变萃取剂的用量，将会建立新的平衡，得到新的共轭液相。在三角形相图上，将代表各平衡液层的组成坐标点连接起来的曲线即为此体系在该温度下的溶解度曲线，如图 7-3 所示。溶解度曲线把三角形分为两个区，曲线以内为两相区，以外为均相区。图中点 R 及 E

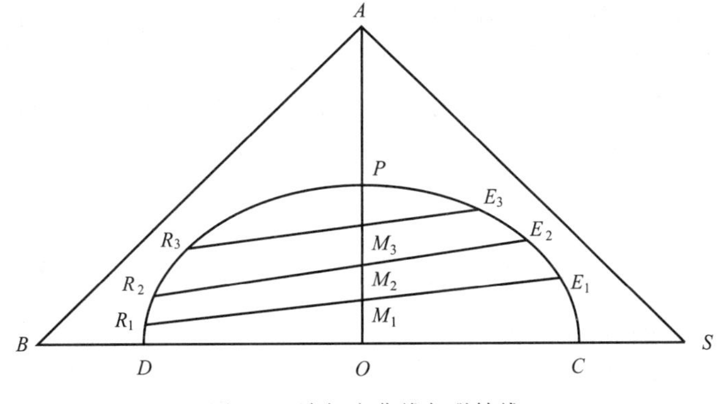

图 7-3 溶解度曲线与联结线

表示两平衡液层 R 及 E 的组成，该两点的连线 RE 称为联结线。通常联结线都不互相平行，各条联结线的斜率随混合液的组成而异。图中点 P 称为临界混溶点，在该点处 R 和 E 两相组成完全相同，溶液变为均相。

在恒温条件下，通过实验测定体系的溶解度，所得到的结果总是有限的。为了得到其他组成的液-液平衡数据，可以通过绘制辅助曲线，应用内插法求得。

如图 7-4 所示，已知联结线 R_1E_1、R_2E_2 和 R_3E_3。从 E_1 点作 AB 边的平行线，从 R_1 点作 BS 边的平行线，交点为 H。同样，从 E_2、E_3 分别作 AB 边的平行线，从 R_2、R_3 分别作 BS 边的平行线，得交点 G 和 F。连接各交点，得曲线 FGH，即为溶解度曲线的辅助曲线。利用辅助曲线，可以求得任一平衡液相的共轭相，如求液相 R 的共轭相，自 R 点作 BS 边的平行线，交辅助曲线于 J，过 J 点作 AB 边的平行线，交溶解度曲线于 E，该点即为 R 的共轭相。

7.2.3 物料衡算与杠杆定律

如图 7-5 所示，混合物 M 分成任意两个相 E 和 R，或由任意两个相 E 和 R 混合成一个相 M，则在三角形相图中表示其组成的点 M、E 和 R 必在一直线上，而且符合以下比例关系：

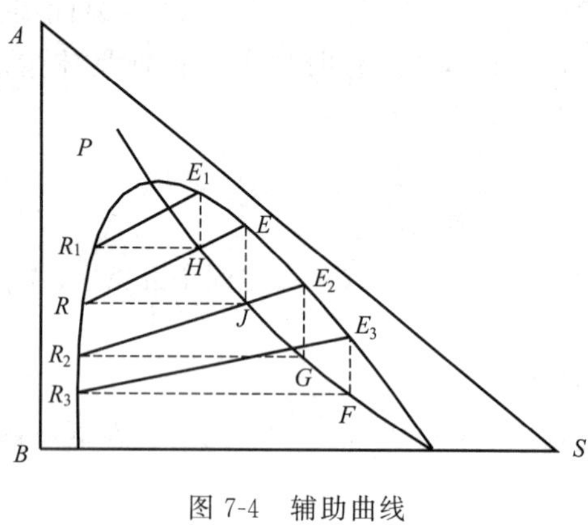

图 7-4 辅助曲线

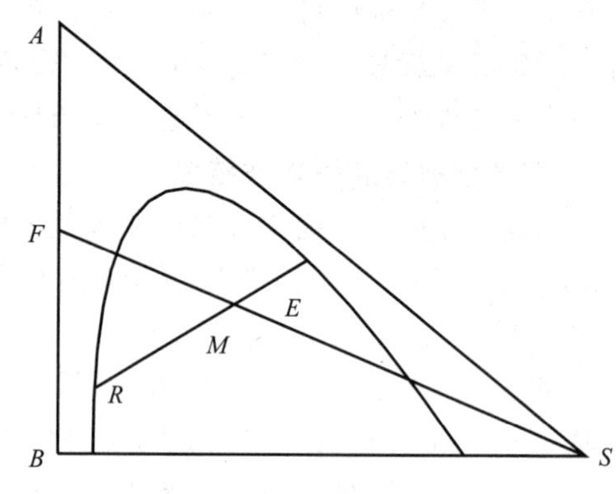

图 7-5 杠杆规则的应用

$$\frac{E}{R}=\frac{\overline{MR}}{\overline{ME}} \quad 或 \quad \frac{E}{M}=\frac{\overline{MR}}{\overline{RE}} \tag{7-1}$$

式中 E，R，M——混合液 E、R 及 M 的质量，kg 或 kg/s，满足 $E+R=M$；

$\overline{MR}$，$\overline{ME}$，$\overline{RE}$——线段 MR、ME、RE 的长度。

这一关系称为杠杆定律。点 M 称为点 E 和点 R 的"和点"；点 E（或 R）为点 M 与点 R（或 E）的"差点"。根据杠杆定律，可以由其中的两点求得第三点。

如果在原料液 F 中加入纯溶剂 S，则表示混合液 M 组成的点 M 位置随溶剂加入量的多少而沿 FS 线变化，点 M 的位置由杠杆规则确定：

$$\frac{\overline{MF}}{\overline{MS}}=\frac{S}{F} \tag{7-2}$$

式中 S，F——纯溶剂 S 和原料液 F 的量，kg 或 kg/s；

$\overline{MF}$，$\overline{MS}$——线段 MF、MS 的长度。

7.2.4 分配曲线与分配系数

将三角形相图上各组相对应的共轭平衡液层中溶质 A 的组成转移到 x_m-y_m 直角坐标

上，所得的曲线称为分配曲线，如图 7-6 所示。以萃余相 R 中溶质 A 的组成 x_m 为横坐标，萃取相 E 中溶质 A 的组成 y_m 为纵坐标，互成共轭平衡的 R 相和 E 相中组分 A 的组成在 x_m-y_m 直角坐标上用点 N 表示。每一对共轭相可得一个点，连接这些点即可得图 7-6 中所示的分配曲线 ONP，曲线上的点 P 表示临界混溶点。

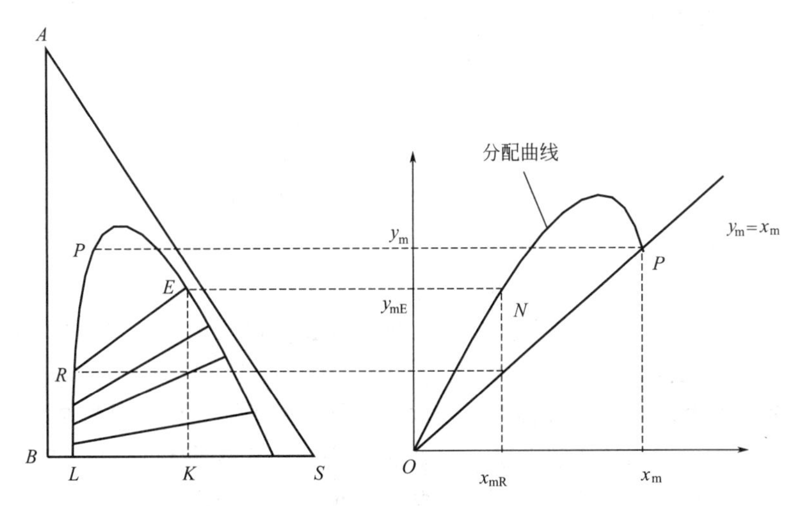

图 7-6　溶解度曲线与分配曲线的关系图

分配曲线表达了溶质 A 在相互平衡的 R 相与 E 相中的分配关系。

溶质 A 在两相中的平衡关系可以用相平衡常数 k 来表示，即：

$$k = \frac{y_{mA}}{x_{mA}} \tag{7-3}$$

式中　y_{mA}——溶质 A 在萃取剂中的质量分数；

x_{mA}——溶质 A 在萃余相中的质量分数。

k 通常称为分配系数。k 的值随温度与溶质的组成而异。当溶质浓度较低时，k 接近常数，相应的分配曲线接近直线。

7.3　萃取剂的选择

7.3.1　萃取剂的选择性系数

被分离组分在萃取剂与原料液两相间的平衡关系是选择萃取剂首先考虑的问题。如前所述，溶质在萃取相与萃余相之间的平衡关系可以用分配系数 k 表示。分配系数的大小对萃取过程有重要影响，分配系数大，表层被萃取溶质在萃取相中的组成高，萃取剂需要量少，溶质容易被萃取。

萃取剂的选择性是指萃取剂对原料混合液中两个组分的溶解能力的大小，可以用选择性系数 α 来表示。

选择性系数 α 的定义如下：

$$\alpha = \frac{y_{mA}/x_{mA}}{y_{mB}/x_{mB}} = \frac{k_A}{k_B} \tag{7-4}$$

式中　y_{mA}，y_{mB}——组分 A 和 B 在萃取相中的质量分数；

x_{mA}，x_{mB}——组分 A 和 B 在萃余相中的质量分数。

根据选择性系数的定义，α 的大小反映了萃取剂对溶质 A 的萃取难易程度。若 $\alpha>1$，表示溶质 A 在萃取相中的相对含量比萃余相中高，萃取时溶质 A 可以在萃取相中富集，α 越大，组分 A 与 B 的分离越容易。若 $\alpha=1$，则组分 A 与 B 在两相中的组成比例相同，不能用萃取的方法分离。

7.3.2 萃取剂的选择原则

在萃取操作过程中，选取萃取剂应考虑以下几方面的性能。

7.3.2.1 萃取剂的选择性

萃取剂的选择性，系指萃取剂 S 对被萃取组分 A 与其他组分的溶解能力的差异。若选用选择性系数大的萃取剂，其用量可少，而所得的产品质量也较高。

萃取剂 S 与稀释剂 B 的互溶度越小，越有利于萃取。

7.3.2.2 萃取剂的物理性质

（1）密度　萃取相和萃余相之间应有一定的密度差，以利于两液相在充分接触以后能较快地分层，从而可以提高设备的处理能力。

（2）界面张力　萃取物系的界面张力较大时，细小的液滴比较容易聚结，有利于两相的分层，但界面张力过大，液体不易分散。界面张力小，易产生乳化现象，使两相较难分离。因此，界面张力应适中。一般不宜选用界面张力过小的萃取剂。

（3）黏度　溶剂的黏度低，有利于两相的混合与分层，也有利于流动与传质，因而黏度小对萃取有利。萃取剂的黏度较大时，有时需要加入其他溶质来调节黏度。

7.3.2.3 萃取剂的化学性质

萃取剂应具有良好的化学稳定性、热稳定性以及抗氧化稳定性，对设备的腐蚀性也应较小。

7.3.2.4 萃取剂回收的难易

萃取相和萃余相中的萃取剂通常需回收后重复使用，以减少溶剂的消耗量。回收费用取决于萃取剂回收的难易程度。有的溶剂虽然具有很多良好的性能，但往往由于回收困难而不被采用。

一般常用的回收方法是蒸馏，如果不宜用蒸馏，可以考虑采用其他方法，如反萃取、结晶分离等。

7.3.2.5 其他指标

如萃取剂的价格、毒性以及是否易燃、易爆等，均是选择萃取剂时需要考虑的问题。

7.4 萃取过程计算

7.4.1 单级萃取

单级萃取是液-液萃取中最简单、最基本的操作方式，其工艺流程如图 7-7 所示。首先介绍这种最简单的萃取操作，在此基础上理解其他复杂的萃取操作。

如图 7-7 所示，同时将一定量的原料液 F 和萃取剂 S 加入混合器内，通过搅拌使两相充分混合，原料液中的溶质 A 转移到萃取相中。经过一段时间的搅拌混合后，将混合液送入分层器中，在此萃取相和萃余相进行分离。萃取相和萃余相分别送到萃取相分离设备和萃余相分离设备，分离回收得到的萃取剂可以在萃取操作中再用。萃取相和萃余相脱除萃取剂后

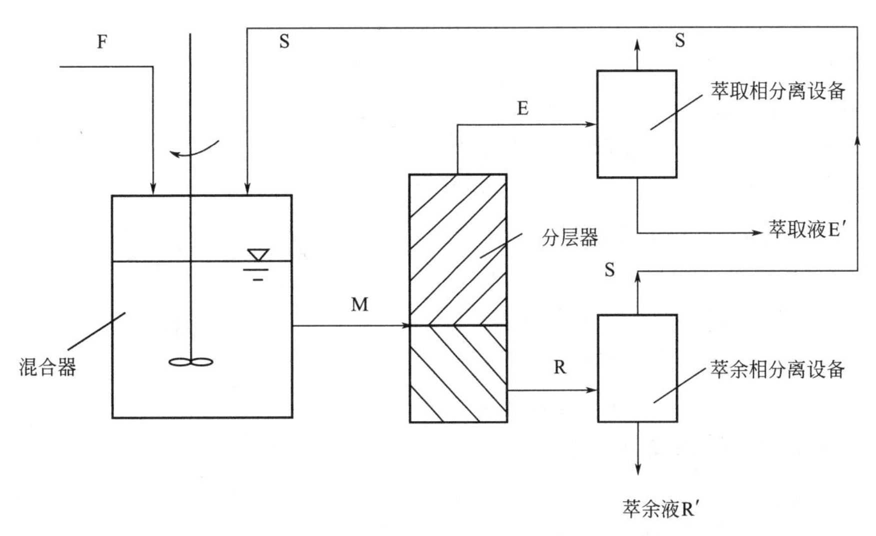

图 7-7 单级萃取流程示意图

的两个液相分别称为萃取液和萃余液。

单级萃取可以间歇操作，也可以连续操作。如果萃取相和萃余相之间达到平衡，则这个过程为一个理论级。但无论采用什么样的操作方式，由于两液相在混合器中的接触时间是有限的，萃取相和萃余相之间实际上不可能完全达到平衡，只能接近平衡。单级操作实际的级数和理论级的差距用级效率表示。萃取相与萃余相距离平衡状态越近，级效率越高。一般来说，在单级萃取计算中通常按一个理论级考虑。

单级萃取过程的计算通常是在待处理的原料液的量和组成、萃取剂的组成、体系的相平衡数据和萃余相的组成已知的条件下，求所需的萃取剂的量、萃取相和萃余相的量与萃取相的组成。

下面将分别对萃取剂与稀释剂不互溶的体系和部分互溶的体系进行计算。

7.4.1.1 萃取剂与稀释剂不互溶的体系

对于萃取剂与稀释剂不互溶的体系，萃取相含全部溶剂，萃余相含全部稀释剂。萃取前后的以溶质 A 为对象的物料衡算式如下（萃取剂为纯溶剂）：

$$BX_{mF}=SY_{mE}+BX_{mR}$$

或

$$Y_{mE}=-\frac{B}{S}(X_{mR}-X_{mF}) \tag{7-5}$$

式中 S，B——萃取剂用量和原料液中稀释剂量，kg 或 kg/s；

X_{mF}——原料液中溶质 A 的质量比，kg/kg；

X_{mR}——萃余相中溶质 A 的质量比，kg/kg；

Y_{mE}——萃取相中溶质 A 的质量比，kg/kg。

溶质在两液相间的分配曲线如图 7-8（组成用质量比表示）所示，即：

$$Y_m=f(X_m)$$

如果分配系数不随溶液组成而变，则：

$$Y_m=kX_m \tag{7-6}$$

联立求解式(7-5) 和式(7-6)，即可得到所需的萃取剂用量 S 和溶质 A 在萃取相中的组成 Y_{mE}。此解也可通过图解得到。如图 7-8 所示，式(7-5) 在图中为一直线，称为操作线。该操作线是过点 (X_{mF}，0)、斜率为 $-B/S$ 的直线。根据操作线与分配曲线的交点即可得 Y_{mE} 和 X_{mR}。

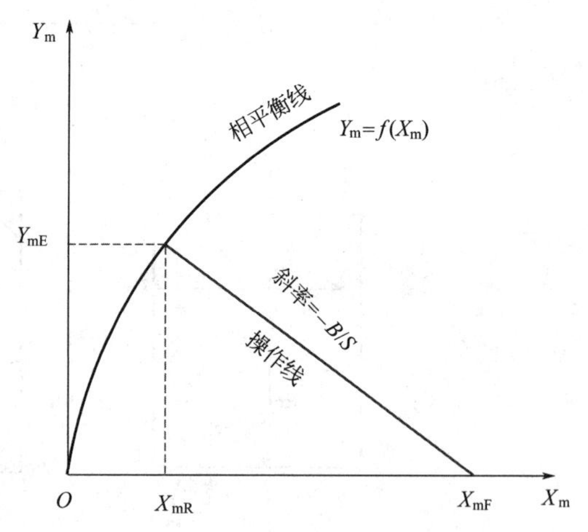

图 7-8 不互溶体系的单级萃取

7.4.1.2 萃取剂与稀释剂部分互溶的体系

对于萃取剂与稀释剂部分互溶的体系，通常根据三角形相图用图解法进行计算，如图 7-9 所示。在计算过程中所用到的一些符号说明如下：

F——原料液的量，kg 或 kg/s；

S——萃取剂的量，kg 或 kg/s；

M——混合液(原料液＋萃取剂)的量，kg 或 kg/s；

E，E'——萃取相和萃取液的量，kg 或 kg/s；

R，R'——萃余相和萃余液的量，kg 或 kg/s；

x_{mF}——原料液中溶质 A 的质量分数；

x_{mM}——混合液中溶质 A 的质量分数；

x_{mR}，$x_{wR'}$——萃余相和萃余液中溶质 A 的质量分数；

y_{m0}——萃取剂中溶质 A 的质量分数；

y_{mE}，$y_{mE'}$——萃取相和萃取液中溶质 A 的质量分数。

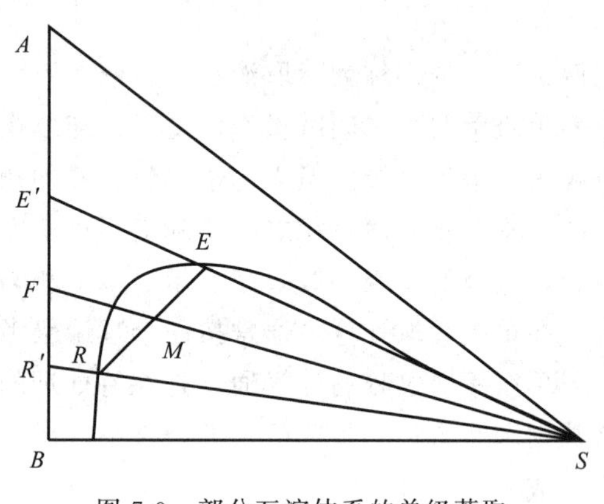

图 7-9 部分互溶体系的单级萃取

图解法的计算步骤如下。

① 根据已知平衡数据在三角形相图中画出溶解度曲线及辅助曲线，如图 7-9 所示。

② 在 AB 边上根据原料液的组成 x_{mF} 确定点 F，根据所用萃取剂组成确定点 S（假设为纯萃取剂)，连接 FS。

③ 由已知的萃余相中溶质 A 的质量分数 x_{mR} 定出点 R（也可以用萃余液组成 $x_{mR'}$ 定出点 R'，连接 SR' 与溶解度曲线相交于点 R)，再利用辅助曲线求出点 E，连接 RE，与 FS 交点为 M，该点即为混合液的组成点。根据杠杆定律，可求得所需萃取剂的量 S 为：

$$\frac{S}{F}=\frac{\overline{MF}}{\overline{MS}},\ S=\frac{\overline{MF}}{\overline{MS}}\times F$$

上式中 F 已知，MF 和 MS 线段的长度可以从图中量出，因此可求出 S。

④ 根据杠杆定律，可求萃取相量 E 和萃余相量 R，即：

$$\frac{R}{E}=\frac{\overline{ME}}{\overline{MR}}$$

根据系统的总物料衡算，有：

$$F+S=R+E=M$$

联立以上两式，即可求得 R 和 E，并从图 7-9 中读出 y_{mE}。

7.4.2 多级错流萃取

多级错流萃取的流程如图 7-10 所示。原料液从第 1 级加入，每一级均加入新鲜的萃取剂。在第 1 级中，原料液与萃取剂充分接触，两相达到平衡后分相。所得的萃余相作为第 2 级的原料液送到第 2 级中，与加入的新鲜萃取剂进行再次萃取，分相后，其萃余相送入第 3 级。如此萃余相被多次萃取，直到第 n 级，最终排出的萃余相量为 R_n。各级得到的萃取相量分别为 E_1，E_2，…，E_n，排出后分离溶质，并回收萃取剂。下面对萃取剂和稀释剂之间不互溶的体系进行计算。

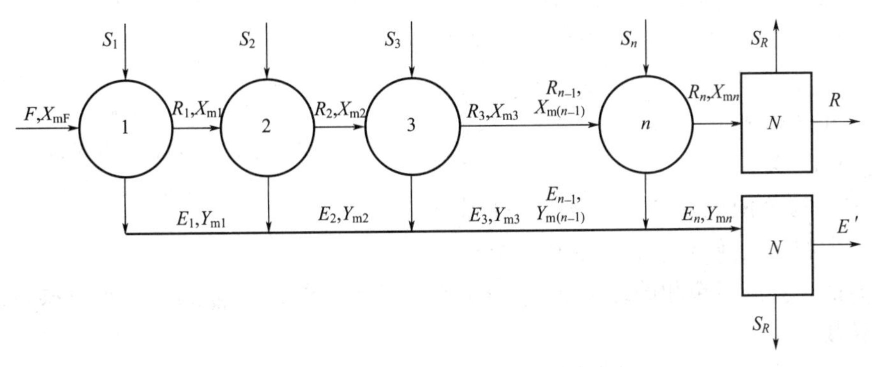

图 7-10 多级错流萃取流程示意图

由于萃取剂和稀释剂之间不互溶，可以认为原料液与从各级流出的萃余相中的稀释剂量 B 相等。同时，在各级萃取中，加入的萃取剂量与流出的萃取相中的纯萃取剂量相同。类似于单级萃取的计算方法，对多级错流萃取进行逐级计算。对于第 1 级，对溶质 A 进行物料衡算：

$$BX_{mF}+S_1Y_{m0}=BX_{m1}+S_1Y_{m1} \tag{7-7}$$

由上式得：

$$Y_{m1}-Y_{m0}=-\frac{B}{S_1}(X_{m1}-X_{mF}) \tag{7-8}$$

式中 B——原料液中稀释剂的量，kg 或 kg/s；

S_1——加入第 1 级的萃取剂中的纯萃取剂量，kg 或 kg/s；

Y_{m0}——萃取剂中溶质 A 的质量比，kg/kg；

X_{mF}——原料液中溶质 A 的质量比，kg/kg；

Y_{m1}——第 1 级流出的萃取相中溶质 A 的质量比，kg/kg；

X_{m1}——第 1 级流出的萃余相中溶质 A 的质量比，kg/kg。

式(7-8) 为第 1 级萃取过程中萃取相与萃余相组成变化的操作线方程。

同理，对任意一个萃取级 n，根据溶质的物料衡算得：

$$Y_{mn}-Y_{m0}=-\frac{B}{S_n}(X_{mn}-X_{m(n-1)}) \tag{7-9}$$

式(7-9) 表示任一级萃取过程中萃取相组成 Y_{mn} 与萃余相组成 X_{mn} 之间的关系，为错流萃取每一级的操作线方程，在直角坐标图上是一直线。

与单级操作的图解法类似，在多级错流萃取中，如果已知原料液量和原料液组成 X_{mF} 以及每一级加入的萃取剂量和萃取剂组成 Y_{m0}，即可用图解法求出将萃余液中溶质 A 的组成降到 X_{mR} 所需的级数。图解法的具体步骤如图 7-11 所示。

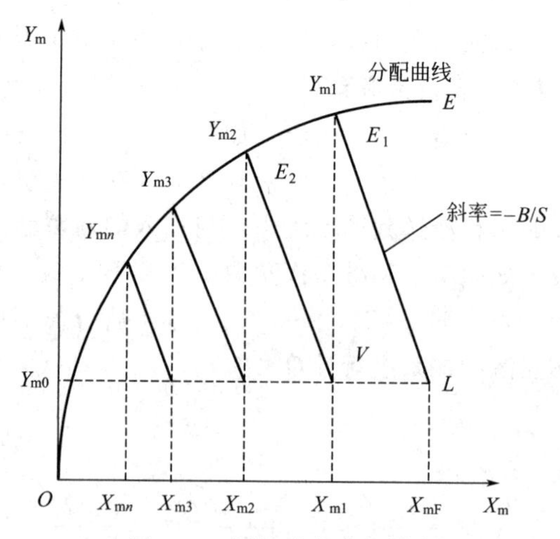

图 7-11 图解法求多级错流萃取所需的理论级数

步骤如下。

① 在直角坐标上画出分配曲线 OE。

② 过点 $L(X_{mF}, Y_{m0})$，以 $-B/S_1$ 为斜率，作操作线与分配曲线交于点 E_1。该点的横、纵坐标分别为离开第一级萃余相的组成 X_{m1} 和萃取相的组成 Y_{m1}。

③ 过点 $V(X_{m1}, Y_{m0})$，以 $-B/S_2$ 为斜率，作操作线与分配曲线交于点 E_2，得到离开第二级萃余相的组成 X_{m2} 和萃取相的组成 Y_{m2}。

以此类推，直到萃余相的组成 X_{mn} 等于或小于所要求的 X_{mR} 为止。重复操作线的次数即为理论级数。

图中各操作线的斜率随各级萃取剂的用量而异，如果每级所用萃取剂量相等，则各操作线斜率相同，各线相互平行。

7.4.3 多级逆流萃取

多级逆流萃取的流程如图 7-12 所示。原料液从第 1 级进入，逐级流过系统，最终萃余相从第 n 级流出；而新鲜萃取剂从第 n 级进入，与原料液逆流接触。两液相在每一级充分接触，进行传质，最终的萃取相从第 1 级流出。最终的萃取相与萃余相分别送入溶剂回收装置中回收萃取剂，并得到萃取液与萃余液。在多级逆流萃取流程中，由于在第 1 级，萃取相与溶质含量最高的原料液接触，因此最终得到的萃取相中溶质含量高，接近与原料液相平衡的程度。而在第 n 级，萃余相与新鲜萃取剂接触，使最终出来的萃余相中溶质含量低，接近与新鲜萃取剂相平衡的程度。由于上述特点，多级逆流萃取可以用较少的萃取剂量达到较高的萃取率，应用较为广泛。

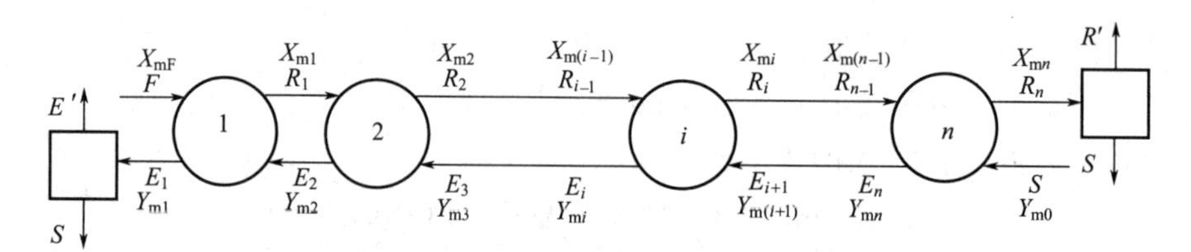

图 7-12 多级逆流萃取流程示意图

7.4.3.1 理论级数的计算

多级逆流萃取体系的理论级数的图解过程如下。

① 根据平衡数据，绘制分配曲线，如图 7-13 所示。

② 根据物料衡算建立逆流萃取的操作线方程。由于在萃取剂与稀释剂不互溶的多级逆流萃取体系中，萃取相中的萃取剂的量和萃余相中稀释剂的量均保持不变，因此第 1 级至第 i 级的物料衡算方程为：

$$BX_{mF}+SY_{m(i+1)}=BX_{mi}+SY_{m1} \tag{7-10}$$

$$Y_{m1}-Y_{m(i+1)}=\frac{B}{S}(X_{mF}-X_{mi}) \tag{7-11}$$

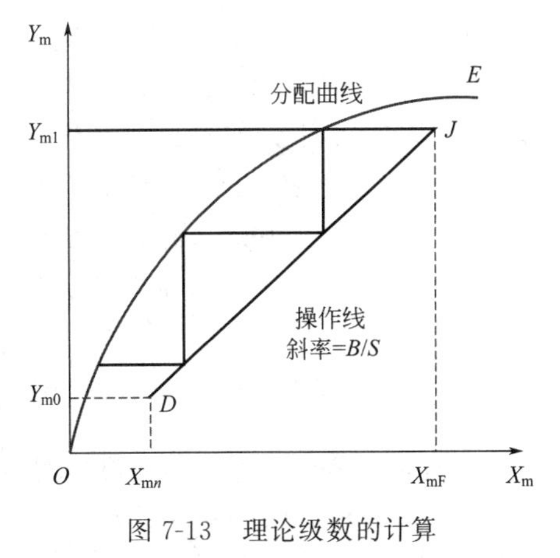

图 7-13　理论级数的计算

式中　X_{mF}——原料液中溶质 A 的质量比，kg/kg；

Y_{m1}——最终萃取相中溶质 A 的质量比，kg/kg；

X_{mi}——离开第 i 级的萃余相中溶质 A 的质量比，kg/kg；

$Y_{m(i+1)}$——进入第 i 级的萃余相中溶质 A 的质量比，kg/kg；

B——原料液中稀释剂的流量，kg/s；

S——原始萃取剂中纯萃取剂的流量，kg/s。

式(7-11) 即为该逆流萃取体系的操作线方程，是斜率为 B/S，过点 $D(X_{mn}, Y_{m0})$ 和点 $J(X_{mF}, Y_{m1})$ 的线。

③ 从操作线的一端点 J 开始，在操作线与分配曲线之间画阶梯，阶梯数即为所需的理论级数。

7.4.3.2　最小萃取剂用量的计算

操作中，萃取剂用量的确定影响萃取效果和设备费用。一般来说，萃取剂用量小，所需理论级数多，设备费用高；反之，萃取剂用量大，所需的理论级数少，萃取设备费用低，但萃取剂回收设备大，相应的回收萃取剂的费用高。因此，需要根据萃取和萃取剂回收两部分的设备费用和操作费用进行综合核算，确定适宜的萃取剂用量。但在多级逆流操作中，对于一定的萃取，存在一个最小萃取剂比和最小萃取剂用量 S_{min}。当萃取剂用量减小到 S_{min} 时，所需的理论级数为无穷大。如果所用的萃取剂量小于 S_{min}，则无论用多少个理论级也达不到规定的萃取要求。因此，在确定萃取剂用量时，有必要首先计算最小萃取剂用量。

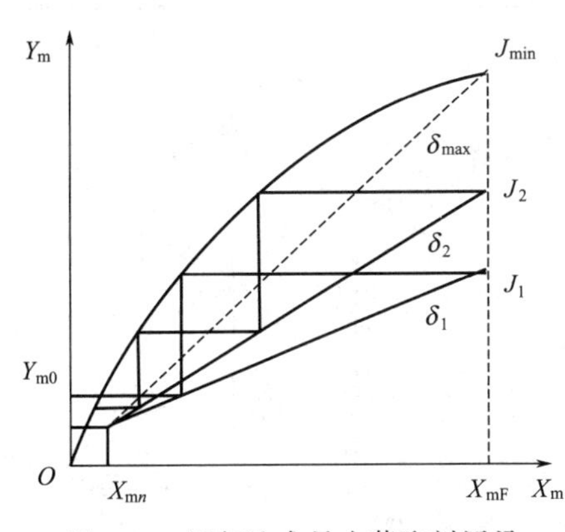

图 7-14　图解法求最小萃取剂用量

最小萃取剂用量的图解法如图 7-14 所示。

首先绘制分配曲线，然后绘制操作线 J_1、J_2 和 J_{min}，其斜率分别为 $\delta_1=B/S_1$，$\delta_2=B/S_2$ 和 $\delta_{max}=B/S_{min}$。当萃取剂用量减小时，操作线向分配曲线靠拢。操作线与分配曲线相交（或相切）时（如图中 J_{min} 线）的萃取剂用量为最小值 S_{min}。此时操作线的斜率最大。从图中可见，S 越小，理论级数越多；S 为 S_{min} 时，理论级数为无穷多。萃取剂的最小用量可用下式求得：

$$S_{min}=\frac{B}{\delta_{max}} \tag{7-12}$$

【例 7-1】 采用多级错流萃取的方法，从流量为 1300kg/h 的 A、B 混合液中提取组分 A，所用的溶剂 S 与混合液中组分 B 完全不溶，其操作条件下的平衡关系如图 7-15 所示。若每级以 500kg/h 的流量加入纯溶剂，使原料液中的 A 含量由 0.35 降至 0.075（质量分数），求所需的理论级数。如果改为逆流操作，总的溶剂用量相同，其他操作条件不变，达到相同的分离效果需要的理论级数是多少？

解：（1）原料液中 A 的质量比为：

$$X_{mF}=\frac{0.35}{1-0.35}=0.538$$

达到分离要求的第 n 级萃余相中 A 的质量比为：

$$X_{mn}=\frac{0.075}{1-0.075}=0.081$$

操作线的斜率为：

$$-\frac{B}{S}=-\frac{1300\times(1-0.35)}{500}=-1.69$$

在分配曲线图（图 7-15）过点（X_{mF}，0）作斜率为 -1.69 的第 1 级操作线，交分配曲线于点(X_{m1},Y_{m1})，该点的坐标为第 1 级萃余相和萃取相的组成。然后过点(X_{m1},0)作第 1 级操作线的平行线交分配曲线于(X_{m2},Y_{m2})，重复以上步骤，直到萃余相中 A 的组成达到分离要求为止。由图 7-16 可知，理论级数为 4。

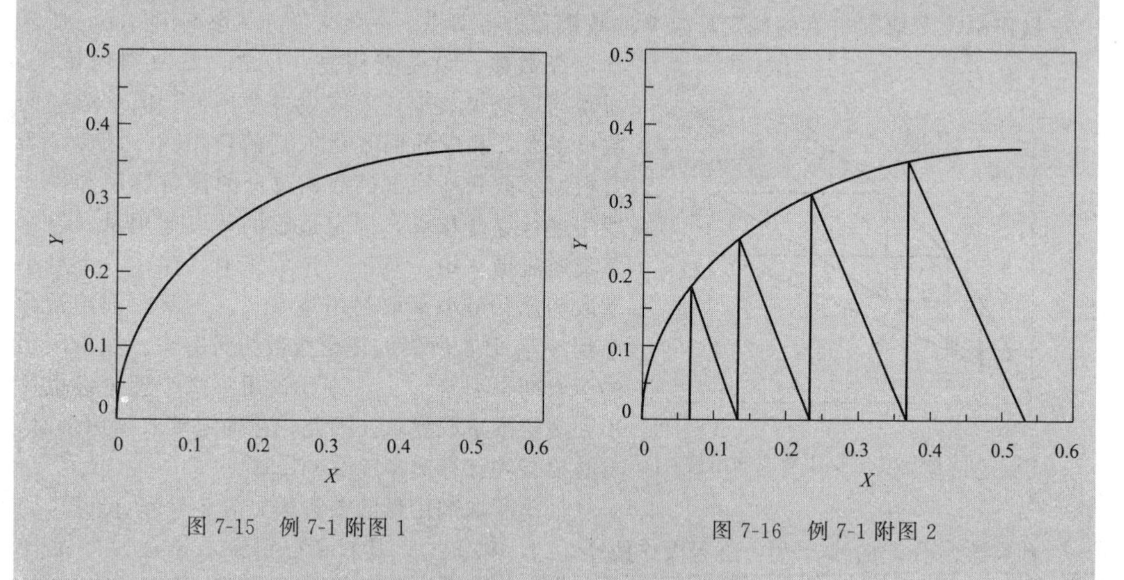

图 7-15　例 7-1 附图 1　　图 7-16　例 7-1 附图 2

（2）多级逆流萃取时，总溶剂用量为：

$$S=500\times4=2000(\text{kg/h})$$

由物料衡算，可以得到达到分离要求时萃取相中 A 的质量比为：

$$Y_{mn}=\frac{B}{S}(X_{mF}-X_{mn})+Y_{m0}$$

$$=\frac{1300\times(1-0.35)}{2000}\times(0.538-0.081)$$

$$=0.193$$

在分配曲线图上，过点（0.538，0.193）和点（0.081，0）作直线，得到操作线，在操作线和分配曲线之间作阶梯（图7-17），求得理论级数为2。

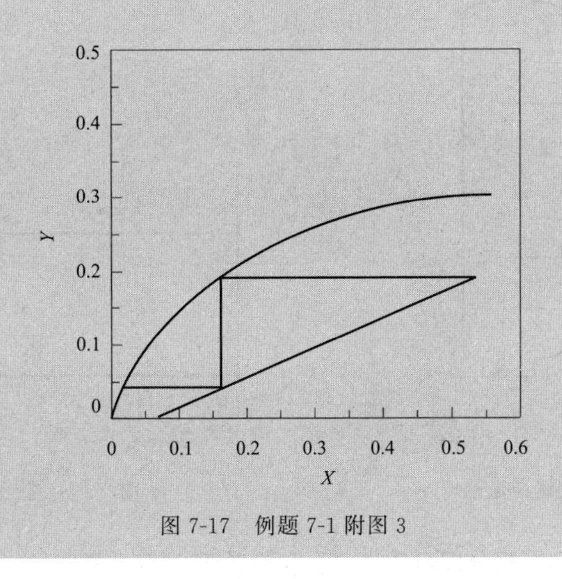

图7-17 例题7-1附图3

7.4.4 连续逆流萃取

连续逆流萃取过程如图7-18所示。通常重液（原料液）从塔顶进入塔中，从上向下流动，轻液（萃取剂）自下向上流动，两相逆流连续接触，进行传质。溶质从原料液进入萃取剂，最终萃余相从塔底流出，萃取相从塔顶流出。

连续逆流萃取的计算主要是要确定塔径和塔高，与吸收塔的计算类似。塔径取决于两液相的流量与塔中两相适宜的流速。塔高的计算通常有以下两种方法。

7.4.4.1 理论级当量高度法

理论级当量高度是指相当于一个理论级萃取效果的塔段高度，用 H_e 表示。它与两液相的物性、设备的结构形式和两相流速等操作条件有关，是反映萃取塔传质特性的参数。塔高等于 H_e 与理论级数的乘积。

7.4.4.2 传质单元法

如图7-19所示，将萃取塔分隔成无数个微元段，对微元段中溶质从料液到萃取相的传质过程进行分析。

$$d(Ey_m)=K_y(y_m^*-y_m)a_b\Omega dh$$

$$dh=\frac{d(Ey_m)}{\Omega K_y a_b(y_m^*-y_m)} \tag{7-13}$$

式中 E——萃取相流量，kg/s；

a_b——单位塔体积中两相界面积，m^2/m^3；

Ω——塔截面积，m^2；

K_y——以萃取相质量分数差为推动力的总传质系数，$kg/(m^2 \cdot s)$；

y_m^*——与组成为 x_m 的萃余相呈平衡的萃取相组成，质量分数。

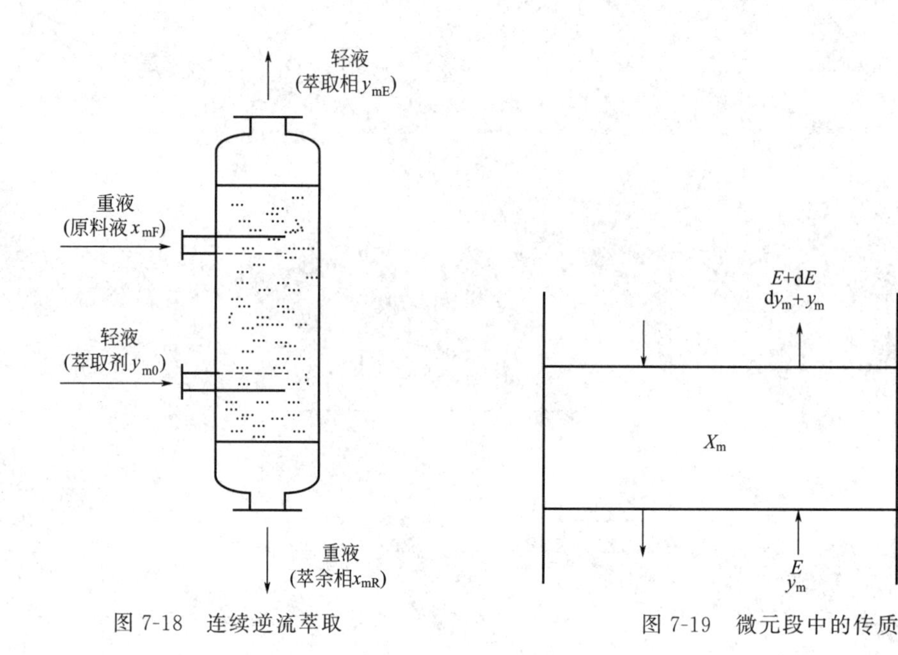

图 7-18 连续逆流萃取　　图 7-19 微元段中的传质

理论上，对式(7-13) 积分即可得塔高。但通常 E 和 K_y 是变量，积分有困难。

当萃取相中溶质浓度较低，且萃取相和稀释剂不互溶时，E 可认为不变，K_y 也可以取平均值作为常数。此时，对式(7-13) 积分得：

$$h=\frac{E}{K_y a_b \Omega}\int_{y_{m0}}^{y_{mE}}\frac{dy_m}{y_m^*-y_m}=H_{OE}N_{OE} \tag{7-14}$$

式中 H_{OE}——稀溶液时萃取相总传质单元高度，m；

N_{OE}——稀溶液时萃取相总传质单元数；

y_{m0}——原始萃取剂中溶质组成的质量分数；

y_{mE}——最终萃取剂中溶质组成的质量分数。

7.5 萃取设备化工原理

萃取设备与吸收、蒸馏过程的气液传质设备一样，必须要求两相充分地接触并伴有较高程度的湍流，保证两相之间迅速有效地进行传质，并使两相及时地达到较完善的分离。在吸收、蒸馏过程中，气、液两相的密度相差得比较悬殊，两相的分离相对比较容易，而在萃取中液-液两相的分离就较蒸馏、吸收难得多。因此，萃取设备必须考虑这一特点。

7.5.1 萃取设备的分类

目前，在工业上已有几十种不同形式的萃取设备。其分类方法通常有以下几种。

① 按两相的接触方式，可分为逐级接触式和微分接触式两类。前者既可用于间歇操作，也可用于连续操作；后者一般用于连续操作。

在逐级接触设备中，两相逐级相遇发生传质，组成发生阶跃式的变化。而在微分接触设备中，两相连续接触，发生连续的传质过程，从而使两相组成也发生连续的变化。对此类设备要注意减少接触区内的轴向返混，以提高效率。

② 按外界是否输入机械能来划分。如果两相密度差较大，两相的分散及流动仅仅依靠密度差来实现，而不需外界输入机械能，则称此设备为重力流动设备。如果两相密度差很小，界面张力较大，液滴易合并而不易分散，则需借助外界输入能量，如搅拌、振动等，以实现分散和流动。

③ 根据设备结构的特点和形状进行分类，可分为组件式和塔式。组件式多由单级萃取设备组合而成，根据需要可灵活地增减组合的级数。塔式萃取设备有板式塔、喷洒塔及填料塔等。此外还有一类设备，即离心萃取设备。下面就几类典型的萃取设备做一些介绍。

7.5.2　混合-澄清槽

混合-澄清槽是问世最早，而且目前仍在广泛应用的萃取设备，如图7-20所示。它由混合器及澄清槽两部分组成。混合器内装有搅拌器，原料液及溶剂同时加入混合器1内，经搅拌器2搅拌，使两相充分混合、密切接触进行萃取，然后流入澄清槽3，进行沉降，即重相沉至底部形成重相层，而轻相浮升进入槽上部，形成轻相层。轻相及重相分别由其排出口引出。若为了进一步提高分离程度，可将多个混合-澄清槽按错流或逆流的流程组合成多级萃取设备，所需级数的多少随工艺的分离要求而定。

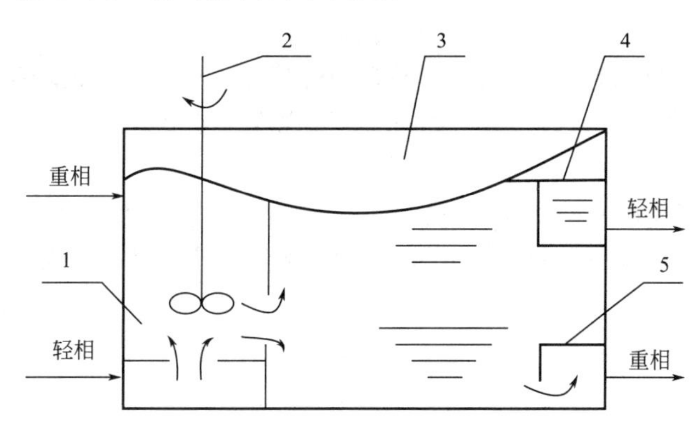

图7-20　混合-澄清槽

1—混合器；2—搅拌器；3—澄清槽；4—轻相溢出口；5—重相溢出口

混合-澄清槽有如下的优点。

① 处理量大，级效率高。

② 结构简单，容易放大和操作。

③ 两相流量之比范围大，运转稳定可靠，易于开、停工。对不同的物系有良好的适应性，甚至对含有少量悬浮固体的物料也可处理。

④ 易实现多级连续操作，便于调节级数。装置不需高大的厂房和复杂的辅助设备。

该设备也有以下突出的问题。

① 一般混合-澄清槽占地面积大，溶剂储量大。

② 由于动力搅拌装置以及级间的物流输送设备，使得该类设备的设备费及操作费较高。

混合-澄清槽仍广泛用于湿法冶金工业、原子能工业及石油化工等方面，尤其在所需级数少、处理量大的场合，更显示出它的实用性和经济性。

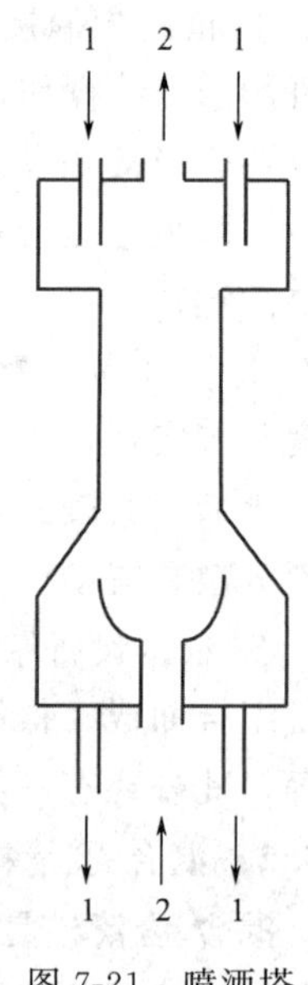

图 7-21 喷洒塔

1—重相；2—轻相

7.5.3 塔式萃取设备

塔式萃取设备既可以是逐级接触式，也可以是微分接触式。塔内既要提供液-液两相均匀分散、充分接触的场所，也要保证两相迅速、完全分离的条件。在逐级接触的塔式萃取设备内，两相的混合及分离交替进行。在微分接触设备内，则分区进行。针对液-液两相的特点，不同类型的塔式萃取设备采用了不同结构及方式促进两相的混合及分离。现就几种主要的塔式萃取设备介绍如下。

7.5.3.1 喷洒塔

喷洒塔或称喷淋塔，属于微分接触式，为最简单的萃取设备，如图 7-21 所示。重相及轻相分别从其顶部及底部进入。若以轻相为分散相，则轻相经塔底的分布装置分散为液滴之后，进入连续相中浮升而上，在逆向接触的过程中进行萃取，轻相液滴升至塔顶扩大处，则合并形成轻相液层排出。而连续相即重相，沿轴向流下与轻相液滴相接触，最后在塔底与轻相分离排出。如以重相为分散相，则将上述喷洒塔倒置，使重相进入分布器分散成液滴进入连续相，沿轴向沉降，在沉降中进行传质，降至塔底扩大处凝聚形成重相液层排出装置。连续相即轻相，由下部进入，沿轴向浮升至塔顶，分相后由塔顶排出。

喷洒塔虽有结构简单、投资费用少、易维护的特点，但其问题也较突出。即轴向返混严重，传质效率极差，其理论级数一般不超过 2，所以在工业上使用受到一定的限制。

造成上述问题的原因主要有以下几方面。

① 喷洒塔内没有任何内件，故阻力极小，两相很难均布，造成严重的轴向返混。

② 分散相在塔内仅有一次分散，分散相的液滴在缓慢的运动中表面更新慢，液滴内部湍动程度低，传质系数小。

此外，分散相液滴在运动中一旦合并，很难再分散，从而导致沉降速度或浮升速度的加大，引起相际接触面及接触时间的减少，影响了传质效率。

7.5.3.2 筛板萃取塔

筛板萃取塔属于逐级接触式，依靠两相的密度差，在重力的作用下，使得两相进行分散和逆向流动，其结构类似气、液传质设备的筛板塔，如图 7-22 所示。筛孔孔径 d_0 一般为 3～9mm，孔间距为（3～4）d_0，开孔率变化范围较宽。工业上常用的板间距为 150～600mm。塔盘上不设出口堰。两相物流在塔内的流程与气、液传质类似。若以轻相为分散相，则轻相从塔下部进入，重相由塔上部进入。轻相犹如蒸馏中的气相，重相恰似蒸馏中的液相。轻相穿过筛板分散成细小的液滴进入筛板上的连续相——重相层。液滴在重相层内的浮升过程中进行液-液传质过程。穿过重相层的轻相液滴开始合并凝聚，聚集在上层筛板的下侧，实现轻、重两相的分离，并进行轻相的自身混合。当轻相再一次穿过筛板时，轻相再次分散，液滴表面得到更新。这样分散、凝聚交替进行，直至塔顶澄清、分层、排出。而重相进入塔内，则横向流过塔板，在筛板上与轻相液滴接触和萃取后，由降液管流至下一层板。这样重复以上过程，直至在塔底与轻相分离形成重相层排出。

如果选重相为分散相，则其筛板结构应改为如图 7-23 的结构，犹如倒置的筛板塔，降液管则成为升液管。轻相从筛板下侧横向流过，从升液管进入上一板。而重相则在重力作用下穿过筛板被分散成细小液滴，在轻相层中沉降，进行传质。穿过轻相层的重相液滴开始合并凝聚，聚集于下层筛板上侧。通过多次分散和凝聚来实现两相的接触，进行萃取。其过程与轻相为分散相时类同。

由于是多层筛板，使得分散相多次分散及凝聚，表面得以多次地更新，同时也限制了轴向的返混，有助于萃取效率的提高。筛板塔结构简单、价格低廉，尽管级效率不太高，但仍在许多工业萃取中得到了应用，尤其在所需理论级数较少、处理量较大，而且物系具有腐蚀性的萃取过程中使用较为适宜。国内在芳烃抽提中应用筛板塔获得了良好的效果。

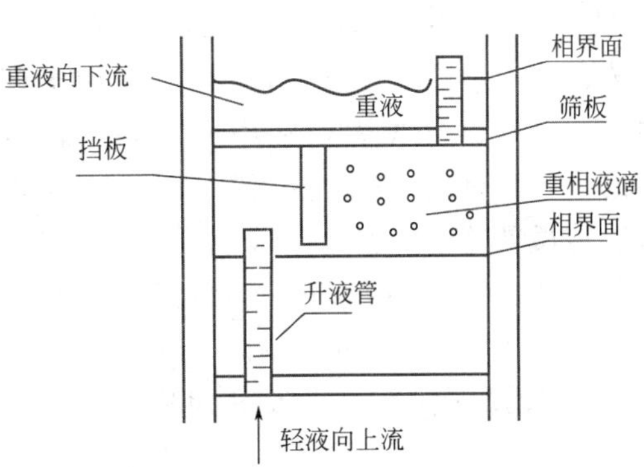

图 7-23 筛板结构示意图（重相为分散相）

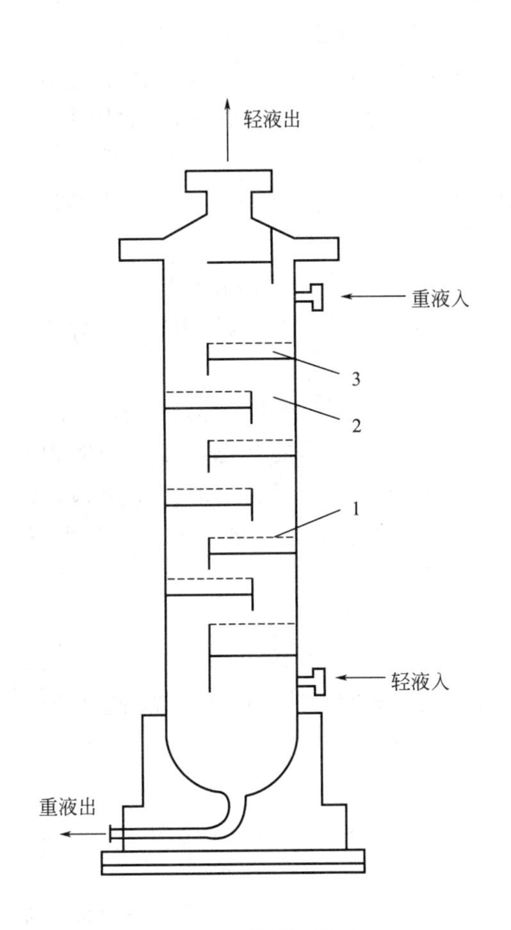

图 7-22 筛板萃取塔

1—筛板；2—轻液分散在重液中的混合液；3—分散相聚集界面（即轻重液层的界面）

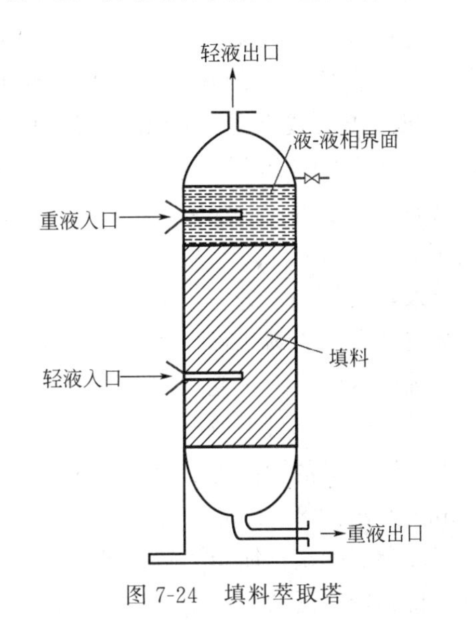

图 7-24 填料萃取塔

7.5.3.3 填料萃取塔

填料萃取塔的结构与气-液传质过程所用填料塔结构一样，如图 7-24 所示。塔内充填适宜的填料，塔两端装有两相进出口管。重相由上部进入、下端排出，而轻相由下端进入，从顶部排出。连续相充满整个塔，分散相由分布器分散成液滴进入填料层，在与连续相逆流接触中进行萃取。在塔内，流经填料表面的分散相液滴不断地破裂与再生。当离开填料时，分散相液滴又重新混合，促使表面不断更新。此外，还能抑制轴向返混。

为增大相际传质面、提高传质速率，应选择适当的分散相。为减少塔的壁效应，填料尺寸应小于塔径的1/10～1/8。为防止液体的沟流，填料层宜分段，各段之间设再分布器。每段填料层高度 h 可按 h/D 经验范围确定，如对拉西环，每段填料层高约为塔径 D 的3倍，对鲍尔环及鞍形填料可取5～10倍。

填料萃取塔结构简单、造价低廉、操作方便，故在工业上有一定的应用。在运行中，尽管填料塔对两相的流动有所改善，返混有所抑制，但其级效率仍然较小。一般在工艺要求的理论级小于3、处理量较小时，可考虑采用填料萃取塔。

7.5.3.4 转盘萃取塔

转盘萃取塔是1951年由Reman开发的萃取设备，结构如图7-25所示。在圆柱形的塔体内装有多层固定环形挡板，称为定环。定环将塔分隔成多个小空间，两定环之间均装一转盘。转盘固定在中心转轴上，转轴由塔顶的电机驱动。转盘的直径应小于定环的内径，使环、盘之间留有自由空间，以便安装和检修，增加塔内流通能力，提高萃取传质效率。

塔两端留有一定的空间作为澄清室，并以栅型挡板与中段萃取段隔开，以减少萃取段扰动对澄清室内两相分层的影响。

与前述的塔设备一样，重相由塔上部进入，轻相由塔下部进入。两相在塔内做逆向流动。此外，该设备还可并流操作，此时，原料液及溶剂必须从同一端进入塔内，借助输入的能量在塔内流动。

当转盘以较高转速旋转时，带动其附近的液体一起转动，使液体内部形成速度梯度，产生剪应力。在剪应力的作用下，使连续相产生涡流，处于湍动的状态，而使分散相液滴变形，以致破裂或合并，以增加相际传质面，促进表面更新。而其定环则将旋涡运动限制在由定环分割的若干个小空间内，抑制了轴向返混。由于转盘及定环表面均较光滑，不至于使局部的剪应力过高，避免了乳化现象，有利于两相的分离。因此，转盘塔传质效率较高。

近年来，人们为了进一步提高转盘塔的效率，开发出了不对称的转盘塔。有的在转盘上开孔，或将转盘改为圆弧形，或在塔内增设垂直挡板，在转盘间安装桨叶等，以促进径向流动，抑制轴向返混。经研究发现，转盘的分散作用与其转速有关。当转速较低时，转盘起不到分散作用。所以，可采取提高转盘转速，或在定环之间填装不锈钢丝网等措施增加液滴的分散程度。转盘塔的性能与所处理的物系的性能关系密切。目前其结构趋于定型，塔径最大为6～8m，高可达8～12m。

由于转盘塔的结构简单、造价低廉、维修方便、操作弹性及通量较大，因而在石油化学工业方面得到较广泛的应用。

7.5.3.5 搅拌填料塔

搅拌填料塔是最早带有搅拌器的塔设备之一，于1948年被开发出，又名夏贝尔塔，其结构如图7-26所示，塔内装有多段的丝网填料层，每两段填料层之间装有一固定在中心轴上的涡轮式搅拌器，在塔的两端留有空间作为澄清室。轻相由塔下部进入，重相由塔上部进入。当两相流经搅拌区时，两相充分混合，使分散情况及接触状态有所改善，促进了传质过程。当两相流经填料层时，丝网填料促使液滴合并，防止乳化，有利于分相，同时也抑制了轴向返混。可见，搅拌区起到了混合器的作用，而填料段则起到了澄清槽的作用。所以，搅拌填料塔可视为混合区与分相区交替排列的逐级萃取设备。为了提高效率，有利于放大，人们又对该塔进行了改进。1956 年改用水平桨，即第二代夏贝尔塔，于 1968 年又改用泵混合器代替水平桨，即第三代夏贝尔塔，据称其效果优于转盘塔，最佳操作条件下每米填料层可相当于 3～5 个理论级。

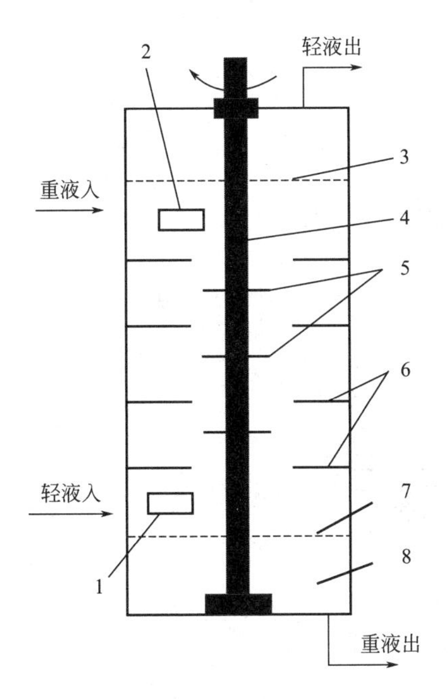

图 7-25 转盘萃取塔示意图

1,2—液体的切线入口；3,7—栅板；4—转轴；5—转盘；6—定环；8—塔底澄清区

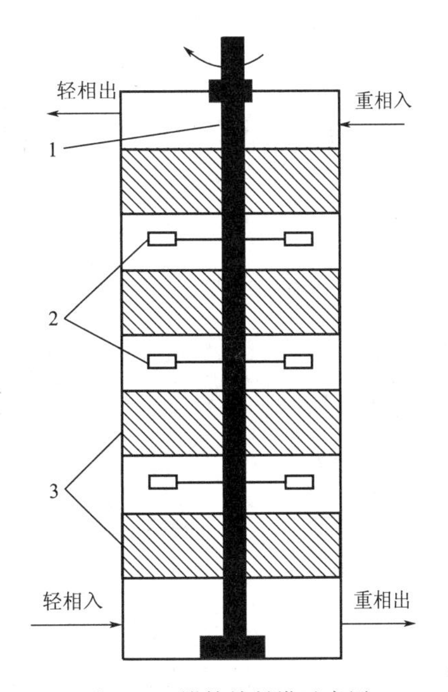

图 7-26 搅拌填料塔示意图

1—转轴；2—搅拌器；3—丝网填料

7.5.3.6 脉冲萃取塔

所谓脉冲萃取塔，是向萃取塔内输入一种脉冲，使塔内液体在流动中伴随上下脉动的一类塔。借助输入脉冲所提供的能量，可显著地改善两相流动的状态，提高传质效率。产生脉冲的方法有多种，如图 7-27 所示。图 7-27 中（a）往复活塞型是将活塞的往复运动直接作用在操作液体上，使之在塔内产生脉动；（b）及（c）分别为脉动隔膜型及风箱型脉冲塔，由隔膜及风箱将塔内操作液体与往复泵的工作流体隔开，由隔膜及风箱来传递脉冲；（d）为脉动进料型，是由往复泵向塔送料，从而使塔内产生脉动；（e）即空气脉冲型，在活塞与操作液体之间有一段空气作介质，空气一方面起到传递脉冲的作用，一方面又起到了隔离操作液体与活塞的作用。可见，图 7-27 中的（b）、（c）、（e）三种类型适于处理有腐蚀性的物系。

由于该类塔结构简单，防护屏蔽性能良好，无转动设备，便于实现远距离的控制，因此在核工业中得到了广泛的应用，在石油化工、稀有金属及有色金属的湿法冶金中也受到了重视。

若将一般的筛板及填料萃取塔也输入脉冲，同样能改善两相流动性能，提高传质的效率。此类也属脉冲塔。应注意的是，对于筛板塔则要防止溢流管引起的短路。对于散堆填料塔应防止长期脉冲作用引起的填料有序排列造成沟流，为此，应考虑分段增设再分布器。

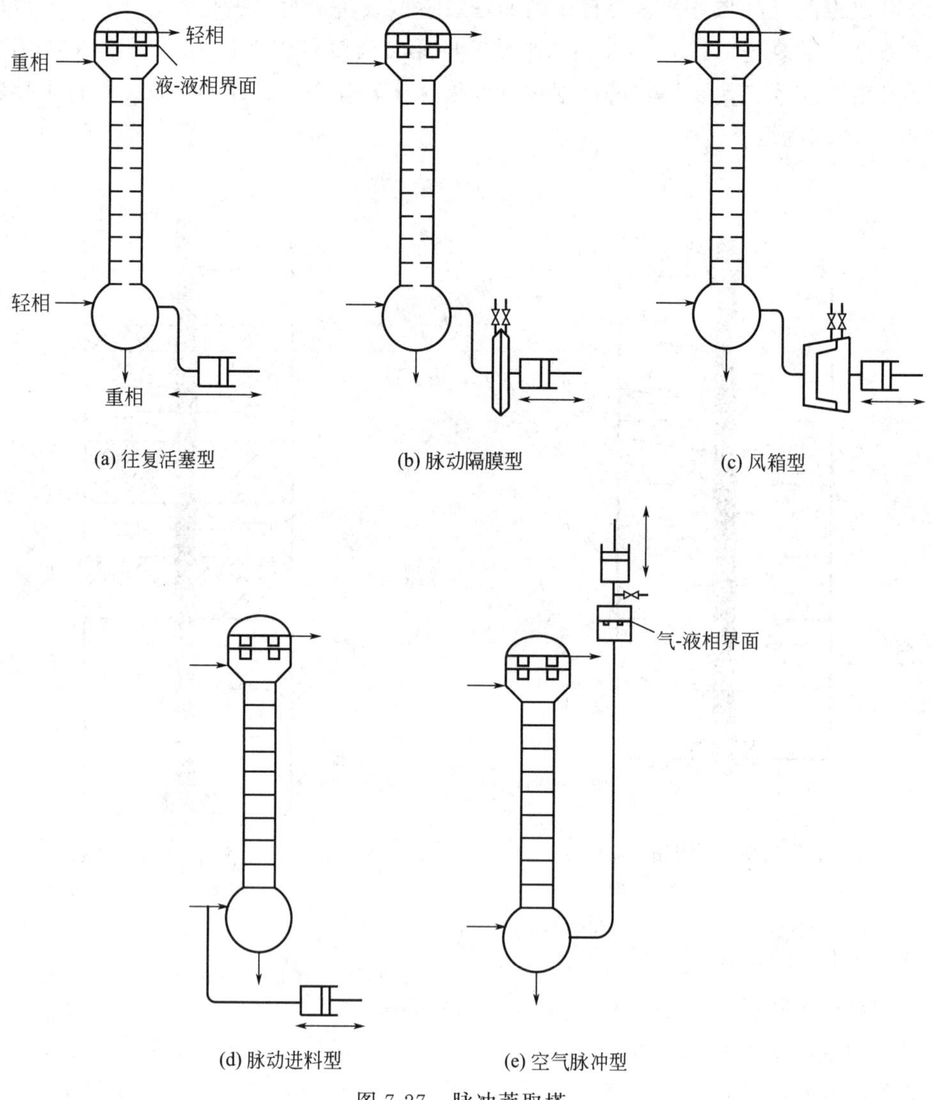

图 7-27 脉冲萃取塔

7.5.3.7 振动筛板塔

对于塔径较大的萃取塔，使液体产生脉冲较为困难，则可将筛板固定在能上、下运动的中心轴上，如图 7-28 所示。中心轴在电机的驱动下，带动筛板做上、下的振动，产生筛板与液体的相对运动，以代替液体的上、下脉冲运动，同样可取得上述脉冲塔的效果，此塔称为振动筛板塔。

7.5.4 离心萃取器

离心萃取器是利用离心力的作用使两相快速充分混合、快速分相的一种萃取装置。其特别适用于要求接触时间短、物流滞留量低、易乳化、难分相的物系。离心萃取设备种类也较多，按安装方式可分为立式及卧式离心萃取器；按转速的高低可分为高速（几万转每分钟）和低速（几千转每分钟）离心萃取器；按级数的多少可分为单台单级及单台多级离心萃取器；按接触方式还可分成逐级接触式和微分接触式离心萃取器两大类。以下仅介绍微分接触式离心萃取器。

波式离心萃取器也称离心薄膜萃取器，是一种微分接触式的萃取器，是Podbielnias于1934年发明的，并于20世纪50年代在工业上得到了广泛应用，其结构如图7-29所示。波式离心萃取器由一水平转轴和随其高速旋转的圆形转鼓，以及固定的外壳所组成。在转鼓内，装有带筛孔的狭长金属带卷制而成的螺旋圆筒或多层同心圆管。运行时，其转速一般为2000～5000r/min，在转鼓内形成较强的离心力场。轻相液体由转轴中心通道引至转鼓的外缘，而重相液体由另一转轴中心通道进入转鼓内线，并在径向穿过筒体层层的筛孔向外缘沉降，并在环隙间与轻相接触，进行传质，直到转鼓的外缘，由导管引至转轴上重相排出通道而排出。而轻相液体则相反，在离心力场中犹如在重力场中受到浮力一样，在离心力作用下，在径向“浮升”，穿过层层带孔的筒体向中心运动，最后到达转鼓的内缘分相后，由轻相排出口引出。

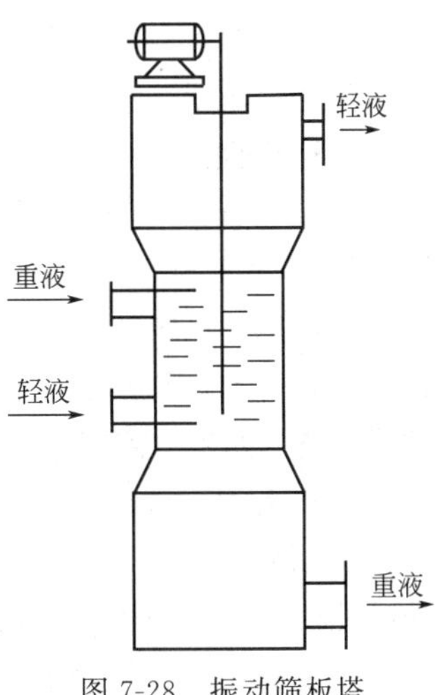

图7-28 振动筛板塔

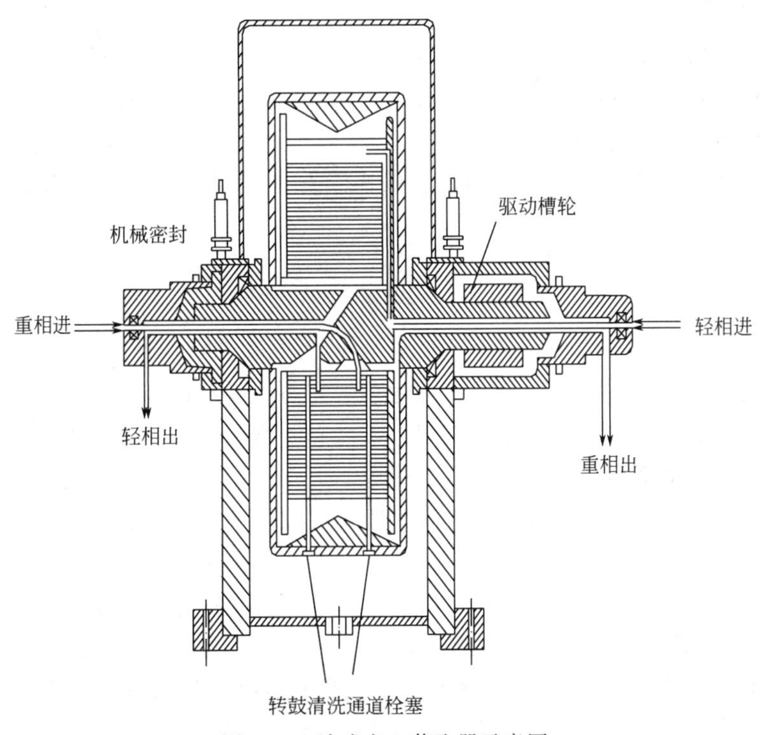

图7-29 波式离心萃取器示意图

带筛孔的圆形筒体恰似无溢流筛板一样，既有溢流功能，也有分散作用，改善了流动的状态。由于高速的旋转，使离心力远大于重力，从而提高了设备的处理能力。所以，该设备适于处理两相密度差小、易乳化的物系。由于其具有处理能力大，效率较高，提供较多理论级（单台可有3～7个理论级），以及结构紧凑、占地面积小等特点，而得到广泛的应用。但其主要问题是能耗大、结构复杂、设备费及维修费高，为此，其使用受到一定的限制。

7.5.5 萃取设备的选择

影响萃取过程的因素是很复杂的，如物系的性质、操作条件以及设备的结构等，而萃取设备的种类较多，也具有各自不同的特性。针对某一物系，在一定的操作条件下，选择适宜的萃取设备以满足生产要求是十分必要的。其选择的原则可按以下几方面考虑。

(1) 稳定性及停留时间　有些物系的稳定性较差，要求停留时间尽可能短，则选择离心萃取器比较适宜。反之，在萃取过程中伴随有较慢的化学反应，要求有足够的停留时间，则应选择混合-澄清槽较为有利。

(2) 所需理论级数　对某些物系达到一定的分离要求所需的理论级数较少，如2～3级，则各种萃取设备均可满足。所需的理论级数为中等（4～5级），一般可选转盘塔、脉冲塔以及振动筛板塔。如果所需理论级数更多时，则选择离心萃取器或多级混合-澄清槽较为适宜。

(3) 物系的分散与凝聚特性　液滴的大小及运动状态与物系的界面张力 σ 和两相的密度差 $\Delta\rho$ 的比值 $\sigma/\Delta\rho$ 有关。若其比值较大，则可能 σ 较大，即不易分散；或 $\Delta\rho$ 较小，则相对运动的速度较小，使得相际接触面减少，湍动程度差，故需选择有外加能量输入的设备。若物系易产生乳化、不易分相，则选择离心萃取器。反之，其 $\sigma/\Delta\rho$ 值较小时，则 σ 较小或 $\Delta\rho$ 较大，选择重力流动式的设备即可。

(4) 生产能力　若生产处理量较小或通量较小时，则选择填料塔或脉冲塔。反之，处理量较大时，则可考虑选择筛板塔、转盘塔、混合-澄清槽及离心萃取器等。

(5) 防腐蚀及防污染要求　有些物系有腐蚀性，可选择结构简单的填料塔，其填料可选用耐腐蚀的材料。对于有污染的物系，如有放射性的物系，为防止外泄污染环境，应选择屏蔽性能较好的设备，如脉冲塔。

(6) 建筑物场地　若空间高度有限，宜选择混合-澄清槽，若占地面积有限，则应选择塔式萃取设备。

7.6 案例

溶剂萃取技术是一种高效的提取分离方法，然而传统的萃取设备（搅拌槽反应器、离心萃取器、混合澄清器等）萃取过程中存在萃取级数和洗涤级数多、设备占地面积大、自动化程度低、跑冒滴漏及贵金属回收率低等许多问题。近年来，一些研究者将微流体技术应用于溶剂萃取。由于微反应器的有效通道或腔室的物理尺寸已经缩小到微米级，使得流体间物理量如温度、压力、浓度和黏度以及密度等梯度大幅度增加，导致传热传质推动力大大增加，可使传热系数提高几个数量级而传质反应时间降低几个数量级，能够很好地解决上述出现的问题。随着3D打印技术的兴起，越来越多的研究者尝试使用3D打印技术加工微流控芯片。相比于传统的微加工技术，3D打印微流控芯片技术显示出了其设计加工快速、材料适应性广、成本低廉等优势。

由于微反应器通道多，接触面积广，水相和油相混合均匀并快速移动，导致传热传质动力大大增加。这里将用几种参数来表征此反应过程的萃取性能，在萃取过程中，水溶液金属离子常以多种配合离子状态存在，在萃取过程中可以以其中一种或多种形态的离子被萃取，故引入一个萃取达到平衡时被萃取物在两相中的实际浓度比来表示该种物质的分配关系，即分配系数 D：

$$D=\frac{c_{\mathrm{O}}}{c_{\mathrm{A}}} \tag{7-15}$$

式中，c_{O} 为萃取平衡时，被萃取物在有机相中的浓度；c_{A} 为萃取平衡时，被萃取物在水相中的浓度。分配系数又和分离系数 $\beta_{A/B}$ 有着密切关系，分离系数表征了 A 与 B 两种物质的分离效果，分离系数越大，表明 A 与 B 的分离效果越好，表达式为：

$$\beta_{A/B}=\frac{D_A}{D_B} \tag{7-16}$$

式中，A 为分配系数较大物质，易萃组分；B 为较小分配系数的物质，即难萃组分。此外，萃取率也是一个重要参数，能直观表达出萃取能力的大小，用 E 表示：

$$E=\frac{C_{in}-C_{out}}{C_{in}} \tag{7-17}$$

式中，C_{in} 和 C_{out} 分别为初始水相和残液相的浓度。

使用不同流速来控制停留时间，混合物在通道中的停留时间可通过以下公式计算：

$$t=\frac{V_{channel}\times 60}{2v_f} \tag{7-18}$$

式中，$V_{channel}$ 为微通道的体积；v_f 为微通道内流体的流速。

图 7-30 为多通道微反应器结构设计图。设计特征结构包括以下组件：油相入口、水相入口、混合液汇集腔、液滴切割筛板、混合室隔板、混合反应微通道、混合液出口。设计筛板结构的目的主要是为了使流体进入反应器后，先使一相破碎成细小的液滴，这样会在萃取实验开始的第一时间就显著增加两相的接触面积；隔板的主要作用是将混合流体再一次破碎，然后将其导入汇集腔内，进入混合微通道；各混合微通道水平间隔 4.5mm，垂直间隔 1.8mm，规则地分布在混合腔室的一面上，是作为混合两相流体进行萃取反应的主要区域。整个反应器设计成比较扁平的形状，是为了尽量避免在较低流速的条件下混合流体在腔室内有分相的趋势，影响油水两相的相互接触。进行实验时，两相流体分别通过水相和油相入口进入反应器，油相通过液滴切割筛板被切割成细小的液滴后进入到混合液汇集腔内与水相进行第一次接触并混合，然后混合流体会依次通过隔板、混合液汇集腔Ⅱ、混合反应微通道（萃取反应主要发生区域）、混合液汇集腔Ⅲ，最后经混合液出口流出反应器。

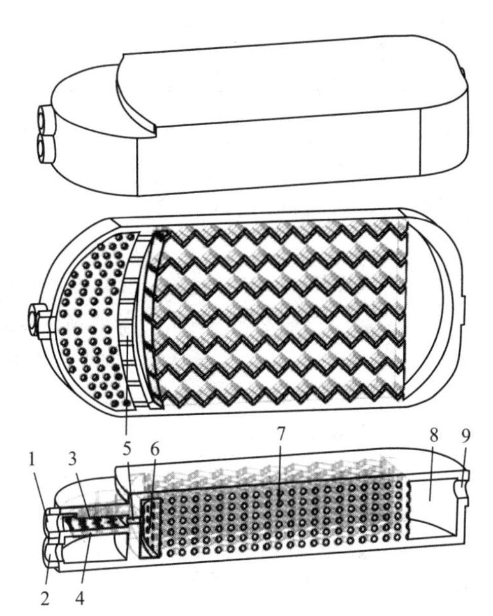

图 7-30　多通道微反应器结构设计图

1—水相入口；2—油相入口；3—混合液汇集腔Ⅰ；4—液滴切割筛板；5—隔板；6—混合液汇集腔Ⅱ；7—混合反应微通道；8—混合液汇集腔Ⅲ；9—混合液出口

习　　题

7-1　含乙酸 $x_{FA}=0.2$ 的水溶液 100kg，在 25℃下用纯乙醚为溶剂做单级萃取，萃余相中乙酸的 $x_A=0.1$（均为质量分数，下同）。试求：

（1）萃取相、萃余相的量及组成；

（2）溶剂用量；

（3）平衡两相中乙酸的分配系数。

已知25℃下物系的平衡关系为：$y_A=1.75x_A^{1.2}$；$y_S=1.618-0.64\exp(1.96y_A)$，$x_S=0.067+1.43x_A^{2.273}$。

7-2　在25℃下用纯水为萃取剂从乙酸与氯仿的混合液中提取乙酸。操作温度下的平衡数据见下表。原料液处理量为600kg/h，其中乙酸的质量分数为0.4，萃取剂为200kg/h，单级萃取，求：

（1）E、R 流量及组成；

（2）萃取液以及萃余液的组成及流量；

（3）使混合物分层的最小萃取剂用量。

习题7-2附表

水相(质量分数)			氯仿相(质量分数)		
乙酸(A)	氯仿(B)	水(S)	乙酸(A)	氯仿(B)	水(S)
0.0000	0.0084	0.9916	0.0000	0.9870	0.0130
0.2510	0.0121	0.7369	0.0677	0.9185	0.0138
0.4412	0.0730	0.4858	0.1772	0.8000	0.0228
0.5018	0.1511	0.3471	0.2572	0.7013	0.0415
0.5556	0.1833	0.2611	0.2665	0.6715	0.0620
0.4941	0.2520	0.2539	0.3208	0.5999	0.0793
0.4787	0.2885	0.2328	0.3461	0.5581	0.0958

7-3　采用多级错流萃取处理上题中的原料，每级萃取剂用量均为150kg/h，若要求最终萃余相中乙酸的组成小于0.05（质量分数），求最终萃余相的流量、理论级数及总的萃取剂用量。

7-4　用45kg纯溶剂S萃取污水中的某溶质组分A，料液处理量为39kg，其中组分A的质量比为 $X_{mF}=0.3$，而且S与料液组分B完全不互溶，两相平衡方程为 $Y_m=1.5X_m$，分别计算单级萃取、两级错流萃取（每级萃取剂用量相同）和两级逆流萃取组分A的萃出率。

7-5　采用多级逆流萃取塔，以水为萃取剂，萃取甲苯溶液中的乙醛。原料液流量为1000kg/h，含有乙醛0.15，甲苯0.85（质量分数）。如果认为甲苯和水完全不互溶，乙醛在两相中的分配曲线可以表示为 $Y_m=2.2X_m$（X_m、Y_m 为质量比）。如果要求萃余相中乙醛的含量降至0.01，试求：

（1）最小萃取剂用量；

（2）如果实际使用的萃取剂为最小萃取剂用量的1.5倍，求理论级数。

7-6　在多级连续错流萃取塔中处理丙酮（A）-水（B）混合液，处理量为400kg/h。其中丙酮的组成为0.375（质量分数，下同）。萃取剂氯苯（S）中含丙酮0.05，每级萃取剂用量均为65kg/h。要求最终萃余相中丙酮的质量比小于0.1kg/kg。在 X-Y 直角坐标图中试求所需理论级数及离开最后一个理论级的萃余相与萃取相的组成和流量。

操作温度下的平衡数据见下表，氯苯与稀释剂水可视为基本不互溶。

习题7-6附表

水相组成(质量分数)			氯苯相组成(质量分数)		
丙酮(A)	水(B)	氯苯(S)	丙酮(A)	水(B)	氯苯(S)
0.0000	0.9989	0.0011	0.0000	0.0018	0.9982
0.1000	0.8979	0.0021	0.1079	0.0049	0.8872
0.2000	0.7969	0.0031	0.2223	0.0079	0.7698
0.3000	0.6942	0.0058	0.3748	0.0172	0.6080
0.4000	0.5864	0.0136	0.4944	0.0305	0.4751

7-7　用纯萃取剂S在多级连续逆流萃取塔中处理1500kg/h的原料，原料含量为A 0.35，B 0.65（质量分数）；萃取剂S与稀释剂B可视为完全不互溶，平衡关系为 $Y=1.2X$，最终萃取相中A为30%，萃余相中A为5%。试求：

（1）萃取剂用量；

（2）萃余相R与萃取相E的流率；

（3）理论级数。

第8章　反应工程基础

我们在实验室中都接触过不少化学反应，最简单的有燃烧反应、中和反应等，那这些化学反应是如何被工业上应用的呢？工业上的化学反应可不是写写化学方程式那么简单，工业反应过程中既有化学反应，又有传递过程。传递过程的存在并不改变化学反应规律，但却改变了反应器内各处的温度和浓度，从而影响到反应结果。化学反应工程学就是研究化学反应的工程问题的科学，既以化学反应作为对象，又以工程问题为其对象，以达到优化操作、增大产量、节省成本的目的。

8.1　概述

8.1.1　反应及反应工程的研究方法

化学反应工程研究的是化学反应过程在工业实施过程中需要解决的问题。化学反应装置中流体流动与混合、温度与浓度的分布情况直接影响到反应的进程，从而影响最终离开反应装置的物料组成。任何化工生产概括地说都是由三个部分组成的，即原料的预处理、原料经化学反应而生成产品、产品的分离和提纯。众所周知，任何化学反应对原料总有一定的要求，如原料的纯度，原料进入反应器时的温度、压力等。要使原料满足化学反应的要求，必须在反应前加以预处理。此外，在反应过程中由于化学反应平衡的限制、副反应的发生以及从经济角度考虑等原因，原料中的反应物既不可能在反应器中全部被转化，更不可能全部转化成为目的产物，其中必然会夹杂有副反应产物。为获得达到一定纯度的产品，需要对反应产物进行分离与精制。由此可见，原料的预处理和产物的分离都是从属于化学反应过程的，化学反应是整个化工生产过程的核心部分。

反应器是进行化学或生物反应等的容器的总称，是反应工程的主要研究对象。在工业生产中，反应器主要用于利用廉价的原料生产更高价值的产品，而在环境工程领域，反应器主要用于分解或转化城市污水、工业废水、生活垃圾、工业固体废物、废气中的有害物质，降低其毒性或浓度，以达到保护环境的目的。工业规模的反应器与实验室反应器在反应条件、物料的混合、传热和传质上有很大差别，反应装置中的动量传递、热量传递和质量传递过程更为复杂，化学反应过程与传递过程同时进行，并且互相影响（但不是化学动力学和传递工程的简单加和）。因此化学反应工程学是以传递过程和反应动力学为基础，以反应技术的开发、反应过程的优化和反应器设计为主要研究内容，探讨如何在工业规模的反应器中实现有经济价值的化学反应。即在分析化学反应过程特征的基础上，结合反应器的传递特性，从给定的生产能力等条件出发，进行有关工程的基础研究，以便制定出最合理的技术方案和最佳操作条件，进行反应器的最优设计，从而达到优质、高产、低消耗的目的。

工业反应器中实际进行的过程包括化学反应，伴随有各种物理过程，如热量的传递、物质的流动、混合和传递等，这些传递过程显著地影响着反应的最终结果。由于传统的工程研究方法难以在满足物理相似的条件下同时满足化学相似，所以通常用数学模型方法处理反应器中的问题。数学模型法是将复杂的研究对象合理地简化成一个与原过程近似等效的模型，然后对简化的模型进行数学描述，即将操作条件下的物理因素包括流动状况、传递规律等过程的影响和所进行化学反应的动力学综合在一起，用数学公式表达出来。建立数学模型的一般程序包括模型的建立、模型参数的估计和模型的鉴别。具体做法为：根据对实际化工过程的理解、概括，提出一个合理的简化模型来模拟复杂的实际过程，然后以简化了的模型确定各参数和变量之间的数学关系式，即数学模型。在实际研究中，往往是先提出理想反应器模型，然后讨论实际反应器和理想反应器的偏离，再通过校正和修改，最后建立实际反应器的模型。

8.1.2 反应器和反应操作

8.1.2.1 反应器及其类型

根据反应器内进行的主要反应的类型，反应器可分为化学反应器（chemical reactor）和生物反应器（bioreactor/biological reactor）两大类。生物反应器是利用生物的生命活动来实现物质转化的一种反应器，它是在环境工程领域，特别是在水处理中应用最为广泛的反应器，一直是环境领域的研究热点。

生物反应是一系列酶促反应的集合，一般只能在常温常压条件下进行，与化学反应相比要慢得多，因此一般需要较长的反应时间。而化学反应可以通过控制温度、压力等提高反应速率，因此一般比生物反应快。

反应本身是反应操作过程的核心，而反应器是实现这种反应的外部条件。反应在具有不同特性的反应器内进行，即使反应式相同，也将产生不同的反应结果。反应器的特性主要是指反应器内物料的流动状态、混合状态以及质量和能量传递性能等，它们取决于反应器的结构形式、操作方式等。

反应器的开发是反应工程的主要任务之一，它包括根据反应动力学特性和其他条件选择合适的反应器形式；根据动力学和反应器的特性确定操作方式和优化操作条件；根据要求对反应器进行设计计算，确定反应器的尺寸，并进行评价等。

反应器的类型繁多，根据不同的特性有不同的分类方法。

（1）按反应器中的物相分类　反应器可分为单(均)相和多(复)相。单相可分为单-气相或者单-液相。多相可分为气-液相(G-L)、液-液相(L-L)、气-固相(G-S)、液-固相(L-S)和气-液-固相(G-L-S)，也可有两种以上流体相和固相的反应。

（2）按反应器的操作方式分类　反应器一般主要有三种操作方式，即间歇操作（batch operation)、连续操作（continuous operation）和半间歇操作（semi-batch operation）或半连续操作（semi-continuous operation)。

间歇操作是将反应原料一次加入反应器，反应一段时间或达到一定的反应程度后一次取出全部的反应物料，然后进行下一批原料的投入、反应和物料的取出，因此有时也称为分批操作。其特征是反应过程中反应体系的各种参数（浓度、温度等）随着反应时间逐步变化，但不随器内空间位置而变化，如图 8-1（a）所示。

连续地将原料输入反应器，反应物料也连续地流出反应器，这样的操作称为连续操作。连续操作的主要特点如下。

① 操作特点。物料连续输入，连续输出，时刻伴随着物料的流动。

② 基本特征。连续反应过程是一个稳态过程，反应器内各处的组分组成和浓度不随时间变化而变化。但有些情况下，如平推流反应器内，反应组分浓度可能随位置变化而变化，

见图 8-1（b）。

③ 主要优点。便于自动化，劳动生产率高，反应程度与产品质量较稳定。规模大或要求严格控制反应条件的场合，多采用连续操作。

④ 主要缺点。灵活性小，设备投资高。

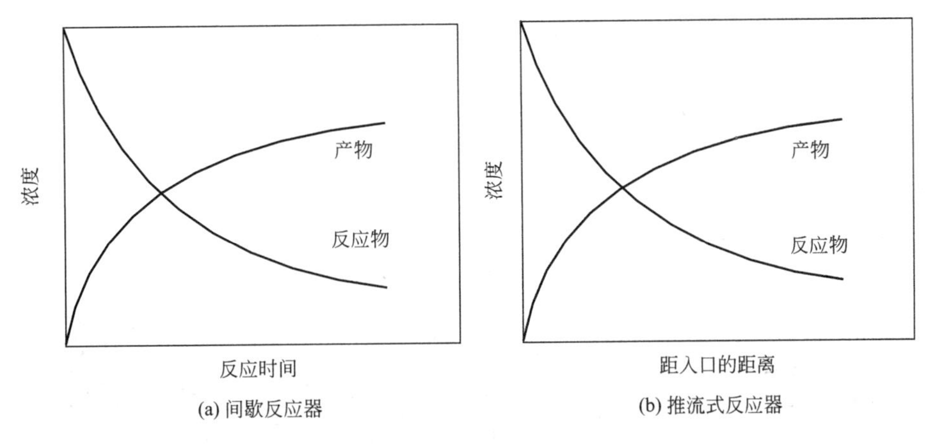

图 8-1　间歇与连续（推流式）反应过程中的浓度变化示意图

半间歇操作/半连续操作是将一种或几种反应物先一次加入反应器，而另一种反应物或催化剂连续注入反应器，操作方式介于连续和间歇之间，反应器内物料参数随时间发生变化。在生物反应器中采用的分批补料操作（fed-batch operation，又称“补料分批操作”或“流加操作”），是半间歇操作的典型例子。半间歇操作具备间歇操作和连续操作的某些特点。反应器内的组分组成和浓度随时间变化而变化。

（3）按反应器的结构形状分类　根据反应器的结构形状，可分为釜（槽）式反应器（tank）、管式反应器（tubular）、塔式反应器（column/tower）、固定床反应器（fixed bed reactor）、膨胀床反应器（expanded bed reactor）、流化床反应器（fluidized bed reactor）等。

釜（槽）式反应器亦称反应釜、反应槽或搅拌反应器，其高度一般为直径的 1～3 倍。它既可用于间歇操作，也可用于连续操作，是污水处理中经常采用的反应器形式。

管式反应器的特征是长度远大于管径，内部中空，一般只用于连续操作。在污染控制工程中应用较少。

塔式反应器的高度一般为直径的数倍以上，内部常设有增加两相接触的构件，常用于连续操作。塔式反应器根据其内部结构以及操作方式可分为鼓泡塔、填料塔等。鼓泡塔内一般不设任何构件，用于气液反应。填料塔内的填料一般不参与反应，只是为了促进传递过程。

固定床反应器、膨胀床反应器和流化床反应器的内部都含有固体颗粒，这些颗粒可以是催化剂，也可以是固体反应物。固定床反应器内填充有固定不动的固体颗粒，而流化床反应器内的颗粒处于多种多样的流动状态。膨胀床反应器内的固体颗粒的状态在两者之间，处于悬浮状态，但不随流体剧烈流动。

图 8-2 为不同类型反应器的示意图。表 8-1 为环境工程领域常用的反应器形式及其主要特性。

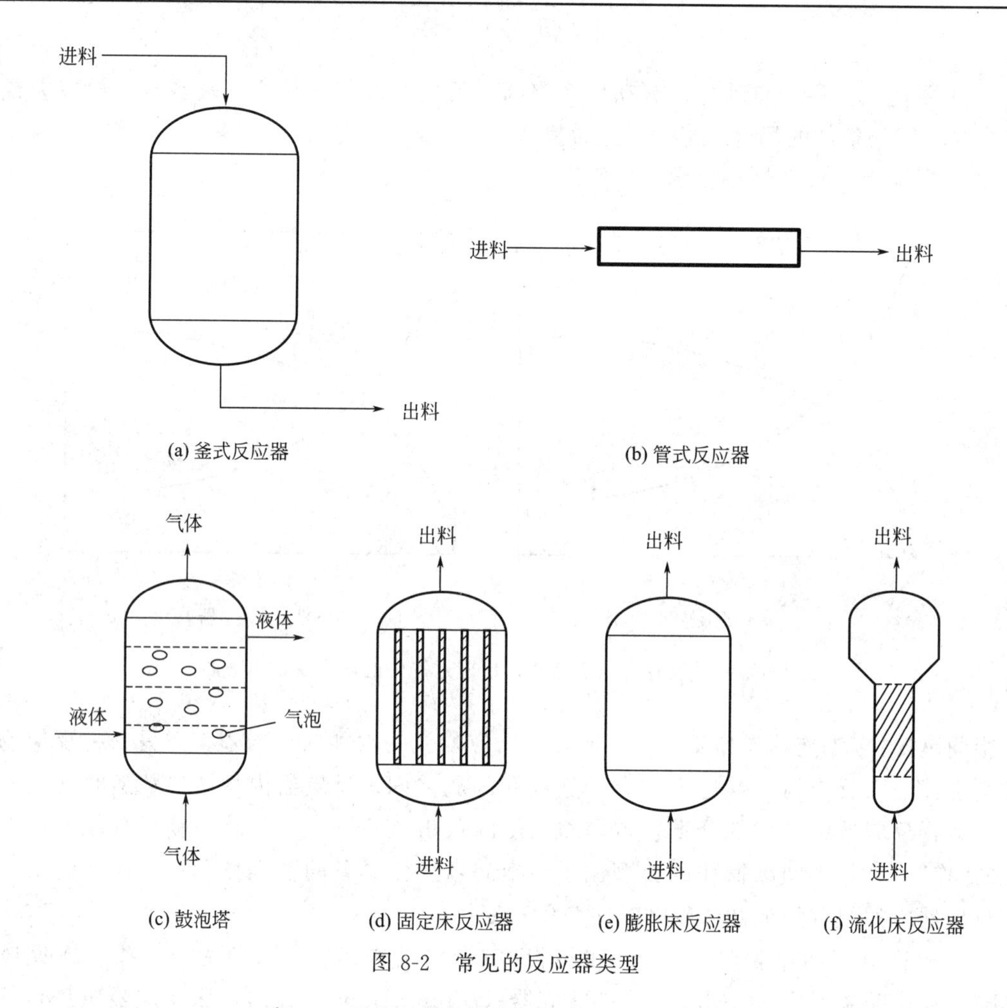

图 8-2 常见的反应器类型

表 8-1 环境工程领域常用的反应器形式及特性

结构形式	适用的相态	应用举例
釜式反应器	液相，气-液相，液-液相，液-固相	药物的合成，中间体合成，树脂合成等
管式反应器	气相，液相	轻质油裂解
鼓泡塔	气-液相，气-液-固相	苯的烷基化，二甲苯的氧化
固定床反应器	气-固相	SO_2 氧化，离子交换，活性炭吸附
流化床反应器	气-固相	硫铁矿焙烧，萘氧化制苯酐
回转筒式反应器	气-固相，固-固相	水泥生产
喷嘴式反应器	气相，高速反应的液相	氯化氢的合成

8.1.2.2 反应器中的混合现象

(1) 根据不同物料的停留时间分类

① 同龄混合。具有相同停留时间物料之间的混合，即一般意义上所说的混合。由于所有物料在反应器内的停留时间相同，所以这些物料在反应器内反应过程进行的程度及状态相同。例如在间歇反应器内，如果各物料一次加入，在反应进行的任一时刻，所有物料具有相同的停留时间，此时搅拌引起的混合即为同龄混合。

② 非同龄混合。不同停留时间物料之间的混合。如在连续流动搅拌釜式反应器中，搅

拌的结果是先期进入反应器的物料与刚进入反应器的物料相混合，即非同龄物料之间的混合，导致物料在设备中存在停留时间分布。由于物料在反应器内的停留时间不同，反应程度不同，组成也不相同，混合后形成的新物料其组成与原物料组成不同，化学反应速率将随之变化，进而影响整个反应器内的反应情况。

(2) 根据物料在反应器里的返混程度分类　根据物料在反应器里的返混程度，连续流动反应器内的物料流动状况有下列几种形式。

① 完全不返混。物料在反应器内，各质点以相同的速度沿同一个方向流动，犹如活塞在缸体内向前推进。这种流动模型称为活塞流模型，凡是能用活塞流模型描述物料流动状况的反应器，属于活塞流反应器。显然，物料流过该类反应器时，所有质点停留时间相同。

② 完全返混。在连续流动反应器内，停留时间不同的物料之间达到最大程度的混合，称为完全混合。例如在连续操作的理想搅拌釜中，流体由于受到搅拌器的强烈搅拌作用，刚进入反应器的物料即刻与反应器内停留时间不同的物料混合均匀。因此，流体各质点在反应器内的停留时间参差不齐，达到最大程度的返混。这种流动模型称为全混流模型。

③ 部分返混。活塞流模型和全混流模型是连续流动反应器中的两种理想流动模型，实际操作的连续流动反应器，其物料的返混程度介于两种理想流动之间，属于部分返混过程。

8.1.2.3 有关反应器操作的几个工程概念

(1) 反应持续时间　简称反应时间，主要用于间歇反应器，指反应物料从开始反应至达到指定转化率所持续的时间。

(2) 停留时间/平均停留时间　停留时间亦称接触时间，是指连续操作中一物料“微元”从反应器入口到出口经历的时间。在实际的反应器中，各物料“微元”的停留时间不尽相同，存在一个分布，即停留时间分布。各“微元”的停留时间的平均称为平均停留时间。

(3) 空间时间　简称空时，亦称平均空塔接触时间，定义为反应器有效体积（V）与物料体积流量（q_V）的比值。它具有时间的单位，但它既不是反应时间也不是接触时间，可以视为处理与反应器体积相同的物料所需要的时间。例如，空间时间为30s表示每30s处理与反应器有效体积相等的流体。

$$\text{空间时间}(\tau)=\frac{V}{q_V} \tag{8-1}$$

(4) 空间速度　简称空速（SV），是指单位反应器有效体积所能处理的物料的体积流量，单位为时间的倒数。空间速度表示单位时间内能处理几倍于反应器体积的物料，反映了一个反应器的强度。空速越大，反应器的负荷越大。例如，$SV=2h^{-1}$ 表示1h处理2倍于反应体积的流体。

$$\text{空间速度}(SV)=\frac{q_V}{V} \tag{8-2}$$

8.1.2.4 反应器的设计

反应器设计的基本内容包括：选择合适的反应器类型；确定最佳的操作条件；针对所确定的反应器形式，根据操作条件计算达到规定的目标所需要的反应体积，并由此确定反应器的主要尺寸。其中反应体积的确定是反应器设计的核心内容。

反应器设计用到的基本方程有四类。

① 反应动力学方程。

② 描述浓度变化的物料衡算式，即连续方程。

③ 描述温度变化的能量衡算式，即热量方程。

④ 描述压力变化的动量衡算式，即动量方程。

上述三种衡算式分别基于质量恒定原理、能量守恒定律和动量守恒定律，它们都符合下列模式：

$$输入=输出+消耗+累积 \tag{8-3}$$

8.2 反应的计量关系

8.2.1 化学计量方程

反应式是描述反应物（reactants）经过反应产生产物（products）的过程的关系式。它表示反应历程，并非方程式，不能按方程式的运算规则将等式一侧的项移到另一侧。反应式的一般形式为：

$$a_A A + a_B B \longrightarrow a_P P + a_Q Q \tag{8-4}$$

式中 A，B——反应物；

P，Q——产物；

a_A，a_B，a_P，a_Q——各组分的分子数，称为计量系数。

在反应式中，反应物和产物总称为反应组分（reaction mixture）。

计量方程（stoichiometric equation）描述各反应物、产物在反应过程中的量的关系，其一般形式为：

$$a_A M_A + a_B M_B = a_P M_P + a_Q M_Q \tag{8-5}$$

式(8-5) 中的 M_A、M_B、M_P、M_Q 表示各物质的摩尔质量。该式主要是表示一个质量守恒关系，表明 a_A 个 A 分子和 a_B 个 B 分子的质量之和与 a_P 个 P 分子和 a_Q 个 Q 分子的质量之和相等。式(8-5) 也可以改写成：

$$(-a_A)M_A + (-a_B)M_B + a_P M_P + a_Q M_Q = 0 \tag{8-6}$$

式(8-6) 是计量方程的普遍式。在该式中，反应物的计量系数与该组分在反应式中的数值相同，但符号相反；产物的计量系数与该组分在反应式中的数值相同，符号也相同。

计量方程是一个方程式，仅表示参与反应的各组分量的变化，其本身与反应的历程无关。将计量方程乘一个非零的系数后，可以得到一个计量系数不同的方程，这样易造成计量方程的不确定性，为了避免这种现象，规定在计量系数之间不含有公因子。

在计量方程式(8-6) 中，计量系数的代数和等于零时，这种反应称为等分子反应，否则称为非等分子反应。非等分子反应在进行到一定程度后反应系统内组分的总物质的量将发生变化。每消耗 1mol 的某反应物所引起的反应系统总物质的量的变化量（δ）称为该反应物的膨胀因子。反应物 A 的膨胀因子可表示为：

$$\delta_A = \frac{n - n_0}{n_{A0} - n_A} \tag{8-7}$$

式中 n_0，n——反应前后系统的总物质的量，kmol；

n_{A0}，n_A——反应前后系统中反应物 A 的物质的量，kmol。

对于式(8-4)，反应物 A 的膨胀因子可表示为：

$$\delta_A = \frac{a_P + a_Q - a_A - a_B}{a_A} \tag{8-8}$$

【例 8-1】 挥发性有机污染物丙烷在 870K 附近时的热分解反应的计量方程为：

$$M_{C_3H_8}=0.300M_{C_3H_6}+0.065M_{C_2H_6}+0.668M_{C_2H_4}+0.635M_{CH_4}+0.300M_{H_2}$$

试计算 1mol 丙烷分解后反应体系的总物质的量将增加多少？

解：丙烷的膨胀因子 δ_A 为：

$$\delta_A=\frac{(0.300+0.065+0.668+0.635+0.300)-1}{1}=\frac{1.968-1}{1}=0.968$$

故每分解 1mol 丙烷，反应体系的总物质的量将增加 0.968mol。

8.2.2 反应的分类

反应有各种各样的分类方法，从反应器设计的角度可以把反应分为简单反应和复杂反应两大类。这种分类方法与反应机理无关，只是根据独立的计量方程的个数来分类。

简单反应（single reaction），又称单一反应，是指能用一个计量方程描述的反应。即：反应系统中的反应，可以用一个计量方程来表示，它可以是基元反应，也可以是非基元反应。在简单反应体系中，一组反应物只生成一组特定的产物。对于可逆反应（reversible reaction）（正方向和逆方向都以较显著速度进行的反应），可以写出正反应和负反应的两个计量方程，但两者并不独立，用其中一个计量方程即可表达反应组分间的定量关系，因此亦可视为一种简单反应。

$$A+B \rightleftharpoons P \tag{8-9}$$

复杂反应（multiple reaction），又称复合反应，是指需用多个计量方程描述的反应。反应系统中同时存在多个反应，由一组反应物可以生成若干组不同的产物，各产物间的比例随反应条件以及时间的变化而变化。主要的复杂反应有并列反应、平行反应（parallel reaction）、串联反应（consecutive reaction）和平行-串联反应（consecutive-parallel reaction）等。

并列反应是指由相互独立的若干个单一反应组成的反应（系统）。任意一个反应的反应速率不受其他反应的影响。

$$A+B \longrightarrow P \tag{8-10}$$

$$C+D \longrightarrow Q \tag{8-11}$$

平行反应是指一组反应物同时参与多个反应，生成多种产物的反应。即反应物相同而产物不同的一类反应。

$$A \longrightarrow Q,\ A \longrightarrow P \tag{8-12}$$

$$A+B \longrightarrow Q,\ A+2B \longrightarrow P \tag{8-13}$$

串联反应是指反应中间产物作为反应物再继续反应产生新的中间产物或最终产物的反应。即由最初反应物到最终产物是逐步完成的。有机污染物的生物降解一般可视为串联反应。

$$A \longrightarrow B \longrightarrow C \longrightarrow P \tag{8-14}$$

平行-串联反应是平行反应和串联反应的组合。

$$A \longrightarrow Q,\ A+Q \longrightarrow P \tag{8-15}$$

$$A+B \longrightarrow Q,\ A+2B \longrightarrow P,\ P+B \longrightarrow R \tag{8-16}$$

另外，根据反应系统中反应组分的相态及其数量可分为均相反应和非均相反应。均相反应是指所有反应组分都处于同一相内的反应，如液相反应、气相反应等。非均相反应中参与反应的组分处于不同的相内，如液-固反应、气-固反应、气-液反应等。

对于某些非均相反应，如气-液相反应，化学反应实质上是发生在均相内，此类反应与均相反应统称为均相内反应。

对于固相催化反应，只有被吸附在流体与固体界面上的成分才能发生反应，也就是说化学反应只发生在界面上，这类反应称为界面反应。

8.2.3 反应进度与转化率

8.2.3.1 反应进度

对于按式(8-17) 进行的反应，设反应开始时系统内的各反应组分物质的量分别为 n_{A0}、n_{B0}、n_{P0} 和 n_{Q0}，反应开始后 t 时刻的各组分物质的量分别为 n_A、n_B、n_P 和 n_Q，因各组分的计量系数不同，因此其反应量也不相同，所以用反应量本身不能较好地表示反应的进度。

$$a_A A + a_B B \rightleftharpoons a_P P + a_Q Q \tag{8-17}$$

$$n_{A0}-n_A \neq n_{B0}-n_B \neq n_P-n_{P0} \neq n_Q-n_{Q0} \tag{8-18}$$

各反应量之间存在以下关系：

$$n_{A0}-n_A : n_{B0}-n_B : n_P-n_{P0} : n_Q-n_{Q0} = a_A : a_B : a_P : a_Q \tag{8-19}$$

亦可写成：

$$\frac{n_{A0}-n_A}{a_A}=\frac{n_{B0}-n_B}{a_B}=\frac{n_P-n_{P0}}{a_P}=\frac{n_Q-n_{Q0}}{a_Q} \tag{8-20}$$

即任一组分的反应量与其计量系数之比为相同值，不随组分而变，故该比值可以用于描述反应的进行程度，即反应进度 ε。

$$\varepsilon=\frac{|n_i-n_{i0}|}{a_i} \tag{8-21}$$

式中 ε——反应进度，kmol；

n_i，n_{i0}——反应前后反应组分 i 的物质的量，kmol；

a_i——反应组分 i 的计量系数，无量纲。

上式表示的反应进度与反应系统的大小有关，为了使其具有强度性质，亦可用单位反应体积的反应进度来表示。但在没有特别说明时，一般指式(8-21) 的定义式。

$$\varepsilon=\frac{|n_i-n_{i0}|}{a_i V} \tag{8-22}$$

式中 V——反应器的有效体积，m^3。

8.2.3.2 转化率

(1) 转化率的定义 工程中往往关心某一关键组分的反应进度，即组分在反应器内的变化情况，所以经常用某关键反应物的转化率来表示反应进行的程度。在环境工程中，关键组分一般为待去除的污染物，如污水中的 BOD、COD、苯、甲苯，废气中的 NO_x 等，此时的转化率称为去除率。

① 间歇反应的转化率。对于间歇反应器，反应物 A 的转化率 x_A 的定义为 A 的反应量与起始量之比，即：

$$x_A=\frac{n_{A0}-n_A}{n_{A0}}=1-\frac{n_A}{n_{A0}} \tag{8-23}$$

式中 n_{A0}，n_A——反应起始和 t 时刻时 A 的物质的量，kmol。

转化率与反应进度的关系如下：

$$x_A=\varepsilon\left(-\frac{a_A}{n_{A0}}\right) \tag{8-24}$$

由式(8-24) 可以看出，由于各反应组分的初始量和计量系数不尽相同，在达到同一反应进度时的转化率也会不同。

任一反应物 i 在 t 时刻的物质的量可以根据反应物 A 的转化率，通过下式计算：

$$n_i=n_{i0}+\left(-\frac{a_i}{a_A}n_{A0}x_A\right) \tag{8-25}$$

任一产物 i 在 t 时刻的物质的量可以根据反应物 A 的转化率，通过下式计算：

$$n_i=n_{i0}-\left(-\frac{a_i}{a_A}n_{A0}x_A\right) \tag{8-26}$$

② 连续反应的转化率。对于连续操作的反应器，反应物 A 的转化率的定义式如下：

$$x_A=\frac{q_{nA0}-q_{nA}}{q_{nA0}}=1-\frac{q_{nA}}{q_{nA0}} \tag{8-27}$$

式中 q_{nA0}，q_{nA}——流入和排出反应器的 A 组分的摩尔流量，kmol/s。

在实际工程中，关键组分的转化率有时不能直接测得，而是通过测定反应器中该组分或其他组分的浓度或质量分数、摩尔分数的变化，然后进行计算求得，下面讨论一下它们之间的关系。

(2) 转化率与质量分数的关系　由于反应过程中，物质的总质量不发生变化，t 时刻 A 组分的质量分数(x_{mA})可表示为：

$$x_{mA}=x_{mA0}(1-x_A) \tag{8-28}$$

$$x_A=\frac{x_{mA0}-x_{mA}}{x_{mA0}} \tag{8-29}$$

式中 x_{mA0}——A 组分的初始质量分数，无量纲。

(3) 转化率与摩尔分数的关系　由于反应过程中系统的物质的量总数可能发生变化，t 时刻的总物质的量 n_t 为：

$$n_t=n_0+\delta_A n_{A0}x_A \tag{8-30}$$

式中 n_0，n_t——反应开始时和 t 时刻的系统内的总物质的量，kmol。

t 时刻 A 组分的物质的量为：

$$n_A=n_{A0}(1-x_A) \tag{8-31}$$

此时的 A 组分的摩尔分数 z_A 为：

$$z_A=\frac{n_A}{n_t}=\frac{n_{A0}(1-x_A)}{n_0+\delta_A n_{A0}x_A}=\frac{z_{A0}(1-x_A)}{1+\delta_A z_{A0}x_A} \tag{8-32}$$

式中 z_{A0}——反应开始时的摩尔分数，无量纲。

根据 A 的摩尔分数，由式(8-32) 可计算出 A 的转化率为：

$$x_A=\frac{z_{A0}-x_A}{z_{A0}(1+\delta_A z_A)} \tag{8-33}$$

其他各成分的摩尔分数与 x_A 的关系式见表 8-2。由表 8-2 可知，如果知道反应开始时各组分的物质的量，根据反应后任一组分的摩尔分数就可以计算出反应物 A 的转化率。对于反应：

$$a_A\text{A}+a_B\text{B}\longrightarrow a_P\text{P}$$

有

$$x_A=\frac{z_{B0}-z_B}{z_{A0}(a_B/a_A+\delta_A z_B)}=\frac{z_{P0}-z_P}{z_{A0}(-a_P/a_A+\delta_A z_P)} \tag{8-34}$$

表 8-2 反应 $a_A\text{A}+a_B\text{B}\longrightarrow a_P\text{P}$ 中 A 的转化率与摩尔分数的关系

组分	初始值		转化率为 x_A 时的值	
	物质的量/mol	摩尔分数	物质的量/mol	摩尔分数
A	n_{A0}	z_{A0}	$n_A=n_{A0}(1-x_A)$	$z_A=\frac{z_{A0}(1-x_A)}{1+\delta_A z_{A0}x_A}$
B	n_{B0}	z_{B0}	$n_B=n_{B0}-\frac{a_B}{a_A}n_{A0}x_A$	$z_B=\frac{z_{B0}-\frac{a_B}{a_A}z_{A0}x_A}{1+\delta_A z_{A0}x_A}$
P	n_{P0}	z_{P0}	$n_P=n_{P0}+\frac{a_P}{a_A}n_{A0}x_A$	$z_P=\frac{z_{P0}+\frac{a_P}{a_A}z_{A0}x_A}{1+\delta_A z_{A0}x_A}$
M	n_{M0}	z_{M0}	$n_M=n_{M0}$	$z_M=\frac{z_{M0}}{1+\delta_A z_{A0}x_A}$
全体	n_0	1	$n_t=n_0+\delta_A n_{A0}x_A$	

注：1. M 为惰性物质，不参与反应。

2. $n_0=n_{A0}+n_{B0}+n_{P0}+n_{M0}$。

3. 对于理想气体的气相反应，把摩尔分数替换为分压时，表中的各关系式亦成立。

(4) 转化率与浓度的关系 在反应器中，t 时刻组分 i 的物质的量浓度 c_i 与摩尔分数 z_i 之间存在以下关系：

$$c_i=c_{\text{total}}z_i \tag{8-35}$$

式中 c_{total}——反应组分的总浓度，kmol/m^3。

根据式(8-35)，可以推导出转化率与浓度的关系。

① 恒容反应。设反应开始时的反应组分的总浓度为 $c_{\text{total},0}$，恒容反应的反应体积不变，式(8-30) 可改写为：

$$c_{\text{total}}=c_{\text{total},0}(1+\delta_i z_{i0}x_i) \tag{8-36}$$

$$c_i=c_{\text{total},0}(1+\delta_i z_{i0}x_i)z_i \tag{8-37}$$

组分 A 的浓度可由下式求得：

$$c_A = c_{total,0}(1+\delta_A z_{A0} x_A) z_A \tag{8-38}$$

将式(8-32) 代入式(8-38)，可得：

$$c_A = c_{total,0} z_{A0}(1-x_A) \tag{8-39}$$

$$c_A = c_{A0}(1-x_A) \tag{8-40}$$

$$x_A = \frac{c_{A0}-c_A}{c_A} \tag{8-41}$$

式中　c_{A0}——A 的初始浓度，kmol/m^3。

由于反应体积不变，由式(8-23) 也可以直接推导出式(8-41)。

其他各成分的浓度与 x_A 的关系式见表 8-3。

表 8-3　恒容反应系统（$a_A A + a_B B \longrightarrow a_P P$）中各组分浓度与 A 的转化率的关系

组分	初始浓度	转化率为 x_A 时的浓度
A	c_{A0}	$c_A = c_{A0}(1-x_A)$
B	c_{B0}	$c_B = c_{B0} - \frac{a_B}{a_A}(c_{A0}-c_A) = c_{B0} - \frac{a_B}{a_A} c_{A0} x_A$
P	c_{P0}	$c_P = c_{P0} + \frac{a_P}{a_A}(c_{A0}-c_A) = c_{P0} + \frac{a_P}{a_A} c_{A0} x_A$
M	c_{M0}	$c_M = c_{M0}$

注：M 为惰性物质。

另外，表 8-3 中的各关系式也可以由表 8-2 中的物质的量的关系式简单地推导出来。因为恒容系统的体积不发生变化，将物质的量除以体积即可得到浓度与 x_A 的关系式。

② 恒温恒压气相反应。对于恒温恒压气相反应，反应体系中的总浓度（c_{total}）可根据理想气体方程按下式求得：

$$c_{total} = \frac{n_t}{V} = \frac{p}{RT} \tag{8-42}$$

式中　p——总压力，kPa；

V——体积，m^3；

R——摩尔气体常数，8.314J/(mol·K)。

将表 8-2 中摩尔分数与 x_A 的关系式两边同乘以$\frac{p}{RT}$，即可得到恒温恒压气相反应系统中各组分浓度与反应物 A 的转化率 x_A 之间的关系式。例如，反应物 A 的浓度与 x_A 的关系如下：

$$z_A \frac{p}{RT} = \frac{\frac{p}{RT} z_{A0}(1-x_A)}{1+\delta_A z_{A0} x_A} \tag{8-43}$$

$$c_A = \frac{c_{A0}(1-x_A)}{1+\delta_A z_{A0} x_A} \tag{8-44}$$

【例 8-2】 一间歇反应器中含有 10.0mol 的反应原料 A，反应结束后，A 的剩余量为 1.0mol。若反应按 2A+B ⟶ P 的反应式进行，且反应开始时 A 和 B 的物质的量之比为 5∶3，试分别计算 A 和 B 的转化率。

解：

$$x_A = 1 - \frac{n_A}{n_{A0}} = 1 - \frac{1.0}{10.0} = 0.9$$

根据反应式，$a_A = 2$，$a_B = 1$，故：

$$n_B = n_{B0} - \frac{a_B}{a_A} n_{A0} x_A = n_{B0} - \frac{1}{2} n_{A0} x_A$$

$$\frac{n_B}{n_{B0}} = 1 - \frac{1}{2}\frac{n_{A0}}{n_{B0}} x_A$$

$$x_B = 1 - \frac{n_B}{n_{B0}} = \frac{1}{2}\frac{n_{A0}}{n_{B0}} x_A = \frac{1}{2} \times \frac{5}{3} \times 0.9 = 0.75$$

故 A 和 B 的转化率分别为 90%和 75%。

8.3 反应动力学

8.3.1 反应速率及其表示方法

8.3.1.1 反应速率的一般定义

反应速率 r_i 是用来衡量反应进行快慢的程度，通常是用单位时间内反应系统中某组分 i 浓度的减少或浓度的增加来表示。即：

$$r_i = \frac{1}{V}\left|\frac{dn_i}{dt}\right| \tag{8-45}$$

式中 V——反应层的体积，m^3；

n_i——反应层中组分 i 的量，kmol。

所谓反应层，是指反应器内实际发生反应的部分。对于液相均相反应器，反应层为反应混合液；对于非均相反应器，如气固催化固定床反应器，反应层则为催化剂的填充层；对于气液相鼓泡式反应器或曝气式液相反应器，反应层则为包含气泡在内的混合液。

对于简单反应 A ⟶ P，反应物 A 和产物 P 的反应速率可分别表示为：

$$-r_A = -\frac{1}{V}\frac{dn_A}{dt} \tag{8-46}$$

$$r_P = \frac{1}{V}\frac{dn_P}{dt} \tag{8-47}$$

在反应物的反应速率前冠以负号，一是为了避免反应速率出现负值，二是为了表明反应物的量是随时间减少的。在本书中，将 $-r_A$ 视为一个整体。

8.3.1.2 气-固相反应的反应速率表示方法

对于固定床催化反应器，如气-固相催化反应器，气相中反应物的反应速率与固体催化剂的量有密切的关系，为了研究方便，经常采用以下不同基准的反应速率。

（1）以催化剂质量为基准的反应速率 定义为单位时间内单位催化剂质量（m）所能转化的某组分的量。反应物 A 的以催化剂质量为基准的反应速率$-r_{Am}$ 表示为：

$$-r_{Am}=-\frac{1}{m}\frac{dn_A}{dt} \tag{8-48}$$

（2）以催化剂表面积为基准的反应速率 定义为单位时间内单位催化剂表面积（S）所能转化的某组分的量。反应物 A 的以催化剂表面积为基准的反应速率$-r_{AS}$ 表示为：

$$-r_{AS}=-\frac{1}{S}\frac{dn_A}{dt} \tag{8-49}$$

（3）以催化剂颗粒体积为基准的反应速率 定义为单位时间内单位催化剂颗粒体积（V_P）所能转化的某组分的量。反应物 A 的以催化剂颗粒体积为基准的反应速率$-r_{AV_P}$ 表示为：

$$-r_{AV_P}=-\frac{1}{V_P}\frac{dn_A}{dt} \tag{8-50}$$

值得注意的是，催化剂颗粒体积 V_P 与填充层体积 V 不同，前者不包括催化剂颗粒间的空隙体积，后者则包括颗粒体积和颗粒间的空隙体积。

各反应速率间存在以下关系：

$$(-r_A)V=(-r_{Am})m=(-r_{AS})S=(-r_{AV_P})V_P$$

【例 8-3】 某气-固相催化反应在一定温度和浓度条件下原料 A 的反应速率为$-r_{Am}=3.0\times10^{-3}\text{mol/(s·g)}$。已知催化剂填充层填充密度为 $\rho=1.20\text{g/cm}^3$，填充层空隙率 $\varepsilon=0.40$。试分别计算以反应层体积和催化剂颗粒体积为基准的 A 的反应速率$-r_A$ 和$-r_{AV_P}$。

解：

$$-r_A=(-r_{Am})\frac{m}{V}=-r_{Am}\rho=3.0\times10^{-3}\times1.2$$

$$=3.6\times10^{-3}[\text{mol/(s·cm}^3)]$$

又

$$(-r_{AV_P})V_P=(-r_A)V$$

$$-r_{AV_P}=-r_A\frac{V}{V_P}=-r_A\frac{V}{V-V_{空隙}}$$

式中 $V_{空隙}$——填充层空隙的体积。

因为：

$$\varepsilon=\frac{V_{空隙}}{V}$$

故

$$-r_{AV_P}=-r_A\frac{1}{1-\varepsilon}=\frac{3.6\times10^{-3}}{1-0.4}=6.0\times10^{-3}[\text{mol/(s·cm}^3)]$$

8.3.1.3　气-液相反应的反应速率表示方法

气-液相反应的反应速率与气-液混合物中气流相界面积（S）以及液体的体积有密切的关系，所以根据不同的需要，常采用不同基准的反应速率。

（1）以气-液相界面积为基准的反应速率　定义为单位时间内单位气-液相界面积（S）所能转化的某组分的量。S 可以视为所有气泡的表面积的总和。反应物 A 的以气-液相界面积为基准的反应速率 $-r_{AS}$ 表示为：

$$-r_{AS}=-\frac{1}{S}\frac{dn_A}{dt} \tag{8-51}$$

（2）以气-液混合物中液相体积为基准的反应速率　定义为单位时间内单位液相体积（V_L）所能转化的某组分的量。反应物 A 的以液相体积为基准的反应速率 $-r_{AV_L}$ 表示为：

$$-r_{AV_L}=-\frac{1}{V_L}\frac{dn_A}{dt} \tag{8-52}$$

对于如图 8-3 所示的气-液相反应器，设气-液混合物、液相以及气相的体积分别为 V、V_L 和 V_G，气-液相界面积为 S，则以气-液混合物和液相体积为基准的比相界面积 a 和 a_L 分别定义为：

$$a=\frac{S}{V} \tag{8-53}$$

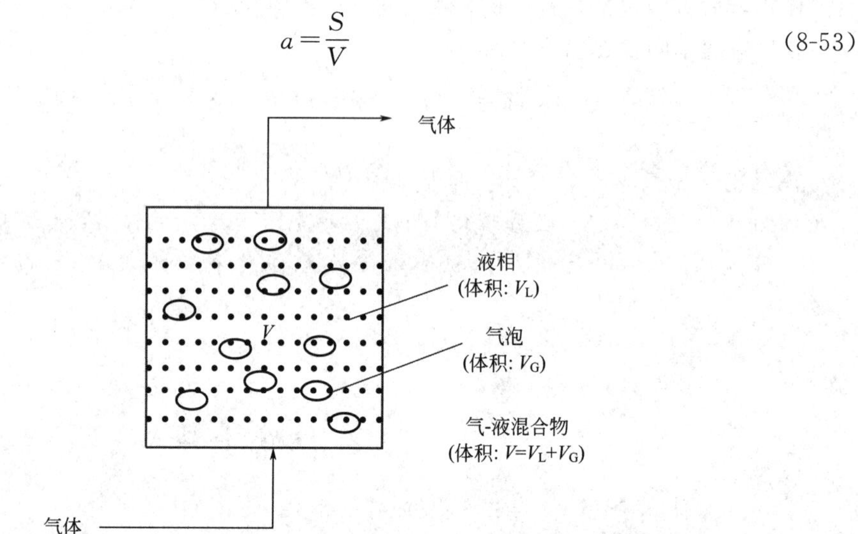

图 8-3　气-液相反应器内气-液混合物示意图

$$a_L=\frac{S}{V_L} \tag{8-54}$$

单位体积气-液混合物中气相所占的体积定义为气含率（ε），即：

$$\varepsilon=\frac{V_G}{V} \tag{8-55}$$

根据以上定义，a、a_L 和 ε 之间存在以下关系：

$$a_L V_L=aV \tag{8-56}$$

$$a=\frac{a_{\mathrm{L}}V_{\mathrm{L}}}{V}=(1-\varepsilon)a_{\mathrm{L}} \tag{8-57}$$

所以，不同基准的反应速率之间存在以下关系：

$$(-r_{\mathrm{A}})V=(-r_{\mathrm{AV_L}})V_{\mathrm{L}}=(-r_{\mathrm{AS}})S \tag{8-58}$$

$$-r_{\mathrm{A}}=a(-r_{\mathrm{AS}}) \tag{8-59}$$

$$-r_{\mathrm{AV_L}}=a_{\mathrm{L}}(-r_{\mathrm{AS}}) \tag{8-60}$$

8.3.1.4 反应速率与反应进度和转化率的关系

（1）反应速率与反应进度的关系 对于任一不可逆反应 $a_{\mathrm{A}}\mathrm{A}+a_{\mathrm{B}}\mathrm{B}\longrightarrow a_{\mathrm{P}}\mathrm{P}+a_{\mathrm{Q}}\mathrm{Q}$，各组分间的反应速率存在以下关系：

$$-\frac{r_{\mathrm{A}}}{a_{\mathrm{A}}}=-\frac{r_{\mathrm{B}}}{a_{\mathrm{B}}}=\frac{r_{\mathrm{P}}}{a_{\mathrm{P}}}=\frac{r_{\mathrm{Q}}}{a_{\mathrm{Q}}}=r \tag{8-61}$$

r 称为该反应的反应速率，在均相反应中，r 与反应进度 ε 之间有以下关系：

$$r=\frac{1}{V}\frac{\mathrm{d}\varepsilon}{\mathrm{d}t} \tag{8-62}$$

即反应的反应速率可以理解为反应进度随时间的变化率。应特别注意，各组分的反应速率与计量式的书写方式无关，但反应的反应速率随计量式的书写方式不同而不同。

【例 8-4】 在一定条件下，二氧化硫氧化反应在反应式为（1）时的反应速率 $r=6.36\mathrm{kmol/(m^3\cdot h)}$，试计算 SO_2、O_2 和 SO_3 的反应速率。若反应式改写成（2）的形式，试求出所对应的反应速率 r'。

$$2SO_2+O_2 \rightleftharpoons 2SO_3 \tag{1}$$

$$SO_2+\frac{1}{2}O_2 \rightleftharpoons SO_3 \tag{2}$$

解： 对于（1），$-r_{SO_2}/2=-r_{O_2}/1=r_{SO_3}/2=r$，故：

$$-r_{SO_2}=2r=12.72\mathrm{kmol/(m^3\cdot h)}$$

$$-r_{O_2}=r=6.36\mathrm{kmol/(m^3\cdot h)}$$

$$r_{SO_3}=2r=12.72\mathrm{kmol/(m^3\cdot h)}$$

对于（2），$r'=-r_{SO_2}/1=2(-r_{O_2})/1=r_{SO_3}/1=12.72\mathrm{kmol/(m^3\cdot h)}$。

（2）反应速率与浓度的关系 设反应物 A 在反应混合组分中的浓度为 c_{A}，则：

$$c_{\mathrm{A}}=\frac{n_{\mathrm{A}}}{V},n_{\mathrm{A}}=c_{\mathrm{A}}V$$

$$-r_{\mathrm{A}}=-\frac{\mathrm{d}n_{\mathrm{A}}}{V\mathrm{d}t}=-\frac{1}{V}\frac{\mathrm{d}(c_{\mathrm{A}}V)}{\mathrm{d}t}=-\frac{\mathrm{d}c_{\mathrm{A}}}{\mathrm{d}t}-\frac{c_{\mathrm{A}}}{V}\frac{\mathrm{d}V}{\mathrm{d}t} \tag{8-63}$$

对于恒容反应，$\frac{dV}{dt}=0$，故：

$$-r_A=-\frac{dc_A}{dt} \tag{8-64}$$

（3）反应速率与转化率的关系　根据反应物 A 的转化率的定义，$x_A=\frac{n_{A0}-n_A}{n_{A0}}$，故 $dn_A=-n_{A0}dx_A$，则反应物 A 的反应速率与转化率的关系为：

$$-r_A=-\frac{1}{V}\frac{dn_A}{dt}=\frac{n_{A0}}{V}\frac{dx_A}{dt} \tag{8-65}$$

对于恒容反应有：

$$-r_A=\frac{c_{A0}dx_A}{dt} \tag{8-66}$$

（4）反应速率与半衰期　在实际应用中，有时用反应物浓度减少到初始浓度的 1/2 时所需要的时间，即半衰期（$t_{1/2}$）来表达反应速率。半衰期越长，表明反应速率越慢。

8.3.2　反应速率方程

8.3.2.1　反应速率方程与反应级数

定量描述反应速率与其影响因素之间的关系式称为反应速率方程（reaction rate equation）。均相反应的反应速率是反应组分浓度（c）和温度（T）的函数，即：

$$r=k(T)f(c_A,c_B,c_P,\cdots) \tag{8-67}$$

在工程应用中，为了测定和使用上的方便，有时（特别是对于气相反应）把反应速率方程表示为转化率的函数，即：

$$r=k(T)g(x_A,x_B,\cdots) \tag{8-68}$$

对于均相不可逆反应 $a_A A+a_B B\longrightarrow a_P P+a_Q Q$，在一定温度下，反应速率与反应物浓度之间的关系可用下式表示：

$$-r_A=kc_A^a c_B^b \tag{8-69}$$

式中　a,b——反应物 A 和 B 的反应级数，无量纲。

反应级数 a、b 两者之和 $n=a+b$ 为该反应的总反应级数。k 称为反应速率常数（reaction rate constant），k 的量纲为（浓度）$^{1-n}$（时间）$^{-1}$，即取决于反应级数 n。

对于气相反应，反应速率方程也可以表示为反应物分压的函数，即：

$$-r_A=k_p p_A^a p_B^b \tag{8-70}$$

式中，k_p 的量纲为（浓度）（时间）$^{-1}$（压力）$^{-n}$。

$n=1$ 时，称为一级反应（first-order reaction），其速率方程可表示为：

$$-r_A=kc_A \tag{8-71}$$

$n=2$ 时，称为二级反应（second-order reaction），其速率方程可表示为：

$$-r_A=kc_A^2 \tag{8-72}$$

或

$$-r_A=kc_Ac_B \tag{8-73}$$

在一些条件下，反应速率与各组分的浓度无关，即：

$$-r_A=k \tag{8-74}$$

这种情况称为零级反应（zero-order reaction）。

应特别注意以下几点。

① 反应级数不能独立地预示反应速率的大小，只表明反应速率对浓度变化的敏感程度，反应级数越大，浓度对反应速率的影响也越大。

② 反应级数是由实验获得的经验值，一般它与各组分的计量系数没有直接的关系。只有当反应物按化学反应式一步直接转化为产物的反应，即基元反应时，才存在以下关系：

$$a_A=a, \quad a_B=b$$

③ 从理论上说，反应级数可以是整数，也可以是分数和负数。但在一般情况下，反应级数为正值且小于3。

④ 反应级数会随实验条件的变化而变化，所以只能在获得其值的实验条件范围内应用。

8.3.2.2　反应速率常数

反应速率常数 k 的数值与反应物的浓度为1时的反应速率相等，因此 k 亦称比反应速率（specific reaction rate）。对于化学反应，k 的大小与温度和催化剂等有关，但一般与反应物浓度无关。对于一些生物化学和微生物反应，除温度和酶的种类外，有时反应物（即基质）浓度会影响 k 的大小。

当催化剂、溶剂等其他因素一定时，k 仅是反应温度 T 的函数。k 与 T 的关系可用阿仑尼乌斯（Arrhenius）方程来描述，即：

$$k=k_0\exp\left(\frac{-E_a}{RT}\right) \tag{8-75}$$

式中　k_0——频率因子，可以近似地看作与温度无关的常数；

E_a——反应活化能，J/mol；

R——摩尔气体常数，$R=8.314\text{J/(mol·K)}$。

活化能的物理意义是把反应物的分子激发到可进行反应的“活化状态”时所需要的能量。E_a 的大小反映了温度对反应速率的影响程度，但 k 对温度的敏感程度与温度有关，温度越低，k 受温度的影响越大（参见下式）。

$$\ln k=\ln k_0-\frac{E_a}{RT} \tag{8-76}$$

$$\frac{\mathrm{d}\ln k}{\mathrm{d}T}=\frac{E_a}{RT^2} \tag{8-77}$$

实验测得不同温度下的反应速率常数 k，利用式(8-76)就可以求得 E_a。以 $1/T$ 为横坐标、$\ln k$ 为纵坐标作图，可得一直线，该直线的斜率为 $-E_a/R$（图8-4）。

值得注意的是，以上有关 k 与温度的关系的讨论仅适用于基元反应。对于非基元反应，理论上可以通过构成该反应的各基元反应的 E_a 求出，但这样非常烦琐，而且常常与表观 E_a 有一定的偏差，所以在实际应用中一般通过实验直接求出表观活化能。图8-4为活化能的求法及反应速率随温度的变化示意图。

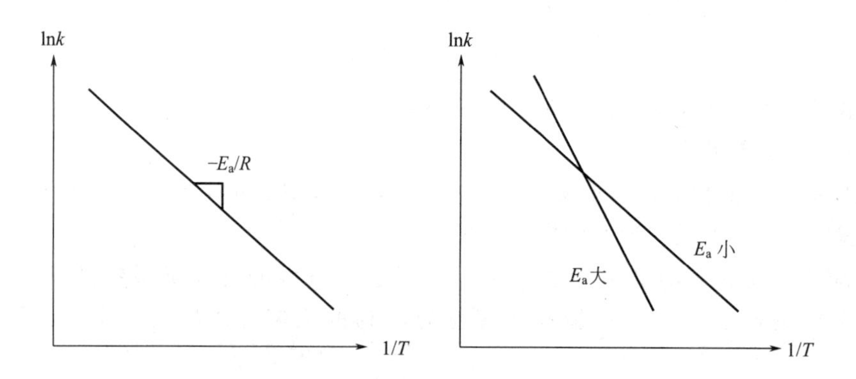

图 8-4 活化能的求法及反应速率随温度的变化示意图

【例 8-5】 气-固相反应 A ⟶ P 的反应速率在常压条件下可表示为 A 的摩尔分数 z_A 的一次函数 $-r_{Am}=kz_A$，在不同温度下测得 k 的值如下表所示，试求该反应的活化能。

温度/K	610	620	630	640	650
$k/10^4$	3.05	6.12	8.20	11.5	25.1

解： 根据表中数据求出 $1/T$ 和 $\ln k$ 列表如下。

$\frac{1}{T}/K^{-1}$	0.001639	0.001613	0.001587	0.001563	0.001538
$\ln k$	10.33	11.02	11.31	11.65	12.43

以 $1/T$ 和 $\ln k$ 作图，可得一直线，如图 8-5 所示。

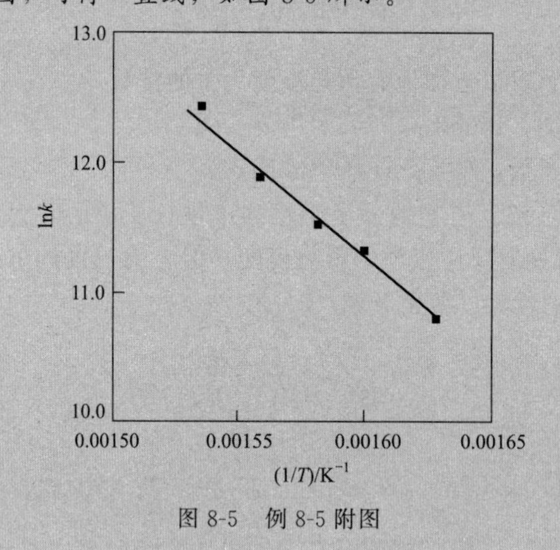

图 8-5 例 8-5 附图

由直线斜率可得 $-\frac{E_a}{R}=-19199\text{K}$。由 $R=8.314\text{J}/(\text{mol}\cdot\text{K})$ 得 $E_a=160\text{kJ}/(\text{mol}\cdot\text{K})$。

8.3.3 均相反应动力学

此部分主要讨论恒温恒容条件下的反应速率方程，即反应速率与反应组分浓度之间的关系，并在此基础上讨论反应组分浓度随反应时间的变化。

8.3.3.1 不可逆单一反应

对于简单的不可逆反应 A ⟶ P，其反应速率方程为：

$$-r_{\mathrm{A}}=kc_{\mathrm{A}}^{n} \tag{8-78}$$

对于恒温恒容过程，可表示为：

$$-\frac{\mathrm{d}c_{\mathrm{A}}}{\mathrm{d}t}=kc_{\mathrm{A}}^{n}=kc_{\mathrm{A0}}^{n}(1-x_{\mathrm{A}})^{n} \tag{8-79}$$

将式(8-79) 分离、积分，可得：

$$kt=-\int_{c_{\mathrm{A0}}}^{c_{\mathrm{A}}}\frac{\mathrm{d}c_{\mathrm{A}}}{c_{\mathrm{A}}^{n}} \tag{8-80}$$

由式(8-80) 可知，只要知道反应级数 n 和初始浓度，就可以计算出达到某一给定浓度时的反应时间或某一反应时间时各组分的浓度。

（1）零级反应（$n=0$） 对于零级反应 A ⟶ P，在恒温恒容的条件下，反应速率方程可表示为：

$$-\frac{\mathrm{d}c_{\mathrm{A}}}{\mathrm{d}t}=kc_{\mathrm{A}}^{0}=k \tag{8-81}$$

对上式积分，可得反应物 A 的浓度和转化率与反应时间的关系式：

$$kt=c_{\mathrm{A0}}-c_{\mathrm{A}}=c_{\mathrm{A0}}x_{\mathrm{A}} \tag{8-82}$$

$$t=\frac{c_{\mathrm{A0}}-c_{\mathrm{A}}}{k}=\frac{c_{\mathrm{A0}}x_{\mathrm{A}}}{k} \tag{8-83}$$

$$c_{\mathrm{A}}=c_{\mathrm{A0}}-kt \tag{8-84}$$

零级反应的反应物浓度与反应时间的关系如图 8-6 所示。零级反应的反应速率与反应物的浓度无关。在生物化学以及微生物反应中，当基质浓度足够高时，反应往往属于零级反应。图 8-6 为零级反应的浓度-时间曲线。

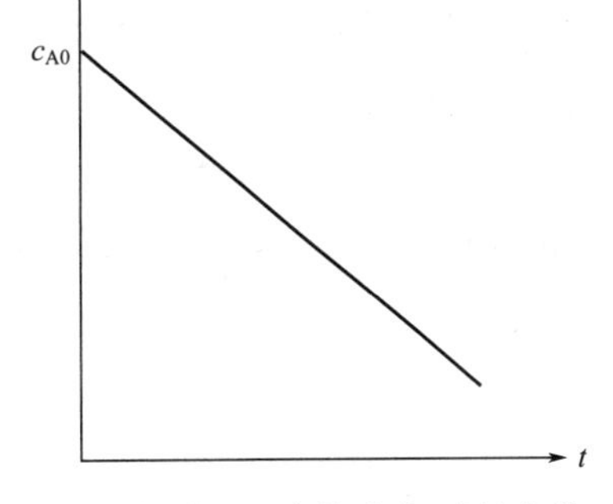

图 8-6 零级反应的浓度-时间曲线

由式(8-83) 可得，零级反应的半衰期为 $t_{1/2}=c_{\mathrm{A0}}/(2k)$，即它与初始浓度成正比，初始浓度越高，反应物浓度减少到一半所需要的时间越长。

（2）一级反应（$n=1$） 对于一级反应 A ⟶ P，在恒温恒容的条件下，反应速率方程可表示为：

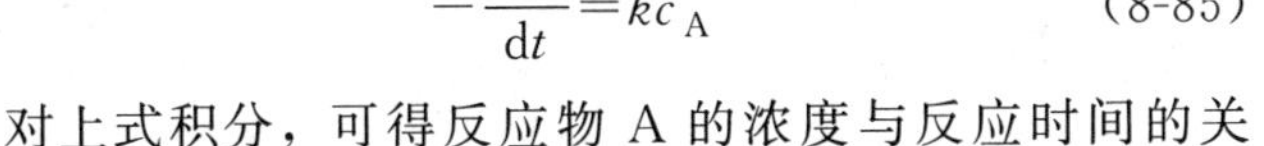

$$-\frac{\mathrm{d}c_{\mathrm{A}}}{\mathrm{d}t}=kc_{\mathrm{A}} \tag{8-85}$$

对上式积分，可得反应物 A 的浓度与反应时间的关系式为：

$$kt=-\int_{c_{\mathrm{A0}}}^{c_{\mathrm{A}}}\frac{\mathrm{d}c_{\mathrm{A}}}{c_{\mathrm{A}}} \tag{8-86}$$

$$kt=\ln\frac{c_{\mathrm{A0}}}{c_{\mathrm{A}}}=\ln c_{\mathrm{A0}}-\ln c_{\mathrm{A}} \tag{8-87}$$

$$t=\frac{1}{k}\ln\frac{c_{\mathrm{A0}}}{c_{\mathrm{A}}} \tag{8-88}$$

$$c_{\mathrm{A}}=c_{\mathrm{A0}}\mathrm{e}^{-kt} \tag{8-89}$$

由式(8-88) 可得一级反应的半衰期为：

$$t_{1/2}=\frac{\ln 2}{k}=\frac{0.693}{k} \tag{8-90}$$

由上可知，一级反应有以下主要特点。

① 反应物浓度与反应时间成指数关系，如图 8-7（a）所示，只有在反应时间足够长，即 $t\to\infty$时，反应物浓度才趋近于零。

② 反应物浓度的对数与反应时间成直线关系，以 $\ln c_A$ 对 t 作图可得一直线，其斜率为 k，如图 8-7（b）所示。

③ 半衰期与 k 成反比，与反应物的初始浓度无关。

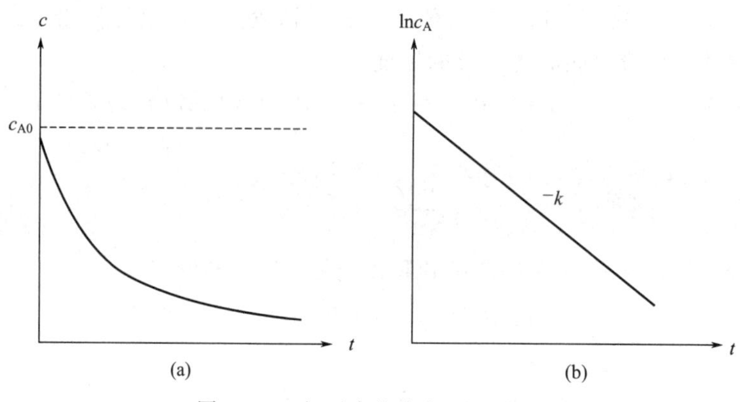

图 8-7　一级反应的浓度-时间曲线

【例 8-6】 在湿热灭菌过程中，细菌的死亡速率 $-r_A$ 和活菌数 c_A 之间的关系可近似为：$-r_A=kc_A$（式中 k 为死亡速率常数）。

(1) 某细菌在 392.4K 时加热 1min，活菌数减少到加热前的 1/10。试计算该细菌的死亡速率常数。

(2) 若保证杀菌率为 90%，加热时间缩到 1/10，灭菌温度不能低于多少度（设杀菌的活化能约为 200kJ/mol）？

解：(1) 灭菌反应近似为一级反应，即：

$$kt=\ln\frac{c_{A0}}{c_A}=-\ln\frac{c_A}{c_{A0}}$$

由题意，$t=1\text{min}$，$\frac{c_A}{c_{A0}}=0.1$，$k=-\ln 0.1$，所以：

$$k=2.30\text{min}^{-1}$$

(2) 根据题意，$t=0.1\text{min}$，$\frac{c_A}{c_{A0}}=0.1$。同理可求得，$k'=23.0\text{min}^{-1}$，由 k、k'和 E_a 求得 $T=407.7\text{K}$。

(3) 二级反应（$n=2$）　对于二级反应 $2A\longrightarrow P$，在恒温恒容的条件下，速率方程可表示为：

$$-\frac{dc_A}{dt}=kc_A^2 \tag{8-91}$$

对上式积分，可得反应物 A 的浓度和转化率与反应时间的关系式：

$$kt=\int_{c_{A0}}^{c_A}\frac{dc_A}{c_A^2} \tag{8-92}$$

$$kt=\frac{1}{c_A}-\frac{1}{c_{A0}} \tag{8-93}$$

或

$$kt=\frac{1}{c_{A0}}\frac{x_A}{1-x_A} \tag{8-94}$$

二级反应的半衰期为：

$$t_{1/2}=\frac{1}{kc_{A0}} \tag{8-95}$$

由上可知，二级反应有以下主要特点。

① 反应物浓度的倒数与反应时间成直线关系，直线的斜率为 k，如图 8-8 所示。

② 达到一定的转化率所需的时间与反应物初始浓度有关，反应物的初始浓度越大，达到一定的转化率所需的时间越短。

③ 半衰期与 k 和 c_{A0} 的积成反比，k 和 c_{A0} 的值越大，半衰期越短。

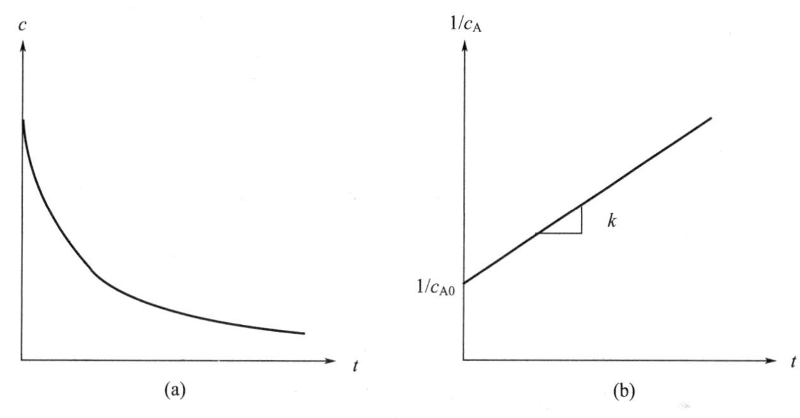

图 8-8　二级反应的浓度-时间曲线

表 8-4 列出了几种单一反应的速率方程。

表 8-4　单一反应（恒温恒容）的速率方程

反应	反应速率方程	速率方程的积分形式	半衰期 $t_{1/2}$
$A \longrightarrow P$（0 级）	$-r_A=k$	$kt=c_{A0}-c_A$	$\frac{c_{A0}}{2k}$
$A \longrightarrow P$（1 级）	$-r_A=kc_A$	$kt=\ln\frac{c_{A0}}{c_A}$	$\frac{\ln 2}{k}$
$2A \longrightarrow P$（2 级）	$-r_A=kc_A^2$	$kt=\frac{1}{c_A}-\frac{1}{c_{A0}}$	$\frac{1}{kc_{A0}}$
$a_A A+a_B B \longrightarrow P$（2 级）	$-r_A=kc_Ac_B$	$kt=\frac{a_A\ln[(c_{A0}/c_A)(c_B/c_{B0})]}{a_Ac_{B0}-a_Bc_{A0}}$	$\frac{a_A}{k(a_Ac_{B0}-a_Bc_{A0})}\ln\left(2-\frac{a_Bc_{A0}}{a_Ac_{B0}}\right)$
$nA \longrightarrow P$（n 级，$n\neq1$）	$-r_A=kc_A^n$	$kt=\frac{1}{n-1}\left(\frac{1}{c_A^{n-1}}-\frac{1}{c_{A0}^{n-1}}\right)$	$\frac{2^{n-1}-1}{kc_{A0}^{n-1}(n-1)}$

8.3.3.2 可逆单一反应

对于可逆反应 A ⇌ P，设正反应 A ⟶ P 和负反应 P ⟶ A 的反应速率常数分别为 k_1 和 k_2，则在恒温恒容条件下的反应速率方程可表示为：

$$-\frac{dc_A}{dt}=k_1c_A-k_2c_P \tag{8-96}$$

设 A 和 P 的初始浓度分别为 c_{A0} 和 c_{P0}，则：

$$c_A=c_{A0}(1-x_A) \tag{8-97}$$

$$c_P=c_{P0}+c_{A0}x_A \tag{8-98}$$

将式(8-97) 和式(8-98) 代入式(8-96)，整理可得：

$$\frac{dx_A}{dt}=\left(k_1-k_2\frac{c_{P0}}{c_{A0}}\right)-(k_1+k_2)x_A \tag{8-99}$$

反应达到平衡时，$\frac{dc_A}{dt}=0$，设此时的 A 和 P 的浓度分别为 c_{Ae} 和 c_{Pe}，转化率为 x_{Ae}，则反应速率常数与平衡浓度之间存在以下关系：

$$\frac{k_1}{k_2}=\frac{c_{Pe}}{c_{Ae}}=K \tag{8-100}$$

式中 K——平衡常数。

将 $c_{Ae}=c_{A0}(1-x_{Ae})$ 和 $c_{Pe}=c_{P0}+c_{A0}x_{Ae}$ 分别代入式(8-100)，并变形为：

$$k_1c_{A0}(1-x_{Ae})=k_2(c_{P0}+c_{A0}x_{Ae}) \tag{8-101}$$

整理可得：

$$k_2c_{P0}=k_1c_{A0}-c_{A0}x_{Ae}(k_1+k_2) \tag{8-102}$$

将式(8-102) 代入式(8-99)，整理可得：

$$\frac{dx_A}{dt}=(k_1+k_2)(x_{Ae}-x_A) \tag{8-103}$$

将式(8-103) 积分，可得转化率与反应时间的关系：

$$t=\frac{1}{k_1+k_2}\ln\frac{x_{Ae}}{x_{Ae}-x_A} \tag{8-104}$$

将 $x_{Ae}=\frac{c_{A0}-c_{Ae}}{c_{A0}}$ 和 $x_A=\frac{c_{A0}-c_A}{c_{A0}}$ 代入式(8-104)，可得反应物 A 的浓度与反应时间的关系：

$$t=\frac{1}{k_1+k_2}\ln\frac{c_{A0}-c_{Ae}}{c_A-c_{Ae}} \tag{8-105}$$

一级可逆反应中各组分的浓度-时间曲线如图 8-9 所示。

8.3.3.3 平行反应

同时存在两个以上反应的复合反应，将同时产生多种产物，而通常情况下只有其中一个或某几个产物才是所需要的目标产物，其他产物均称为副产物。生成目标产物的反应称为主

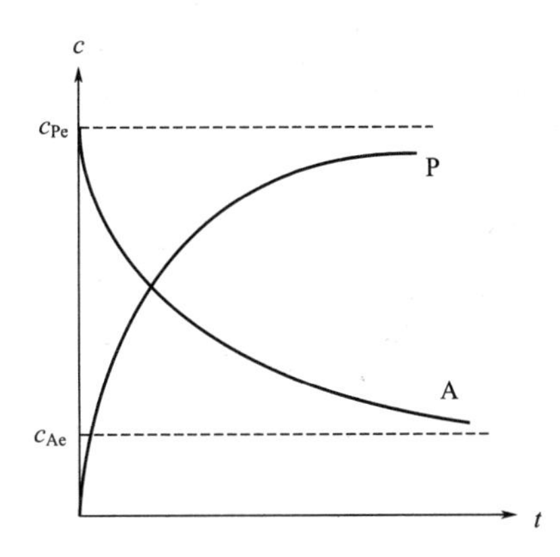

图 8-9　一级可逆反应的浓度-时间曲线

反应，其他反应称为副反应。研究复合反应动力学的主要目的是提高主反应的反应速率，同时控制副反应的进行。

对于一级平行反应 $A \longrightarrow a_P P$，$A \longrightarrow a_Q Q$，其反应速率常数分别为 k_1 和 k_2，在恒温恒容条件下，反应速率方程可表示为：

$$-\frac{dc_A}{dt}=(k_1+k_2)c_A \tag{8-106}$$

$$\frac{1}{a_P}\frac{dc_P}{dt}=k_1 c_A \tag{8-107}$$

$$\frac{1}{a_Q}\frac{dc_Q}{dt}=k_2 c_A \tag{8-108}$$

设 A、P 和 Q 的初始浓度分别为 c_{A0}、c_{P0} 和 c_{Q0}，对式(8-106) 积分，可得反应物 A 的浓度与反应时间的关系为：

$$c_A=c_{A0}e^{-(k_1+k_2)t} \tag{8-109}$$

将式(8-109) 代入式(8-107) 积分，可得产物 P 的浓度与反应时间的关系为：

$$\frac{c_P-c_{P0}}{a_P}=\frac{k_1}{k_1+k_2}(c_{A0}-c_A) \tag{8-110}$$

$$\frac{c_P-c_{P0}}{a_P}=\frac{k_1 c_{A0}}{k_1+k_2}\left[1-e^{-(k_1+k_2)}\right] \tag{8-111}$$

对于产物 Q，同理可得：

$$\frac{c_Q-c_{Q0}}{a_Q}=\frac{k_1 c_{A0}}{k_1+k_2}\left[1-e^{-(k_1+k_2)t}\right] \tag{8-112}$$

一级平行反应中各组分浓度随时间的变化曲线如图 8-10 所示。

8.3.3.4　串联反应

对于一级串联反应 $A \longrightarrow P \longrightarrow Q$，设 k_1 和 k_2 分别为反应 $A \longrightarrow P$ 和 $P \longrightarrow Q$ 的反应速率常数，在恒温恒容的条件下，速率方程可表示为：

$$-\frac{dc_A}{dt}=k_1 c_A \tag{8-113}$$

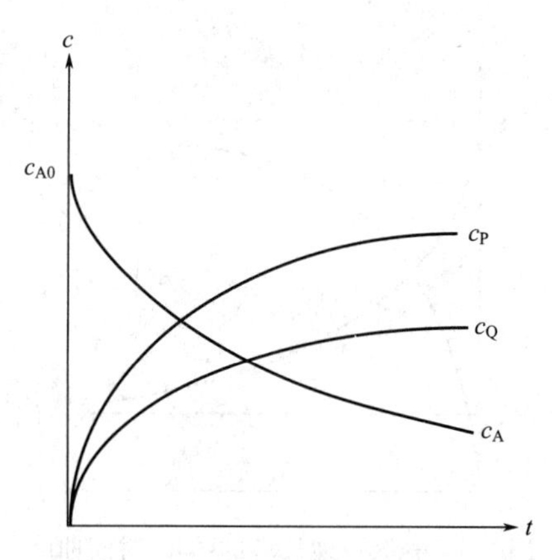

图 8-10 一级平行反应的浓度-时间曲线

$$\frac{dc_P}{dt}=k_1c_A-k_2c_P \tag{8-114}$$

$$\frac{dc_Q}{dt}=k_2c_P \tag{8-115}$$

设A、P和Q的初始浓度分别为c_{A0}、c_{P0}和c_{Q0}，对式(8-113) 积分，可得反应物A的浓度与反应时间的关系为：

$$c_A=c_{A0}e^{-k_1t} \tag{8-116}$$

将式(8-116) 代入式(8-114)，整理得：

$$\frac{dc_P}{dt}+k_2c_P=k_1c_{A0}e^{-k_1t} \tag{8-117}$$

对式(8-117) 积分，可得中间产物P的浓度与反应时间的关系：

$$\frac{c_P}{c_{A0}}=\frac{k_1}{k_2-k_1}(e^{-k_1t}-e^{-k_2t}) \tag{8-118}$$

因为
$$c_Q=c_{A0}-(c_P+c_A) \tag{8-119}$$

故产物Q的浓度与反应时间的关系为：

$$\frac{c_Q}{c_{A0}}=1-\frac{k_2}{k_2-k_1}e^{-k_1t}+\frac{k_1}{k_2-k_1}e^{-k_2t} \tag{8-120}$$

一级串联反应中各组分的浓度-时间曲线如图 8-11 所示。由图可知，反应物浓度随反应时间呈指数型递减，中间产物P浓度存在极大值；最终产物Q随时间延长而单调增加。

将式(8-118) 对时间求导，并令其导数为零，则可求出c_P达到最大时的反应时间t_{max}，即：

$$t_{max}=\frac{1}{k_2-k_1}\ln\frac{k_2}{k_1} \tag{8-121}$$

自然界（土壤、底泥和天然水体）和污水生物处理系统中的氨的生物硝化反应是一种典型的串联反应。氨首先在氨氧化菌（亚硝酸菌）的作用下生成亚硝酸根，亚硝酸根又在亚硝

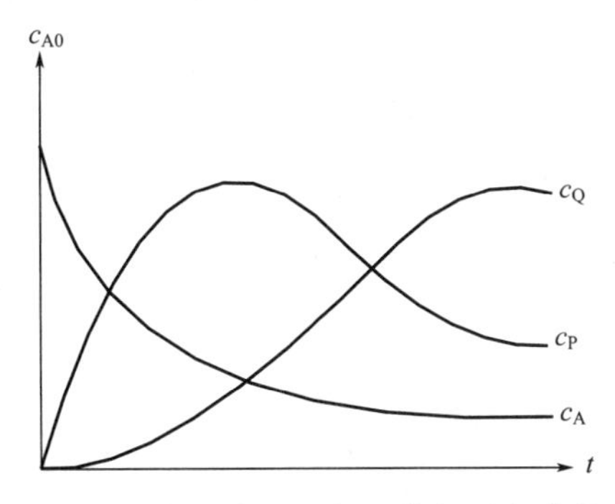

图 8-11　一级串联反应的浓度-时间曲线

酸氧化菌（硝酸菌）的作用下氧化为硝酸根。

$$NH_3 \longrightarrow NO_2^- \longrightarrow NO_3^-$$

一般情况下氨氧化成亚硝酸根的反应速率较慢，而亚硝酸氧化成硝酸根的反应速率较快，故亚硝酸根不易积累。但当亚硝酸氧化菌的数量较少或活性较低时，也会出现亚硝酸根积累的现象。

8.4 案例

(1) 高含量有机废水的湿式氧化反应工程　高含量有毒有害有机废水一般源于过程工业，属于工业废水范畴，未经有效处理而排放将对环境产生极大的危害。对于高含量有机废水的净化处理是当前国内外环保领域的重大难题之一。虽然生化处理和焚烧法被广泛用于许多废水的处理，但当 COD 较低时，焚烧法需要大量能源，且易生成有毒有害的气体污染环境。且当废水中含有不可生化、对微生物有毒的物质时，也难以采用常规的生物降解处理工艺。

湿式氧化技术（wet air oxidation，WAO）是在高温（125～320 ℃）和高压（0.5～20 MPa）条件下，以纯氧或空气中的氧气为氧化剂，在液相状态下将有机污染物氧化为无机物或小分子有机物的化学过程，可有效消解有机物质的毒性并大幅度降解废水中的 COD。湿式氧化技术适用于处理含量介于焚烧法适宜的高含量与生物处理适宜的低含量之间，且含有可氧化有机物或溶解、悬浮于废水中的无机物的废水。

湿式氧化装置工艺流程如图 8-12 所示。

实验装置主要由三部分组成。

① 反应器　主体采用 316 L 不锈钢制作，以满足高温高压条件下的耐腐蚀性要求。采用多个温度和压力传感器监控反应器内的温压条件。

② 进出料系统　废水通过离心泵由原料槽泵入反应器，所需氧气则由高压氧气瓶提供，反应排放的高温高压气体流经冷凝器后进入气液分离器中分离液体和不凝气体。

③ 加热及冷却循环系统　利用热电阻加热反应器，并采用导热油循环保证反应器内温度保持在设定温度。

(2) 反应动力学模型　对于复杂废水，从基元反应去推导动力学模型并不现实，一般均采用各种简化的经验或半经验模型，以实验数据求解动力学参数，为工业化应用的优化和工程设计提供依据。

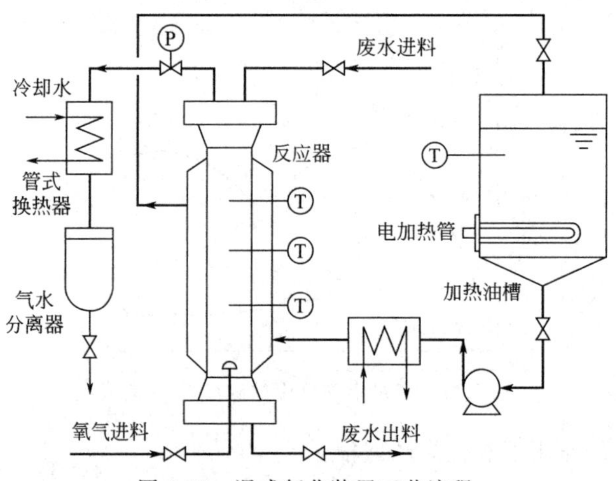

图 8-12　湿式氧化装置工艺流程

各种废水处理的工艺设计常常采用集总参数。常用的集总参数包括 BOD、COD、TOC 含量等。这类集总技术的成功应用简化了动力学模型网络，降低了废水处理研究的成本，并且提供了实用的处理结果。

① 经验模型　湿式氧化过程中，温度、氧气含量、反应物的种类是影响氧化反应速率的主要因素，很多研究者常采用 Arrhenius 方程表达 WAO 过程：

$$\frac{\mathrm{d}\rho}{\mathrm{d}t}=k_0 \mathrm{e}^{\frac{-E_a}{RT}}\rho^m\rho^n(\mathrm{O_2}) \tag{8-122}$$

式中，ρ 为反应物的质量浓度（可用水质集总指标，如 COD、TOC 含量等表示）；$\rho(O_2)$ 为 O_2 的质量浓度；m 为湿式氧化反应的反应级数；n 为氧气的消耗的反应级数；E_a 为反应活化能；k_0 为频率因子；t 为反应时间；T 为反应热力学温度；R 为气体常数[8.314 J/(mol·K)]。

假设湿式氧化的反应速率与废水 COD 呈 1 级反应关系，则 $m=1$；在反应过程中，一般氧过量，即 $n=0$。则式（8-122）可简化为：

$$\frac{\mathrm{d}\rho}{\mathrm{d}t}=k_0 \mathrm{e}^{\frac{-E_a}{RT}}\rho \tag{8-123}$$

令 $t=0$ 时，$\rho=\rho_0$，对式（8-123）积分可得：

$$\ln\frac{\rho}{\rho_0}=k_0 \mathrm{e}^{\frac{-E_a}{RT}}t \tag{8-124}$$

式（8-124）为湿式氧化反应动力学经验模型的基本形式。由于其所针对的仅仅是 1 级反应，相对比较简单，故不能完全表征有机物在 WAO 过程中的复杂反应历程，因此将其直接应用于 WAO 的反应动力学计算具有较大误差。

② 广义动力学模型　该类模型为半经验模型，考虑反应过程中的中间产物，利用可测的中间产物或水质指标来描述、表征反应物的转化过程。在 WAO 反应动力学分析中，一般采用 3 个集总组分：A 类代表初始有机物和不稳定的中间产物，B 类代表难氧化分解的中间产物，C 类代表氧化反应最终产物。因此，广义动力学模型所描述的反应途径为：

$$\begin{array}{ccc} \mathrm{A+O_2} & \xrightarrow{K_1} & \mathrm{C(H_2O+CO_2)} \\ & {\scriptstyle K_2}\searrow \quad \nearrow{\scriptstyle K_3} & \\ & \mathrm{B+O_2} & \end{array} \tag{8-125}$$

假设式(8-125) 中A、B、C三者之间的反应均为1级反应，则可将其反应过程采用下式描述：

$$-\frac{d\rho_A}{dt}=k_1 e^{-\frac{E_{a1}}{RT}}\rho_A\rho^{n1}(O_2)+k_2 e^{-\frac{E_{a2}}{RT}}\rho_A\rho^{n2}(O_2) \tag{8-126}$$

$$-\frac{d\rho_B}{dt}=k_3 e^{-\frac{E_{a3}}{RT}}\rho_B\rho^{n3}(O_2)+k_2 e^{-\frac{E_{a2}}{RT}}\rho_A\rho^{n2}(O_2) \tag{8-127}$$

式中，ρ_A 和 ρ_B 分别为任意时刻反应初始有机物A和中间产物B的质量浓度。上两式也可写为：

$$-\frac{d\rho_A}{dt}=K_1\rho_A+K_2\rho_A \tag{8-128}$$

$$-\frac{d\rho_B}{dt}=K_3\rho_B-K_2\rho_A \tag{8-129}$$

其中，K_1、K_2、K_3 均为反应速率常数：

$$K_1=k_1 e^{\frac{-E_{a1}}{RT}}\rho^{n1}(O_2)$$

$$K_2=k_2 e^{\frac{-E_{a2}}{RT}}\rho^{n2}(O_2)$$

$$K_3=k_3 e^{\frac{-E_{a3}}{RT}}\rho^{n3}(O_2)$$

同样假定反应过程中氧过量，则 K_1、K_2、K_3 均为温度 T 的函数。令 $t=0$ 时，$\rho_A=\rho_{A0}$，$\rho_B=\rho_{B0}$，则式(8-128) 和式(8-129) 可进一步写为：

$$\rho_A=\rho_{A0}e^{-(K_1+K_2)t} \tag{8-130}$$

$$\rho_B=\rho_{B0}e^{-K_3 t}+K_2\rho_{A0}\frac{e^{-K_3 t}-e^{-(K_1+K_2)t}}{K_1+K_2-K_3} \tag{8-131}$$

则有：

$$\frac{\rho_{A+B}}{\rho_{A0+B0}}=\frac{\rho_{A0}}{\rho_{A0}+\rho_{B0}}\left[\frac{K_2 e^{-K_3 t}}{K_1+K_2-K_3}+\frac{(K_1-K_3)e^{-(K_1+K_2)t}}{K_1+K_2-K_3}\right]+\frac{\rho_{B0}e^{-K_3 t}}{\rho_{A0}+\rho_{B0}} \tag{8-132}$$

在废水的WAO处理初始，若 $\rho_{B0}=0$，则上式可简化为：

$$\frac{\rho_{A+B}}{\rho_{A0+B0}}=\frac{K_2 e^{-K_3 t}}{K_1+K_2-K_3}+\frac{(K_1-K_3)e^{-(K_1+K_2)t}}{K_1+K_2-K_3} \tag{8-133}$$

若将反应初始有机物和中间产物含量以废水的COD作为集总参数，则可获得基于COD的WAO广义反应动力学模型：

$$\frac{COD}{COD_0}=\frac{K_2 e^{-K_3 t}}{K_1+K_2-K_3}+\frac{(K_1-K_3)e^{-(K_1+K_2)t}}{K_1+K_2-K_3} \tag{8-134}$$

因为湿式氧化过程十分复杂，参数较多，并伴随中间产物的生成，如想根据基元反应推导精确的反应速率方程几乎不可能。在研究过程中学者常以COD为有机物含量的表征因素，并且假设反应是1级反应，实践证明这样的假设在一定程度上来讲是有效可行的。

(3) 实例　徐卫等考察了高含量苯酚废水中COD去除的广义动力学过程，发现 COD/COD_0 实验值和广义动力学模型计算值间的吻合度较好，反映了广义动力学模型可以很好地预测苯酚废水的WAO反应结果，从而为该类废水的WAO工艺及设备的设计提供了理论依据。

COD/COD_0 实验值和广义动力学模型计算值间的比较如图 8-13 所示。

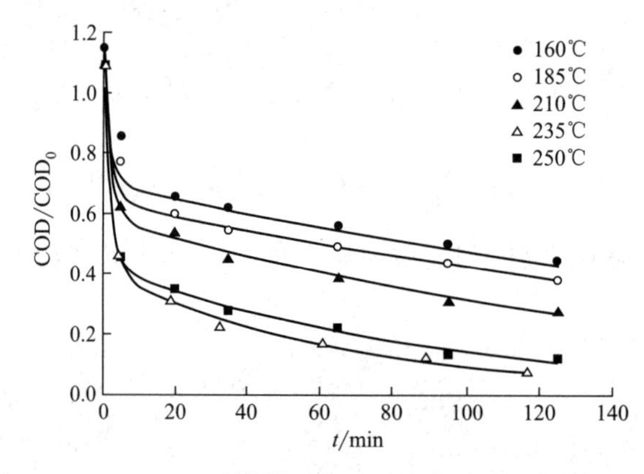

图 8-13　COD/COD_0 实验值和广义动力学模型计算值间的比较

习　题

8-1　气态 NH_3 在常温高压条件下的催化分解反应 $2NH_3 = N_2 + 3H_2$ 可用于处理含 NH_3 废气。现有一 NH_3 和 CH_4 含量分别为 95%和 5%的气体，通过 NH_3 催化分解反应器后气体中 NH_3 的含量减少为 3%，试计算 NH_3 的转化率和反应器出口处 N_2、H_2 和 CH_4 的摩尔分数（CH_4 为惰性组分，不参与反应）。

8-2　在连续反应器内进行的恒容平行反应（1）和（2），当原料中（反应器进口）的 A、B 浓度均为 $3000mol/m^3$ 时，出口反应液中的 A、R 的浓度分别为 $250mol/m^3$ 和 $2000mol/m^3$。试计算反应器出口处的 A 的转化率以及 B 和 S 的浓度（原料中不含 R 和 S）。

$$A + B \rightleftharpoons R \tag{1}$$

$$2A \rightleftharpoons R + S \tag{2}$$

8-3　污染物 A 在一间歇反应器内发生转化反应 $A \longrightarrow B$，于不同时间测得反应器内 A 的浓度如下表所示，试求该反应的反应级数和反应速率常数。

t/min	0	20	40	80	120
ρ_A/(mg/L)	90	72	57	36	32

8-4　设将 100 个细菌放入到 1L 的培养液中，温度为 30℃，得到以下结果。

t/min	0	30	60	90	120
ρ_A/(mg/L)	100	200	400	800	1600

求：（1）预计 3h 后细菌的数量；

（2）此动力学过程的级数；

（3）经过多少时间可以得到 10^6 个细菌；

（4）细菌繁殖的速率常数。

8-5　某气相二级反应 $A + B \longrightarrow 2D$ 在恒温恒容的条件下进行。当反应物初始浓度为 $c_{A0} = c_{B0} = 0.2mol/L$ 时，反应的初始速率为 $-(dc_A/dt)_{t=0} = 0.05mol/(L \cdot s)$，求速率常数 k_A 及 k_D。

8-6　在 350℃恒温恒容条件下，某气态污染物 A 发生二聚反应生成 R，即 $2A \longrightarrow R$，测得反应体系总压 p 与反应时间 t 的关系如下。

t/min	0	6	12	26	38	60
p/kPa	66.7	62.3	58.9	53.5	50.4	46.7

试求时间为 26min 时的反应速率。

附录　常用数据

一、常用单位的换算

1. 长度

m(米)	in(英寸)	ft(英尺)	yd(码)	m(米)	in(英寸)	ft(英尺)	yd(码)
1	39.3701	3.2808	1.09361	0.30480	12	1	0.33333
0.025400	1	0.073333	0.02778	0.9144	36	3	1

2. 质量

kg(千克)	t(吨)	lb(磅)	kg(千克)	t(吨)	lb(磅)
1	0.001	2.20462	0.4536	4.536×10^{-4}	1
1000	1	2.20462			

3. 力

N(牛[顿])	kgf(千克力)	lbf(磅力)	dyn(达因)	N(牛[顿])	kgf(千克力)	lbf(磅力)	dyn(达因)
1	0.102	0.2248	1×10^{5}	4.448	0.4536	1	4.448×10^{5}
9.80665	1	2.2046	9.80665×10^{5}	1×10^{-5}	1.02×10^{-6}	2.243×10^{-6}	1

4. 压力

Pa(帕[斯卡])	bar(巴)	kgf/cm^2	atm(标准大气压)	mmHg	lbf/in^2
1	1×10^{-5}	1.02×10^{-5}	0.99×10^{-5}	0.0075	14.5×10^{-5}
1×10^{5}	1	1.02	0.9869	750.1	14.5
98.07×10^{3}	0.9807	1	0.9678	735.56	14.2
1.01325×10^{5}	1.013	1.0332	1	760	14.697
133.32	1.333×10^{-3}	0.136×10^{-4}	0.00132	1	0.01931
6894.8	0.06895	0.0703	0.068	51.71	1

5. 动力黏度（简称黏度）

Pa·s	P(泊)	cP(厘泊)	kgf·s/m^2	lb/(ft·s)	Pa·s	P(泊)	cP(厘泊)	kgf·s/m^2	lb/(ft·s)
1	10	1×10^{3}	0.102	0.672	1.4881	14.881	1488.1	0.1519	1
1×10^{-1}	1	1×10^{2}	0.0102	0.06720	9.81	98.1	9810	1	6.59
1×10^{-3}	0.01	1	0.102×10^{-3}	6.720×10^{-4}					

6. 运动黏度、扩散系数

m^2/s	cm^2/s	ft^2/s	m^2/s	cm^2/s	ft^2/s
1	1×10^{4}	10.76	92.9×10^{-5}	929	1
10^{-4}	1	1.076×10^{-3}			

注：cm^2/s 又称斯托克斯，简称斯，以 St 表示。斯的 1%为厘斯，以 cSt 表示。

7. 能量、功、热量

J	kgf·m	kW·h	hp·h	kcal	Btu
1	0.102	2.778×10^{-7}	3.725×10^{-7}	2.39×10^{-4}	9.485×10^{-4}
9.8067	1	2.724×10^{-6}	3.653×10^{-6}	2.342×10^{-3}	9.296×10^{-3}
3.6×10^{6}	3.671×10^{5}	1	1.3410	860.0	3413
2.685×10^{6}	273.8×10^{3}	0.7457	1	641.33	2544
4.1868×10^{3}	426.9	1.1622×10^{-3}	1.5576×10^{-3}	1	3.963
1.055×10^{3}	107.58	2.930×10^{-4}	2.926×10^{-4}	0.2520	1

8. 功率、传热速率

W	kgf·m/s	hp	kcal/s	Btu/s	W	kgf·m/s	hp	kcal/s	Btu/s
1	0.10197	1.341×10^{-3}	0.2389×10^{-3}	0.9486×10^{-3}	4186.8	426.35	5.6135	1	3.9683
9.8067	1	0.01315	0.2342×10^{-2}	0.9293×10^{-2}	1055	107.58	1.4148	0.251996	1
745.69	76.0375	1	0.17803	0.70675					

9. 比热容

kJ/(kg·K)	kcal/(kg·℃)	Btu/(lb·℉)
1	0.2389	0.2389
4.1868	1	1

10. 热导率

W/(m·℃)	kcal/(m·h·℃)	cal/(cm·s·℃)	Btu·in/(ft²·h·℉)	W/(m·℃)	kcal/(m·h·℃)	cal/(cm·s·℃)	Btu·in/(ft²·h·℉)
1	0.86	2.389×10^{-3}	0.579	418.7	360	1	241.9
1.163	1	2.778×10^{-3}	0.6720	1.73	1.488	4.134×10^{-3}	1

11. 传热系数

W/(m·℃)	kcal/(m·h·℃)	cal/(cm·s·℃)	Btu·in/(ft²·h·℉)	W/(m·℃)	kcal/(m·h·℃)	cal/(cm·s·℃)	Btu·in/(ft²·h·℉)
1	0.86	2.389×10^{-5}	0.176	4.186×10^{-3}	3.6×10^{4}	1	7374
1.163	1	2.778×10^{-5}	0.2048	5.678	4.882	1.356×10^{-4}	1

二、干空气的物理性质（101.33kPa）

温度 t/℃	密度 ρ/(kg/m³)	比热容 c_p/[kJ/(kg·℃)]	热导率 $\lambda\times10^2$/[W/(m·℃)]	黏度 $\mu\times10^5$/(Pa·s)	普朗特数 Pr
−50	1.584	1.013	2.035	1.46	0.728
−40	1.515	1.013	2.117	1.52	0.728
−30	1.453	1.013	2.198	1.57	0.723
−20	1.395	1.009	2.279	1.62	0.716
−10	1.342	1.009	2.360	1.67	0.712
0	1.293	1.005	2.442	1.72	0.707
10	1.247	1.005	2.512	1.77	0.705
20	1.205	1.005	2.593	1.81	0.703
30	1.165	1.005	2.675	1.86	0.701
40	1.128	1.005	2.756	1.91	0.699
50	1.093	1.005	2.826	1.96	0.698
60	1.060	1.005	2.896	2.01	0.696
70	1.029	1.009	2.966	2.06	0.694
80	1.000	1.009	3.047	2.11	0.692
90	0.972	1.009	3.128	2.15	0.690
100	0.946	1.009	3.210	2.19	0.688
120	0.898	1.009	3.338	2.29	0.686
140	0.854	1.013	3.489	2.37	0.684
160	0.815	1.017	3.640	2.45	0.682
180	0.779	1.022	3.780	2.53	0.681
200	0.746	1.026	3.931	2.60	0.680
250	0.674	1.038	4.288	2.74	0.677
300	0.615	1.048	4.605	2.97	0.674
350	0.566	1.059	4.908	3.14	0.676
400	0.524	1.068	5.210	3.31	0.678
500	0.456	1.093	5.745	3.62	0.687
600	0.404	1.114	6.222	3.91	0.699
700	0.362	1.135	6.711	4.18	0.706
800	0.329	1.156	7.176	4.43	0.713
900	0.301	1.172	7.630	4.67	0.717
1000	0.277	1.185	8.041	4.90	0.719
1100	0.257	1.197	8.502	5.12	0.722
1200	0.239	1.206	9.153	5.35	0.724

三、水的物理性质

温度/℃	饱和蒸气压/kPa	密度/(kg/m³)	焓/(kJ/kg)	比热容/[kJ/(kg·℃)]	热导率 $\lambda\times10^2$/[W/(m·℃)]	黏度 $\mu\times10^5$/(Pa·s)	体积膨胀系数 $\beta\times10^4$/℃$^{-1}$	表面张力 $\sigma\times10^5$/(N/m)	普朗特数 Pr
0	0.6082	999.9	0	4.212	55.13	179.21	−0.63	75.6	13.66
10	1.2262	999.7	42.04	4.191	57.45	130.77	+0.70	74.1	9.52
20	2.3346	998.2	83.90	4.183	59.89	100.50	1.82	72.6	7.01
30	4.2474	995.7	125.69	4.174	61.76	80.07	3.21	71.2	5.42
40	7.3766	992.2	167.51	4.174	63.38	65.60	3.87	69.6	4.32
50	12.34	988.1	209.30	4.174	64.78	54.94	4.49	67.7	3.54
60	19.923	983.2	251.12	4.178	65.94	46.88	5.11	66.2	2.98
70	31.164	977.8	292.99	4.187	66.76	40.61	5.70	64.3	2.54
80	47.379	971.8	334.94	4.195	67.45	35.65	6.32	62.6	2.22
90	70.136	965.3	376.98	4.208	66.04	31.65	6.95	60.7	1.96
100	101.33	958.4	419.10	4.220	68.27	28.38	7.52	58.8	1.76
110	143.31	951.0	461.34	4.238	68.50	25.89	8.08	56.9	1.61
120	198.64	943.1	503.67	4.260	68.62	23.73	8.64	54.8	1.47
130	270.25	934.8	546.38	4.266	68.62	21.77	9.17	52.8	1.36
140	361.47	926.1	589.08	4.287	68.50	20.10	9.72	50.7	1.26
150	476.24	917.0	632.20	4.312	68.38	18.63	10.3	48.6	1.18
160	618.28	907.4	675.33	4.346	68.27	17.36	10.7	46.6	1.11
170	792.59	897.3	719.29	4.379	67.52	16.28	11.3	45.3	1.05
180	1003.5	886.9	763.25	4.417	67.45	15.30	11.9	42.3	1.00
190	1255.6	876.0	807.63	4.460	66.99	14.42	12.6	40.0	0.96
200	1554.77	863.0	852.43	4.505	66.29	13.63	13.3	37.7	0.93
210	1917.72	852.8	897.65	4.555	65.48	13.04	14.1	35.4	0.91
220	2320.88	840.3	943.70	4.614	64.55	12.46	14.8	33.1	0.89
230	2798.59	827.3	990.18	4.681	63.73	11.97	15.9	31.0	0.88
240	3347.91	813.6	1037.49	4.756	62.80	11.47	16.8	28.5	0.87
250	3977.67	799.0	1085.64	4.844	61.76	10.98	18.1	26.2	0.86
260	4693.75	784.0	1135.04	4.949	60.48	10.59	19.7	23.8	0.87
270	5503.99	767.9	1185.28	5.070	59.96	10.20	21.6	21.5	0.88
280	6417.24	750.7	1236.28	5.229	57.45	9.81	23.7	19.1	0.89
290	7443.29	732.3	1289.95	5.485	55.82	9.42	26.2	16.9	0.93
300	8592.94	712.5	1344.80	5.736	53.96	9.12	29.2	14.4	0.97
310	9877.6	691.1	1402.16	6.071	52.34	8.83	32.9	12.1	1.02
320	11300.3	667.1	1462.03	6.573	50.59	8.30	38.2	9.81	1.11
330	12879.6	640.2	1526.19	7.243	48.73	8.14	43.3	7.67	1.22
340	14615.8	610.1	1594.75	8.164	45.71	7.75	53.4	5.67	1.38
350	16538.5	574.4	1671.37	9.504	43.03	7.26	66.8	3.81	1.60
360	18667.1	528.0	1761.39	13.984	39.54	6.67	109	2.02	2.36
370	21040.9	450.5	1892.43	40.319	33.73	5.69	264	0.471	6.80

四、饱和水蒸气表（按温度顺序排列）

温度	绝对压力		蒸汽的密度	焓				汽化热	
				液体		蒸汽			
/℃	/(kgf/cm^2)	/kPa	/(kg/m^3)	/(kcal/kg)	/(kJ/kg)	/(kcal/kg)	/(kJ/kg)	/(kcal/kg)	/(kJ/kg)
0	0.0062	0.6082	0.00484	0	0	595	2491.1	595	2491.1
5	0.0089	0.8730	0.00680	5.0	20.94	597.3	2500.8	592.3	2479.89
10	0.0125	1.2262	0.00940	10.0	41.87	599.6	2510.4	589.6	2468.5
15	0.0174	1.7068	0.01283	15.0	62.80	602.0	2520.5	587.0	2457.7
20	0.0238	2.3346	0.01719	20.0	83.74	604.3	2530.1	584.3	2446.3
25	0.0323	3.1684	0.02304	25.0	104.67	606.6	2539.7	581.6	2435.0
30	0.0433	4.2474	0.03036	30.0	125.60	608.9	2549.3	578.9	2423.7
35	0.0573	5.6207	0.03960	35.0	146.54	611.2	2559.0	576.2	2412.4
40	0.0752	7.3766	0.05114	40.0	167.47	613.5	2568.6	573.5	2401.1
45	0.0977	9.5837	0.06543	45.0	188.41	615.7	2577.8	570.7	2389.4
50	0.1258	12.340	0.0830	50.0	209.34	618.0	2587.4	568.0	2378.1
55	0.1605	15.743	0.1043	55.0	230.27	620.2	2596.7	565.2	2366.4
60	0.2031	19.923	0.1301	60.0	251.21	622.5	2606.3	562.0	2355.1
65	0.2550	25.014	0.1611	65.0	272.14	624.7	2615.5	559.7	2343.4
70	0.3177	31.164	0.1979	70.0	293.08	626.8	2624.3	556.8	2331.2
75	0.393	38.551	0.2416	75.0	314.01	629.0	2633.5	554.0	2319.5
80	0.483	47.379	0.2929	80.0	334.94	631.1	2642.3	551.2	2307.8
85	0.590	57.875	0.3531	85.0	355.88	633.2	2651.1	548.2	2295.2
90	0.715	70.136	0.4229	90.0	376.81	635.3	2659.9	545.3	2283.1
95	0.862	84.556	0.5039	95.0	397.75	637.4	2668.7	542.4	2270.9
100	1.033	101.33	0.5970	100.0	418.68	639.4	2677.0	539.4	2258.4
105	1.232	120.85	0.7036	105.1	440.03	641.3	2685.0	536.3	2245.4
110	1.461	143.31	0.8254	110.1	460.97	643.3	2693.4	533.1	2232.0
115	1.724	169.11	0.9635	115.2	482.32	645.2	2701.3	530.0	2219.0
120	2.025	198.64	1.1199	120.3	503.67	647.0	2708.9	526.7	2205.2
125	2.367	232.19	1.296	125.4	525.02	648.8	2716.4	523.5	2191.8
130	2.755	270.25	1.494	130.5	546.38	650.6	2723.9	520.1	2177.6
135	3.192	313.11	1.715	135.6	567.73	652.3	2731.0	516.7	2163.3
140	3.685	361.47	1.962	140.7	589.08	653.9	2737.7	513.2	2148.7
145	4.238	415.72	2.238	145.9	610.85	655.5	2744.4	509.7	2134.0
150	4.855	476.24	2.543	151.0	632.21	657.0	2750.7	506.0	2118.5
160	6.303	618.28	3.252	161.4	675.75	659.9	2762.9	498.5	2087.1
170	8.080	792.59	4.113	171.8	719.29	662.4	2773.3	490.6	2054.0
180	10.23	1003.5	5.145	182.3	763.25	664.6	2782.5	482.3	2019.3
190	12.80	1255.6	6.378	192.9	807.64	666.4	2790.1	473.5	1982.4
200	15.85	1554.77	7.840	203.5	852.01	667.7	2795.5	464.2	1943.5
210	19.55	1917.72	9.567	214.3	897.23	668.6	2799.3	454.4	1902.5
220	23.66	2320.88	11.60	225.1	942.45	669.0	2801.0	443.9	1858.5
230	28.53	2798.59	13.98	236.1	988.50	668.8	2800.1	432.7	1811.6
240	34.13	3347.91	16.76	247.1	1034.56	668.0	2796.8	420.8	1761.8
250	40.55	3977.67	20.01	258.3	1081.45	664.0	2790.1	408.1	1708.6
260	47.85	4693.75	23.82	269.6	1128.76	664.2	2780.9	394.5	1651.7
270	56.11	5503.99	28.27	281.1	1176.91	661.2	2768.3	380.1	1591.4
280	65.42	6417.24	33.47	292.7	1225.48	657.3	2752.0	364.6	1526.5
290	75.88	7443.29	39.60	304.4	1274.46	652.6	2732.3	348.1	1457.4
300	87.6	8592.94	46.93	316.6	1325.54	646.8	2708.0	330.2	1382.5
310	100.7	9877.96	55.59	329.3	1378.71	640.1	2680.0	310.8	1301.3
320	115.2	11300.3	65.95	343.0	1436.07	632.5	2648.2	289.5	1212.1
330	131.3	12879.6	78.53	357.5	1446.78	623.5	2610.5	266.6	1116.2
340	149.0	14615.8	93.98	373.3	1562.93	613.5	2568.6	240.2	1005.7
350	168.6	16538.5	113.2	390.8	1636.20	601.1	2516.7	210.3	880.5
360	190.3	18667.1	139.6	413.0	1729.15	583.4	2442.6	170.3	713.0
370	214.5	21040.9	171.0	451.0	1888.25	549.8	2301.9	98.2	411.1
374	225	22070.9	322.6	501.1	2098.0	501.1	2098.0	0	0

五、饱和水蒸气表（按压力顺序排列）

绝对压力/kPa	温度/℃	蒸汽的密度/(kg/m^3)	焓/(kJ/kg)		汽化热/(kJ/kg)
			液体	蒸汽	
1.0	6.3	0.00773	26.48	2503.1	2476.8
1.5	12.5	0.01133	52.26	2515.3	2463.0
2.0	17.0	0.01486	71.21	2524.2	2452.9
2.5	20.9	0.01836	87.45	2531.8	2444.3
3.0	23.5	0.02179	98.38	2536.8	2438.4
3.5	26.1	0.02523	109.30	2541.8	2432.5
4.0	28.7	0.02867	120.23	2546.8	2426.6
4.5	30.8	0.03205	129.00	2550.9	2421.9
5.0	32.4	0.03537	135.69	2554.0	2418.3
6.0	35.6	0.04200	149.06	2560.1	2411.0
7.0	38.8	0.04864	162.44	2566.3	2403.8
8.0	41.3	0.05514	172.73	2571.0	2398.2
9.0	43.3	0.06156	181.16	2574.8	2393.6
10.0	45.3	0.06798	189.59	2578.5	2388.9
15.0	53.5	0.09956	224.03	2594.0	2370.0
20.0	60.1	0.13068	251.51	2606.4	2854.9
30.0	66.5	0.19093	288.77	2622.4	2333.7
40.0	75.0	0.24975	315.93	2634.1	2312.2
50.0	81.2	0.30799	339.80	2644.3	2304.5
60.0	85.6	0.36514	358.21	2652.1	2393.9
70.0	89.9	0.42229	376.61	2659.8	2283.2
80.0	93.2	0.47807	390.08	2665.3	2275.3
90.0	96.4	0.53384	403.49	2670.8	2267.4
100.0	99.6	0.58961	416.90	2676.3	2259.5
120.0	104.5	0.69868	437.51	2684.3	2246.8
140.0	109.2	0.80758	457.67	2692.1	2234.4
160.0	113.0	0.82981	473.88	2698.1	2224.2
180.0	116.6	1.0209	489.32	2703.7	2214.3
200.0	120.2	1.1273	493.71	2709.2	2204.6
250.0	127.2	1.3904	534.39	2719.7	2185.4
300.0	133.3	1.6501	560.38	2728.5	2168.1
350.0	138.8	1.9074	583.76	2736.1	2152.3
400.0	143.4	2.1618	603.61	2742.1	2138.5
450.0	147.7	2.4152	622.42	2747.8	2125.4
500.0	151.7	2.6673	639.59	2752.8	2113.2
600.0	158.7	3.1686	670.22	2761.4	2091.1
700.0	164.7	3.6657	696.27	2767.8	2071.5
800.0	170.4	4.1614	720.96	2773.7	2052.7
900.0	175.1	4.6525	741.82	2778.1	2036.2
1×10^3	179.9	5.1432	762.68	2782.5	2019.7
1.1×10^3	180.2	5.6339	780.34	2785.5	2005.1
1.2×10^3	187.8	6.1241	797.92	2788.5	1990.6
1.3×10^3	191.5	6.6141	814.25	2790.9	1976.7
1.4×10^3	194.8	7.1038	829.06	2792.4	1963.7
1.5×10^3	198.2	7.5935	843.86	2794.5	1950.7
1.6×10^3	201.3	8.0814	857.77	2796.0	1938.2
1.7×10^3	204.1	8.5674	870.58	2797.1	1926.5
1.8×10^3	206.9	9.0533	883.39	2798.1	1914.8
1.9×10^3	209.8	9.5392	896.21	2799.2	1903.0
2×10^3	212.2	10.0338	907.32	2799.7	1892.4
3×10^3	233.7	15.0075	1005.4	2798.9	1793.5

续表

绝对压力/kPa	温度/℃	蒸汽的密度/(kg/m³)	焓/(kJ/kg)		汽化热/(kJ/kg)
			液体	蒸汽	
4×10^3	250.3	20.0969	1082.9	2789.8	1706.8
5×10^3	263.8	25.3663	1146.9	2776.2	1629.2
6×10^3	275.4	30.8494	1203.2	2759.5	1556.3
7×10^3	285.7	36.5744	1253.2	2740.8	1487.6
8×10^3	294.8	42.5768	1299.2	2720.5	1403.7
9×10^3	303.2	48.8945	1343.5	2699.1	1356.6
10×10^3	310.9	55.5407	1384.0	2677.1	1293.1
12×10^3	324.5	70.3075	1463.4	2631.2	1167.7
14×10^3	336.5	87.3020	1567.9	2583.2	1043.4
16×10^3	347.2	107.8010	1615.8	2531.1	915.4
18×10^3	356.9	134.4813	1699.8	2446.0	766.1
20×10^3	365.6	176.5961	1817.8	2364.2	544.9

六、管内流体常用流速范围

流体的类别及情况	速度范围/(m/s)	流体的类别及情况	速度范围/(m/s)
液体		一般气体(常压)	10～20
自来水(405kPa)	1～1.5	化工设备上的排出管	10～25
工业供水(810kPa以下)	1.5～3	压缩空气(1～2表压)	10～15
锅炉给水(810kPa以上)	＞3	(高压)	10
蛇管、螺旋管内冷却水	＜1	空气压缩机(吸入管)	＜10～15
黏度和水相仿的液体(常压)	与水相同	(排出管)	20～25
油和黏度较高的液体	0.5～2	通气机(吸入管)	10～15
过热水	2	(排出管)	10～20
往复泵(吸入管:水一类液体)	0.7～1	车间通风换气(主管)	4～15
(排出管:水一类液体)	1～2	(支管)	2～8
离心泵(吸入管:水一类液体)	1.5～2	真空管道	＜10
(排出管:水一类液体)	2.5～3	蒸气	
齿轮泵(吸入管)	＜1	饱和水蒸气(405kPa以下)	20～40
(排出管)	1～2	(912kPa以下)	40～60
气体		(3140kPa以上)	80
烟道气(烟道内)	3～6	过热蒸气	35～50
(管道内)	3～4		

七、常用固体材料的密度和定压比热容

名称	密度/(kg/m³)	定压比热容/[J/(kg·℃)]	名称	密度/(kg/m³)	定压比热容/[J/(kg·℃)]
钢	7850	0.4605	低压聚苯乙烯	320	2.2190
不锈钢	7900	0.5024	干砂	1500～1700	0.7955
铸铁	7220	0.5024	黏土	1600～1800	0.7536 (−20～20℃)
铜	8800	0.4062	黏土砖	1600～1900	0.9211
青铜	8009	0.3810	耐火砖	1840	0.8792～1.0048
黄铜	8600	0.378	混凝土	2000～2400	0.8374
铝	2670	0.9211	松木	500～600	2.7214 (0～100℃)
镍	9000	0.4605	软木	100～300	0.9630
铅	11400	0.1298	石棉板	770	0.8164
酚醛	1250～1300	1.2560～1.6747	玻璃	2500	0.669
脲醛	1400～1500	1.2560～1.6747	耐酸砖和板	2100～2400	0.7536～0.7955
聚氯乙烯	1380～1400	1.8422	耐酸搪瓷	2300～2700	0.8374～1.2560
聚苯乙烯	1050～1070	1.3398	有机玻璃	1180～1190	
低压聚氯乙烯	940	2.5539	多孔绝热砖	600～1400	

八、某些液体的热导率

液体	温度/℃	热导率/[W/(m·℃)]	液体	温度/℃	热导率/[W/(m·℃)]
石油	20	0.180	四氯化碳	0	0.185
汽油	30	0.135		68	0.163
煤油	20	0.149	二硫化碳	30	0.161
	75	0.140		75	0.152
正戊烷	30	0.135	乙苯	30	0.149
	75	0.128		60	0.142
正己烷	30	0.138	氯苯	10	0.144
	60	0.137	硝基苯	30	0.164
正庚烷	30	0.140		100	0.152
	60	0.137	硝基甲苯	30	0.216
正辛烷	60	0.14		60	0.208
丁醇(100%)	20	0.182	橄榄油	100	0.164
丁醇(80%)	20	0.237	松节油	15	0.128
正丙醇	30	0.171	氯化钙盐水(30%)	30	0.55
	75	0.164	氯化钙盐水(15%)	30	0.59
正戊醇	30	0.163	氯化钙盐水(25%)	30	0.57
	100	0.154	氯化钙盐水(12.5%)	30	0.59
异戊醇	30	0.152	硫酸(90%)	30	0.36
	75	0.151	硫酸(60%)	30	0.43
正己醇	30	0.163	硫酸(30%)	30	0.52
	75	0.156	盐酸(12.5%)	32	0.52
正庚醇	30	0.163	盐酸(25%)	32	0.48
	75	0.157	盐酸(38%)	32	0.44
丙烯醇	25～30	0.180	氢氧化钾(21%)	32	0.58
乙醚	30	0.138	氢氧化钾(42%)	32	0.55
	75	0.135	氨	25～30	0.180
乙酸乙酯	20	0.175	氨水溶液	20	0.45
氯甲烷	15	0.192		60	0.50
	30	0.154	水银	28	0.36
三氯甲烷	30	0.138			

九、某些固体的热导率

1. 常用金属材料

材料	热导率/[W/(m·℃)]				
	0℃	100℃	200℃	300℃	400℃
铝	227.95	227.95	227.95	227.95	227.95
铜	383.79	379.14	372.16	367.51	362.86
铁	73.27	67.45	61.64	54.66	48.85
铅	35.12	33.38	31.40	29.77	—
镁	172.12	167.47	162.82	158.17	—
镍	93.04	82.57	73.27	63.97	59.31
银	414.03	409.38	373.32	361.69	359.37
锌	112.81	109.90	105.83	401.18	93.04
碳钢	52.34	48.85	44.19	41.87	34.89
不锈钢	16.28	17.45	17.45	18.49	—

2.常用非金属材料

材料	温度/℃	热导率/[W/(m·℃)]	材料	温度/℃	热导率/[W/(m·℃)]
软木	30	0.04303	泡沫塑料	—	0.04652
玻璃棉	—	0.03489～0.06978	木材(横向)	—	0.1396～0.1745
保温灰	—	0.06978	木材(纵向)	—	0.3838
锯屑	20	0.04652～0.05815	耐火砖	230	0.8723
棉花	100	0.06978		1200	1.6398
厚纸	20	0.1369～0.3489	混凝土	—	1.2793
玻璃	30	1.0932	绒毛毡	—	0.0465
	−20	0.7560	85%氧化镁粉	0～100	0.06978
搪瓷	—	0.8723～1.163	聚氯乙烯	—	0.1163～0.1745
云母	50	0.4303	酚醛加玻璃纤维	—	0.2593
泥土	20	0.6978～0.9304	酚醛加石棉纤维	—	0.2942
冰	0	2.326	聚酯加玻璃纤维	—	0.2594
软橡胶	—	0.1291～0.1593	聚碳酸酯	—	0.1907
硬橡胶	0	0.1500	聚苯乙烯泡沫	25	0.04187
聚四氟乙烯	—	0.2419		−150	0.001745
泡沫玻璃	−15	0.004885	聚乙烯	—	0.3291
	−80	0.003489	石墨	—	139.56

十、壁面污垢热阻

1.冷却水的热阻

加热流体的温度/℃	<115		115～205	
水的温度/℃	<25		>25	
水的流速/(m/s)	<1	>1	<1	>1
热阻/(m^2·℃/W)				
海水	0.8598×10^{-4}	0.8598×10^{-4}	1.7197×10^{-4}	1.7197×10^{-4}
自来水、井水、湖水、软化锅炉水	1.7197×10^{-4}	1.7197×10^{-4}	3.4394×10^{-4}	3.4394×10^{-4}
蒸馏水	0.8598×10^{-4}	0.8598×10^{-4}	0.8598×10^{-4}	0.8598×10^{-4}
硬水	5.1590×10^{-4}	5.1590×10^{-4}	8.598×10^{-4}	8.598×10^{-4}
河水	5.1590×10^{-4}	3.4394×10^{-4}	6.8788×10^{-4}	5.1590×10^{-4}

2.工业用气体的热阻

气体	热阻/(m^2·℃/W)	气体	热阻/(m^2·℃/W)
有机化合物	0.8598×10^{-4}	溶剂蒸气	1.7197×10^{-4}
水蒸气	0.8598×10^{-4}	天然气	1.7197×10^{-4}
空气	3.4394×10^{-4}	焦炉气	1.7197×10^{-4}

3.工业用液体的热阻

液体	热阻/(m^2·℃/W)	液体	热阻/(m^2·℃/W)
有机化合物	1.7197×10^{-4}	熔盐	0.8598×10^{-4}
盐水	1.7197×10^{-4}	天然气	6.1590×10^{-4}

4.石油分馏物的热阻

馏出物	热阻/(m^2·℃/W)	馏出物	热阻/(m^2·℃/W)
重油	8.598×10^{-4}	原油	$3.4394\times10^{-4}\sim12.098\times10^{-4}$
汽油	1.7197×10^{-4}	柴油	$3.4394\times10^{-4}\sim5.1590\times10^{-4}$
石脑油	1.7197×10^{-4}	沥青油	17.197×10^{-4}
煤油	1.7197×10^{-4}		

十一、列管换热器的传热系数

1. 在无相变的情况下

管内流体	管间流体	传热系数/[W/(m^2·K)]
水（管内流速，0.9～1.5m/s）	净水（流速，0.3～0.6m/s）	600～700
水	水（流速较高时）	800～1200
冷水	轻有机物 μ<0.5cP	400～800
冷水	中有机物 μ=0.5～1cP	300～700
冷水	重有机物 μ>1cP	120～400
盐水	轻有机物 μ<0.5cP	250～600
轻有机物	轻有机物	250～500
中有机物	中有机物	120～350
重有机物	重有机物	60～250
重有机物	轻有机物	250～500

2. 在一侧被蒸发，另一侧被冷却的情况下

管内流体	管间流体	传热系数/[W/(m^2·K)]
水	冷冻剂（蒸发）	400～800
热的轻柴油	氯（蒸发）	230～350

3. 在一侧被冷凝，另一侧被加热的情况下

管内流体	管间流体	传热系数/[W/(m^2·K)]
水（流速约1m/s）	水蒸气（有压强）	2500～4500
水	水蒸气（常压或负压）	1750～3500
水溶液 μ<2cP	饱和水蒸气	1200～4000
水溶液 μ>2cP	饱和水蒸气	600～3000
轻有机物	饱和水蒸气	600～1200
中有机物	饱和水蒸气	300～600
重有机物	饱和水蒸气	120～350
水	有机物蒸气及水蒸气	600～1200
水	重有机物蒸气（常压）	120～350
水	重有机物蒸气（负压）	60～180
水	饱和有机溶剂蒸气	600～1200
水或盐水	有不凝气的饱和有机溶剂蒸气（常压）	250～460
水或盐水	不凝气较多的饱和有机溶剂蒸气（常压）	60～250
水	含饱和水蒸气的氯（293～323K）	180～350
水	二氧化硫（冷凝）	800～1200
水	氨（冷凝）	700～950
水	氟利昂（冷凝）	750

4. 在一侧被蒸发，另一侧被冷凝的情况下

管内流体	管间流体	传热系数/[W/(m^2·K)]
饱和蒸气	水（沸腾）	1400～2500
饱和蒸气	氨或氯（蒸发）	800～1600
油（沸腾）	饱和蒸气	300～900
饱和蒸气	油（沸腾）	300～900
氯（冷凝）	氟利昂（蒸气）	600～750

十二、对数平均温度差校正系数 $\varphi_{\Delta t}$ 值

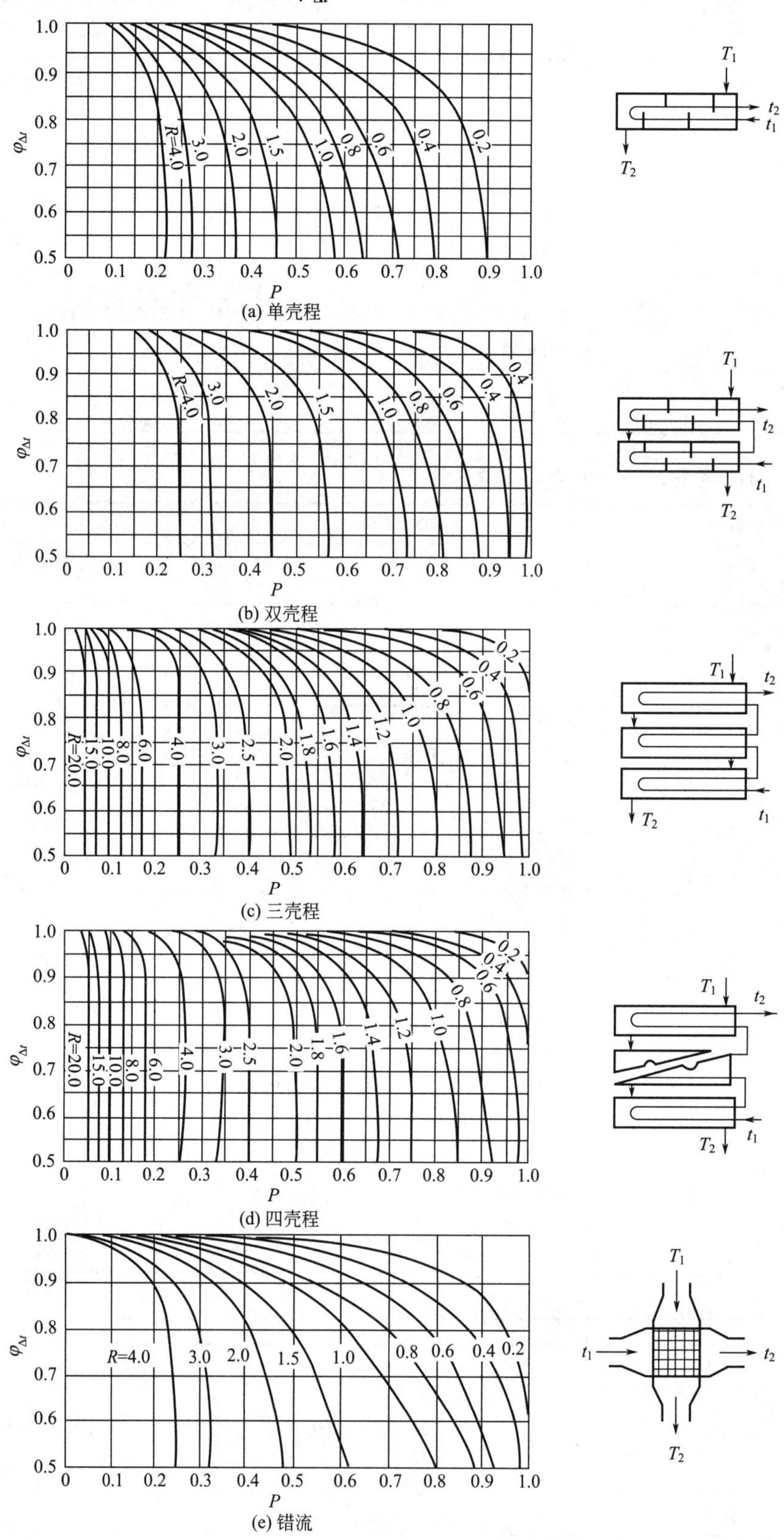

(a) 单壳程

(b) 双壳程

(c) 三壳程

(d) 四壳程

(e) 错流

十三、扩散系数

气体间的扩散系数		一些物质在水中的扩散系数	
体系	$D/(10^{-4}m^2/s)$	物质	$D/(10^{-9}m^2/s)$
空气-二氧化碳	0.153	氢	5.0
空气-氦	0.644	空气	2.5
空气-水	0.257	一氧化碳	2.03
空气-乙醇	0.129	氧	1.84
空气-正戊烷	0.071	二氧化碳	1.68
二氧化碳-水	0.183	乙酸	1.19
二氧化碳-氮	0.160	草酸	1.53
二氧化碳-氧	0.153	苯甲酸	0.87
氧-苯	0.091	水杨酸	0.93
氧-四氯化碳	0.074	乙二醇	1.01
氢-水	0.919	丙二醇	0.88
氢-氮	0.761	丙醇	1.00
氢-氨	0.760	丁醇	0.89
氢-甲烷	0.715	戊醇	0.80
氢-丙酮	0.417	苯甲醇	0.82
氢-苯	0.364	甘油	0.82
氢-环己烷	0.328	丙酮	1.16
氮-氨	0.223	糠醛	1.04
氮-水	0.236	尿素	1.20
氮-二氧化硫	0.126	乙醇	1.13

十四、若干气体水溶液的亨利系数

气体	温度/℃															
	0	5	10	15	20	25	30	35	40	45	50	60	70	80	90	100
	$E/10^6 kPa$															
H_2	5.87	6.16	6.44	6.70	6.92	7.16	7.39	7.52	7.61	7.70	7.75	7.75	7.71	7.65	7.61	7.55
N_2	5.35	6.05	6.77	7.48	8.15	8.76	9.36	9.98	10.5	11.0	11.4	12.2	12.7	12.8	12.8	12.8
空气	4.38	4.94	5.56	6.15	6.73	7.30	7.81	8.34	8.82	9.23	9.59	10.2	10.6	10.8	10.9	10.8
CO	3.57	4.01	4.48	4.95	5.43	5.88	6.28	6.68	7.05	7.39	7.71	8.32	8.57	8.57	8.57	8.57
O_2	2.58	2.95	3.31	3.69	4.06	4.44	4.81	5.14	5.42	5.70	5.96	6.37	6.72	6.96	7.08	7.10
CH_4	2.27	2.62	3.01	3.41	3.81	4.18	4.55	4.92	5.27	5.58	5.85	6.34	6.75	6.91	7.01	7.10
NO	1.71	1.96	2.21	2.45	2.67	2.91	3.14	3.35	3.57	3.77	3.95	4.24	4.44	4.54	4.58	4.60
C_2H_6	1.28	1.57	1.92	2.90	2.66	3.06	3.47	3.88	4.29	4.69	5.07	5.72	6.31	6.70	6.96	7.01
	$E/10^5 kPa$															
C_2H_4	5.59	6.62	7.78	9.07	10.3	11.6	12.9	—	—	—	—	—	—	—	—	—
N_2O	—	1.19	1.43	1.68	2.01	2.28	2.62	3.06	—	—	—	—	—	—	—	—
CO_2	0.738	0.888	1.05	1.24	1.44	1.66	1.88	2.12	2.36	2.60	2.87	3.46	—	—	—	—
C_2H_2	0.73	0.85	0.97	1.09	1.23	1.35	1.48	—	—	—	—	—	—	—	—	—
Cl_2	0.272	0.334	0.399	0.461	0.537	0.604	0.669	0.74	0.80	0.86	0.90	0.97	0.99	0.97	0.96	—
H_2S	0.272	0.319	0.372	0.418	0.489	0.552	0.617	0.686	0.755	0.825	0.689	1.04	1.21	1.37	1.46	1.50
	$E/10^4 kPa$															
SO_2	0.167	0.203	0.245	0.294	0.355	0.413	0.485	0.567	0.661	0.763	0.871	1.11	1.39	1.70	2.01	—

参考文献

［1］罗运柏．化学工程基础［M］．北京：化学工业出版社，2007．

［2］姚玉英．化工原理［M］．第 2 版．天津：天津科学技术出版社，2004．

［3］谭天恩．化工原理［M］．第 3 版．北京：化学工业出版社，2009．

［4］陈敏恒．化工原理［M］．第 2 版．北京：化学工业出版社，2000．

［5］柴诚敬．化工原理［M］．第 2 版．北京：高等教育出版社，2006．

［6］胡洪营．环境工程原理［M］．北京：高等教育出版社，2005．

［7］大连理工大学．化工原理［M］．北京：高等教育出版社，2002．

［8］何红升．环境工程原理［M］．北京：高等教育出版社，2007．

［9］谭天恩，麦本熙，丁惠华．化工原理［M］．第 2 版．北京：化学工业出版社，1998．

［10］杨昌竹．环境工程原理［M］．北京：冶金工业出版社，1994．

［11］周集体，曲媛媛．环境工程原理［M］．大连：大连理工大学出版社，2008．

［12］张柏钦，王文选．环境工程原理［M］．北京：化学工业出版社，2003．

［13］周长丽．环境工程原理［M］．北京：中国环境科学出版社，2007．

［14］严煦世，范瑾初．给水工程［M］．北京：中国建筑工业出版社，1999．

［15］许保玖，龙腾锐．当代给水与废水处理原理［M］．北京：高等教育出版社，1999．

［16］张自杰，林荣忱．排水工程［M］．北京：中国建筑工业出版社，1999．

［17］柯葵，朱立明，李嵘．水力学［M］．上海：同济大学出版社，2000．

［18］天津大学化工原理教研室．化工原理［M］．天津：天津科学技术出版社，1983．

［19］杨志峰，刘静玲，等．环境科学概论［M］．北京：高等教育出版社，2008．

［20］郭锴，唐小恒，周绪美．化学反应工程［M］．北京：化学工业出版社，2000．

［21］朱昱．虹吸式雨水排水系统在建筑给排水设计中的应用［J］．工程技术研究，2020，5（4）：222-223．

［22］程阳．虹吸式屋面雨水排水系统雨水斗的模拟研究［D］．衡阳：南华大学，2015．

［23］Swamee P K，Jain A K. Explicit eqations for pipe-flow problems［J］. Journal of the Hydraulics Division-Asce，1976，102（5）：657-664．

［24］蔡增基，龙天渝．流体力学泵与风机［M］．第 5 版．北京：中国建筑工业出版社，2009．

［25］侯纯扬．海水冷却技术［J］．海洋技术，2002，（4）：33-40．

［26］郭毅，李荫堂，李军．烟气脱硫喷淋塔本体设计与分析［J］．热力发电，2004，33（1）：29-31．

［27］林永明．大型石灰石-石膏湿法喷淋脱硫技术研究及工程应用［D］．杭州：浙江大学，2006．

［28］徐卫，陈晔．高含量苯酚废水的湿式氧化反应动力学研究［J］．水处理技术，2015，41（1）：39-42，47．

［29］侯璐达，王桂红，董锐锋，等．活性炭吸附脱硫固定床反应器研究［J］．化学工程，2010，38（10）：96-100，109．

［30］周澳，李熙腾，李鑫培，等．3D 打印多通道微反应器用于萃取分离 In^{3+} 和 Fe^{3+}［J］．化工进展，2019，38（5）：2093-2102．

［31］刘晓玲，李熙腾，巨少华，等．3D 打印大流量微反应器在萃取分离铂钯铑中的小型化应用［J］．贵金属，2020，41（S1）：98-106．